U0479415

三江源研究院
THREE-RIVER-SOURCE ACADEMY

三江源调查

SURVEY OF
THE THREE-RIVER SOURCE

三江源研究院 著

连玉明 主编

科学出版社
北京

图书在版编目（CIP）数据

三江源调查 / 三江源研究院著 ; 连玉明主编 .-- 北京 : 科学出版社 , 2025.3.
ISBN 978-7-03-081494-4

Ⅰ. S759.992.44

中国国家版本馆 CIP 数据核字第 20254GT444 号

责任编辑：张亚娜　周艺欣

责任校对：张亚丹

责任印制：张　伟

书籍设计：北京知行书舍文化发展有限公司

三江源调查

三江源研究院　著　连玉明　主编

科学出版社 出版

北京东黄城根北街 16 号

邮政编码：100717

http://www.sciencep.com

北京雅昌艺术印刷有限公司印刷

科学出版社发行　各地新华书店经销

*

2025 年 3 月第　一　版　开本：889×1194　1/16

2025 年 3 月第一次印刷　印张：37 1/2

字数：720 000

定价：398.00 元

（如有印装质量问题，我社负责调换）

最清晰的脚印
总是印在最泥泞的路上

指导单位

中共青海省委政策研究室

支持单位

中共北京市委统战部

中共青海省委统战部

三江源国家公园管理局

组织编纂

中共玉树藏族自治州委员会

玉树藏族自治州人民政府

联合编纂

北京市支援合作工作领导小组青海玉树指挥部

学术支持

北京国际城市发展研究院

调研统筹

中共玉树州委办公室

中共玉树州委政策研究室

中共玉树州委党校

编撰委员会

科 学 顾 问　周忠和
主　　　编　连玉明
学 术 主 编　马洪波
执 行 主 编　朱颖慧　武建忠
副　主　编　尹国泰　徐尚德
主　　　笔　连玉明　朱颖慧　武建忠　王菁野　石龙学
　　　　　　张　涛　冯　炯　何　丹　龙婉玲
总 审 读　乔祥德　索南才仁
调 研 指 导　高庆波　马海军　范树奎　张　骁
调 研 统 筹　旦正文江　旦周才仁
调　　　研　连玉明　尹国泰　徐尚德　高庆波　马海军
　　　　　　马洪波　王楷博　邹　红　李继飞　王菁野
　　　　　　王　波　刘文杰　苗　青　张艳平　柴明一

　　　　　　　　　　刘师超　孙　彤　陈昭彦　朱颖慧　武建忠
　　　　　　　　　　石龙学　张　涛　冯　炯　李瑞香　胡　凯
　　　　　　　　　　何　丹　龙婉玲　张志强

首席摄影顾问　　邹　红
摄　　　　影　　胡　凯　冶青林　切　噶　张志强　扎　尕
　　　　　　　　　　青　梅　丁布江才　扎西达杰
视 觉 设 计　　胡　凯
首席艺术顾问　　李继飞
艺 术 顾 问　　刘文杰　苗　青
数 字 博 物 馆　　王　波
首席教育顾问　　柴明一
教 育 顾 问　　刘师超　孙　彤
海外媒体顾问　　王菁野
公益活动推广　　王楷博
公众号品牌传播　　龙婉玲
首席法律顾问　　马海军
学 术 秘 书　　李瑞香

主编序

从三江源到三江源学

一

三江源是青藏高原国际生态文明高地的重要标志，是万山之宗、万水之源、万物之始、万脉之根、万园之首，在中华文明和人类文明发展进程中具有无可替代的战略地位。三江源不仅具有国家代表性，而且具有世界影响力，正在成为展示中国形象、增进文明互鉴的国际窗口。

2024年8月31日，我在《人民政协报》头版发表署名文章《将三江源国家公园建成具有国家代表性和世界影响力的自然保护地典范》，结合参加全国政协赴青海专题视察和专题调研，提出观察青藏高原国际生态文明高地的四个基本出发点和五大战略着眼点。这篇文章也是我对党的二十届三中全会精神深学细悟的重要心得。文章发表后，引起各方面广泛关注，尤其是"三江源学"这一概念的提出，被认为是发中国江源学说之嚆矢。阳明先生曰："知是行之始，行是知之成。"2023年7月以来，我实地调研了青海省8个地州（市）全部45个县（市、区），踏访上百个乡镇和村（社区），调研点超过400个，行程近4万公里。在这期间，我九上玉树，三进黄河源头，并有幸被聘为玉树州囊谦县白扎乡巴麦村荣誉牧民和黄河源头第一村——曲麻莱县麻多乡郭洋村荣誉牧民。2024 年 7、8 月间，我牵头组织开展了"保护母亲河，守护三江源"首都专家玉树高质量发展调研暨全国政协委员履职"服务为民"活动，率 38 名专家顾问和研究人员在玉树州 6 县（市）进行 18 天的沉浸式调查，进村入户与牧民一对一座谈，现场宣讲习近平生态文明思想，对习近平总书记关于保护青海生态环境的重要讲话精神有了新的领悟，对青藏高原国际生态文明高地有了新的观察，对打造具有国家代表性和世界影响力的自然保护地典范也有了新的思考，对构建三江源学理论体系有了新的认识。

二

习近平总书记曾于 2016、2021、2024 年三次到青海考察调研，他关于保护好青海生态环境的一系列指示精神，为青海发展和我国不断深化生态文明体制改革提供了根本遵循。其中，有四个关键词可以帮助我们更加深刻地认识青海重要而特殊的生态地位，也为构建三江源学理论体系提供了重要的精神指引。

一是"最大"。生态环境保护和生态文明建设，是我国可持续发展最为重要的基础。青海雄踞世界屋脊，地处地球"第三极"，被誉为山宗水源路之冲，是山水林田湖草沙冰等生态要素近乎完备的大美之地。2016 年习近平总书记在青海考察时赋予青海"最大的价值在生态、最大的责任在生态、最大的潜力也在生态"[1]（以下简称"三个最大"）的省情定位。2021 年习近平总书记在青海考察时进一步指出，保护好青海生态环境，是"国之大者"。要坚定不移做好"中华水塔"守护人，扎实推进生态保护和高质量发展。

二是"安全"。2016 年习近平总书记在青海考察时对青海提出"筑牢国家生态安全屏障"的要求[2]。2021 年习近平总书记在青海考察时指出，"进入新发展阶段、贯彻新发展理念、构建新发展格局，青海的生态安全地位、国土安全地位、资源能源安全地位显

---

[1] 《习近平在青海考察时强调 尊重自然顺应自然保护自然 坚决筑牢国家生态安全屏障》，《人民日报》2016 年 8 月 25 日第 1 版。

[2] 《习近平在青海考察时强调 尊重自然顺应自然保护自然 坚决筑牢国家生态安全屏障》，《人民日报》2016 年 8 月 25 日第 1 版。

得更加重要"。并强调,"要把三江源保护作为青海生态文明建设的重中之重,承担好维护生态安全、保护三江源、保护'中华水塔'的重大使命"[3]。

三是"高地"。 把"青藏高原打造成为全国乃至国际生态文明高地",是习近平总书记对青藏高原生态文明建设作出的战略部署。2024年6月19日,习近平总书记在青海考察时强调,青藏高原生态系统丰富多样、也十分脆弱,加强生态环境保护,实现生态功能最大化,是这一区域的主要任务。要始终坚持生态优先、绿色发展,认真实施青藏高原生态保护法,全面落实主体功能区规划要求,把青藏高原建设成为生态文明高地。重中之重是把三江源这个"中华水塔"守护好,保护生物多样性,提高水源涵养能力[4]。

四是"典范"。 建立国家公园体制,是我国生态文明体制改革的一项重大制度创新。从2013年党的十八届三中全会首次提出建立国家公园体制,到2015年陆续开展国家公园体制试点,再到2021年第一批包括三江源国家公园在内的5个国家公园正式设立,我国国家公园建设工作有序推进。2024年习近平总书记到青海考察并强调,"加强以国家公园为主体的自然保护地体系建设,打造具有国家代表性和世界影响力的自然保护地典范"[5]。可以说,以更高站位、更宽视野、更大力度谋划和推进以国家公园为主体的自然保护地体系建设,是建设美丽中国、实现中华民族永续发展最重要的生态支撑。

三

三江源学从地质学、气候学、生态学、人类学、考古学、文化学、社会学、历史流域学、管理学等跨学科融合的角度,以"五论"为核心,成为观察青藏高原生态文明高地的新的逻辑框架和战略着眼点,为进一步深刻认识和全面把握青藏高原生态文明建设规律提供新的学术视角,为讲好生态文明的中国故事构建一套国际话语体系和国际传播

---

[3] 《习近平在青海考察时强调 坚持以人民为中心深化改革开放 深入推进青藏高原生态保护和高质量发展》,《人民日报》2021年6月10日第1版。

[4] 《习近平在青海考察时强调 持续推进青藏高原生态保护和高质量发展 奋力谱写中国式现代化青海篇章》,《人民日报》2024年6月21日第1版。

[5] 《习近平在青海考察时强调 持续推进青藏高原生态保护和高质量发展 奋力谱写中国式现代化青海篇章》,《人民日报》2024年6月21日第1版。

体系，为加强以国家公园为主体的自然保护地体系建设，打造具有国家代表性和世界影响力的自然保护地典范提供了理论支撑。

世界屋脊论。青藏高原是世界海拔最高、最年轻的高原，是我国重要的生态安全屏障，也是亚洲冰川作用中心和"亚洲水塔"乃至北半球环境变化的调控器。以青藏高原为核心的第三极以及受其影响的东亚、南亚、中亚、西亚、中东欧等泛第三极地区，涵盖 20 多个国家的 30 多亿人口。随着"一带一路"倡议的持续推进，泛第三极环境变化的重要性越来越受到全球关注。科学家的研究显示，近 60 年以来青藏高原气温呈显著上升趋势。尤其是进入 21 世纪后，高原增温超过全球增温速率的 2 倍。气温升高导致冰川融化、冻土热退化，加剧了潜在的生态风险。冻土层的融化将释放一种爆炸性物质加速全球气候变化，并可能对生物系统弹性、水文循环过程及全球碳平衡和寒区构筑物稳定产生重要影响。特别是气候变化将加速物种灭绝、改变物种分布范围、影响物种基因多样性以及物种相互关系。反过来，生物多样性丧失又会进一步加剧气候变化。地球的未来取决于我们能否限制全球变暖，避免气候变化带来的更加极端和不可逆转的恶劣影响。

江源文化论。立足于百万年的人类史、万年的文化史、五千多年的文明史，在"世界屋脊"大背景下，我们对三江源地区人类早期活动和文明发展进程会有更多新的发现。尤其是从黄河文明、长江文明、草原文明的历史视角出发不断追寻：三江源的源头文明在中华文明发展历程中具有怎样的历史地位，对推动"中国弧"的形成发挥着怎样的独特作用；从世界四大文明古国的全球视野出发，在古中国、古印度、古埃及和古巴比伦四大文明古国发展进程中，为什么其他三个文明古国都曾经历过中断或衰落，而中华文明却一直延续至今，这种延续与江源文化有着怎样的联系；特别是从文化起源的角度，我们更要追问，既然文明起源于江河，那么作为山宗水源的三江源，江源文化也应该是研究早期华夏文明起源不可或缺的重要一环。特别是要在传统的关于黄河上游、中游、下游的三段论中补上"源头"这一段，形成源头、上游、中游、下游"四段论"，从而更加凸显"源头"的地位和价值，推动构建以江源文化、河湟文化、关中文化、河洛文化、齐鲁文化为一体的黄河文化理论体系，赋予江源文化以应有的学术地位和话语权。

生态系统论。最大限度保护青藏高原生态系统的原真性和完整性，必须全面准确系统领悟习近平总书记"三个最大"的深刻内涵。最大的价值，就是地质地貌价值、水资源价值、生物多样性价值、文化价值和美学价值的统一体。最大的责任，就是山水林田湖草沙冰一体化保护和生态全要素系统治理。最大的潜力，就是生态产品价值实现机制，以生态补偿、生态产品、生态服务为导向，把优势转化为生产力，把责任转化为行动力，把潜力转化为竞争力。价值、责任、潜力是构建保护生态系统原真性和完整性的三要素，"三个最大"是生态系统论的核心。

流域协同论。 从历史流域学理论分析，自然生态系统是一个有机的生态系统。长江、黄河、澜沧江都拥有自身的流域体系和独特的生态系统，必须构建流域共同体，推进生态共同体建设。必须加强流域合作，促进建立长江、黄河、澜沧江流域生态保护和协同治理的共建共享机制。必须探索省际共商、生态共治、全域共建、安全共管、发展共享的实践路径，在高水平保护与高质量发展之间找到平衡点，以全流域视角谋划生态发展的融合与协同，共同推进流域经济社会协调发展和生态环境整体平衡。

国家公园论。 国家公园是自然保护地的一种管理模式和制度体系。按照生态价值和保护强度，国家公园是保护强度、保护等级最高的，目的就是要把自然生态系统最重要、自然景观最独特、自然遗产最精华、生物多样性最富集的区域保护起来，是一种原真性、完整性的生态全要素管理和大尺度保护。三江源国家公园应发挥制度优势、彰显文化特色、推动全民参与，最大限度保护国家公园生态系统的原真性和完整性，探索国家公园共建共治共享的保护与发展相互促进的人与自然和谐共生新模式。

四

三江源国家公园率先在我国开展国家公园体制试点，并取得一系列重大突破和卓著成效，其"典范"之路就是要在高水平保护和高质量发展、自然景观与自然教育良性互动、中华优秀传统文化和民族文化融合发展中，开启以国家公园为主体的自然保护地体系建设新篇章。

一是发挥制度优势，核心是做好两个顶层设计。 国家公园建设重在"国家"二字，它具有国家属性，属于国家行为。只有把握"国家"这个主题词，才能更加全面准确深刻地把握国家公园建设的时代价值。既然是国家公园，那么就必须由国家来主导。无论是保护还是建设，都必须由国家统筹资源，统一规划，也包括建立健全国家财政的投入机制，不能"国家牌，地方造"。从国家层面看，主要是体制上的顶层设计和立法上的顶层设计。比如国家公园与国家文化公园如何一体化谋划、一体化保护、一体化发展；比如发展改革、自然资源、文化旅游、生态环境、综合执法等部门政策如何统筹，避免"合成谬误"；再比如国家公园法与自然保护地法如何统筹推进、加快出台。从青海省级层面看，三江源、祁连山、青海湖、昆仑山四个国家公园，长江、黄河、长城、长征以及正在推进中的昆仑等国家文化公园，在管理体制、共建共享模式上如何统筹，也很需要研究和探索。

二是彰显文化特色，核心是抓好三个重点。 三江源国家公园不等于"无人区"。除了生态、生物、生命，还有人与生活。如果离开了人、离开了原住居民，任何保护与发展都失去了核心价值。人与自然和谐共生是国家公园的根本，是"典范"的意义所在。因此，要更加重视传统生态文化、草原文化特别是游牧文化的原真性保护。若干年后草原上还有没有人放牧，还有没有人愿放牧、会放牧，还有没有人愿意过游牧生活。如果没有，草原将如何长久持续发展，人与自然和谐共生如何实现。要更加重视中华优秀传统文化与民族文化融合发展，更加重视源头文化挖掘。调研发现，正在发掘的丁都普巴旧石器洞穴遗址就是一个很好的例证。在文化遗存发掘、研究、保护和传承方面还存在两个不够：一个是国内外权威专家对源头文化关注度不够；另一个是青海本地专家做了大量研究，形成不少成果，但学术影响力不够。只有解决好这两个"不够"的问题，青藏高原的文化遗产保护工作才会有大发展。

三是推动全民参与，核心是探索共建共治共享模式。 加快完善差异化、动态化生态补偿政策体系，进一步深化"一户一岗"制度，真正让生态管护员有事干、有收益、有奔头、可持续。探索完善生态教育、自然体验、生态旅游等方面的商业运营项目的特许经营模式，打造国家公园自然教育与生态体验高端研学基地。鼓励符合条件的当地居民参与特许经营，建立健全保护性、开放式、共享型的全民生态保护与发展体系。

全国政协委员
三江源国家公园管理局首席专家
三江源研究院院长
连玉明

2024 年 12 月于青海胜利宾馆 3 号楼

目　录

序　章　保护母亲河　守护三江源　　　　　　　　　　001

第 1 章　**最大的价值**　　　　　　　　　　　　　　028

黄河源头第一哨
——曲麻莱县麻多乡郭洋村调研记　　　　　　　　033

万里长江第一湾
——治多县立新乡叶青村调研记　　　　　　　　　065

"英雄之乡"的生态赞歌
——治多县索加乡当曲村调研记　　　　　　　　　091

雪豹的自然乐园
——杂多县昂赛乡年都村调研记　　　　　　　　　115

"中国鹤"的隆宝典范
　　——玉树市隆宝镇隆宝国家级自然保护区调研记　　143

牦牛之都的根与魂
　　——曲麻莱县约改镇格前村、长江村调研记　　171

牧民合作社的共富梦
　　——称多县珍秦镇十村调研记　　199

第2章 最大的责任　　222

总书记挂念的村庄
　　——玉树市扎西科街道甘达村调研记　　227

"第一面党旗"升起的地方
　　——囊谦县香达镇青土村调研记　　249

灾后重建"第一村"
　　——玉树市西杭街道禅古村调研记　　275

山乡巨变孕育"大同梦"
　　——玉树市西杭街道扎西大同村调研记　　297

党建红生态绿映衬格桑小镇
　　——杂多县萨呼腾镇闹丛村调研记　　319

致敬江河源头"最可爱的人"
　　——曲麻莱县曲麻河乡不冻泉垃圾处理站调研记　　343

第 3 章　最大的潜力　　368

千年古渡"第四桥"
　　——称多县歇武镇直门达村调研记　　373

玉珠峰下的明珠
　　——曲麻莱县曲麻河乡昂拉村调研记　　399

喜马拉雅红盐的文化复兴
　　——囊谦县白扎乡白扎村调研记　　425

"虫草第一县"的天赐之地
　　——杂多县苏鲁乡多晓村调研记　　449

"千万级"村集体经济的高原样本
　　——治多县加吉博洛镇改查村调研记　　469

"玉树小敦煌"背后的故事
　　——称多县尕朵乡卓木其村调研记　　493

澜沧江畔的神秘巴麦
　　——囊谦县白扎乡巴麦村调研记　　521

结　语　三江源和谐共生图　　544

参考文献　　565

后　记　　575

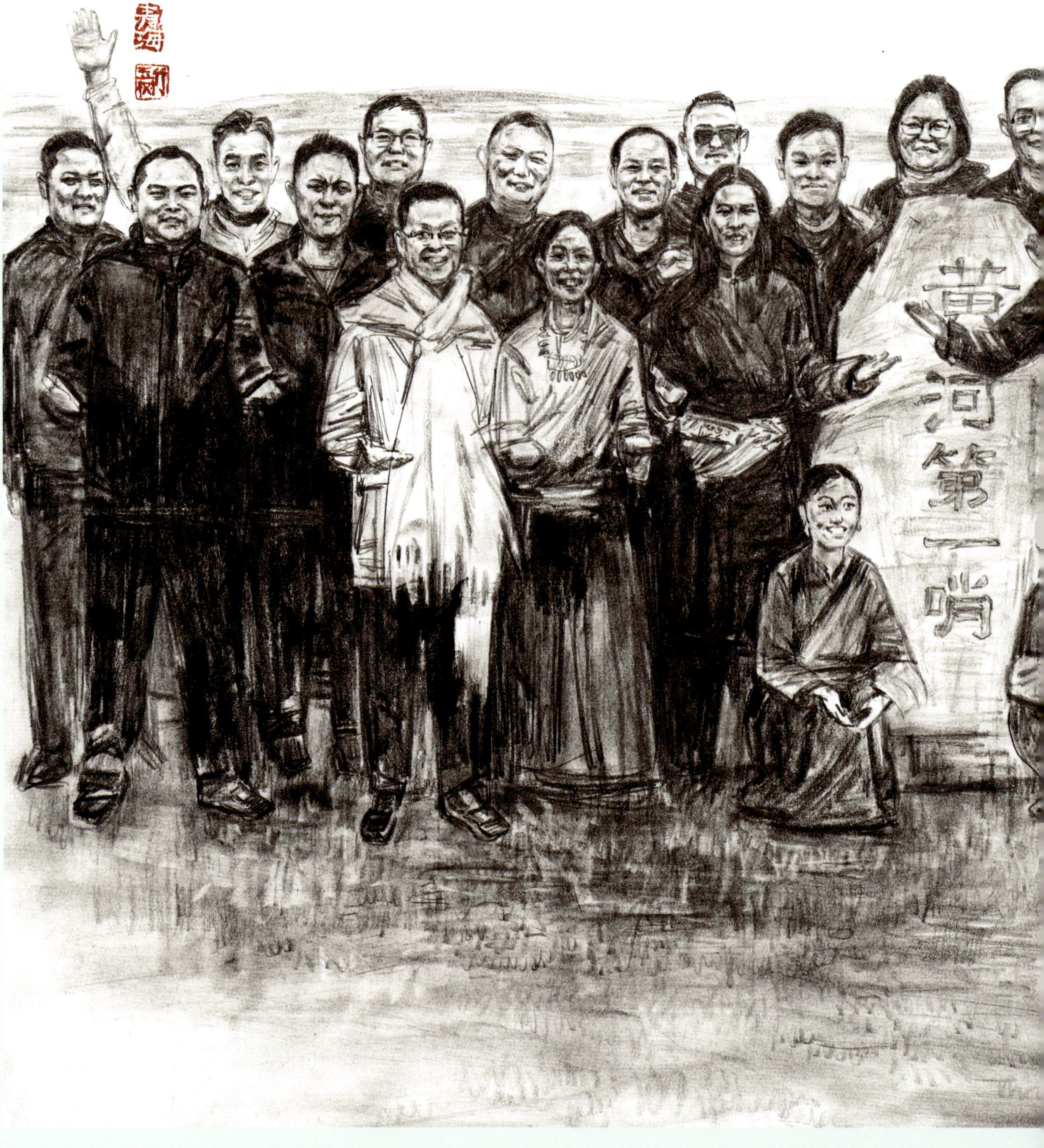
黄河第一哨

把研究书写在江源大地上

PREFACE

序章

《生生不息母亲河》

李继飞　纸本素描　368mm×260mm

创作于玉树州称多县歇武镇直门达村三江源自然保护区纪念碑　2024年7月24日

保护母亲河
守护三江源

生命起源于水，文明诞生于江河。

青海省玉树藏族自治州，这里是万山之宗、三江之源、中华水塔，唐古拉山脉和昆仑山脉在这里冰雪相拥，长江、黄河、澜沧江源远流长；

这里有唐蕃古道、康藏通衢，是多个民族世居的家园，汉藏文化在这里交流交融，三江万里浪，华夏百族兴，巍巍雪山是国家之栋梁，三江澈水是民族之摇篮，沃野千里是生命之乐土；

这里还是歌舞之乡、灵秀之地，高原独特的生产和生活方式让这里的人们传承着与自然、与各类生命打交道的智慧，他们朴素的生态、生产和生活方式，深深影响着大江大河的命运，也深深影响着我们每一个人的生活……

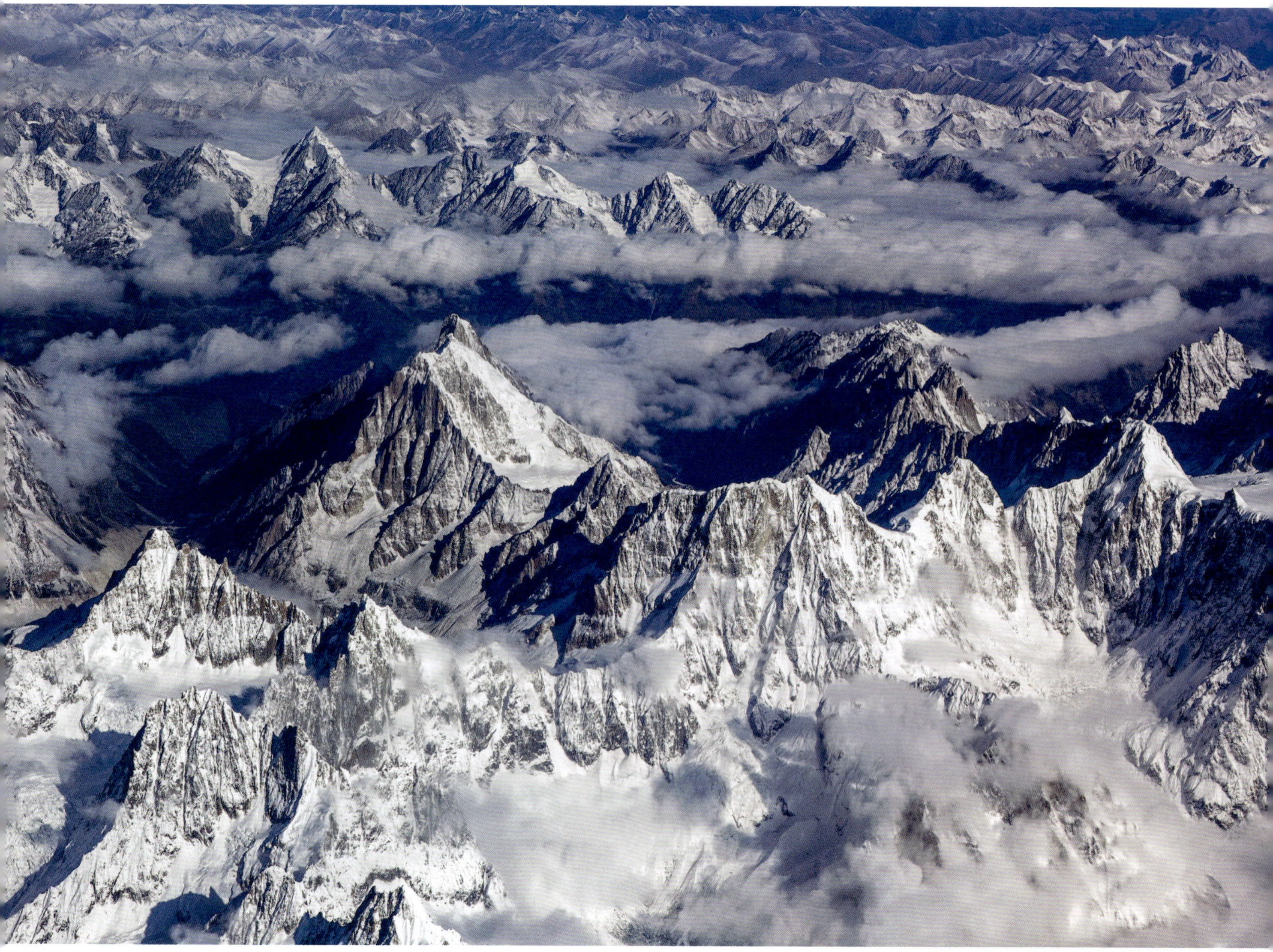

▲ 喜马拉雅山脉

喜马拉雅山脉绵延数千里，像一条巨龙伏卧在世界屋脊上，珠穆朗玛峰高达 8844.43 米，为世界最高峰。它与乔戈里峰、希夏邦马峰、南迦巴瓦峰、卡瓦格博峰、慕士塔格峰、贡嘎山以及央迈勇峰等，共同组成了中国西部的擎天之柱。而三江源就处于青藏高原腹地，从这里发源的黄河、长江和澜沧江孕育出多种璀璨的文化。

> 保护好青海生态环境是"国之大者"。党的十八大以来，习近平总书记三次到青海考察调研，为青海发展擘画蓝图、指引方向。青海牢记总书记嘱托，把生态保护放在突出位置，完善流域生态一体保护政策，加快国家公园建设，探索具有中国特色的自然保护地体系建设模式，从根本上筑牢国家生态安全屏障，勇于争当国家公园建设"优等生"。

人与自然的关系是人类社会最基本的关系。马克思主义认为，人靠自然界生活，人类在同自然的互动中生产、生活、发展。生态文明源于对发展的反思，也是对发展的提升、对工业文明的超越。正是从文明进步的新高度重新审视中国的发展，我们党把生态文明建设纳入中国特色社会主义"五位一体"总体布局。党的十八大报告中"努力建设美丽中国，实现中华民族永续发展"的生态文明目标，以鲜明的形象、丰富的内涵，诉说着 14 亿中国人的向往，吸引着世界的目光。

党的十八大以来，以习近平同志为核心的党中央高度重视青海工作，习近平总书记三次亲临青海考察、两次参加全国人大青海代表团审议[1]，站在党和国家事业全局高度，聚焦青海工作发表重要讲话，并多次作出重要指示批示，深刻阐明事关青海长远发展的一系列根本性、方向性、全局性重大问题，为青海发展指明了前进方向、擘画了宏伟蓝图、提供了根本遵循。深刻阐明了青海"三个最大"省情定位和在全国大局中"三个更加重要"的战略地位，强调青海最大的价值在生态、最大的责任在生态、最大的潜力也在生态，必须把生态文明建设放在突出位置来抓；强调青海自古以来就是国家安全的战略要地，在党和国家工作全局中占有重要地位；强调进入新发展阶段、贯彻新发展理念、构建新发展格局，青海的生态安全地位、国土安全地位、资源能源安全地位显得更加重要，保护好青海生态环境，是"国之大者"；强调青海对国家生态安全、民族永续发展负有重大责任，三江源保护是青海生态文明建设的重中之重，必须始终承担好维护生态安全、保护"三江源"、保护"中华水塔"的重大使命，对国家、对民族、对子孙后代负责。

青海是国家重要生态安全屏障，其中尤以玉树为重，更以三江源为大。从"黄河源头第一哨"到"万里长江第一湾"，从"中国鹤"的隆宝典范到昂赛"雪豹和她的朋友

---

[1] 《牢记嘱托感恩情　接续奋斗谱新篇——中共青海省委十四届六次全体会议分组讨论综述》，《青海日报》2024 年 7 月 13 日第 2 版。

们",玉树的生态环境保护关乎国家生态安全和民族永续发展。从"借绿生金兴文旅"的乡村振兴之路,到"且与江湾共远方"的自然风光之美,三江源的高水平保护与高质量发展牵动着全国人民最挂念的心情和最敏感的神经。

在习近平生态文明思想科学指引下,青海省上上下下,团结一致,坚持生态惠民、生态利民、生态为民,坚持每个人都是生态环境的保护者、建设者、受益者,将群众参与度、为民解难题作为衡量生态保护与发展的重要标尺。如今的青海,生态文明已经成为广大藏族同胞共同参与、共同建设、共同享有的事业。如今的玉树,坚定地走在中国国家公园建设前列,坚定不移做"中华水塔"守护人。与山水相融、与草木共生的牧民群众有一个共同的信念,那就是:保护生态环境就是守护自己的家园。

2024 年 7 月,中共青海省委召开十四届六次全体会议指出,生态保护是青海工作的根和魂,生态主动,就是政治主动、历史主动;生态被动,就是政治被动、全局被动。要始终站位大局,把处理好高水平保护和高质量发展的关系作为谋划和推动工作必须牢牢把握的认识论、方法论。要始终着眼长远,决不止步于全国性的目标要求,决不止步于一般性看护管护,决不止步于已取得的保护成效,以实现生态功能最大化固根本、利长远、惠全国。要始终守牢底线,不大干快上、不急功近利、不盲目冲动,共抓大保护、不搞大开发,守护好中华民族永续发展最珍贵的家底。

2024 年 9 月,中共青海省委召开十四届七次全体会议进一步强调,要通过进一步全面深化改革,更加有力地把习近平总书记对青海工作重大要求扎扎实实落到实处,不断在推进青藏高原生态保护和高质量发展上取得更大进展。着力在打造生态文明高地上取得新成就,守护好"三江之源""中华水塔",让绿水青山永远成为青海的优势和骄傲……

如果说,青海湖是大美青海"皇冠上的蓝宝石",那么,三江源则是大美青海的另一面,即"荒野之地"——这是中国最后未被污染的一块净土,是除了非洲大草原之外能够看到最大规模的动物大迁徙和完整食物链的地方,也是世界上未被完全探知的高寒极地。2024 年 3 月 6 日上午,在十四届全国人大二次会议青海代表团举行的开放团组活动上,时任青海省委书记陈刚表示:保护好青海的水资源,不仅对青海责任重大,对全国也意义重大,甚至关系到中华民族的永续发展。在青海推进国家公园建设,要特别处理好生态保护、绿色发展和民生改善等重大课题。我们始终坚持生态保护优先,不满足于当"合格生",勇于争当"优等生"。

"皇冠上的蓝宝石"固然珍贵,但"荒野之地"何尝不是一种稀缺。地卑荒野大,天远暮江迟。正如《荒野之境》的作者罗伯特·麦克法伦所说,对于一个城市居住者,身处林中,"能多少抵消城市对我的控制",于是,离他比较近的郊外的一片树林,便成了他深思的圣地、心灵的居所。

人类诞生于荒野之中。为何我们要追寻荒野？归根结底，是荒野产生了我们，荒野是一个活的博物馆，是我们的邻居，展示着我们的生命之根。荒野保护和再野化是目前国际上生态保护修复领域的前沿和热点问题。梭罗在《瓦尔登湖》写道："荒野中蕴含着这个世界的救赎。"他还有一篇散文题为《散步》，他在散步中最大的收获，就是发现了荒野的价值与魅力——走向荒野不是走向原始和过去，不是历史的倒退，相反，荒野中蕴藏着一种尚未被唤醒的生机和活力，意味着希望、美好和健康。

中国人有自己的"荒野"，中国人的荒野掩藏于农耕文明中开门见山的怡然自得，是众多诗人笔下所描绘的精神乌托邦。每个人都应该有一个属于自己的"旷野"，那是对生命的升格理解，是对人生的打破重构。"旷野，一个没有天花板的地方。"喜欢越野的人很多，但只有心存旷野的人，才能带着极致的精神内核奔赴旷野之巅。去旷野是"看天地也看自己"，在山河曲直中让"生命自己寻找出路"，是打破自我束缚与天花板的具象行动。

首都北京，"中国公路零公里点"标志镶嵌在正阳门南，天圆地方，青铜合金铸造，古朴庄重。如果，我们要设立一座中国荒野之地的原点，那应该就是在玉树，在滚滚奔腾的通天河畔，那座高高矗立的"三江源自然保护区纪念碑"下。我们要从这里出发，守护最后的"荒野之地"，留住这些最原真、最完整的生态家园。

瓦里关，海拔3816米，矗立着世界上最高的中国大气本底基准观象台。在地球"第三极"这片净土上，这里最大限度地"还原"了大气的本来模样，也帮助人类寻找到解决气候危机的钥匙。2024年9月5日，以"瓦里关曲线——为了地球的明天"为主题的瓦里关全球大气本底站建站30周年暨青藏高原温室气体与气候变化国际学术交流会在青海省西宁市召开。来自世界各地的专家齐聚一堂，围绕世界气象组织全球大气本底站建设情况、青藏高原温室气体与气候变化监测网络建设、高寒生态系统碳汇评估与生态价值核算、青藏高原多圈层变化及其对气候变化响应等主题进行深入交流研讨。在这次会上，时任青海省委书记陈刚在致辞中发出了"瓦里关——信念、坚守与愿景"的中国声音：

"'瓦里关曲线'，记录的是中国推进碳达峰碳中和的深深印记，体现了中国积极参与和推进气候变化全球治理的实际行动，更彰显着中国共产党推动构建人类命运共同体的主动担当。"[2]

---

[2] 陈刚：《瓦里关——信念，坚守与愿景——在瓦里关全球大气本底站建站30周年暨青藏高原温室气体与气候变化国际学术交流会上的致辞（摘要）（2024年9月6日）》，《青海日报》2024年9月7日第1版。

▲ 星宿海

青藏高原被誉为人类文明的起点。山川纵横，河网密布，这里留下了多民族交往交流的记忆；镌刻着丝绸之路上东西方文明碰撞融合的历史，见证中华文明多元一体、多点涌现、多条支流汇聚并融合发展，最终形成了强大且独一无二的文明实体的宏大意象。

从"黄河源头第一哨"到"万里长江第一湾",从"中国鹤"的隆宝典范到"雪豹和她的朋友们",三江源生态保护关乎国家生态安全和民族永续发展,三江源的生态保护与高质量发展牵动着全国人民的最挂念心情和最敏感神经。

"我们与全球共同期待着，终有一天能够从'瓦里关曲线'上看到人类文明发展的拐点，二氧化碳达到排放平衡并开始下降，到那时，我们的家园才会真正进入可持续发展的阶段。"[3]

> 作为中国首个国家公园体制试点的三江源国家公园，率先颁布实施《三江源国家公园条例》，率先设立三江源生态法庭，率先建立三江源公益诉讼巡回检察制度，率先构建国家公园生态公益司法保护协作机制，率先探索具有中国特色的国家公园行政执法模式，运用法治思维和法治方式在国家公园自然资源资产管理、国土空间用途管制、提高生态环境治理水平、推动青藏高原生物多样性保护等方面取得重大突破和卓著成效，在高水平保护和高质量发展、自然景观与自然教育良性互动、中华优秀传统文化和民族文化融合发展中开启了以国家公园为主体的自然保护地体系建设新篇章。

在互联网上搜索"三江源"一词，有两个结果非常醒目。

一个指向三江源国家公园：像爱护眼睛一样守护中华大地的瑰宝。这片19.07万平方公里的广袤区域，江河奔腾不息，滋养万物生灵，是现有中国最大、海拔最高且生物多样性高度富集的国家公园。它刻画了承载几千年中华文明的自然和人文景观。

另一个指向三江源国家生态保护综合试验区：推进以国家公园为主体的自然保护地体系建设。这片占青海省总面积54%、总面积达39.5万平方公里的区域，成为亚洲乃至世界孕育大江大河最集中的地区之一。它展现了中国大力推进生态文明建设的坚定决心。

国家公园是自然保护地的一种管理模式和制度体系。按照生态价值和保护强度，国家公园是保护强度、保护等级最高的，目的就是要把自然生态系统最重要、自然景观最独特、自然遗产最精华、生物多样性最富集的区域保护起来，是一种原真性、完整性的生态全要素管理和大尺度保护。2021年10月12日，在《生物多样性公约》第十五次

---

[3] 陈刚：《瓦里关——信念，坚守与愿景——在瓦里关全球大气本底站建站30周年暨青藏高原温室气体与气候变化国际学术交流会上的致辞（摘要）（2024年9月6日）》，《青海日报》2024年9月7日第1版。

缔约方大会领导人峰会上，中国正式向全世界宣布设立三江源、大熊猫、东北虎豹、海南热带雨林、武夷山等第一批国家公园。三江源国家公园是世界上海拔最高、面积最大、保护价值最突出、试点成效最显著的国家公园，已经成为我国生态文明建设的示范和观察青藏高原国际生态文明高地的重要窗口。

把三江源建成具有国家代表性和世界影响力的自然保护地典范，是对习近平生态文明思想磅礴伟力的充分彰显。三江源国家公园的建设，把习近平生态文明思想与玉树的具体实际相结合，真正站在国家、世界发展格局的战略高度，站在青海战略价值和历史责任的制高点来认识生态文明建设，进一步坚定生态保护优先，走出一条高原地区、民族地区、生态脆弱地区、欠发达地区生态文明建设的新路子，推动形成人与自然和谐共生的思想自觉、政治自觉和行动自觉，确保"一江清水向东流"。

曾经，因气候变化和人类活动，导致三江源生态退化、恶化，河流频频断流，湖泊大量消失，威胁中下游地区生态安全。2000年8月，三江源省级自然保护区正式建立；2003年1月，国务院批准它为国家级自然保护区；2021年10月，正式设立三江源国家公园。

20年间，"中华水塔"保护迈上三个台阶，实现三个跨越，力度不断加大，范围不断优化，措施不断完善，实现了从单纯保护生态转向全面统筹生态保护与经济社会发展，步入人与自然和谐共生的新阶段。

今天，三江源区生态环境质量得以改善，生态功能得以巩固，水源涵养功能有所提升，湿地面积进一步扩大。这看似开阔荒凉的不毛之地，藏在其中的生灵不止千万。

"千湖圣境"重现，"中华水塔"丰沛。据国家发展改革委生态成效阶段性综合评估报告显示，三江源地区主要保护对象都得到了更好的保护和修复，草地覆盖率、产草量分别比10年前提高了11%、30%以上。野生动物种群明显增多，藏羚羊由20世纪80年代的不足2万只恢复到7万多只，过去濒临灭绝的雪豹、金钱豹、欧亚水獭频频亮相，兔狲、藏狐、白唇鹿、野牦牛、黑颈鹤等生动活泼。尤其是可可西里申遗成功，成为我国面积最大、海拔最高的世界自然遗产地，千湖净土，碧波荡漾，中国的生态文明保护从此更具有了国际话语权。

神圣的三江之源，滋养着我国三条大江和沿江流域6个国家、10多亿人民。这里，每一天、每一分、每一秒都在演绎着关于源头的故事；每一人、每一家、每一户都在感受着关于源头的幸福。尤其是"一户一岗"生态管护公益岗位机制的设立，成为三江源国家公园平衡生态与社区关系的一项代表性举措。

如今，2.3万名放下牧鞭的生态管护员持证上岗，户均年增收2万余元，他们在守护三江源国家公园生态环境改善的同时，还有了生活的保障。有的牧民群众还成了业余摄影家，一些作品甚至获得了国际野生动物摄影大奖，不仅让全世界看到了青海，更实现了生态保护、绿色发展和民生改善共赢。三江源的绿水青山就是金山银山，让更多群众走上生态路、吃上生态饭的同时，也让生态资源逐渐成为群众的幸福不动产。

如今，被誉为"黑颈鹤之乡"的隆宝国家级自然保护区，湖泊与沼泽如宝石般点缀在广袤的草原上，交织出一幅动人的自然图景。"保护区＋社区"合作模式的探索与实践，让这里成为了珍稀濒危鸟类黑颈鹤的天然家园，立体多元的保护体系让这里成为了我国黑颈鹤繁殖和生存的重要集中地。

如今，在"天边的索加"与"人类的禁区"可可西里，在索南达杰生活和工作过的英雄之乡，"可可西里坚守精神"被索加人乃至整个治多县群众一代又一代传承着、笃守着、自豪着。一代代索加人从这里出发，坚守奉献、忠于职守，担负起保护三江源、保护"中华水塔"的重大使命。更多的人们来到这"可可西里坚守精神"诞生地，感受着当地的人们所守护的净土与成果，感悟着人与自然和谐共生的真谛。

> 守护高原生态，呵护江河之源，三江源国家公园是生态文明建设的鲜活样本与生动示范。习近平总书记指出："要着力对自然保护区进行优化重组，增强联通性、协调性、完整性，坚持生态保护与民生改善相协调，将国家公园建成青藏高原生态保护修复示范区，三江源共建共享、人与自然和谐共生的先行区，青藏高原大自然保护展示和生态文化传承区。"[4]

三江源国家公园既是中国的，也是世界的，更是大众的。巴塘草原和嘉塘草原滋养着勤劳的藏族儿女，三江源头的感恩曲诠释着"江源玉树"的深刻内涵和重要意义。

"灾后，我去玉树灾区，当时上到了一个海拔4000多米的村子，那里破坏还是很严重的。"——2021年3月7日，习近平总书记参加十三届全国人大四次会议青海代表团审议时，特别提到了一个村。

---

[4]《习近平主持召开中央全面深化改革领导小组第十九次会议强调　改革要向全面建成小康社会目标聚焦　扭住关键精准发力严明责任狠抓落实》，《人民日报》2015年12月10日第1版。

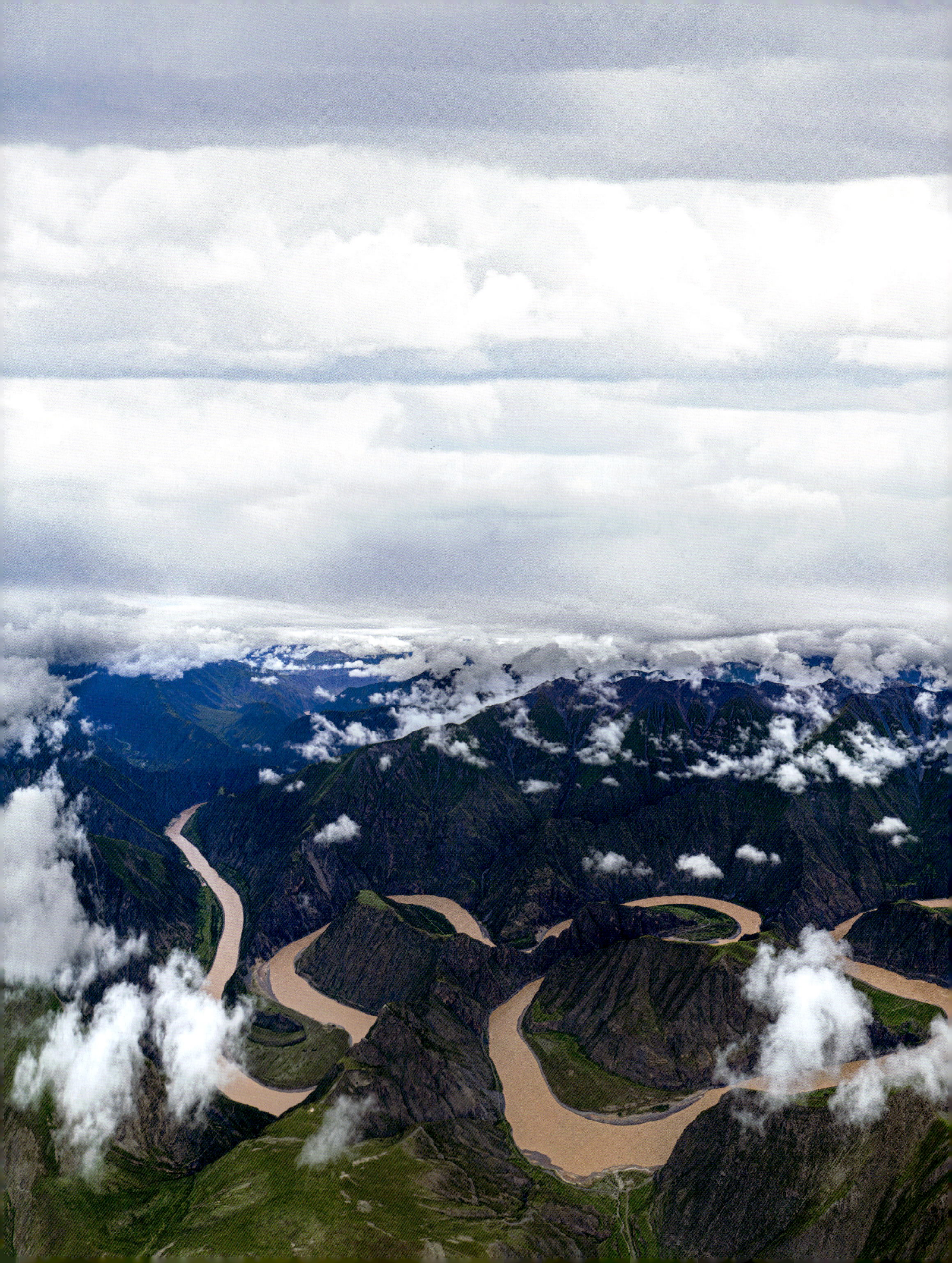

▲ 通天河拐弯处

于高山之巅，方见大河奔涌；于群峰之上，更觉长风浩荡。青海"三个最大"省情定位和在全国大局中"三个更加重要"的战略地位，其生态安全地位、国土安全地位、资源能源安全地位日显重要，保护好青海生态环境，承载着"国之大者"的历史凝望与感悟。

这个村,就是玉树市扎西科街道的甘达村。这个昔日在"4·14"地震中被无情摧毁的古道重镇,今日已华丽变身为"江源会客厅",广迎四方宾客;昔日的高原马帮,已然成为一座崭新的产业发展新村落,"甘达模式"带领村民们稳步走上小康路。

视线从甘达转到香达——囊谦县香达镇青土村,玉树州农牧区"第一面鲜红的党旗升起的地方"。这个看似普通的小村庄,却矗立着一座"玉树州第一个农牧区党支部"纪念馆。在这里,诞生了玉树党建史册的"两个第一":第一个少数民族牧民党员、第一个村级党支部。"青土"藏语意为"和谐家园"。69年前,青土村5名党员在一间简陋的礼堂里庄严宣誓;69年后的今天,"党建+产业"的发展模式在这里唱响。青土村党支部纪念馆、玉树州党员教育示范培训基地等,已经成为玉树基层党建的一面旗帜。

"佩戴党员徽章的人就是为我们办事的人"——位于玉树市城区的扎西大同村,是典型的人多地少的城中村,全村占地面积仅为0.53平方公里。没有人甘愿靠天吃饭,艰苦的自然条件总会造就一批具有吃苦耐劳、冒险精神的引路人。过去的大同村,受自然条件和土地资源的制约,村集体经济发展滞后、村民收入很低。如今的扎西大同村,依然是那群佩戴党员徽章的人,立足村情谋发展,借"天时地利人和"之势,积极拓宽增收渠道,在"方寸之间"走出了一条多业并举的致富路子,收获了老百姓的真心点赞。

"大地震动,只是构造地理,并非与人为敌。大地震动,人民蒙难,因为除了依止于大地,人无处可去。"重读四川作家阿来这部史诗力作《云中记》,诗性与理性回旋,人性与神性交融。玉树市禅古村——这里是玉树灾后重建"第一村",抗震救灾的第一个"帐篷党支部"就设立在此。碧空下,成排的红顶黄墙民居,亮丽醒目;沟道里,巴塘河静静流淌,绿如翡翠;广场上,老人在悠闲地晒着太阳,拉着家常。屋顶上迎风招展的五星红旗、墙壁上藏汉双语精心书写的"幸福是奋斗出来的""新时代、新玉树、新生活""永远跟党走"的标语,以及手绘的精美图画,展示着禅古村村民的新生活。

高原生态,是和谐共存,也是生命守护。随着三江源国家公园建设持续推进,三江源各族人民与山水相融、与生灵共处、与草木共生,向世人呈现出一幅海晏河清、碧草连天、生机勃勃的大美画卷。他们有一句发自肺腑的感动:"我们生态管护员像一滴一滴的雨,落进了习近平生态文明思想的大海里。"

民心是最大的政治,民心也是最大的生态。人不负青山,青山定不负人。三江源国家公园建设赢得了民心,也必将赢得更美好的未来。

> 生活在青海的各族人民长期践行着"天人合一""万物共生"的朴素生态观。近年来，青海省持续研究和探索农牧民和广大居民参与机制，使他们成为生态文明建设的主力军和受益者，实现责权利的有机结合；在各种生态文明创建活动中树牢"绿水青山就是金山银山"的强烈意识，促进生态文明建设领域形成"党的领导，政府主导，社会协调，人人参与"新格局，让人人都享有绿水青山。

牧人崇尚自然，敬畏自然，把保护生态的理念深深植根于游牧生活的每一个细节，始终坚守一句"祖祖辈辈把地球原原本本传给我们，我们把地球原原本本传给子子孙孙"的古老诺言。游牧文化更有一种绝无仅有，超然于尘世之外的文化特征，主动让位于自然，自觉让利于生态，甚至禁止人性贪婪和欲望，恪守着自然生态的完整性和原真性。河里的鱼，林间的鸟，山上的鹿等不可侵犯；崇山之地不可高呼，江河之处不可搅扰……他们或许不清楚三江源头的这眼泉水流向哪里，也不知道江源对于文明的意义，但他们只知道祖祖辈辈生活在这里，这一眼泉水养育了他们，所以理所当然要保护好她。

藏族民众在山神所居住的地方是不能随意破坏一草一木的，哪怕是不小心砍了一棵树，也要立刻用土把树桩埋上。在他们眼里，人与动物也是永远的伙伴，人与一切生物要达成共存关系才是一种合理的存在。例如在藏族卦辞中就经常把人畜得病的根源，归咎于人们砍伐树木、污染水源、捕猎动物等冒犯自然的行为。所以"万物有灵"也是藏族民众保护和崇拜大自然的思想根源与基础，藏族民众为青藏高原的自然生态保护做出了巨大的贡献，如今也得到了国际社会的广泛认可。

在史诗《格萨尔王传》传唱中，展现出人类应该以一种普通的身份出现，与自然进行平等的对话和交流，赋予自然主体性等思想，也是我们今天应该学习的。当然，由于严峻的自然生存条件的考验，这里也不可避免地存在着与现代社会生态文明观不相适宜的风俗习惯，需要加大力度做好传统生态文化向现代科学的自然生态观的转换和引导。近年来，青海加大宣传教育力度，在全社会大力进行新发展理念和习近平生态文明思想的教育和现代生态文明知识传播，引导少数民族传统游牧、农耕生产方式向现代绿色生产方式转型，引导民族传统生活方式向现代生活方式转变，使民族生态文化真正建立在现代科学的基础之上。

▲ 玉珠峰

"玉珠峰就在不远处,还特别梦幻!"今天的青海大地已被冰雪运动的热潮所席卷。巍峨的雪山,越来越成为人们展现冰雪热情与活力的舞台,让人们在别样的季节挑战高峰,他们用脚步丈量雪山的魅力,也更近距离地感受华夏文化最深层的民众记忆与核心象征,传播着深远的历史底蕴与丰富的文化内涵。

在位于青藏交界线的玉树州曲麻莱县多秀村的不冻泉垃圾处理站，高原上"最可爱的人"在垃圾清运岗位上无怨无悔，演绎着生态管护"永动机"的故事，诉说着不冻泉里"不冻情"。

在玉树藏族自治州称多县的珍秦镇，通过推行"不想富都不行"的新型牧民合作经营方式，实现了生态畜牧专业合作社的股份制提升改造，成功地将农牧民的生产经营模式从过去的分散状态转变为适度规模生产，四季轮牧铸就了牧民的共富梦。

在澜沧之源、宝地杂多，格桑小镇曾经是玉树地震灾后重建的重点区域，如今正以一种全新的面貌呈现在世人面前。从海拔4000米以上的草原搬迁到县城，对于格桑小镇305户移民群众来说，变化的不仅仅是居住条件，还有他们在劳动中找到的人生新目标。从草原到城镇，实现了从游牧文化到城市文化的一次大跨越。

在囊谦的千年古盐田，《一粒盐的精神》让人们的思绪在古老与现代之间穿越。那些经历过无数风霜的驮盐之路，提醒着人们应记住祖先拥有的智慧，并珍惜大自然的馈赠。如果走得太快，记得等一等自己的灵魂。

天上曲麻莱，孕育出了得天独厚的野牦牛种质资源；人文称多，孕育了丰富多彩的歌舞、马术、帐篷城等的生态文化大餐；巍巍玉珠峰，是多少人心中的"诗和远方"；直本仓千年古渡口，"牛皮筏子"的故事讲述着传承了一代又一代的精神。

习近平总书记曾指出："从历史长河来看，如果说我们这一代人能留给后人点什么，我看生态文明建设就是很重要的一个方面。"[5]

因为热爱而付诸保护，这是人类文明发展过程中一个全新的认知。"生态文明建设最能给老百姓带来获得感，环境改善了，老百姓体会也最深。"很多人艳羡加州的阳光、塞舌尔的海滩、芬兰的原始森林，但靠"回到从前"来解决今天出现的问题，并非正路。我们必须把握好生态与经济的平衡之法，更要讲好先富与共富的辩证统一。青海要走的路就以敬畏之心做到生态保护无上限、旅游发展有下限，小道理服从大道理。坚定"路走对了就不怕遥远"的信心，形成"越干越会干、越干越能干、越干越想干"的良性循环，以"人一之，我十之"的精神状态加快推进各项工作，不辜负习近平总书记的期望和嘱托。

早在20世纪70年代，国际上就有这样的观点，在所有的环境污染问题中，没有比"贫穷污染"更为严重的。这一观点划清了发达国家与发展中国家两类不同的环境问题。精心调适发展与环保的关系，尽最大可能维持两者间精细的平衡，不仅是经济问题、技术问题，更是社会问题、政治问题。这是对人类智慧和伦理的双重挑战。

---

[5]《中国之问 世界之问 人民之问 时代之问 我们这样回答》，《人民日报》2022年10月14日第1版。

2023年8月，青海作家杨志军的长篇小说《雪山大地》荣获第十一届茅盾文学奖。茅奖授奖词这样写道：杨志军的《雪山大地》，追求大地般的重量和雪山般的质感。青藏高原上汉藏两个家庭相濡以沫的交融，铸就了一座中华民族共同体意识的丰碑。在对山川、生灵、草木一往情深的凝望和咏叹中，人的耕耘建设、生死歌哭被理想之光照亮。沧桑正大、灵动精微，史诗般的美学风范反映着中国式现代化的宏伟历程。

在《雪山大地》中，雪山是父性的，雄奇、伟岸、高大；大地是母性的，博大、宽厚、温柔。雪山大地实际上是父亲的雪山，母亲的大地。其中呈现出的是三种意境：第一种是地域上的雪山大地，是诗意壮美的；第二种是精神上的雪山大地，是神性的，有灵魂的；第三种则是父亲母亲和高原上的父老乡亲所象征的雪山大地，是动人的，令人敬仰的。这三种雪山大地所呈现的人物关系，因为命运的交织反映出高原牧民在时代变迁中的心路历程。

"众力并，则万钧不足举也。"

如今，在三江源，在这片雪山大地，正在成长起新一代的守护人，他们巡视国家公园，就像在看护自己的牧场。在巡护时，他们用耳朵听万物发出的声音，他们用眼睛看山水的每一丝变化，他们用心感受大自然的喜怒哀乐。

> 立足于百万年的人类史、万年的文化史、五千多年的文明史，构建以三江源为研究对象的青藏高原生态文明理论体系，是推动将三江源国家公园建成具有国家代表性和世界影响力的自然保护地典范的重要指南。

"源"，对于中华文明而言，具有特殊的意义。任土作贡，辨物居方。对"源"的探寻，就是对民族文化的寻根。

"海内昆仑之虚……河水出东北隅，以行其北，西南又入渤海。"古老的《山海经》承载了先民追寻江河源头之嚆矢。黄河的源头在昆仑神山，河水从昆仑神山东北角涌出，浩浩荡荡一路向北，又掉头往西南流入渤海。

作为"地球第三极"，青藏高原是全球气候变化最敏感地区，也是亚洲乃至北半球环境变化的调控器。以青藏高原为核心的第三极以及受其影响的东亚、南亚、中亚、西亚、中东欧等泛第三极地区，涵盖20多个国家和地区的30多亿人口。随着"一带一路"倡议的持续推进，泛第三极环境变化的重要性越来越受到全球关注。

▲ 曲麻莱色吾河

如果说，青海湖是大美青海"皇冠上的蓝宝石"，那么，三江源则是大美青海的另一面，即"荒野之地"。这是中国最后未被污染的一块净土，是除了非洲大草原之外能够看到的最大规模的动物大迁徙和完整食物链，也是世界上未被完全探知的高寒极地。

每一个在黄河下游生活过的孩子，可能都想去黄河的源头看一看，这是人们的饮水之源，也是人们对外部世界的所有好奇的源头。是的，河有头，江有源，大江大河的源头究竟在哪里？古代先民们和现代的科学家们都进行了艰苦卓绝的探索。20世纪70年代末，我国科学家组织的科考队，首次将长江源追溯到唐古拉山北麓的各拉丹冬冰峰下，探明长江正源为沱沱河，这是有史以来第一次查明长江的真正发源地。

1978年1月13日，新华社正式对外报道这一消息。次日，美联社便发了一则电讯："长江取代了密西西比河，成为世界第三长的河流。"

1985年，在黄河水利委员会的认定下，约古宗列曲被正式确定为黄河正源。1999年10月24日，黄河源碑在玛曲曲果的源头耸立，坐东朝西，面向着黄河的第一股清泉。

这是多么柔弱的一股清泉，但又是多么强大的一股力量。这是多么清澈的一条溪流，但又是多么磅礴的一种神奇。天高水低，涓涓不绝，地老天荒，星垂月拱。人们在这里遥祭九天黄河之精灵，感受母亲的血流淌于生命的神圣，寄托"黄河九天上，人鬼瞰重关"的浩荡奔腾的情怀。

作家冯骥才说："当历史学家和人类学家逆时序地上溯到一个民族的源头时，最终一定迷醉在一片无比壮美的高山峻岭和冰天雪地之间的江河的源头里。"立足于百万年的人类史、万年的文化史、五千多年的文明史，在"世界屋脊"大背景下，追溯黄河之源，仿佛探寻华夏文明的根底，既是田野调查，也是地理探险，还是人文追问，更多的是对三江源地区作为人类早期活动和文明发展进程的发现。

热爱我们的来处，珍惜我们的此刻，才知道我们将向哪里去。从黄河文明、长江文明、草原文明的历史视角出发不断追寻：三江源的源头文明在中华文明发展历程中具有怎样的历史地位？从世界四大文明古国的全球视野出发，我们又会不断追寻：在古中国、古印度、古埃及和古巴比伦四大文明古国发展进程中，为什么其他三个文明古国都曾经历过中断或衰落，而中华文明却一直延续至今。这种延续与三江源有着怎样的联系？

万物生灵是最好的见证，山川草木是最美的注脚。黄河源头的约古宗列盆地冷风刺骨，蒿草在奋力生长着，河流分散成众多河汊，弯弯曲曲，散淡地流淌。南北天际线上卷起两排凝固的黛青色波浪，那是巴颜喀拉山脉和布尔汗布达山雄浑苍凉的身影，孕育了源远流长的中华文化和灿烂辉煌的华夏文明。

"让黄河成为造福人民的幸福河。"[6] 习近平总书记始终牵挂着这条中华民族的母亲河。言之殷殷、情之切切。

---

[6]《"让黄河成为造福人民的幸福河"：习近平总书记引领推动黄河流域生态保护和高质量发展纪实》，《人民日报》2024年9月16日第1版。

距离黄河发源地约古宗列曲不到3公里，一个星空和白云仿佛触手可及的地方，住着这样一户人家，门前矗立着"黄河源头第一哨"石碑，屋墙外整面墙壁大小的"黄河第一家"喷绘照片，屋顶飘扬着五星红旗，全家14口人，户主是一名叫各求的小伙，现在是麻多乡郭洋村的生态管护员，是一名民兵，更是黄河源头的守护人。2024年8月9日，三江源研究院黄河源头保护与研究基地揭牌仪式就在他家的院子里举行。仪式现场，"三江源研究院黄河源头保护与研究基地""三江源研究院黄河源头自然教育基地""三江源研究院黄河源头保护与研究基地黄河第一哨"三块金色的标牌正式揭牌。

8月11日的"玉树发布"微信公众号发出了这样的报道：

当前黄河流域生态保护和高质量发展正处在关键时期，"大美青海·江源玉树"正处在历史上最好的发展时期，随着"三江源研究院黄河源头保护与研究基地"的成立，曲麻莱县将进一步提高政治站位，胸怀"国之大者"，扛牢源头责任，守护好江源生态，以实际行动推动习近平总书记考察青海重要讲话精神落地见效，为共绘青海绿色发展新篇章贡献源头力量。

从"黄河源头第一哨"到"澜沧江源第一县"的杂多县，这里的昂赛乡是三江源地区生物多样性最丰富的地区之一。在昂赛乡的年都村，有一座牧民自建的生态展厅。展厅内，社区监测、自然体验、牧民摄影师、野生动物标本及格吉部落文化等丰富内容，是人与自然和谐共生、生态价值有效转换的生动缩影和有力见证，尤其是现场的雪豹、棕熊等很多标本，将自然教育融入自然保护地游憩中，是多样化生态体验的重要窗口。

"雪豹之乡"是昂赛的金名片，也是昂赛人的骄傲。2016年8月22日至24日，习近平总书记在青海调研考察，来到青海省生态环境监测中心通过大屏幕，接通了昂赛澜沧江大峡谷观测点的视频连线。"杂多县有多少只雪豹？""生态恢复情况怎样？""生态管护员力量配置情况如何？"习近平总书记详细询问。他希望生态管护员认真履行职责、完成保护任务，希望各级党委和政府进一步摸索和完善国家公园体制试点，切实保护好三江源地区生态环境[7]。

2023年8月4日，中国独立创作生产的第一部反映雪豹及其周边生态的纪录电影《雪豹和她的朋友们》上映，并在当年举行的第36届中国电影金鸡奖颁奖典礼上荣获最佳纪录／科教电影奖。这部影片的拍摄地，正是杂多县昂赛乡。影片以昂赛雪山之巅的一只母雪豹为核心，通过三位当地牧民跨越6年时间追踪拍摄雪豹种群的故事，互文式

---

[7]《习近平在青海考察时强调　尊重自然顺应自然保护自然　坚决筑牢国家生态安全屏障》，《人民日报》2016年8月25日第1版。

约古宗列湖泊湿地

湿地被誉为地球之肺,那里有我们魂牵梦绕的荒野。荒野是一个活的博物馆,是荒野产生了我们。荒野是我们的邻居,展示着我们的生命之根。

展现了藏地牧民家庭的成长。而外地游客也可以通过自然体验特许经营的方式亲身感受"牧民与雪豹"的故事。

从黄河源头到雪豹之乡，从约古宗列曲到昂赛大峡谷，三江源生态保护这些年的实践反复证明，最大限度保护青藏高原生态系统的原真性和完整性，必须坚持以人民为中心，必须全面准确系统领悟"三个最大"的深刻内涵，必须用坚定的实践回答习近平总书记关于"建构中国自主的知识体系"的重大任务。建构中国自主的知识体系，建设人与自然和谐共生的现代化，一项重要任务是坚持以习近平生态文明思想为指导，建构中国自主的生态文明知识体系。

三江源地区生态的高水平保护和高质量发展，不仅仅是一个先行示范问题，也是一个重大理论问题。三江源地区人与自然的和谐共生图，既需要现代化的科学实践，更需要现代化的理论指导。作为国家公园，三江源国家公园的政策和法律建构已经走在前面，而作为三江源国家公园建设的理论指引，"三江源学"就呼之欲出，我们需要建构属于三江源的学术理论的话语体系。

2024年7月25日，三江源研究院顾问聘任仪式暨三江源学第一次学术研讨会隆重举行。全国政协委员、中共青海省委首席决策顾问、三江源国家公园管理局首席专家、三江源研究院院长连玉明教授首次提出"三江源学"，这是三江源研究院成立以来推出的最新研究成果。

宗于自然，成于自得。"三江源学"的提出，是朝着建构中国自主的生态文明知识体系迈出的一大步。世界屋脊论、江源文化论、生态系统论、流域协同论、国家公园论是观察青藏高原国际生态文明高地的战略着眼点，也是三江源学的核心观点和逻辑框架。

植根新时代生态文明建设生动实践，"三江源学"从地质学、气候学、生态学、人类学、考古学、文化学、社会学、历史流域学、管理学等跨学科融合的角度，以"五论"为核心明确提出，三江源国家公园应发挥制度优势、彰显文化特色、推动全民参与，最大限度保护国家公园生态系统的原真性和完整性，探索国家公园共建共治共享的保护与发展相互促进新模式，在高水平保护和高质量发展、自然景观与自然教育良性互动、中华优秀传统文化与民族文化融合发展中打造以国家公园为主体的自然保护地新典范，以最大的生态价值、最大的生态责任、最大的生态潜力展现人与自然和谐共生的中国式现代化壮美画卷。这对讲好中国生态文明建设的故事，传播中国智慧与中国方案，增进文明互鉴，具有极其重要的理论价值和实践意义。

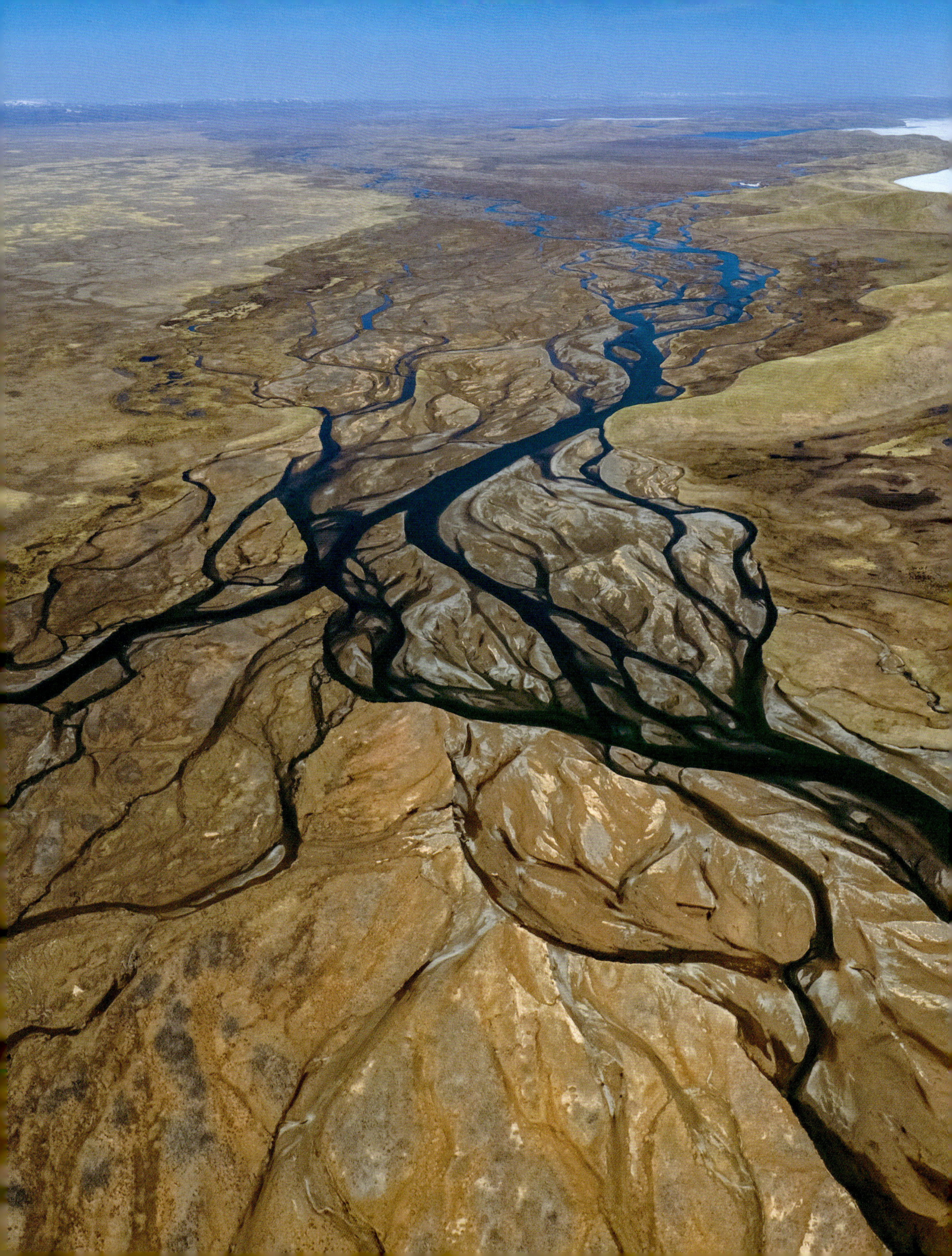

▲ 鄂陵湖扎陵湖湿地

辫状河流是由多个不规则的沙洲分割而形成的浅水多汊道系统。这是一场水与沙的纠缠，有着无与伦比的河流景观。蓝天与白云之下，群山和碧草之间，黄河宽阔平静，静静流淌，滋养着这一方水土和这里的人，祖传的泥土，久违的土地，演绎着民族根脉延绵不绝的宏伟意象。

THE GREATEST VALUE

1

最大的价值

三江源，一片广袤而神秘的土地，这里有江河奔腾、雪山耸立，这里有湖泊星罗、山野珍稀。独特的地质地貌、多样的生态生物、丰富的资源矿产、亘古的文化遗存，赋予了这片 19.07 万平方公里的土地以文明和力量，让这里成为生态文明的高地。

　　自然无价，生态有价。生态价值，是哲学上"价值一般"的特殊体现。习近平生态文明思想实现了生态文明理论在世界观、价值观和方法论上的高度统一。"生态兴则文明兴，生态衰则文明衰"[1]是对人类文明发展经验教训深刻反思和历史总结基础上的生态自觉、文明自觉和价值自觉。"绿水青山就是金山银山"[2]深刻诠释了生态价值的本质，讲好自然生态有价与无价的辩证法，把"无价"的绿水青山转化为"有价"的金山银山，实现生态惠民、生态利民、生态为民的良性格局，建立健全以生态价值观念为准则的生态文化体系，是新时代探索绿色发展的因应之道。

　　作为长江、黄河、澜沧江的发源地，三江源蕴藏着无尽的宝藏，其地质地貌历经岁月雕琢，塑造出雄浑壮阔的山川景致，成为地球演化的生动史书。丰富的水资源为华夏大地的繁荣提供生命之源。多样的自然资源，是大自然赋予的珍贵馈赠，从珍稀动植物到矿产宝藏，皆为经济发展与生态平衡的关键要素。生物多样性如同一座基因宝库，众多独特物种在此栖

---

[1] 习近平：《共谋绿色生活，共建美丽家园——在二〇一九年中国北京世界园艺博览会开幕式上的讲话（二〇一九年四月二十八日，北京）》，《人民日报》2019 年 4 月 29 日第 2 版。
[2] 中共中央文献研究室：《习近平关于全面建成小康社会论述摘编》，北京：中央文献出版社，2016 年，第 17 页。

息繁衍，构成复杂且精妙的生态网络。深厚的文化价值承载着民族记忆与精神传承，古老的传说、传统的民俗、神圣的信仰，在这片土地上代代延续。其美学价值更是无可估量，湛蓝天空下的雪山、广袤草原上的花海、澄澈湖泊中的倒影，共同绘就令人陶醉的绝美画卷。

在三江源，每一滴水都承载着生命的重量，每一寸土地都蕴含着自然的奥秘。从黄河源头第一哨到万里长江第一湾，从雪豹乐园至鹤舞隆宝，我们感受自然与人文价值的紧密交融，领略其在全球生态与文明体系中的关键意义与独特魅力，开启一场深度价值发现之旅，从这里，我们感受到人生幸福的最高境界——人间值得！

《求中和索南吉》

李继飞　纸本素描　368mm×260mm

创作于玉树州曲麻莱县麻多乡郭洋村黄河正源约古宗列曲　2024 年 7 月 27 日

黄河源头第一哨

——曲麻莱县麻多乡郭洋村调研记

黄河从曲麻莱县麻多乡发源,从青藏高原奔流而下,这条奔腾不息的母亲河,孕育了源远流长的中华文化和博大精深的中华文明。习近平总书记总牵挂着这条中华民族的母亲河,"让黄河成为造福人民的幸福河"言之殷殷、情之切切。追溯黄河之源,探寻华夏文明之根,既是地理查勘,也是人文追问。2024年7月27日,在3位院士和9位全国政协委员的指导、参与下,"保护母亲河,守护三江源"首都专家玉树高质量发展调研暨全国政协委员履职"服务为民"活动调研团从曲麻莱县出发,驱车223公里历经5个多小时抵达麻多乡政府,对扎加村和巴颜村进行访谈。访谈结束后,又经过近2个小时的土路颠簸到达黄河源头,开始了对郭洋村的调研。

⊙ 黄河问源：是地理查勘，也是人文追问

水，生命之精灵，滋养万物。源，江河初始之地，炎黄传说秘境，孕育了中华文明。黄河，如奔腾不息的巨龙，孕育了辉煌的中华文化，成为华夏儿女心中永恒的母亲河。在前往黄河源头的路上，司机才仁松保介绍了当地流传的一首藏族歌曲《黄河源头》，歌中这样唱道：

> 黄河的源头在哪里也，
> 在牧马汉子的酒壶里；
> 黄河的源头在哪里，
> 在擀毡姑娘的歌喉里。
> 黄河的源头在哪里也，
> 在昨日发黄的史书里；
> 黄河的源头在哪里，
> 在今天融化的积雪里。

九曲黄河，奔腾向前，以百折不挠的磅礴气势塑造了中华民族自强不息的民族品格，是中华民族坚定文化自信的重要根基。黄河全长 5464 公里，流域面积为 75.2 万平方公里，流经 9 个省区，流域省份 2018 年底总人口 4.2 亿，占全国 30.3%；地区生产总值 23.9 万亿元，占全国 26.5%。

作为中华民族的母亲河，从地理上界定，黄河发源于巴颜喀拉山北麓约古宗列盆地。在盆地西南隅，有众多泉水自地下涌出，汇集成溪，即为黄河源头，源流因穿过约古宗列盆地被称为约古宗列曲。黄河在玉树段称玛曲，长 150 公里，在曲麻莱县麻多乡注入黄河源第一湖扎陵湖[1]。

曲麻莱县地处三江源核心区，是黄河源头第一个藏族聚居的纯牧业县。雪山高耸、江水清澈、草甸绵延、植被丰茂，高天厚土之间被原始的静谧包裹，才有了大江大河的启航归海，有了人与自然的偎依共存，进而成就了"生态三江源 天上曲麻莱"的生机盎然。之所以称为"天上曲麻莱"，也因为地处海拔 4200 米至 5000 米，这里属于人类生

---

[1] 扎陵湖是黄河上游的大淡水湖，又称"查灵海"，藏语意为白色长湖，湖面海拔 4294 米，东西长 35 公里，南北宽 21.6 公里，面积 526 平方公里，水深平均 8.9 米，最深处在湖心偏东北一侧，蓄水量 46 亿立方米。

▲ **在黄河源头建立的国家地理标志**

作为中华民族的母亲河，从地理上界定，黄河发源于巴颜喀拉山北麓约古宗列盆地。在盆地西南隅，有众多泉水自地下涌出，汇集成溪，即为黄河源头，源流因穿过约古宗列盆地被称为约古宗列曲。2008年9月，三江源头科学考察队正式在泉眼处嵌入"国家地理标志"。

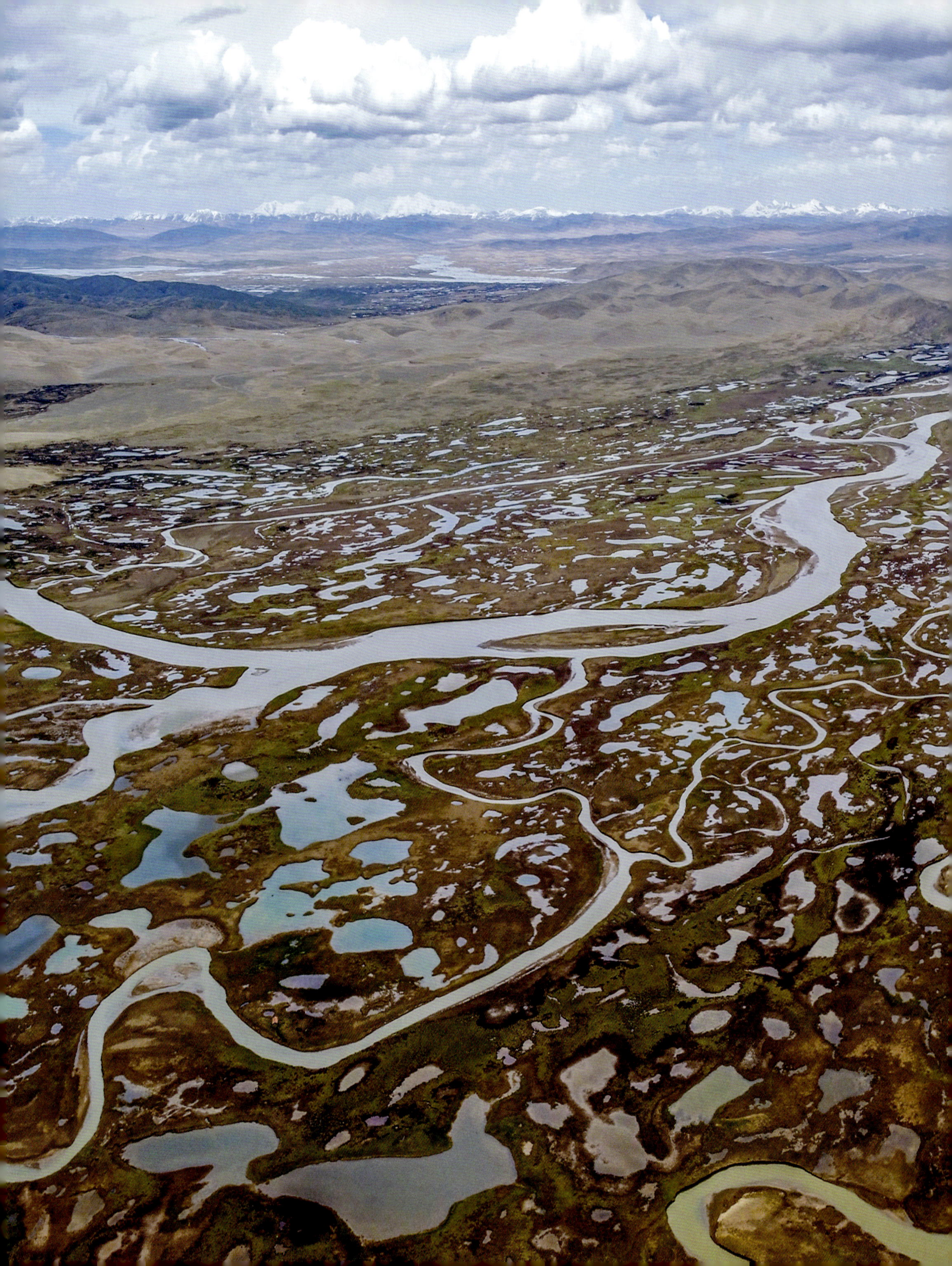

在约古宗列山北海拔 4675 米的地方，一股泉水汩汩涌出，就是以这样的涓涓细流开始，一路汇聚成奔腾不息的黄河，并孕育了中华文明。

存禁区的边缘地带。曲麻莱县东南与玉树州称多县为邻，东北与果洛州玛多县接壤，西接青藏线与可可西里相连，北以昆仑山脉与海西州格尔木市和都兰县分界，南依通天河与玉树州玉树市、治多县隔江相望。全县土地总面积为5.24万平方公里，辖5乡1镇19个行政村（牧委会）65个牧业社（牧民小组），总人口为46500余人，其中藏族人口占98%以上。县境野生动植物资源丰富，是珍贵的高原物种基因库。已查明的野生兽类45种、野生鸟类66种。其中国家级保护动物有藏羚羊、野牦牛、藏野驴、白唇鹿、雪豹、棕熊、黑颈鹤、斑头雁、金雕等数十种。名贵动物药材主要有鹿茸、麝香、熊胆、牛黄、雪鸡等。野生植物种类繁多，珍贵植物药材主要有冬虫夏草、雪莲、红景天、藏茵陈、知母、秦艽、黄芪等。矿产资源丰富，已探明的矿物主要有金、银、铜、铁、盐、煤、水晶等。太阳能、风能、水能资源得天独厚，开发潜力巨大。

在麻多乡乡长罗松江措的陪同下，调研组走访了扎加村的多才一家和巴颜村的江永才仁一家，不仅近距离地了解了牧民的生活，而且对麻多乡也有了更多的了解。

麻多藏语意为"黄河源头"，因此麻多乡也被誉为"天下黄河第一乡"，黄河母亲初乳始泽华夏，是炎黄子孙神向往之、魂牵梦绕的圣地，是中华民族精神的"寄魂后土"。

麻多乡东靠果洛州玛多县，西北与海西州都兰县相连，南与称多县，曲麻莱县秋智乡、叶格乡毗邻。全乡辖扎加、郭洋、巴颜3个行政村，16个生产队，总人口为1609户5836人，男3015人，女2821人。麻多乡总面积1.3万平方公里，占全县土地总面积的29%，其中草场面积为1915.87万亩，可利用草场为942万亩，黑土滩为973.87万亩。境内矿产资源和野生动物非常丰富，其中已探明的大场岩金矿储量达300余吨，是中国乃至亚洲的第一大金矿。

黄河源不仅是一个地理标志，还是一个触动民族情感的文化符号。从李白的"君不见，黄河之水天上来，奔流到海不复回"，到王之涣的"黄河远上白云间，一片孤城万仞山"，再到王维的"大漠孤烟直，长河落日圆"，从古至今，黄河饱受文人墨客的偏爱。数千年我们一直在寻找黄河源，《尚书·禹贡》[2]曾有"导河积石，至于龙门"的记载，"积石"即阿尼玛卿山，也称为大积石山，认为黄河出积石山，但这里离黄河源头还有一段距离。《山海经》《尔雅》有"河出昆仑"的记载，《山海经·北山经》记道："敦薨之水（开都河）出焉，而西流注于沴泽（罗布泊），出于昆仑之东北隅，实惟河源。"此后，张骞两次出使西域，还亲自考察了罗布泊的源头，也就是著名的塔里木河。通过对西域的

---

[2] 《尚书·禹贡》相传是中国上古时期大禹的区域地理著作，因而就以《禹贡》名篇。全书1193字，以自然地理实体（山脉、河流等）为标志，将全国划分为9个区（即"九州"），并对每区（州）的疆域、山脉、河流、植被、土壤、物产、贡赋、少数民族、交通等自然和人文地理现象，作了简要的描述。

考察，黄河水伏地千里的传说被写进《史记》和《汉书》，被称为"重源伏流"说，成为汉代的主流学说。直到北魏和隋唐时期，这个传说仍然有很大的市场。而昆仑山的名字也就是在这时候从天上来到了地上。张骞确定了黄河发源地是在塔里木河的上游，汉武帝就决定把塔里木河源头、在西域南部的一列高山命名为昆仑山，久而久之，昆仑山就从神话落到了实处。清康熙年间，拉锡、舒兰受命探源黄河。他们到达星宿海，发现星宿海上源还有三条河流，但并未追至源头。乾隆四十七年（1782年），乾隆皇帝专门派遣大学士阿桂的儿子、乾清门侍卫阿弥达前往青海，"恭祭河源"，并进一步勘查河源，认定星宿海西南的阿勒斯坦郭勒河（即今卡日曲）为黄河上源。

新中国成立后，对黄河源头进行了多次考察。1951年，十世班禅额尔德尼·确吉坚赞去拉萨时在约古宗列休整15天，带来毛主席和党中央对藏族同胞的关怀，宣传党的民族宗教政策，并题词立塔，黄河源成为藏族人民融入中华民族大家庭和民族团结进步的象征。1952年，黄河水利委员会组织了一支河源勘查队，对黄河河源进行了4个月的勘查，并确认发源于雅拉达泽山的玛曲上源约古宗列曲为黄河正源。

约古宗列藏语意为"炒青稞的锅"，是当地藏族群众根据地形而起的一个形象名字，这是一个东西长40公里，南北宽约60公里的椭圆形盆地。

汽车翻越一座高山，眼前就是广袤的约古宗列盆地，传说中炒青稞的锅如此巨大壮观，在约古宗列内有100多个小水泊，似洒落在草原的粒粒珍珠。在约古宗列山北海拔4675米的地方，一股泉水汩汩涌出，就是以这样的涓涓细流开始，一路汇聚成奔腾不息的黄河，并孕育了中华文明。约古宗列曲泉眼的上方是两块"黄河源"石碑，石碑的下方是河南黄河漂流探险队于1987年5月竖立的"黄河源头——约古宗列曲"纪念碑，这块碑由钢板制成，正面镶嵌锌板，上面雕刻着碑文。石碑不远处，矗立着熠熠生辉的八座黄铜铸砌的藏式佛塔，这就是当年十世班禅大师题词立塔的地方。2008年9月，三江源头科学考察队正式在泉眼处嵌入"国家地理标志"。2016年8月，习近平总书记首次考察青海，强调"青海生态地位重要而特殊，必须担负起保护三江源、保护'中华水塔'的重大责任"[3]。

---

[3]《习近平在青海考察时强调 尊重自然顺应自然保护自然 坚决筑牢国家生态安全屏障》，《人民日报》2016年8月25日第1版。

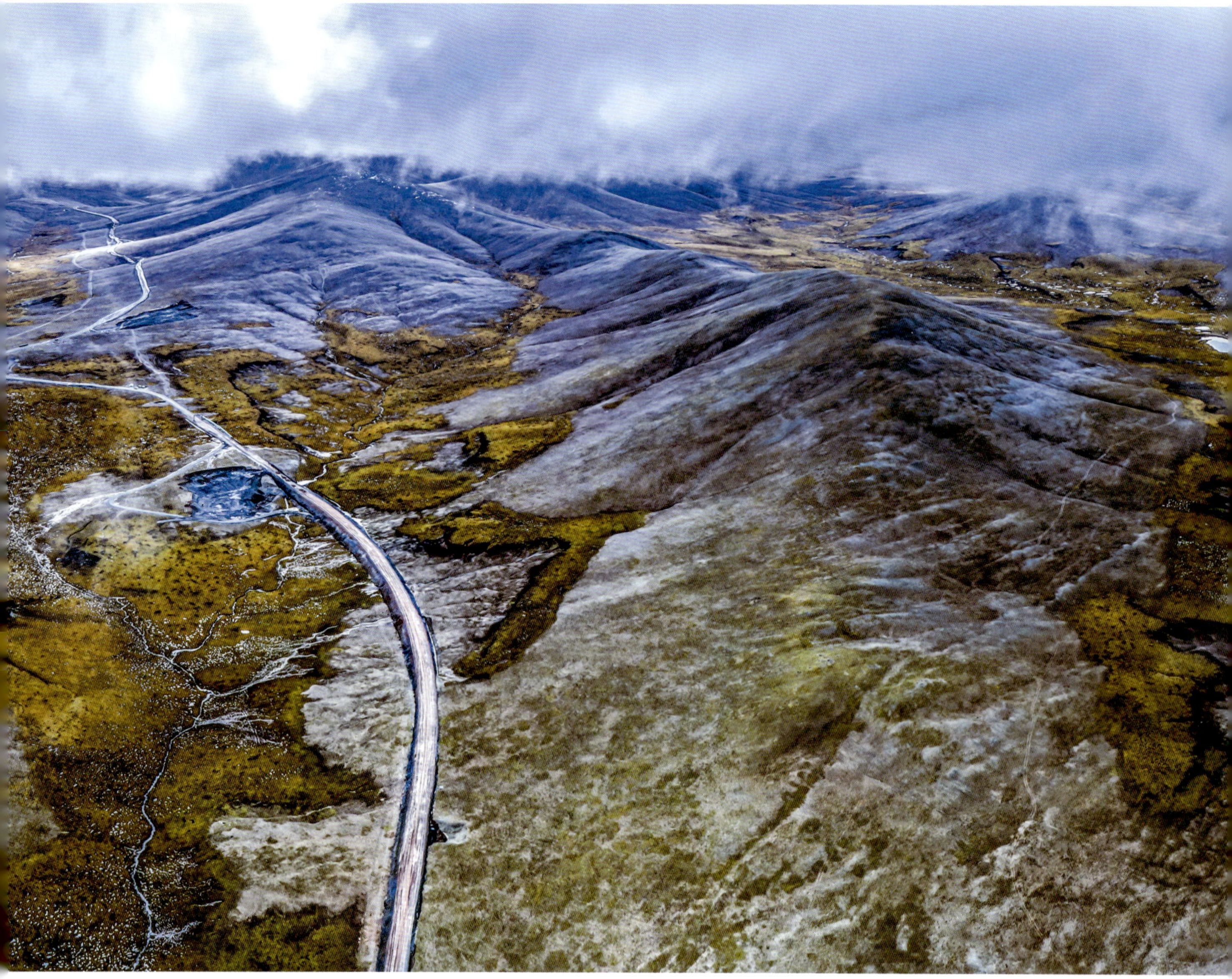

▲ 黄河源头约古宗列曲

黄河浩浩荡荡，一泻千里。在生生不息地流淌中，孕育了绵延 5000 多年的中华文明，哺育着代代炎黄子孙。多彩的文化诞生于斯，坚韧的精神植根于此。

⊙ 黄河治源：是和谐共生，也是生命呵护

作家冯骥才说："当历史学家和人类学家逆时序地上溯到一个民族的源头时，最终一定迷醉在一片无比壮美的高山峻岭和冰天雪地之间的江河的源头里。"但曾几何时，这里也一度走到了危机的边缘。尤其是 1991 年至 2002 年间，青海境内黄河水量连年减少，与前 40 年的平均来水量相比最大减少幅度达到 23%。尤其是生态环境的不断恶化、源头地区水涵养能力降低以及气候、气温的变化等，即便是 2003、2004 年青海全境出现历史上少有的降水富水期，黄河在青海境内的径流量也只有 168 亿立方米，与前 50 年的平均径流量相比，减少量也接近 20%。

"黄河流域治理的关键在源头。"与调研组同行的曲麻莱县委常委、县政府常务副县长刘桂阳介绍，"在 20 世纪末和 21 世纪初，曲麻莱全县近 50% 的面积为沙漠、沙砾、裸地等无植被覆盖面积，35% 以上的草地有鼠虫危害"。再加上气候条件非常恶劣，高寒、缺氧、多风沙，平均海拔在 4500 米，境内日照时间长，辐射强，气压低，常遭雪、风、寒灾。年平均气温 −3.9℃ 左右，最低气温达到 −40℃，牧草生长缓慢、生长期短、仅 70—80 天。草原沙化严重，生态环境脆弱，一旦遭到破坏很难恢复。过度的放牧和淘金热的兴起，也反噬了美丽的麻多乡，脆弱的高原生态环境很快有了变坏的征兆，尤其是采金对地表植被造成的毁灭性破坏，原本丰美的草原逐渐变得千疮百孔。根据《青海日报》的报道，1996 年黄河源头的扎陵湖和鄂陵湖首次出现断流；2003 年 12 月，鄂陵湖出水口出现历史上的首次断流。

黄河流域生态保护和高质量发展是一个复杂的系统工程，其中，黄河上游的源头治理是黄河流域生态保护和高质量发展的重点和关键。

2019 年 9 月 18 日，习近平总书记在郑州主持召开黄河流域生态保护和高质量发展座谈会并发表重要讲话强调，要坚持绿水青山就是金山银山的理念，坚持生态优先、绿色发展，以水而定、量水而行，因地制宜、分类施策，上下游、干支流、左右岸统筹谋划，共同抓好大保护，协同推进大治理，着力加强生态保护治理、保障黄河长治久安、促进全流域高质量发展、改善人民群众生活、保护传承弘扬黄河文化，让黄河成为造福人民的幸福河[4]。

---

[4] 习近平：《在黄河流域生态保护和高质量发展座谈会上的讲话》，《求是》2019 年第 20 期。

黄河不仅是一条波澜壮阔的自然之河,也是一条源远流长的文化之河。

▲ 调研组走进黄河源头

黄河与中华民族的历史渊源已达几千年之久，在这几千年的岁月里，炎黄子孙与其早已结下了水乳交融的深情。在这片离天空最近的圣洁之地，可以呼吸到最新鲜的空气，感受到最壮丽的风景。每一个来到这里的人，都会怀着最虔诚的心向我们的母亲河祭拜。

黄河源头是我国重要的生态屏障和生态廊道，事关中华民族伟大复兴的千秋大计。近年来，为保护源头活水，青海省相继实施划区禁牧、易地搬迁、黄河流域水资源保护等措施，加快建设以三江源国家公园[5]为主体的自然保护地体系。黄河源头的生态环境持续改善，珍稀野生动物数量显著增加，书写出人依河生、河因人美的生态答卷。

守护黄河源头，需要制度先行。2003年1月，国务院正式批准三江源自然保护区为国家级自然保护区，着手对当地草原进行生态移民，减少人类活动，减少牲畜饲养量，禁牧天然草场，以保护和恢复生态环境。2005年，我国正式公布实施《青海三江源自然保护区生态保护和建设总体规划》，总投资75亿元，实施面积15.23万平方公里，项目兼顾生态保护、民生改善、生产布局多方面，当年下达资金7亿元。

2023年4月起，《中华人民共和国黄河保护法》[6]正式施行，其中明确规定，国家加强黄河流域生态保护与修复，加强流域环境污染的综合治理、系统治理、源头治理，推进重点河湖环境综合整治。九曲黄河走上了从"无法可循"到"有法可依、循法而治"的良性轨道，青海的黄河源头保护也按下快进键。为黄河保护立法，是几代人的梦想。黄河保护立法将为自然生态永久平衡、自然资源永续利用、人民群众永世安宁提供强大法律支持。8月，《三江源国家公园总体规划（2023—2030年）》[7]正式发布，对黄河源的保护也提出了更高的要求。

守护黄河源头，需要守正创新。要以更高站位、更宽视野、更大力度谋划和推进以国家公园为主体的自然保护地体系建设。

---

[5] 2016年3月，中共中央办公厅、国务院办公厅印发《三江源国家公园体制试点方案》，拉开了中国建立国家公园体制实践探索的序幕。2016年4月13日，青海省委、省政府正式启动三江源国家公园体制试点。2021年9月30日，国务院批复同意设立三江源国家公园，三江源国家公园被列入第一批国家公园名单。2021年10月21日，三江源国家公园在体制试点基础上，优化调整功能分区和范围，将长江的正源各拉丹冬、长江的南源当曲、黄河源头的约古宗列等区域纳入正式设立的国家公园范围，面积扩展至19.07万平方公里。

[6] 《中华人民共和国黄河保护法》已由中华人民共和国第十三届全国人民代表大会常务委员会第三十七次会议于2022年10月30日通过，自2023年4月1日起施行。

[7] 规划分为基本情况、总体要求、总体布局等九个章节，对三江源国家公园的保护管理体系、监测监管平台、科技支撑平台、保护措施等内容做了详细规划，提到2025年，三江源国家公园基本建成"统一规划、统一政策、分别管理、分别负责"的工作机制；山水林田湖草沙冰生态系统治理取得显著成效，高寒草原草甸综合植被盖度稳步提高，生态系统稳定性不断增强、主要生态功能持续提升；江河径流量保持稳定，长江、黄河、澜沧江水质更加优良；雪豹等珍稀濒危野生动物种群稳定健康，野生种质资源得到进一步保护；初步搭建天空地一体化监测体系框架；社区协调发展制度逐步建立、共建共享机制逐步健全。

习近平总书记指出，治理黄河，重在保护，要在治理。要坚持山水林田湖草综合治理、系统治理、源头治理，统筹推进各项工作，加强协同配合，推动黄河流域高质量发展。近年来，青海省扎实推进国家公园示范省建设，加强自然生态系统原真性、完整性保护，率先建立了自然保护地制度标准体系，三江源国家公园率先实现省州县乡村五级国家公园管理体制。2018年4月，三江源国家公园管理局发布了黄河源头禁游令，自5月24日起，三江源国家公园黄河源园区管委会禁止一切单位和个人进入扎陵湖、鄂陵湖、星星海等源头保护地开展旅游活动，禁止旅游的面积为1.91万平方公里，违者将受到处罚，情节严重者将被移送司法部门，追究相应责任。2021年10月，黄河源启动为期5年的全面禁捕，禁止捕捞一切天然鱼类。位于黄河源头的扎陵湖、鄂陵湖，黄河干流，以及大通河、湟水河等9条主要支流被纳入禁捕水域。2023年5月10日，三江源国家公园管理局发布《关于禁止在三江源国家公园核心保护区开展旅游、探险、穿越等活动的通告》，再次明确提到一切组织或个人未经许可不得擅自进入，并公布了多个监督举报电话。同时，三江源国家公园黄河源园区组建3个乡镇管护站、19个村级管护队和123个管护分队，形成了"点成线、网成面"的管理体系，使牧民逐步由草原利用者转变为生态管护者，成为生态保护的"主力军"。

守护黄河源头，需要统筹治理。青海省统筹山水林田湖草沙一体化保护和系统治理，持续提升生态系统质量和稳定性，突出体现为"一增、双减、三优"。"一增"即"绿色家底"愈加丰厚，草原综合植被盖度达到58.12%；"双减"即荒漠化和沙化土地面积持续缩减；"三优"即大气、水、土壤环境质量持续保持优良，空气质量优良天数比例多年保持在96%以上，黄河干流省境断面水质保持在Ⅱ类及以上。

万物生灵是最好的见证，山川草木是最美的注脚。麻多乡党委书记万铁练介绍说："我们的重点工作就是保护黄河源头的生态，一切围绕生态保护布局谋篇。"

"黄河宁，天下平"，黄河保护，源头是重中之重。黄河源头废弃矿山经过恢复治理，草原重新恢复生机，水源涵养功能得到修复，水源涵养量持续增长，花草茂盛，水源充足干净，溪流汇聚东流去。

公开数据显示，截至2022年，扎陵湖、鄂陵湖湖泊面积与2015年比较分别增大74.6平方公里和117.4平方公里，黄河源"千湖奇观"再现。同时，黄河源头水源涵养

▲ 调研组和各求一家在"黄河源头第一哨"合影

各求家不仅仅是黄河第一家,更是守护黄河源的第一哨,进入黄河源,各求家的院子是必经之地,因此他对自己的定位是"守护黄河源头的第一个哨兵"。

▲ **各求一家与调研组交流**

"我们祖祖辈辈生活在这里,这一眼泉水养育了我们,我们理所当然要保护好她。"各求家一共 14 口人,是个大家庭。各求从小在源头边长大,对黄河有着别样的感情。

能力不断提升，湖泊数量由原来的 4077 个增加到 5849 个，湿地面积增加 104 平方公里。草原综合植被盖度达 56.3%。野生动物种群由原来的 17 目 29 科 79 种增加到 21 目 46 科 119 种，生物多样性不断提高。

⊙ 黄河守源：是绿色坚守，也是代际传承

时值盛夏，约古宗列盆地却已经是冷风刺骨，蒿草在奋力生长着，河流分散成众多河汊，弯弯曲曲，散淡地流淌。南北天际线上卷起两排凝固的黛青色波浪，那是巴颜喀拉山脉和布尔汗布达山雄浑苍茫的身影。在这天空与草地相连的净土上，不时闪过白唇鹿、沙狐、藏原羚、猞猁和野驴。远远的高地上有一户人家，屋顶飘扬着五星红旗，屋外矗立着"黄河源头第一哨"石碑，屋外墙上有一面墙壁大小的喷绘照片，照片上的横幅上写着"黄河第一家"。

屋子的主人名叫各求，他是郭洋村的民兵，也是一名生态管护员，更是黄河源头的守护人，他家距离黄河发源地约古宗列曲仅 3 公里。从小在黄河源头边长大，各求对黄河有着别样的感情。

> **"我记得第一次去黄河源头是和父亲一起去的，那时候我三四岁，父亲说黄河从源头流下去养育了很多生命，一定要保护好，不能弄脏水源。"**

保护河源的理念和精神传承至各求一代，实现了绿水青山的代际传承。从 2023 年起，各求自费制作了印有"黄河源头"的勋章吊牌，他说："我很喜欢我的家乡，很欢迎这里来的客人，所以我专门订做了这样的牌子送给客人们，让他们和我们一起加入到保护黄河源头的队伍里来。"

各求见到我们格外高兴，他与带队调研的连玉明院长已经是老相熟了。这是连玉明院长第三次来到黄河源了，他们像老友般交谈着，询问着近况。三江源国家公园体制试点启动后，各求和他的姐夫措加成为了生态管护员，每月有 1800 元的工资。各求一边向我们介绍着工作日记，一边自豪地说道："做我们自己应该做的事情，保护家园的生态环境，真没想到还能拿到报酬，没想到还能有这样的好事情。"各求说他每天都要在黄河源头巡护数十公里，并在小本子上记录下野生动物出没和活动、植被增减及长势、冰川雪线有无变化等，有的还要用手机拍照片，定期整理后向相关单位汇报。连玉明院长说："推动全民参与三江源保护，核心是探索共建共治共享模式，进一步深化'一户一岗'制

▲ "保护母亲河,守护三江源"首都专家玉树高质量发展调研暨全国政协委员履职"服务为民"活动留影

2024年7月,为落实北京市委统战部、青海省委统战部、三江源国家公园管理局共同签署《保护母亲河,守护三江源》新的社会阶层人士社会服务实践基地共建协议》及方案,在青海省委政研室指导下,在北京市委统战部、青海省委统战部、三江源国家公园管理局支持下,由玉树州委政研室、州委党校和三江源研究院共同组织实施"保护母亲河,守护三江源"首都专家玉树高质量发展调研暨全国政协委员履职"服务为民"活动。

度，真正让生态管护员有事干、有收益、有奔头、可持续。"像各求这样的黄河源头原住居民，祖祖辈辈一直在为保护与改善生态环境努力着，也为维护国家生态安全屏障做出了重要的贡献。在一定程度上，他们的确失去了很多通过开发生态资源来实现自身生活水平提高的机会，但生态管护员公益岗位平衡了农牧民的生态权责，积极践行了生态正义的理念。让原来的牧民们端上了"生态碗"，吃上了"绿色饭"，走出了一条生态生产生活联动融合发展之路。

近年来，三江源国家公园坚持每个牧户设立一个生态管护员岗位的原则，不断发展和完善生态管护员岗位的相关管理制度，实现了数千名生态管护员的持证上岗。仅生态管护员收入这一项，三江源国家公园的农牧民户均年增收达 2.16 万元。另外，还组建了乡镇管护站、村级管护队和管护小分队，推进山水林草湖的组织化管护和网格化巡护，实现了从单一的生态资源管护到综合性一体化生态管护的转变。2020 年 9 月，三江源公园管理局组织了三江源生态管护员公益训练营。这个训练营以"人与自然和谐共生"为主题，生态管护员接受了水源地保护、高原巡护、野生动植物保护等相关知识的培训，进一步提升了他们在维护三江源国家公园生物多样性方面的认知与实践水平。

截至 2023 年，黄河源园区共有 3142 名生态管护员，手拉手在高原筑起了一道"生态防护链"。

"小时候，我想长大了就像父辈那样成为一名牧民，而现在每天在湿地、草原开展生态巡护、记录实时影像、观察野生动物踪迹，工作教会我科学地了解大自然，更明白了生态环境不但对人很重要，对植物、动物也很重要。"各求一家不仅仅是黄河第一家，更是守护黄河源的第一哨。进入黄河源，各求家的院子是必经之地，因此他对自己的定位是"守护黄河源头的第一个哨兵"。顺着各求手指的方向望去，可以看到山坡上长满了各种低矮的灌木，每一种的名字他都叫得上来，甚至知道一些植物的学名和生长特点。"这两年，泉眼的流量明显大了，夏季降雨增多了，以前的草只有手指高，这两年能长到小腿高了，以前没见过的野生动物也出现了。每年夏天，我们这里美得很，到处是绿草鲜花，到处是泉眼，泉眼每隔几米就有一个，站在山顶望去，一个个泉眼亮亮的，就像是满地的蜜蜡在发光"，各求细数黄河源这些年的变化。

各求家是个大家庭。同行的调研团成员《中国日报》首席摄影记者、三江源研究院首席摄影顾问邹红决定留宿一晚，用镜头真实记录下黄河第一家的日常生活。各求每天 6:00 起床，6:20 至 7:00 吃饭，8:00 至 11:30 开展生态巡护……上午、下午各巡逻一次。各求的母亲名叫求中，今年 73 岁，求中在黄河源头生活了一辈子，生育了 4 个子女，大

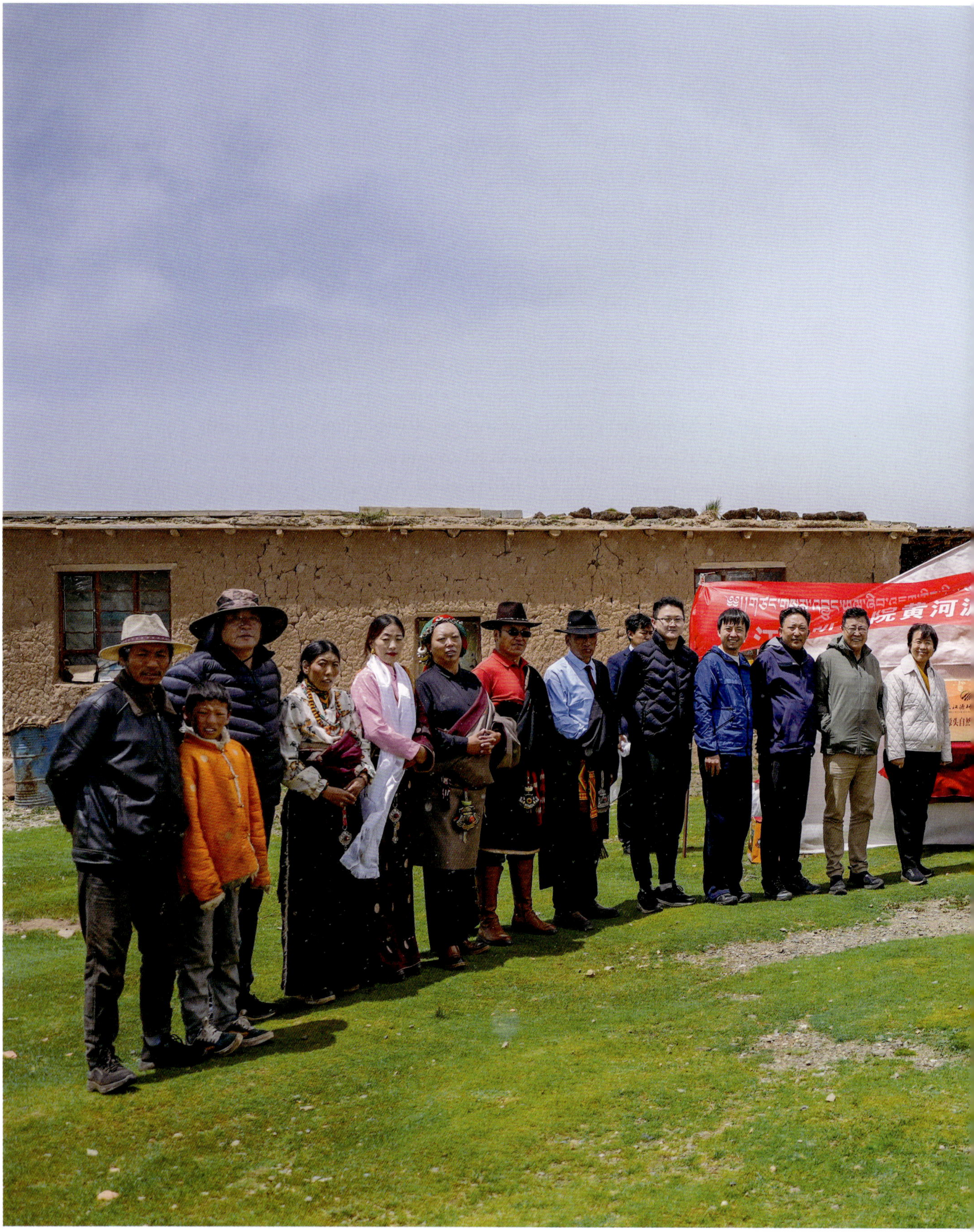
院黄河

三江源研究院黄河源头保护与研究基地揭牌

2024年8月9日,"三江源研究院黄河源头保护与研究基地""三江源研究院黄河源头自然教育基地""三江源研究院黄河源头保护与研究基地黄河第一哨"揭牌仪式,在玉树州曲麻莱县麻多多郭洋村"黄河源头第一家"举行,这是对三江源研究与研学新路径的一种探索。

女儿索南吉，二女儿恰错，三儿子各求，四女儿卓玛文毛。如今儿女们陆续成了家，但还是住在一起，共同守护着黄河源头。"黄河源头的清泉是我们一家人和牛羊的饮用水源，黄河源头肥沃的草场，为我家的牛羊提供食物，这片土地是我们栖息生存的家园。"搅动着火炉上锅里的冰块，求中讲述着一家人和黄河源相依相偎的生存关系。对于求中而言，或许不清楚黄河源头的这眼泉水流向哪里，不知道对于中华民族的意义，但她清楚地知道，从记事起他们一家人都是从这一眼泉水背水喝，到今天亦是如此。因此她更加坚定了一个念头，"我们祖祖辈辈生活在这里，这一眼泉水养育了我们，我们理所当然要保护好她"。黄河第一家牧民守护黄河源，守护的动力不仅是与黄河源相依相偎的生存关系，更是对大自然的敬畏，敬畏这里的每一座山、每一条河、每一个生灵……

和父辈祖辈一样，在黄河源头生活了一辈子的求中，熟悉这里的每一处泉眼，同时细心呵护着每一处泉眼，不让任何人破坏这里的一草一木，也将环保理念传递给了自己的儿子女儿孙女。求中的儿子各求说："不能跨越泉眼河流，不能在泉眼河流旁大声说话，更不能在泉眼河流旁大小便。这是从小阿妈对我们常说的话。"

⊙ 黄河思源：是责任担当，也是凝聚共识

近年来，越来越多的社会力量开始关注和参与生态保护，身体力行向全社会宣传三江源生态保护建设事业的丰硕成果，增强社会各界对三江源地区生态保护重要性的认识，并呼吁更多人参与到三江源生态环保事业中。

我们这次的调研就是社会组织参与的生动实践。在3位院士和9位全国政协委员的指导、参与下，全国政协委员、中共青海省委首席决策顾问、三江源国家公园管理局首席专家、三江源研究院院长连玉明教授率调研组在青海西宁、玉树开展"保护母亲河，守护三江源"首都专家玉树高质量发展调研暨全国政协委员履职"服务为民"活动。参加这次调研的成员来自各行各业，有新闻媒体、专业人士、智库专家……他们不仅具有深厚的专业造诣和社会服务经验，更有一颗热心公益、热爱自然的江源情、公益心。

通过深入调研走村镇、访企业、看农户，充分发挥首都专家资源优势，为打造三江源国际生态文明高地提供研究支撑，向世界讲好三江源生态文明的中国故事，让三江源成为大美青海走向世界亮丽名片。

▲ 连玉明为各求一家颁发"三江源黄河源头保护与研究基地黄河第一哨"荣誉证书

黄河第一哨守护黄河源，守护的动力不仅是与黄河源相依相偎的生存关系，更是对大自然的敬畏，敬畏这里的每一座山、每一条河、每一个生灵……

▲ 2024年8月9日,在海拔4600多米的黄河源头第一村,玉树藏族自治州曲麻莱县麻多乡党委书记万铁练、麻多乡人民政府乡长罗松江措向全国政协委员、三江源国家公园管理局首席专家、三江源研究院院长连玉明颁发郭洋村荣誉牧民证书。

三江源研究院是组织实施这次调研活动的重要主体之一。2024年4月14日，以三江源为研究对象的跨学科、开放型、国际化非营利性科学研究平台、新型智库组织"三江源研究院"成立。

三江源研究院在建立之初，就明确了发展定位，那就是充分用好北京对口援青机制，加快探索建立首都支持三江源发展的专家库、资源库、项目库和数据库，为三江源地区生态保护和高质量发展搭建更广泛平台、建立更有效机制、汇聚更多更优资源，努力将三江源研究院打造成为青海生态保护理论研究的前沿阵地、对口援青的智力平台、自然教育的实践载体和国际交流的重要窗口。

作为一家社会智库，三江源研究院将为三江源生态文明建设科技赋能、文化赋能、智力赋能、项目赋能等搭建一个全新平台。深入推动青海生态文明高地建设从政治、科学、文化、法治、惠民等方面全面提升，有力助推玉树经济社会高质量发展。社会组织是社会治理的重要参与者和实践者，是坚持和完善共建共治共享社会治理制度的重要力量和载体。三江源研究院的成立，迈出了社会组织参与三江源治理的第一步。我们相信在向世界讲好三江源故事的进程中，社会组织大有作为、善作善为。

在我们此次调研结束后的一周，8月9日，"三江源研究院黄河源头保护与研究基地"揭牌仪式在玉树州曲麻莱县麻多乡郭洋村"黄河源头第一家"举行。与此同时，"三江源研究院黄河源头保护与研究基地""三江源研究院黄河源头自然教育基地""三江源研究院黄河源头保护与研究基地黄河第一哨"也正式揭牌。

这是社会组织参与守护黄河源，保护三江源的一项重要举措。北京市政协党组成员、北京市文联主席、北京奥运城市发展促进会常务副会长韩子荣，中国医学科学院学部委员、国际眼科科学院院士、首都医科大学眼科学院院长、北京同仁眼科中心主任王宁利，三江源研究院院长连玉明及玉树州政协副主席昂格来参与见证了这一重要时刻。并为麻多乡党委书记万铁练、乡长罗松江措颁发了三江源研究院黄河源头保护与研究基地主任、三江源研究院黄河源头自然教育基地主任聘书，为"黄河源头第一家"各求这个大家庭颁发了"三江源黄河源头保护与研究基地黄河第一哨"荣誉证书。活动中，大家也向连玉明院长颁发了"黄河源头第一村——青海省曲麻莱县麻多乡郭洋村荣誉牧民"证书，为清华大学国家形象传播研究中心研究员陈莹颁发了三江源研究院形象传播顾问聘书，为调研组成员韩濮聪、王紫辰颁发了三江源研究院研究员聘书。他们，都是关注三江源、保护三江源的重要社会力量。

VISUAL

Editor's note: *This year, the People's Republic of China celebrates its 75th anniversary, marking a crucial year for achieving the goals and tasks outlined in the 14th Five-Year Plan (2021-25). China Daily is publishing a visual series focusing on the high-quality development of various fields, capturing the process of Chinese-style modernization through photographic images. This week, we are highlighting a herder's family who lives at the source area of the Yellow River.*

From left: Family members of Karchug (right) get together every evening for a chat at his home at the source area of the Yellow River in Qumarleb, Qinghai province, drinking boiled water from the Yellow River. Karchug's niece Drolma (right) and nephew Rinchen Dorje tend to one of their yaks. Karchug's elder sister Sodnamkyi holds a glass of boiled Yellow River water. PHOTOS BY ZOU HONG / CHINA DAILY

HERDER ENSURES 'MOTHER' IS SAFE

'First guardian' protects environment at Yellow River source in Qinghai

By ZOU HONG in Qumarleb, Qinghai
and LIANG SHUANG

Often referred to as a "mother river" by Chinese people, the Yellow River frequently impresses sightseers with its grandeur.

Yet at its source area in Qumarleb county, Qinghai province, the scene looks vastly different. Here, the water that feeds the mighty Yellow River is just a creek, where streams gurgle through the ground.

This is the place where Karchug resides.

The 37-year-old Tibetan herder's family has lived a mere 3 kilometers away from the river's source, at Yoigilangleb Basin, for generations. At 4 am each day, Sodnamkyi, Karchug's elder sister, goes to the river to collect water for the family and their yaks.

Apart from being a herdsman, Karchug has a more significant role — serving as the river's "first guardian". At his house, a stone pillar is inscribed with the characters "Yellow River's first outpost", and he devotes himself to fulfilling his protection duties.

Riding his motorcycle, he carries rations with him as he embarks on his daily patrols, recording the activities and major changes among the wildlife, plants and snow line.

Karchug told China Daily that ever since he was young, his parents have instilled in him the importance of taking care of the environment, as life along the river would suffer if the river was polluted at its source.

He has passed on this duty to his children. These days, whenever they have school holidays, he takes them to pick up garbage in the area. He said he will continue to promote this responsibility to them so that they will continue this work in the future.

Contact the writers at zouhong@chinadaily.com.cn

Karchug and his family salute at the source area of the Yellow River.

Karchug and his family at a stele inscribed with the words "Yellow River Source".

Family members of Karchug, dubbed "the first family at the Yellow River source", take a photo by the river.

From left: Karchug and his family patrol the Yellow River and pick up garbage around it. His family lives by a stream that eventually becomes the Yellow River.

▲ 2024年12月23日，《中国日报》刊发了摄影记者邹红拍摄的《黄河源头第一家》的图片版，同时在"光影绘新篇"栏目刊发了视频报道，记录了黄河源头第一家祖孙三代守护黄河源头的故事。

⊙ 黄河安源：是生态资源，也是自然遗产

黄河串起了不同的地域，延续着中华文明的主脉。在我国 5000 多年文明史上，黄河流域有 3000 多年是全国政治、经济、文化中心。1952 年 10 月底至 11 月初，毛泽东同志利用中央批准他休假的时间，专程考察黄河，发出"要把黄河的事情办好"的号召。这句话后来广为流传，成为动员和激励几代人治理黄河的响亮口号。

"没有黄河，就没有我们这个民族。"千百年来，浩浩黄河水，同长江一起，哺育了中华民族，孕育了灿烂辉煌的中华文明。历史上，"河"曾是黄河的专称。自夏至宋，黄河流域孕育了河湟文化、河洛文化、关中文化、齐鲁文化等，分布有郑州、西安、洛阳、开封、安阳等古都。从炎黄二帝，到孔子、孟子、老子、墨子、韩非子、孙子，从传说中的河图、洛书，到《诗经》《易经》《道德经》《史记》以至汉赋、唐诗、宋词，从造纸术、印刷术、指南针、火药等四大发明，到天象历法、农学、医学、水利等，中华文化的诸多元典、古代一些重大的科技成果，都诞生于这片土地。黄河百折不挠、一往无前，塑造了中华民族刚健有为、自强不息的民族品格，是中华民族的重要象征、中华民族精神的重要标志。

黄河不仅是一条波澜壮阔的自然之河，也是一条源远流长的文化之河。黄河文化是中华民族的根与魂，是中华民族坚定文化自信的重要根基。黄河之水奔腾不息，黄河文化的血脉永久延续。既要推进黄河文化遗产的系统保护，守好老祖宗留给我们的宝贵遗产，又要深入挖掘黄河文化蕴含的时代价值，讲好"黄河故事"。要将黄河承载的华夏儿女与灾害抗争所蕴含的伟大创造精神、伟大奋斗精神、伟大团结精神、伟大梦想精神传承好、弘扬好，使之成为实现中华民族伟大复兴中国梦的不竭力量源泉。

黄河源作为我国生态价值完整性和原真性最高的地区，是我国的自然珍宝，这意味保护过程中不仅要考虑当代人的生态权益，而且还要考虑到保护后代人所应享受的生态权益问题。

黄河安澜既是生态资源的涵养与保护，也是实现自然遗产代际传承的重要载体。

习近平总书记指出："中国实行国家公园体制，目的是保持自然生态系统的原真性和完整性，保护生物多样性，保护生态安全屏障，给子孙后代留下珍贵的自然资产。"[8] 国

---

[8]《习近平致信祝贺第一届国家公园论坛开幕强调　为携手创造世界生态文明美好未来　推动构建人类命运共同体作出贡献》，《人民日报》2019 年第 8 月 19 日第 1 版。

家公园具有鲜明的国家代表性。当前，国家公园体制还处于初创阶段，多建立在经济社会发展水平欠发达的地区。因此，在国家公园的建设中容易出现原住农牧民追求生活生产条件改善与保护生态环境之间的矛盾，容易出现短期利益和长远利益相冲突的情况。这势必影响到国家公园实现绿水青山代际传承的长远大计的实现。为此，在建设国家公园过程中坚持代内生态正义理论，首先要考虑到国家公园区域内农牧民的生活福祉和社会保障问题。要让这些农牧民在生态正义的高度得到应有的补偿或奖励，为其生活条件的进一步改善提供必要的支持。在这个过程中，要充分发挥国家公园建的作用，向世界彰显我国国家公园建设的特色，进一步传承和弘扬中华优秀生态智慧的深刻内涵。让三江源国家公园的建设，成为践行生态正义理论的生动样本，成为以创新的生物多样性保护实践守护万物和美的乐土，和实现人与自然关系问题上的公平公正的典范案例。

　　大河奔流，岁月悠悠。饱经沧桑的母亲河，在新时代又迎来了新的重大历史机遇。新时代的黄河治理，要更加注重探索、掌握和运用规律，摒弃征服水、征服自然的冲动思想，找到科学的治理之道。要以"万里写入胸怀间"的胆魄、"慢工出细活"的韧劲，保持历史耐心和战略定力，把目光放长远，走实走好黄河流域生态保护和高质量发展的每一步。从一棵树到一片林，从一抔水到一条河，只要一年接着一年干、一茬接着一茬干，就能以尺寸之功，积千秋之利，让黄河成为造福人民的幸福河。

《黄河源头第一哨》

李继飞　纸本素描　368mm×260mm

创作于玉树州曲麻莱县麻多乡郭洋村黄河源头约古宗列曲　2024年7月27日

062

▲ 扎陵湖黄河水系

扎陵湖是黄河上游的大淡水湖,位于青海高原玛多县西部构造凹地内,居鄂陵湖西侧。

《脱贫光荣》

李继飞　纸本素描　368mm×260mm

创作于玉树州治多县立新乡叶青村　2024年7月31日

万里长江第一湾

——治多县立新乡叶青村调研记

位于三江源国家级自然保护区、三江源国家公园和可可西里世界自然遗产"三重叠加"特殊地理区块的青海省玉树藏族自治州治多县，素有"万里长江第一县"的美誉。治多地处青海省西南部，西接新疆、西藏，北与青海曲麻莱县、海西蒙古族藏族自治州毗邻，南与玉树州杂多县为界。境内的可可西里是青藏高原唯一的世界自然遗产地，也是全国面积最大、海拔最高、野生动植物资源最为丰富的地区。长江上游的通天河在治多县立新乡叶青村环绕山体构成一个完美的弧度，形成了今天的网红打卡地——"万里长江第一湾"。在这里，我们探寻"借绿生金兴文旅"的乡村振兴之路，领略"且与江湾共远方"的自然风光之美。

⊙ 四访叶青村

2023 年 7 月 22 日，全国政协委员、中共青海省委首席决策顾问、三江源国家公园管理局首席专家、三江源研究院院长连玉明第一次到叶青村调研，考察了"万里长江第一湾"，系统了解这个区域的自然生态以及保护发展状况。这个区域和长江源头紧密相连，长江的源头不仅是一条河流的起点，更是自然界的一场奇妙演绎，形成了"万里长江第一湾"等地质、气候和水文作用的绝美合奏。长江正源沱沱河发源于唐古拉山中段的各拉丹冬雪山，与南源当曲在囊极巴陇汇合，继而与北源楚玛尔河相遇，再向东南流至玉树，接纳巴塘河后改称通天河[1]。通天河在治多县立新乡叶青村环绕山体构成一个完美的弧度，形成了位于治多县立新乡叶青村的"万里长江第一湾"。连玉明院长凭借智库人的敏锐迅速观察把握"万里长江第一湾"对于叶青村的价值，并把叶青村作为开展"三江源田野调查"的一个乡村样本。回到北京，他组织研究团队多次与立新乡对接，共同围绕"万里长江第一湾"与当地生态旅游发展开展研究。

在对叶青村持续关注的基础上，连玉明院长第二次来到叶青村实地考察。2024 年 7 月 2 日，他随全国政协副主席沈跃跃率队的全国政协无党派人士界委员专题视察团来到三江源，围绕"提升青藏高原国家公园群协同发展和现代化管理水平"进行调研。三江源地区独特的自然环境，孕育了众多高原湖泊群、高寒沼泽湿地，使这里成为世界上高海拔地区生物多样性最集中的区域，是中国乃至亚洲重要的生态屏障[2]。立足青藏高原生态保护实际，连玉明院长在这次调研考察中提出思考建议：

> **"以三江源国家公园建设带动青藏高原国家公园群协同发展，要一体化谋划、一体化保护、一体化发展。"**

立新乡的叶青村，虽然不在三江源国家公园的规划红线之内，但也是国家公园群协同发展"一体化"模式下应该辐射带动的区域，尤其是在生态文旅方面有更大的发展空间。

---

[1] 长江，横贯中华大地，从江源的冰川融水到入海口的湿地滩涂，日夜奔腾，距今已经两亿多年，自古以来便吸引着人们探寻她的源头。自 1976 年水利部长江水利委员会的科考队将长江源首次追溯到各拉丹冬雪山脚下，"长江三源"才逐渐露出真颜：正源沱沱河、南源当曲、北源楚玛尔河在江源地区静静流淌，孕育出高原上的生命奇迹。

[2] 三江源国家公园保护面积 19.07 万平方公里，涉及治多、曲麻莱、玛多、杂多、格尔木 5 县（市）15 乡（镇）。

▲ 长江正源沱沱河

长江有发源于可可西里的北源楚玛尔河、发源于各拉丹冬雪峰姜根迪如冰川的正源沱沱河、发源于唐古拉山东麓的南源当曲三种说法。

在结束全国政协的考察调研半个月之后，连玉明院长带领调研组参与"保护母亲河，守护三江源"首都专家玉树高质量发展调研暨全国政协委员履职"服务为民"活动。2024年7月21日调研组到达西宁，7月23日到达玉树，7月31日到达治多，调研的第一站就是立新乡叶青村。从玉树市区出发，经过隆宝国家级自然保护区，没有多长时间就进入治多县境内。刚进入治多，就见到了陪同这次调研的治多县委副书记任喜春。一见面，他就打开了话匣子，"现在这个地方我们取名迎宾湖，在这里迎接来我们治多的客人。一会儿我们就直接去立新乡叶青村，连院长已经去过好几次了，我都陪着他调研。"调研组一行人就站在美丽的迎宾湖畔，听任书记介绍叶青村的情况，"这个叶青村很有特点，不仅人文景观众多，而且游牧文化非常厚重，我们一会儿要去看万里长江第一湾，现在来这里旅游体验的人比以前多了"。也正是因为有了这个生态旅游资源，现在叶青村除了畜牧业以外，文旅也开始慢慢成为另一个支柱产业。这次叶青村之行，任书记还和调研组一起，走访了三个牧民家庭，和他们做了面对面的交流，了解了不少第一手的信息。

就在这次调研后不久的2024年8月8日，连玉明院长陪同北京市政协党组成员、北京市文联主席、北京奥运城市发展促进会常务副会长韩子荣到三江源考察长江、黄河源头，第四次来到叶青村，从一个新的高度对长江、黄河源头作为地理标志与文化象征的双重功能进行审视。

> **通天河如一条丝绸哈达，顺着一座山谷匆匆而来，在周围三座青色高山的环拥下，奔流的江水悄然放慢脚步，用一个大回环，绕向远方的高拔奇迈之景，让人荡气回肠，叹为观止。**

⊙ "国际生态旅游目的地"的畅想

高原之美，美在生态。落地玉树机场，有一块牌子让人印象深刻，那就是"国际生态旅游目的地首选区欢迎您"。从西宁到玉树，从玉树再到治多，从治多到叶青村，语言无法形容的、图片不足承载的就是高原无比的辽阔与壮美。

青海，既是生态安全的屏障，又是生态资源的宝库，做好生态这篇文章的重要性不言而喻。2021年，习近平总书记参加十三届全国人大四次会议青海代表团审议和到青海考察时，赋予了青海"打造国际生态旅游目的地"的重大任务和历史使命，为青海发展

▲ 调研组于治多县草甸观景台留影

治多县围绕国际生态旅游目的地建设目标，精心策划包装体现治多特色、彰显治多底蕴的文化旅游活动品牌，进一步放大活动的品牌效应。

万里长江第一湾
海拔4200米,长江上游的通天河在治多县立新乡叶青村环绕山体构成一个完美的弧度,形成了"万里长江第一湾"。

生态旅游提供了根本遵循[3]。青海省在"十四五"规划中，围绕"打造国际生态旅游目的地"这一目标，分解了生态旅游资源、生态旅游产品、生态旅游市场、生态环境保护等方面的具体任务[4]。并且从部省共建的高位推出《青海打造国际生态旅游目的地行动方案》。按照这个方案，着力打造以西宁为中心，格尔木、玉树为支点的东部、南部、西部、北部生态旅游精品环线，一批最美湖泊、最美花海、最美乡村正在绘就"诗和远方"的新画卷。

> **良好的生态是发展旅游的基石。玉树地处青藏高原腹地、三江源的核心区，在青海省乃至全国的生态地位都非常重要，而且特殊。**

玉树境内自然景观、历史文化、民族风情等资源丰富，特别是生态系统的原真性、完整性保护完好，可观性、可利用性强，形成具有独特的区域整体性、文化代表性和地域特殊性的生态旅游资源"富矿"，生态旅游资源优势得天独厚，发展潜力巨大。

2023年1月1日，玉树开始执行一部受到各方关注的地方法规——《玉树藏族自治州国际生态旅游目的地建设促进条例》[5]，以法治保障生态旅游的建设发展。在这部地方法规的指导下，玉树做足生态文章，着力推进生态旅游与文物保护、非物质文化遗产活化利用、优秀传统文化保护传承、乡村振兴、康养产业、体育运动等融合发展。对标国际标准，加强与国际旅游组织、共建"一带一路"国家、友好城市等的沟通合作，加强与周边地区、长江黄河澜沧江流域等地区的合作交流，打造"三江之源·中华水塔""可可西里·世界遗产""生态旅游净地"等世界级生态旅游资源品牌，树立"大美青海·江源玉树"生态旅游资源地域特色品牌和各县（市）生态旅游资源地域特色品牌，推进生

---

[3] 2021年3月，习近平总书记在参加十三届全国人大四次会议青海代表团审议时强调，要结合青海优势和资源，贯彻创新驱动发展战略，加快建设世界级盐湖产业基地，打造国家清洁能源产业高地、国际生态旅游目的地、绿色有机农畜产品输出地，构建绿色低碳循环发展经济体系，建设体现本地特色的现代化经济体系。

[4] 《青海省国民经济和社会发展第十四个五年规划和二〇三五年远景目标纲要》："构建"一环六区两廊多点"生态旅游发展布局。提升打造一批国家级生态旅游目的地，开辟生态旅游精品线路。统筹"通道+景区+城镇+营地"全域旅游要素建设，推进景观典型区域风景道建设。开发高附加值特色旅游产品，鼓励和扶持全季、全时旅游项目，重点推出一批旅游产品和民俗、节庆活动，建设国民自然教育基地。完善生态旅游配套体系，加快重点生态旅游支线公路及专线公路建设。支持区域性旅游应急救援基地、游客集散中心和集散点建设，推进生态旅游配套设施建设，创建国家级自驾车旅游示范营地。

[5] 2022年12月30日，《玉树藏族自治州国际生态旅游目的地建设促进条例》正式发布，并于2023年1月1日起施行。玉树出台的这部地方性法规，是打造国际生态旅游目的地的有益探索，推动生态旅游在法治轨道上运行。

态旅游品牌化、特色化发展。调研组到达玉树的时候，恰逢2024年玉树州传统赛马节暨第三届三江源生态文化旅游节举行。

> **赛马节这一草原的盛会，以其鲜明的民族民俗文化特色，吸引了很多国内外的游客，也多维度、全方位地展现了玉树独有的魅力与风采，见证玉树建设国际生态旅游目的地首选区建设初见成效。**

每年的7、8月份是玉树旅游最好的季节，各类文化活动、旅游活动密集上演。除了玉树州的活动，市县的活动也很多。我们到达治多之后，陪同我们调研的县委副书记任喜春还见缝插针地去参加了他们一年一度的赛马会。冒雨参加活动回来的他很兴奋地跟我们说，"虽然天公有点不作美，下起雨了，但是活动很成功。"据他介绍，玉树为了打造国际生态旅游目的地首选区，对6县（市）都做了具体的定位和分工[6]，治多承担着15项重点任务，包括景区提升、文化资源活化、智慧旅游、公共服务、人才培养和乡村旅游等六大重点工程。通过任书记的介绍，我们了解到治多正在实施"生态旅游+"战略，推动生态旅游、自驾车房车、文化演艺等旅游新业态的发展，打造包括叶青村的"万里长江第一湾"在内的一些地标性旅游品牌，还精心策划组织了一些体现治多特色、彰显治多底蕴的文化旅游活动。在去往叶青村的路上，在我们到达"万里长江第一湾"的时候，任书记不止一次地提到，"我们希望治多处处是风景、处处有文化、处处可旅游。"

⊙ 擦亮"万里长江第一湾"文旅品牌

到达立新乡，我们见到了乡长格扎，有着藏族同胞高大体格的格扎乡长陪着我们一路看一路聊，讲起叶青村的发展情况可是细致入微、娓娓道来。

叶青村，有3个大队，8个小组，是一个纯牧业村，主要产业是虫草业、畜牧业。近年来，叶青村的改变是从"万里长江第一湾"开始的。在国家旅游扶贫项目支持下，治多县守护一江清水向东流，深耕游牧民族文化，依托乡村旅游探寻富民密码，利用立新乡叶青村的区位优势，重点打造地标性旅游品牌之———"万里长江第一湾"，还建造了一个有一千多棵松树的生态园，加上虫草、畜牧等特色产业的配合，叶青村逐步踏上了

---

[6] 玉树州辖1个县级市，5个县，分别是玉树市、曲麻莱县、称多县、囊谦县、治多县、杂多县。

脱贫致富之路。格扎乡长告诉我们,"2019 年,叶青村人均收入达到 24000 元。2020 年,被列入全国第二批乡村旅游重点村名录和青海省第一批乡村旅游重点村名录[7]。2021 年,又列入乡村振兴'百乡千村'示范村之一。"说这些的时候,格扎乡长的语气里透着自豪。

一路翻山越岭、穿过高原草甸,终于看到了一块用汉字和藏文刻着"万里长江第一湾"几个字的石碑,原本我们以为应该到达目的地了,但格扎乡长却说,"还得继续往前走,才能到达第一个观景台。"我们驱车前行,一路看见有施工队在作业。就问格扎"现在走的这条路是什么时候通车的?"他介绍说,"这条路是 2019 年通车的,因为路通了,游客们才能够到达万里长江第一湾,才能欣赏到这里的壮丽山川、广袤草原和清澈河流。这条路我们还在继续修,一会儿我们可以到工程部歇歇脚。"到了工程部我们了解到,再有一个多月,立新乡公路就能全线贯通,到时候立新乡内各个村社与"万里长江第一湾"景点就都联通了。[8]

> **在打造"万里长江第一湾"这个项目过程中,道路基础设施建设的确是重要一环,可进入性以及城镇、乡村和美景的可连通性,为这个地方的经济发展和民生改善注入了新的活力。**

从公路建设工程部出来,我们就到达"万里长江第一湾"首个观景台,再往上还有 400 多米的观光栈道。登上这个位于"娇儿垭口"[9] 的观景台,自青藏高原奔腾而下,在高山深谷中穿行而来的万里长江"全景式"映入眼帘,与青山碰撞出的那道 360°的圆满弧线,宛如一条环绕着青山的丝带。克玉日赞神山与翻涌而去的波涛互相依偎,动静相宜之间就是一幅自然和谐的山水画。我们到达的时候因为刚刚下过雨,江湾里的水一半是浑浊的黄色,一半是清透的青色,泾渭分明,流出江湾又汇合在一起。

---

[7] 截至 2024 年,我国已公布了四批全国乡村旅游重点村名单,总数达到 1399 个。这些重点村不仅自身具备丰富的旅游资源和良好的旅游服务设施,还能够在带动区域经济发展、传承和弘扬地方文化、改善乡村环境和提高农民收入等方面发挥重要作用。

[8] 2024 年 9 月,长江第一湾立新乡公路建成通车。全长 63 公里,投资 1.26 余亿元的玉树州治多县立新乡公路,行政等级为县道,技术等级为三级公路。公路起点接 215 国道,作为通往立新乡的主干道路,贯穿于立新乡叶青村一社、二社及周边村社,极大地便利了当地居民的日常出行,为他们的生活带来了更多便捷与舒适。

[9] 所谓垭口,就是山脊上的一个山坳口,是翻过一座大山必经路上最高点,也就上山和下山的一个转折点,在地理意义上指的是山脊上呈马鞍状的明显下凹处,也是用最短和最省力的路途进山和出山的捷径。垭口往往占据最高点,不仅风景好,也是观赏风景的最佳位置。

▲ 从位于"娇儿垭口"的观景台俯瞰"万里长江第一湾"
万里长江与青山碰撞出的那道360°的圆满弧线"全景式"映入眼帘，动静相宜之间形成一幅昌次山道的山水画。

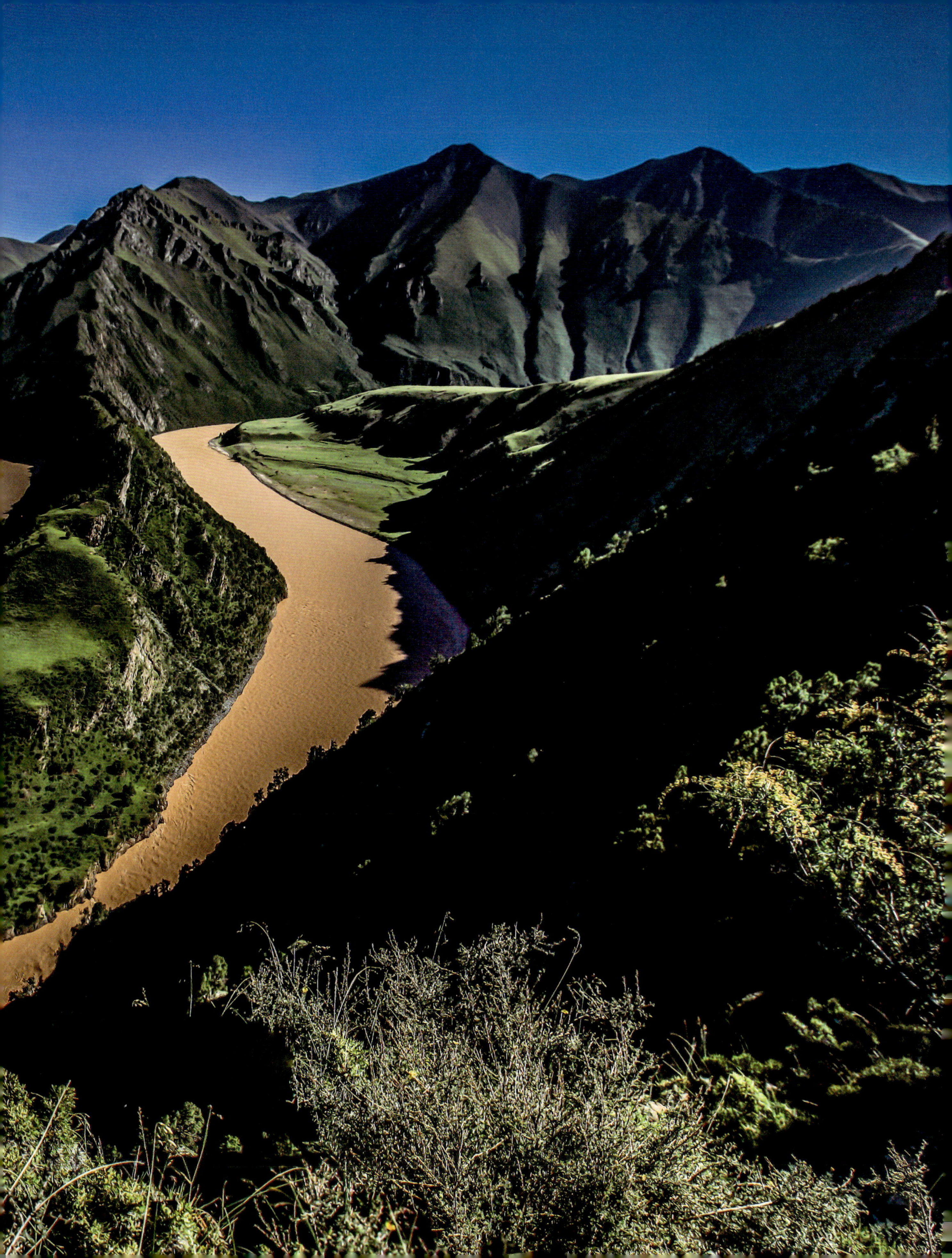

▲ 调研组与玉树医务工作者在"万里长江第一湾"留影

"万里长江第一湾"地形奇特,山水融合,这次意义非凡的拐弯,把最美的长江在青海又多留了一程,通天河依依不舍,像离家游子的深情回望;中华水塔在青藏高原上静静矗立,与这里广袤的草原、巍峨的雪山、淳朴的高原儿女相偎相依……那些从遥远内地来到这里工作的人们,有了终生不会忘记的枕山臂江、民族文化交融的经历。

据说长江不仅仅是在叶青村这里呈现这种两股不同颜色的江水汇聚的特点。在治多，长江还有另一个名字，就是通天河。在《西游记》中，唐僧师徒西天取经途中经过通天河，吴承恩在书中这样描写通天河："洋洋光浸月，浩浩影浮天。灵派吞华岳，长流贯百川。千层汹浪滚，万叠峻波颠。岸口无渔火，沙头有鹭眠。茫然浑似海，一望更无边。"通天河在玉树境内蜿蜒流淌，总长将近813公里，自此流出青海省境，进入四川与西藏分界处，名称也变为金沙江。

两河交汇处，上为通天河，下为金沙江。两种颜色截然不同的江水汇聚在一起，金沙江又携带着众多支流向东而去，最终汇聚形成了万里长江。

我们从"万里长江第一湾"观景台往下走的时候，任书记和迎面走过来的几位行人打招呼，然后还给我们介绍说，"这几位是北京对口支援我们治多的丰台区的领导和同事"。一听我们也是从北京来调研的，丰台区的几位领导和同事跟我们热情交流，"'万里长江第一湾'这个品牌真是需要总结推广，要把这种生态资源、生态保护的成果，真正变成生态旅游的'金字招牌'"。

说起"万里长江第一湾"文旅品牌，在调研中我们还碰到一位和这件事情有渊源的人，他就是治多县政协副主席智达·丹珍。他回忆说，那还是十多年前他在加吉博洛镇当镇长的时候，他到住在立新乡叶青村的表兄家，用一台海鸥牌胶卷相机拍下了一张风景照，这就是"万里长江第一湾"的首张照片，后来照片还刊登在《长江》杂志上。大家在聊起这段往事的时候有一个共同的认识，那就是一个文旅品牌，一定要有比较高的观赏游憩价值，甚至是要有一定的历史价值、文化价值或科学价值。这样才能够形成自然或人文的乡村旅游核心吸引力。而"万里长江第一湾"恰恰就是这样一个具有复合价值的品牌，现在需要做的就是把这个资源保护好、挖掘好，然后传播出去。

离开"万里长江第一湾"，我们就要做入户访谈了。格扎乡长提前给我们介绍了几位访谈家庭的基本情况。这时候，任书记讲了一个观点，他觉得一个好的文旅品牌一定是要有明显的致富带动效益。"万里长江第一湾"文旅品牌的打造，最重要的是争取到了牧民的支持，同时，也通过文旅产业的发展形成一定的收入利益联结机制，从而保障牧民的合理收益。

这番话让我们更加期待在入户访谈过程中能更多地与牧民交流这个文旅项目实际的脱贫致富效果。

⊙ "万里长江第一湾"的新故事

如同长江水每天都是新的,长江每一天每一年都有新故事。如果用搜索引擎搜索一下"万里长江第一湾",大概率搜到的是云南丽江的"万里长江第一湾"。我们在立新乡叶青村,则听到牧民给我们讲了另一个全新的江湾故事。

我们走访的第一个牧民家庭,讲述的是"万里长江第一湾"的建设故事。接待我们的夫妻俩,丈夫强多拉文和妻子白周拉毛今年都已经68岁,身体都还硬朗,白周拉毛有点风湿性关节炎,做过手术,走路还是不太方便。

之所以选他们家进行访谈,是因为他们为"万里长江第一湾"的建设做出了"很大的贡献"。村里的干部告诉我们,"刚刚去过的'娇儿垭口'的观景台,我们修的这条路,都占了他们家的草场。建设之初,强多拉文可是二话没说,就全力支持。后来,因为家里草场不够了,还卖掉了好多牛羊。"老人听了赶紧说:"这么好的项目我们都盼着呢,占点草场算什么。"强多拉文是名老党员,老人的话很朴素,但能看出他真的愿意为村里发展做出努力。

强多拉文是村里的义务生态管护员,平时除了放牧,每天做得最多的事情就是在山上、在草场捡垃圾,保持河岸、山坡、草原和村庄的环境卫生。"老人做这件事风雨无阻,太让人佩服了。"讲到生态管护,给我们做翻译的立新乡纪委书记卓玛才措说,"我们现在都画了网格,生态环保小队、生态管护员都是按照网格来进行巡逻和管理的。"当我们问到"现在生态管护方面还有什么需要改进的地方吗?"强多拉文老人告诉我们,"因为来这里的游客多了,每个人的环保意识不同,有的人很注意,垃圾都会带走,但也有些人做得不太好,垃圾会扔在那,所以还是要有人管。"

当老人得知我们是从北京来的,老人告诉我们他也去过北京,去过天安门。虽然我们听不懂老人讲的藏语,但也能感受到老人那种又感恩又激动的心情。采访快结束的时候,老人说起了他的儿子扎西闹布:"他是一个歌手,他唱过一首歌叫《有了你》。"访谈结束后我们把这首歌找来听,字里行间、旋律之中,仿佛有了"有故事"的强多拉文老人的身影,"眼前的你,是如此善良。眼前的你,是如此美好。"

在叶青村我们听到的第二个故事是一个关于发展的故事。故事的主人公是45岁的致富能手才仁塔新,我们在治多县立新乡万里长江第一湾畜牧业专业合作社见到了他。这个以"万里长江第一湾"命名的生态畜牧业专业合作社是才仁塔新2015年12月建立的。我们都说"真是先知先觉呀,这么早就把'万里长江第一湾'的品牌占住了。"才仁塔新笑了笑说,"万里长江第一湾不光是风景好,而且还有广阔丰茂的天然草场,牛羊强健肥壮,牛羊肉、奶制品等畜产品都是天然的、绿色的、健康的,我是真想把这个'万里长江第一湾'的品牌发展起来!"

▲ 云雾缭绕的"万里长江第一湾"

"万里长江第一湾"地形奇特,山水融合,层峦叠嶂,云雾缭绕,呈现出自然风光的和谐之美。

▲ 调研组于"万里长江第一湾"观景台留影

通天河在治多县立新乡叶青村环绕山体构成一个完美的弧度，形成了今天的网红打卡地——"万里长江第一湾"。

江源玉树·生态治多——"万里长江第一湾"，值得与它来一场相见即欢喜的深情遇见。

的确像才仁塔新设想的一样，经过多年的努力，这家专业从事畜牧生态养殖、产品加工、销售于一体的产业化合作社，大力推进牧业创新，加强牧业产业基地建设，发展生态养殖业板块，从过去的传统畜牧业逐步走向现代畜牧业发展趋势。现在，他们合作社的拳头产品有风干肉、酸奶、曲拉、酥油等民族特色食品，还有叶青村盛产的鹿茸、贝母、雪莲、红景天、藏红花、冬虫夏草等珍贵药材、食材。

问起合作社每年的营收，才仁塔新没有讲得很具体，而是给我们算了另外一笔账，"合作社成立第二年，就给加入合作社的牧民每人分了 1 头牛。每年要给在合作社的职工发放 30 多万元工资，其中有 7 人是脱贫户。"当我们问他下一步还有什么发展规划的时候，他反复强调"要把'万里长江第一湾'这个品牌做好，我们就得转型，我们已经注册了商标，接下来就是要做好标准和认证"。

采访过程中，才仁塔新的女儿永吉卓玛一直给我们做翻译，这个 20 岁出头的漂亮的藏族姑娘，刚刚大学毕业。在合作社的办公区，我们看到有很多电商直播的设备，永吉卓玛告诉我们，平时主要是她负责这块工作，网上销售量越来越多。从这对父女身上，我们看到叶青村发展的故事还在继续，发展的路子越来越宽。

在叶青村，我们还访谈了一个脱贫光荣户家庭——尼玛扎巴一家。尼玛扎巴的妻子叫特沙忠么措，两个人有四个孩子，哥哥东多杰，姐姐拉毛卓玛，妹妹永吉求忠，弟弟尕玛闹培，从这个家庭我们更多看到的是叶青村的共享故事。

尼玛扎巴一家是脱贫攻坚的时候劝返回来的，当时，他们没有牛羊，村里给他们提供了小额贷款买牛羊，现在家里有 300 多只羊，去年出栏卖了 100 只羊，每只羊卖了大概 1800 元。成功脱贫之后，村里还给他们奖励了一辆三轮车，我们离开的时候，夫妻俩还拉上我们在三轮车前合影留念。

对尼玛扎巴的访谈，是他的小女儿永吉求忠给我们做的翻译。永吉是个文静的姑娘，2004 年出生，考上了四川广元的青海玉树高中班。[10] 村干部告诉我们，对考上广元青海玉树班的孩子政府都有资助政策，永吉上学的学费家里基本不用花多少钱。小姑娘说起将来想学医，以后还要回来报效家乡。我们问她现在从家出发到广元上学需要走多长时间，"路上单程需要 2 天的时间，但这不算什么。"小姑娘回答的时候眼神特别坚定。教育扶贫托起的不就是孩子们美好未来吗。

---

[10] 为积极响应党中央"对口援青"号召，2017 年 9 月，广元市教育局与青海省玉树藏族自治州教育局达成教育帮扶协议，决定在市树人中学开办"青海玉树班"，促进民族文化大融合。

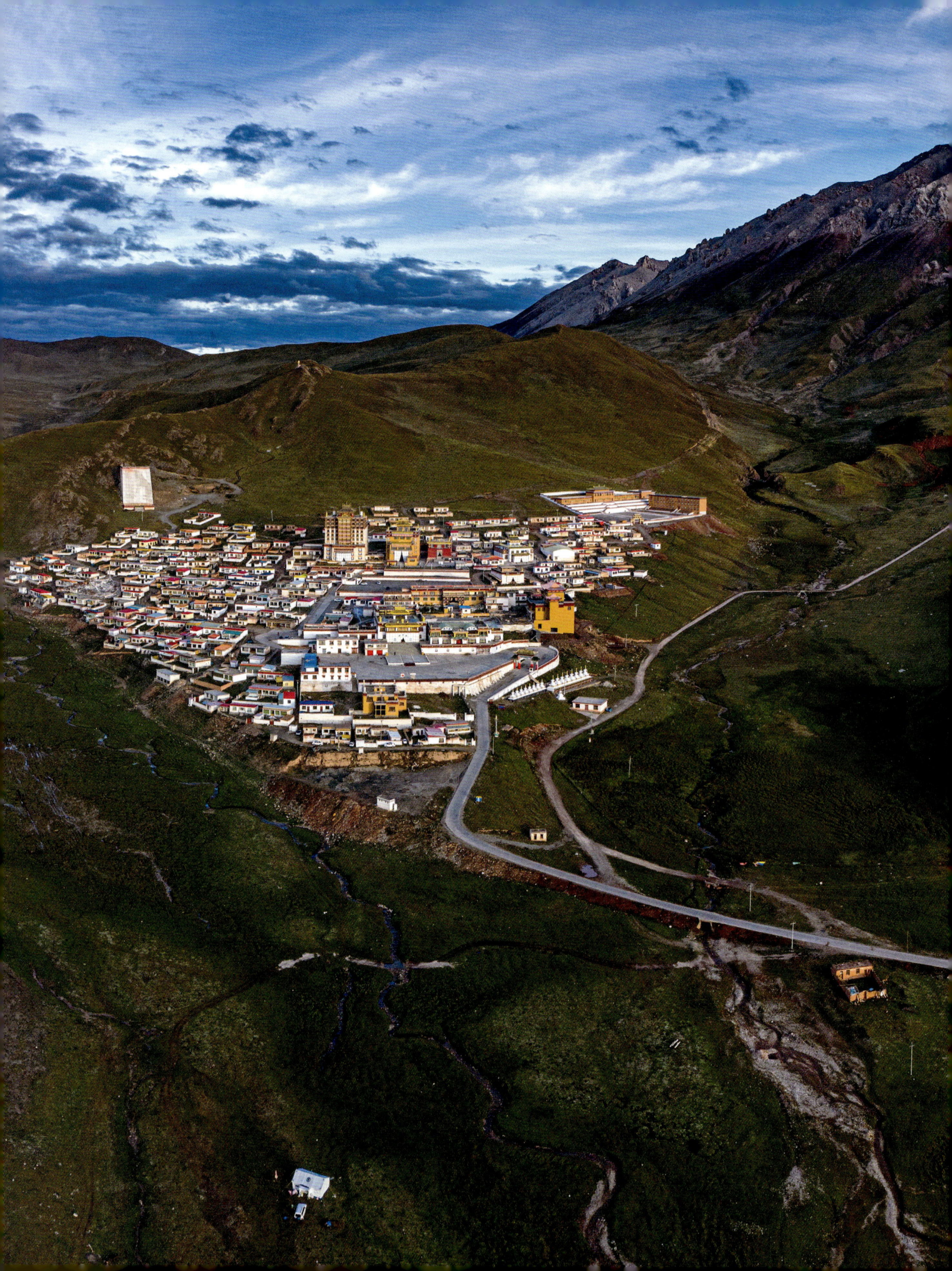

▲ 远眺贡萨寺

立新乡有一座建于清代的格鲁派寺院贡萨寺，具有十分珍贵的历史文化与旅游体验价值。立新乡最早也曾叫贡萨乡。

⊙ 贡萨草原会客厅探索高原"微营地"模式

调研组即将离开叶青村的时候，格扎乡长专门带我们看了他们在"万里长江第一湾"建设的贡萨草原会客厅。2023 年连玉明院长第一次到叶青村调研的时候，也专门考察了这个项目。他认为打造"长江第一湾"文旅品牌，必须解决游客"来得了、待得住"的问题，要按照"营地开发"的思路建设这个会客厅。为此，连院长还筹集了一笔资金专门支持这个项目的建设。

贡萨草原会客厅名字的由来，是因为立新乡有一座建于清代的格鲁派寺院贡萨寺，立新乡最早也曾叫贡萨乡。贡萨寺位于治多县立新乡贡萨村、通天河南岸的寺院旧址，至今保存有较为完整的经轮殿、强巴经堂、大经堂、护法殿、拉章等由夯土筑成的诸多藏族古建遗址，到现在还保持着原有的藏族传统建筑风格、内部空间组织结构和建筑布局。1981 年寺院搬迁到新址，并修建了大经堂、弥勒佛殿等建筑，寺内存有《甘珠尔》《丹珠尔》等佛经不计其数。贡萨寺宗喀巴大佛为世界最大的室内铜制镀金佛像，并被授予"大世界吉尼斯之最"证书。这种文化的特质、文化的场景，也是游人可以走进叶青村进行深度体验的重要文旅资源。

在玉树建设国际生态旅游目的地首选区的规划中，有一个任务就是在万里长江第一湾修建具备 30 人住宿承载量的 A 类旅游驿站。贡萨草原会客厅就是一种旅游驿站或者是野外营地的发展模式。这种模式源于露营旅游，是以生态度假客群为重点，强调与野外生态环境的零距离接触和体验。

贡萨草原会客厅以"万里长江第一湾"这一原生态旅游环境资源为前提，在发展过程必须以自然生态作为根本。

或者说，贡萨草原会客厅应该是一种"微营地"模式，建设工程少，主要是轻量级的基础设施，最大程度地保护自然生态环境免受破坏，从根本上保证"万里长江第一湾"项目与自然的和谐度。同时，营地又能为来访者、游客提供必要的食宿、卫生等服务。

对如何擦亮"万里长江第一湾"这个文旅品牌，格扎乡长也有他的想法。他谈道，要把这个文旅品牌真正打造出来，还是要兼顾原生态的深度体验和服务需求，结合本地文化和旅游资源条件，在特色餐饮、文化体验上为来访者、游客提供更好的服务。所以，他们以融入自然为原则，结合游牧民族的特点搭建帐篷。另外，未来贡萨草原会客厅要发挥的功能，就是要让更多的人来到"万里长江第一湾"参与一些具有较强互动性、体

▲ 调研组于贡萨草原会客厅留影

贡萨草原会客厅是立新乡为"万里长江第一湾"配置的一个旅游驿站，为来访者、游客提供特色餐饮、文化体验等服务。

验性和公益性的活动，在会客厅适当融入当地文化的展览展示，这也是他们现在正在努力做的事情。未来，贡萨草原会客厅还可以考虑打造包括不同级别的营地和驿站服务节点。

类似贡萨草原会客厅这种依托稀缺生态资源，结合帐篷等设施配套相关服务，进行营地开发的也有很多可借鉴的案例。比如，在黄河三角洲国家级自然保护区，就以河口湿地、候鸟等生态特色，策划设计了一个帐篷营地的开发，并引入专业组织开展观鸟等活动。另外，在国际上也有比较成功的案例，比如，位于澳大利亚乌鲁鲁—卡塔丘塔国家公园内的经度131°营地。这个国家公园是典型的红色沙漠生态系统，并有5亿年历史的艾尔斯岩，一直被誉为"澳大利亚的心脏"。这个营地选择的就是沙漠帐篷，实际上也是就地取材，将配套服务设施充分融入当地的自然与环境。同时，结合资源开发条件，配套设计相应的活动，重点突出的是体验与参与。

贡萨草原会客厅在开发模式上，要因地制宜地探索适合高原地区的小而美的乡村旅游发展新模式，未来可以探索"政府＋公司＋牧民"的机制。由县、乡两级政府和旅游主管部门按市场需求和旅游发展的总体规划，推动营地建设。在条件成熟的情况下，可以考虑逐步引入市场力量进行运营。同时，要更加重视社区参与，鼓励支持当地牧民参与乡村旅游发展，引导当地牧民与旅游者之间的良性互动。通过这种机制创新，真正让叶青村这个乡村旅游重点村，在增加农牧民收入、推动乡村旅游提质增效、助推乡村振兴中发挥更大的作用。

《高原骑手》

李继飞　纸本素描　368mm×260mm
创作于玉树州囊谦县尕尔寺　2024年8月4日

流淌在青藏高原腹地、青海省玉树藏族自治州境内的通天河，不仅见证了长江从涓涓细流到浩荡大江的壮丽蜕变，也承载了中华民族对长江源头的无尽向往与探索。

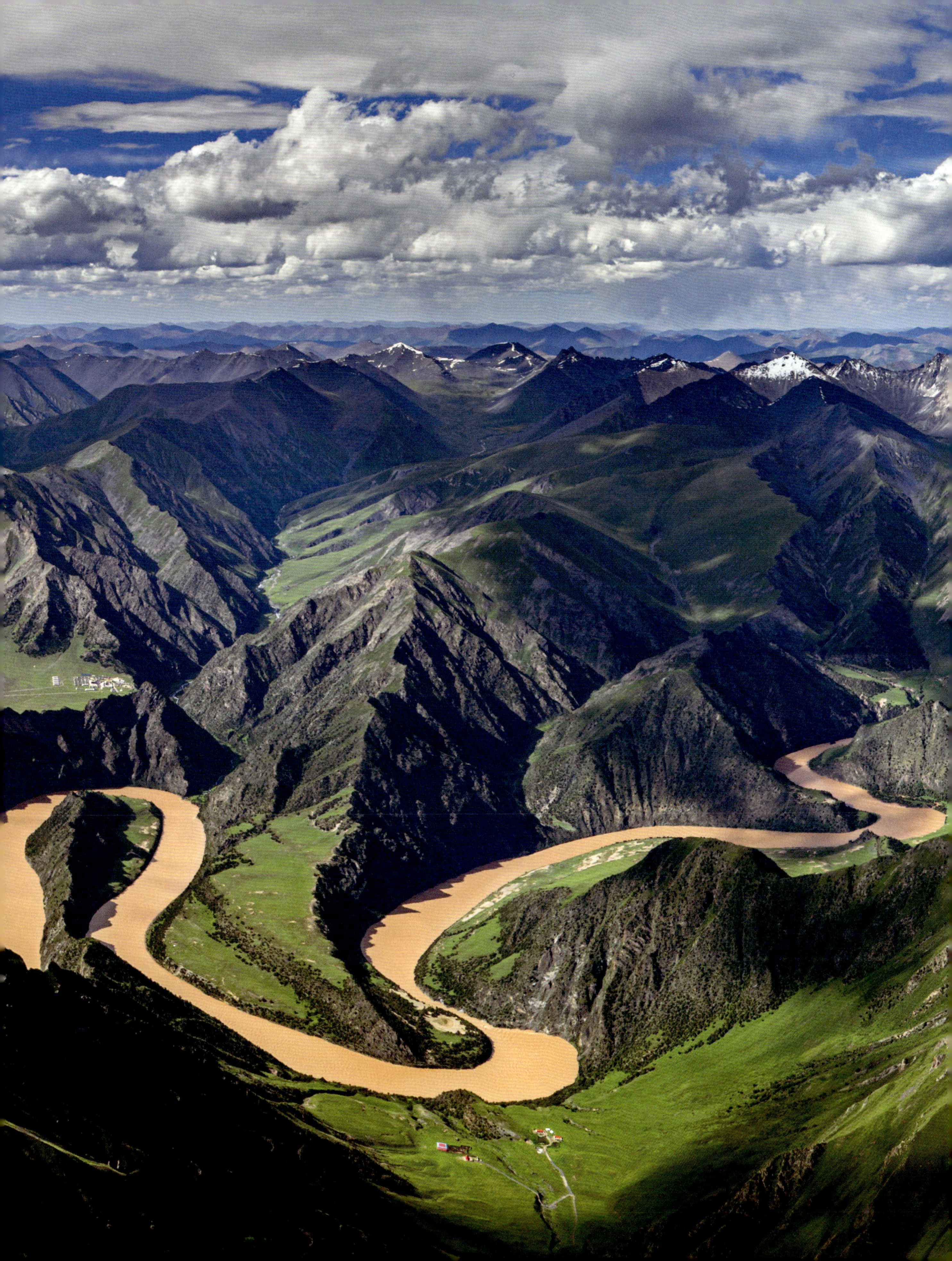

《青年女干部——扎西文毛》

李继飞　纸本素描　368mm×260mm

创作于玉树州治多县索加乡当曲村　2024年8月2日

"英雄之乡"的生态赞歌

——治多县索加乡当曲村调研记

如果你没有听说过索加，你应该听说过环保卫士杰桑·索南达杰；

如果你不知道索南达杰，你肯定知道可可西里；

即使你不知道可可西里这个地方，你也应该知道陆川的电影《可可西里》或者凤凰传奇的歌曲《可可西里》吧？

2024年8月1日，"保护母亲河，守护三江源"首都专家玉树高质量发展调研暨全国政协委员履职"服务为民"活动调研组，在玉树州治多县索加乡当曲村调研，进入到可可西里的边缘，也了却了一个夙愿。

治多，藏语意为"长江源头"，被称为"万里长江第一县"；

索加，治多县最西，辖中国四大无人区[1]之一的可可西里，号称"长江源头第一乡"；

当曲[2]，流经索加乡政府所在地，万里长江南源[3]。

在这片人迹罕至的神秘土地上，人们是如何生活的？他们靠什么坚守在这里？杰桑·索南达杰牺牲三十年后，这里变成什么样了？带着这些问题，我们在索加乡展开了入户调查，与索南达杰的后继者们对谈。

⊙ "天边的索加"与"人类的禁区"可可西里

2024年是杰桑·索南达杰逝世30周年[4]。2024年8月1日早上8点半，我们开启前往索加的行程。当地干部安排我们先参观位于县城的英雄文化广场，即"环保卫士"杰桑·索南达杰纪念广场。入口处有一副硕大的对联：

"英雄精神传千秋，感恩报国守江源。"

广场正中是杰桑·索南达杰巨型雕像，雕像后边是一面杰桑·索南达杰生平事迹墙。听完现场的讲解，大家怀着崇敬的心情向烈士雕像献上哈达，并开展了主题党日活动，使这次调研活动具有了特别的意义。

索加，因高寒缺氧、艰苦偏远，被称为"天边的索加"。大约9点钟，我们乘车从治多县城出发，沿224省道向索加乡前进。据介绍，以前索加乡到县城只有简易的砂石便

---

[1] 中国四大无人区，一般指罗布泊、阿尔金山、可可西里、羌塘高原。

[2] 据周希武《玉树调查记》：番名山曰拉；水曰曲，一作楚；滩曰通，一作塘；沟中有滩曰云，无曰囊（一作郎，或作朗），曰陇，曰科；两水之交曰松多；硖（即峡）曰尕；湖泊曰错。

[3] 2008年，以中科院遥感所刘少创研究员为首席专家的三江源综合科考队，对长江、黄河、澜沧江源区的各个主要源流的长度进行了测量，按照"河源唯远"的原则，认为当曲为长江正源。此后，虽然当曲作为长江正源有后来居上的势头，但目前普遍仍认为沱沱河是长江正源。长江水利委员会原高级工程师、参加过1976年长江源头首次综合性考察的石铭鼎先生认为：确定大河正源，不能只看河流长度，主流与支流的流向关系也很重要。沱沱河由西向东，非常顺直，发源地是地势较高的冰川；而当曲的源头是海拔较低的沼泽，由很少的地下水汇集起来的，且偏向东南，有个大拐弯，所以虽然降雨多，河水流量大，但它与长江干流的方向不够顺畅。因此，综合来看沱沱河作为长江正源更合适。

[4] 2024年1月18日，玉树州治多县委常委、政法委书记公却才旺，县政府副县长宋晓庆率队前往昆仑山口杰桑·索南达杰纪念碑前，举行杰桑·索南达杰逝世30周年纪念活动。公却才旺在致辞中指出，"对杰桑·索南达杰同志最好的纪念，就是要学习他信仰坚定、一心向党的政治品格，学习他心系群众、服务人民的宗旨意识，学习他实事求是、求真务实的工作作风，学习他严于律己、廉洁奉公的优良作风，学习他开天辟地、敢为人先的首创精神。"

▲ 调研组成员在治多县英雄文化广场开展主题党日活动

位于治多县城的英雄文化广场,即"环保卫士"杰桑·索南达杰纪念广场,有杰桑·索南达杰巨型雕像,雕像后边有一面杰桑·索南达杰生平事迹墙,是治多县爱国主义教育基地。

▲ 位于索加乡的长江源头湿地

长江南源当曲湿地是长江源区面积最大的湿地，是高寒沼泽湿地的集中分布区，平均海拔4600米，具有生态蓄水、水源补给、气候调节、固碳增汇等重要生态功能。

道，狭窄破旧、坑洼不平、行车颠簸、会车困难，就算天气好开车也要9个小时，遇到雨雪天气常常要行驶十几个小时。2022年11月，青海224省道线二道沟兵站109国道岔口至治多段公路改建工程及索加支线全部建成通车，索加乡正式结束了不通柏油路的历史，现在大概三四个小时就能到索加，"天边的索加"成了"身边的索加"。

汽车驰骋在海拔四千多米的青藏高原上，山脉、草原、河流、湖泊，这些场景交错变换，让我们感受着地球第三极的磅礴和包容。不过，与从曲麻莱县城到玉珠峰的沿途相比，这条路边的山和草地明显有些不同，裸露的山头和草地似乎要多一些。裸露的草地多是黑土，许多山顶似乎也是黑土覆盖不见青草，只露出几块大石头，有的几乎全是石山，不时也能看到雪山。这里的黑土跟东北黑土地有什么不一样？裸露的黑土怎么治理？当地同志介绍，这就是"黑土滩"[5]，是青藏高原高寒草甸独有现象，现在正在治理当中，路边有些草甸上就是人工种植的草。而高山裸岩之间正是雪豹[6]和它的猎物岩羊[7]喜欢的栖息地，可能就是因为这种地貌特点，索加成为三江源雪豹密度最高的区域之一。

果然，我们很快就看到岩羊群在山间出没，看上去有几十只。山下草甸上的藏野驴更容易见到了，种群规模也更大，有一处驴群多达近百只，吸引我们停下车来驻足观看、拍照——它们或悠闲地散步，或低头吃草，还有的半躺在草地上沐浴阳光，小驴紧紧跟着妈妈，有的甚至还在吃奶。如果你仔细看，会看到远处山顶上有一头藏野驴，一动不动，整天都站在那里，那是公驴在为山下吃草的母驴和小驴放哨，防止有狼来袭击。这又让我们对藏野驴的喜爱增添了一分。看来，动物的爱一点儿也不比人类少。相比其他小动物，高大俊美的藏野驴宛如一群无畏的"勇士"，绝对配得上青藏高原雄浑壮美的气质。

中午一点时分，我们到达索加乡政府。索加是整个玉树藏族自治州最为边远的乡，其东与本县扎河乡毗邻，南与杂多县相连，西与西藏自治区那曲市安多县接壤，西北与新疆维吾尔自治区毗邻，北与格尔木市相连，东北与州内曲麻莱县相邻。地广人稀的索

---

[5] 据青海大学畜牧兽医科学院研究员马玉寿介绍，在三江源，"黑土滩"是草原生态退化的标志性景象。过度放牧是草地退化的主要驱动力，鼠害、冻融、水蚀、风蚀等因素的叠加作用是加速黑土滩形成的辅助动力。据统计，青海省草原共有黑土滩退化草地8424万亩，其中三江源地区有黑土滩退化草地7363万亩，占全省的87%；在三江源区的1.5亿亩退化、沙化草地中，黑土滩面积占了几乎一半。黑土滩综合治理是三江源生态保护和建设的重点也是难点。其治理方式包括人工草地改建模式、半人工草地补播模式、封育自然恢复模式三种。2005年至2013年实施的《青海三江源自然保护区生态保护和建设总体规划》（一期），共治理三江源地区黑土滩退化草地523万亩。2013年启动的《青海三江源生态保护与建设二期工程规划》，计划再治理三江源地区黑土滩545万亩。

[6] 雪豹，国家一级保护野生动物，食肉目猫科豹属的一种，体型略小于普通豹，有着灰白色的毛发，经常在雪地间活动，所以叫"雪豹"。

[7] 岩羊，中国特产动物，国家二级保护野生动物，颜色与岩石相像，雄羊角大而弯曲，雌羊角短小，行动敏捷，善于登高走险，是雪豹的主要猎物。

加乡，平均海拔 4680 米，全域面积约 6.5 万平方公里（含可可西里 4.5 万平方公里），下辖 4 个村，都以河为名，分别是牙曲、君曲、当曲和莫曲。索加乡乡长老沙开周说，索加乡政府驻地当曲村，距治多县城 264 公里。长江正源沱沱河、南源当曲在索加乡莫曲村囊极巴陇汇集成通天河。

索加乡因可可西里国家级自然保护区而声名远播、广受关注。原本我们以为到了索加就到了可可西里，殊不知索加乡政府距离可可西里自然保护区还有近 200 公里的路程。

可可西里一词来源于蒙古语，意为"美丽的少女"。平均海拔 4600 米，被称为人类"生命的禁区"。可可西里核心地区亘古荒芜，没有真正的路可走。虽然一些科研工作者、探险者已经成功穿越过可可西里，但迄今为止，这里并没有一条清晰可辨、明确无误的可行道路，车子陷入泥泞中是最常见的"意外"。其次是严寒，可可西里属于冻土环境，夏季冻土融化，到处是泥淖和沼泽，唯有冬季车辆才有行进的可能，而可可西里年均气温为 $-10.0℃ - 4.1℃$，冬季最低气温可达 $-46.2℃$。最后是高山缺氧，其核心地带海拔

▲ 治多县索加乡改西错查

5000多米，空气中氧含量只有平原地区的一半，肺水肿、脑水肿、急性休克等高原疾病发病快、危险大。这些考验足以让人类在无人区寸步难行。

　　同时，可可西里又有"万山之祖、千湖之地、动物王国、人间净土"的美誉。这里是目前世界上原始生态环境保存最为完整的地区之一，在青藏高原乃至亚洲生态环境中有着举足轻重的地位。据统计，可可西里有大小湖泊7000多个，其中面积在200平方公里以上的有6个，因此被称为"千湖之地"；有冰川255条，面积达750.7平方公里；冻土面积占保护区面积90%以上，冻土最厚达400米；动植物资源丰富，有高等植物200余种，野生动物达230多种，包括野牦牛、藏野驴、白唇鹿等青藏高原特有野生动物，最有名的当属2008年北京奥运会吉祥物之一"迎迎"的原型——藏羚羊。可可西里保存了藏羚羊完整生命周期的栖息地和各个自然过程的生动景象。每年夏天，来自青海三江源、西藏羌塘和新疆阿尔金山地区的数万只藏羚羊，沿着一条条生命通道，向可可西里腹地的太阳湖和卓乃湖附近集结产仔，卓乃湖因而有"藏羚羊大产房"之称。

1995 年，青海省设立省级可可西里自然保护区。1997 年，可可西里自然保护区成为国家级自然保护区。2000 年，三江源自然保护区正式成立。2003 年，三江源自然保护区升级为国家级自然保护区，索加乡成为三江源自然保护区的重要组成部分。2016 年，三江源国家公园成为我国首个国家公园体制改革试点地区，索加乡及可可西里成为三江源国家公园长江源园区的组成部分。

2017 年，"青海可可西里"成功列入《世界遗产名录》，是中国面积最大的世界自然遗产，也是青藏高原上第一个世界自然遗产[8]。2021 年，三江源国家公园正式设立，是全国首批设立的面积最大的国家公园，可可西里自然保护区及索加乡全部纳入其中。

⊙ 三次移民与索加变迁

在索加乡调研中，我们追问索加的历史时，不少人都提到了"西迁"这个词。1963 年，受限于物质生产资料匮乏，也为开发西部广袤的草原，按照上级有关指示，治多县组织广大牧民党员和群众西迁。1965 年 1 月起，治多县江涌牧场、治渠乡的 7 个村、22 个生产队的 1700 多名牧民、9 万多头／只／匹牲畜在几十名干部的带领下，西迁至扎河乡一个叫香藏的地方集结，称"扎河工作组"。1966 年"扎河工作组"改称"新乡"，乡址由扎河乡香藏迁往牙曲、君曲、莫曲交界处的曲如滩。"新乡"下设 4 个大队（村或者牧委会），分别为反帝大队（牙曲牧委会）、向阳大队（君曲牧委会）、永红大队（当曲牧委会）、八一大队（莫曲牧委会），每个大队下辖 3 个生产队（生产小组）。1967 年"新乡"正式定名为"索加乡"。1970 年，曲如一带的水质经检测达不到人饮标准，经查勘，乡址迁往直根尕卡山下的直根尕卡沟。1972 年 10 月，治多县当江乡红旗大队 4 个生产队的 240 名牧民、4 万多头／只／匹牲畜迁至索加乡，分别并入 4 个大队，使每个大队

---

[8] 可可西里国家级自然保护区保护范围为：东至青藏公路，西至青海省界，北至昆仑山脉的博卡雷克塔克山，南至格尔木市唐古山乡与治多县界，东经 89.25°—94.05°，北纬 34.19°—36.16°，总面积约 4.5 万平方公里；核心区为可可西里山与乌兰乌拉山—冬布勒山之间，面积 1.55 万平方公里。

▲ 索加乡境内的藏野驴群

索加乡是三江源野生动物密度最高的区域之一，藏野驴很容易见到，种群规模也很大，几十只甚至上百只都可见到，是当地生态保护成效的有力见证。

▲ 莫曲与通天河交汇处

长江南源当曲与正源沱沱河在索加乡莫曲村襄极巴陇汇集成通天河，是长江源头干流河段，……乡因而有长江源头第一乡之称。

辖有4个生产队。西迁为人迹罕至的索加迎来了两千余名开拓新牧场的牧民，这是索加人一代代坚守的开端。

为保护三江源地区的生态环境，2005年，国家投资75亿元启动实施三江源生态环境保护与建设工程（一期），生态移民是此项工程的重要内容之一。索加乡处于长江源生态保护核心区，2007年，该乡莫曲村部分草地禁牧，277户禁牧区牧民搬迁至县城附近集中安置。

脱贫攻坚期间，索加乡四个村中有三个被认定为贫困村。为加快脱贫步伐，根据治多县脱贫攻坚行动计划，索加乡实施了易地扶贫搬迁工程，一些边远地区牧户和少畜户、五保户等实行易地搬迁安置；同时，结合三江源国家公园体制改革试点，实现生态管护员"一户一岗"全覆盖，让牧民在家门口吃上了"生态饭"。

从牧民西迁到三江源生态移民，从可可西里国家级自然保护区到三江源国家公园，从脱贫攻坚到乡村振兴，索加乡党员干部与广大牧民群众通过不懈奋斗，让一个新索加屹立于江源之上。现在，索加乡实现了人人有住房、人人有学上、人人看得起病。"特别是通了柏油路，以前做梦都不敢想。"老沙开周乡长说。

⊙ "可可西里坚守精神"的传承

索加是杰桑·索南达杰生活和工作过的地方，是英雄之乡，在索加调研，无论是干部还是群众，不管是老人还是孩子，都知道杰桑·索南达杰，他的事迹已经通过影视、图书等各种方式广为传颂，但我们还是想亲耳听一听这里的干部群众的讲述，重温杰桑·索南达杰的故事。

杰桑·索南达杰1954年出生在治多县治渠乡，少年时随家人西迁到索加乡莫曲大队，他生活的地方现在被称为"英雄谷"。1974年，杰桑·索南达杰从青海民族学院毕业，放弃到北京、在西宁工作的机会，回到家乡治多县中学当了一名藏文教师，后任县教育局副局长。1985年，索加乡遭受特大雪灾，两年后的1987年，杰桑·索南达杰任索加乡党委书记。当年冬天，他带领乡干部，冒着 -40℃的严寒，实地踏勘索加至沱沱河的冬季运输线，用脚步丈量了 140 多公里的路程，做好路线标记，开通了这条维系索加乡生产、生活的生命线，为索加的生产自救、物资拉运开辟了道路。1991 年，杰桑·索南达杰争取到将索加乡至县城加吉博洛镇的公路列入以工代赈工程，全长 265 公里的公路修通近百公里，实现索加乡与外界的季节性通车，极大地方便了群众的生产生活。1992 年，索南达杰担任治多县委副书记，后兼任治多县西部工委书记。20 世纪 80 年代末，用藏羚羊绒制成的披肩价格高昂，不法分子纷纷涌入可可西里，盗猎行为一度猖獗。杰桑·索南达杰带领同事先后 12 次深入可可西里，开展野外生态调查及以保护藏羚羊为主的环境生态保育工作。1994 年 1 月 18 日，杰桑·索南达杰和同事在可可西里押送盗猎犯罪分子时突然遭到袭击。他与盗猎者进行殊死搏斗，壮烈牺牲，生命永远定格在 40 岁。他的血肉之躯被可可西里的风雪塑成一座冰雕，当救援人员到来时，他依然保持着握枪姿势。此事经媒体报道后，震惊全国。1994 年杰桑·索南达杰被中共青海省委授予"优秀党员领导干部"荣誉，1996 年被原国家环保局授予"环保卫士"称号，2018 年党中央、国务院授予其"改革先锋"称号，2019 年党中央、国务院批准授予其新中国"最美奋斗者"称号。

巴塘草原上流传着一句谚语："好人的故事刻在石头上，风吹不走，雨刮不掉。"杰桑·索南达杰是可可西里和三江源生态环境保护的先驱，他为守护这一片净土，作出了突出贡献，付出了宝贵的生命，"可可西里坚守精神"由此诞生。

他的环保理念，也随着他的英雄事迹影响了一代又一代索加人；他为之付出生命的环保事业，被索加人乃至整个治多县群众一辈又一辈传承着、笃守着、自豪着。据介绍，早在 1996 年，索加乡就在君曲村建立了藏野驴保护区、在牙曲村建立了雪豹保护区、在莫曲村建立了野牦牛保护区、在当曲村建立了藏羚羊保护区。2012 年起，索加乡每年 8 月 8 日举行动物保护节，每个村以不同形式开展活动，邀请环保人士做宣讲，提高全民环保意识。同时，又成立了当曲村措池湿地鸟类保护区、牙曲村勒日措加湿地鸟类保护区、莫曲村烟瘴挂（峡谷）雪豹保护区，使全乡形成了 7 大保护区、64 个保护分区的网格化野生动植物保护格局，全体牧民一起守护着这里的一草一木、一山一水，守护着这里的所有"精灵"。如今，可可西里再无枪声，这里的藏羚羊数量从 20 世纪 80 年代末的不足 2 万只增长至如今的 7 万多只。这足以告慰杰桑·索南达杰！

▲ 调研组成员在当曲村牧民代青措毛家访谈

代青措毛与丈夫于 2016 年在索加乡政府旁开了"索加牧家商店",她同时担任生态管护员,一双儿女大学毕业都考上了公务员。

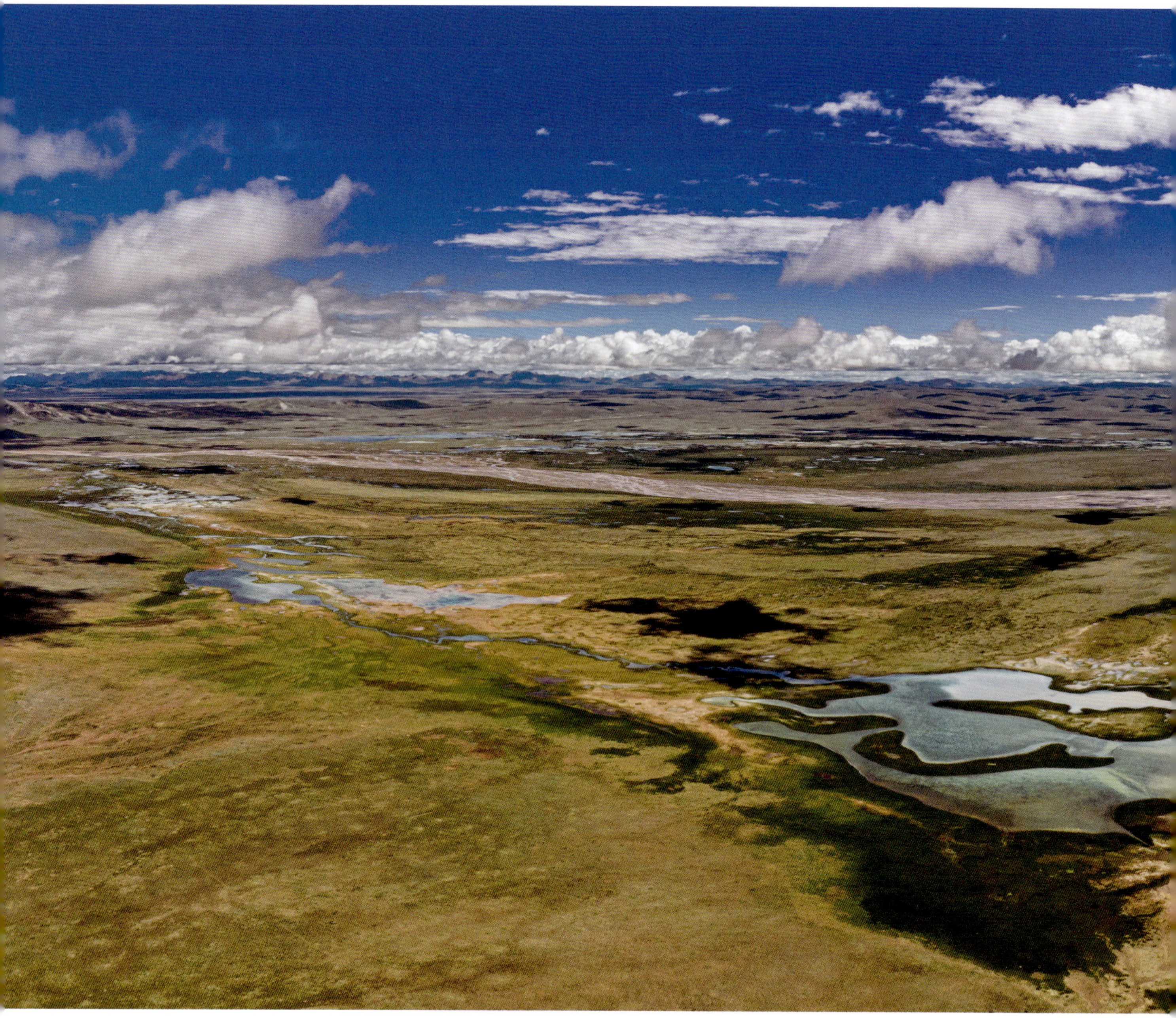

▲ 索加乡境内的湿地

三江源园区冰雪融水量充足，地表水丰富；地下有冻土层，地表水不容易下渗；海拔较高，气温低，蒸发量小；地势低平，地表水不容易排泄出去，易形成大面积湿地。

宁那索南，1962 年生，1989 年到索加乡政府，从事后勤工作。在他家里，我们谈到杰桑·索南达杰书记，他说："我比索书记晚一年多到索加乡工作，索书记给我的最深印象是为群众服务、谋利，不怕牺牲。索书记曾亲自骑马带队到沱沱河探路，打通到青藏公路（109 国道）的线路，换来汽油，然后开车去县城为群众买粮食。那时候经常大雪封山，进入可可西里几个月都出不来。索书记牺牲了，我很难过，他是为公牺牲，非常伟大。"

我们在当曲村还访谈了两户牧民家庭，两个家庭有两个共同点：曾经都是贫困户，都在 2019 年脱贫；以前都在外地打工，现在都返回索加乡，一个开了商店，一个做生意，同时都是生态管护员，加入到保护野生动物、保护生态环境的行动中，平时定期去巡山，从事捡垃圾、巡查野生动物等管护工作。

布久久奶，40 岁，妻子是西藏那曲市安多县（与索加乡毗邻）人，三个孩子都是男孩，老大洛丁 19 岁，初中毕业在家放牧；老二江才文色 14 岁，在县城上中学；老三楚丁战斗 9 岁，在乡里上小学。家里有草场 5367 亩，养有牦牛六七十头，生态管护员工资每年 21600 元，做点儿小生意（主要是去安多卖牛羊肉、珠宝首饰等）一年大概能有 2 万元的收入。以前享受低保政策，现在每年还享受 6400 元的到户产业资金扶持，参加了村里畜牧合作社。他也知道英雄杰桑·索南达杰的事迹。

代青措毛，47 岁，丈夫尼美（访谈时不在家），两人育有一儿一女，两个孩子已经大学毕业都考上了公务员，在外县工作。代青措毛开了一家"索加牧家商店"，走进商店，货架上商品琳琅满目，与她交谈当中，不时有人来买东西。她告诉我们，商店每天有大概一千元的销售流水。谈到以前家里贫困的原因，她说，主要是家底薄、两个孩子上学的负担比较重。在外边打工多年后，攒了些钱，2016 年回来开了这家商店，又有了精准扶贫政策，两个孩子上学享受到"雨露计划"等补助，生活才慢慢好起来。现在两个孩子毕业都考上了公务员，他们夫妻俩开着商店，除了生态管护员工资，还享受着草场补贴，生活质量越来越高了。代青措毛话并不多，但我们问什么她都听得很专心，脸上总是带着微笑，平和中流露着幸福。我们问，为什么以前家里贫困也没有放弃让两个孩子上学？她就简简单单一句话，"为了孩子的前途。"索加乡乡长老沙开周补充说，索南达杰书记非常重视教育，他任治多县文教局副局长时，在广泛深入调查的基础上组织制定了全县寄宿校教学管理办法，上下奔走争取和筹措资金改善办学条件，使治多县民族教育事业在短时间内有了一个崭新的局面。在索加乡，他办帐篷学校扫盲，并亲自担任老师讲课。遇到牧区孩子上学困难，他都会给予力所能及的帮助。在他的影响下，这里的人都很重视教育，很多人因教育而改变了一生的命运、一个家庭的命运。像代青措毛家，两个孩子都上了大学、当上了公务员。假如杰桑·索南达杰地下有知，他一定也很欣慰吧！

⊙ "红色索加·生态高地"畅想曲

因为杰桑·索南达杰，索加被当地群众称为"红色索加"。近年来，玉树州提出集全州之力打造红色索加，将"红色索加"打造成全省乃至全国的红色典型；要把索加的建设放到大局中去统筹，将索加打造成生态文明高地建设的样板。在索加乡政府，工作人员扎西文毛详细为我们介绍了"红色索加·生态高地"建设构想。治多县委、县政府将"红色索加"作为头等大事来抓，全面启动"红色索加·生态高地"生态文明建设保护传承工作，提出以重新发现、重新挖掘、重新解读索南达杰"三重"任务为核心，深入挖掘、精准定位"可可西里坚守精神"时代内涵；研究提炼、推广学习以索南达杰、野牦牛队、索加西迁牧区群众等为代表的人物群像的纯洁政治品格、加强党性修养、改进工作作风，将"可可西里坚守精神"传承地索加打造成为全省乃至全国生态环境保护和红色文化传承高地。具体概括为"四个一"，即：

弘扬一种精神——可可西里坚守精神；
塑造一组群像——杰桑·索南达杰同志英雄形象、可可西里坚守者卫士形象和玉树各族人民奋进形象；
铭记一段历史——索加西迁创业史、治多人民扎根奉献史和社会主义新玉树的建设发展史；
建设一批场馆——杰桑·索南达杰陈列馆等。

目前，治多县已成立"红色索加·生态高地"建设工作专班，书记、县长任双组长，在县委宣传部设办公室。专班成员深入玉树、格尔木、西宁等地走访调研，并与相关媒体机构合作，整理出79个人的"红色索加·生态高地"人物群像名单，采集拍摄了大量"红色索加"影像资料，从文物维修、场馆建设、规划红色旅游路线、专班打造等方面保护传承"可可西里坚守精神"，为"红色索加·生态高地"建设打下良好基础。

"红色索加"是一种象征，象征着在高原大地的党员干部始终坚守初心，不怕艰苦，勇往直前；"红色索加"更是一种精神、一种传承。索加乡长老沙开周说，在改革先锋、环保卫士杰桑·索南达杰的引领下，一代代索加人坚守奉献、忠于职守，担负起保护三江源、保护"中华水塔"的重大使命。也希望外地朋友可以在"可可西里坚守精神"诞生地，看到当地群众所守护的净土与成果，感悟如今人与自然和谐共生，进而共同守护自然。

辫状河流是一类由多个不规则沙洲分割而形成的浅水多汊道系统。长江正源沱沱河、南源当曲下游及通天河上游河段，都以辫状河道为主，组成了一个庞大的高原辫状河群。

⊙ 做强"红色＋生态"特色品牌

红色索加，它的历史资源底蕴之深厚，在玉树州乃至青海省都具有独特的优势，尤其是以环保卫士杰桑·索南达杰为代表的先进人物更是在全国独树一帜，在其身上体现出来的并由一代又一代索加人传承的"可可西里坚守精神"丰富了新青海精神谱系[9]，更契合"把青藏高原打造成为全国乃至国际生态文明高地"的精神内核，全力打造"红色索加·生态高地"[10]，守牢源头责任、铭记源头担当、付诸源头力量。

统筹域内红色文化资源，设计红色主题教育体验精品线路。治多县城有纪念索南达杰的英雄文化广场和索南达杰故居，索加乡政府有印证着西迁索加牧民创业遗迹的"延安礼堂"、已经辟为"牛头屋党校"的索南达杰办公室、索南达杰少年时生活的地方——莫曲村"英雄谷"，可可西里自然保护区有索南达杰保护站[11]、昆仑山口矗立着守望可可西里的索南达杰雕像、太阳湖附近的索南达杰纪念碑等众多红色资源。随着治多县城与109国道之间柏油路的开通，统筹域内红色资源开发红色主题教育体验精品线路"天时、地利、人和"已经具备。要加大投入力度，修缮相关遗址遗迹、建设改造提升相关纪念场馆，串点连线、以点带面，推动红色文化资源共享、红色品牌共建；深入挖掘整理红色经典故事，以身边的故事、身边的事迹、身边的榜样拓展索加红色教育基地功能，打造省级红色教育基地和干部党性教育培训基地，并适时申报全国爱国主义教育示范基地，让红色资源"活"起来、红色文化"火"起来，从而传承红色基因、赓续红色血脉、让"可可西里坚守精神"的力量熠熠生辉。

探索特许经营，开展自然体验、生态旅游、环境教育等活动，为"红色索加"注入绿色活力。索加不仅有丰富而特殊的红色文化优势，更有三江源、可可西里等独特而丰

---

[9] 青海既是海拔高地，更是精神高地。青海各族人民在建设、改革的各个时期，不断塑造了许多紧扣时代脉搏、反映时代特征、具有地域特点的精神品格。"两弹一星"精神、开路精神、青藏高原精神、玉树抗震救灾精神、柴达木精神、尕布龙赤子精神、可可西里坚守精神……这些诞生于青海的伟大精神，支撑着青海各族干部群众与恶劣自然条件作斗争，努力改变青海贫穷落后的旧面貌。建于2019年的"新青海精神高地"主题教育展馆，陈设有序厅、"两弹一星"精神、慕生忠开路精神、尕布龙赤子精神、玉树抗震救灾奋斗精神、可可西里坚守精神、永不落幕的精神之光七大展区，成为展示新青海精神的重要窗口。

[10] 2023年2月15日，由玉树藏族自治州治多县联合西海都市报社举办的"红色索加·生态高地"项目启动仪式在西宁举行。

[11] 1997年，为保护可可西里藏羚羊，四川省绿色江河环保促进会会长杨欣通过写书、义卖，加上爱心人士捐赠，筹款60万元，在可可西里东缘建立了无人区第一个自然保护站，并以"环保卫士"杰桑·索南达杰的名字来命名。索南达杰保护站建设在青藏公路边，距离唐古拉山口300多公里。这是可可西里4.5万平方公里建立的第一个保护站，也是我国首个为保护藏羚羊建设的反盗猎前沿站点。如今，可可西里自然保护区设立了多个保护站，除了索南达杰保护站，还有沱沱河、五道梁、不冻泉、卓乃湖保护站。

富的自然优势、生态优势。"红色索加"有别于传统革命老区的"红",而是以杰桑·索南达杰为核心的英雄人物和以"可可西里坚守精神"为核心的时代精神铸就的特殊的"红","红色"精神是其本质,"绿色"生态是其载体,二者深度融合,既是"把青藏高原打造成为全国乃至国际生态文明高地"的客观要求,也是打造"红色索加"品牌、做强索加文旅业的必由之路。

近年来,随着人们对生活质量的要求不断提高,一种追求回归自然的旅游——生态旅游开始火起来,这种具有保护自然环境和维护当地人民生活双重责任的旅游活动,尤其适合在自然保护区、国家公园等环保要求严格的区域开展。在这方面,三江源国家公园澜沧江源园区于2019年在杂多县昂赛乡开展自然体验特许经营试点,黄河源园区也于2020年在玛多县启动自然体验项目试点。长江源园区(可可西里)虽然也已经申请特许经营试点,但进展相对滞后。接下来要加大工作力度,各方联动形成合力,推进"红+绿"深度融合、自然与人文交相辉映,依托"生态"展示"英雄故里"的独特魅力。

走出玉树州和青海省,向全国乃至全世界推广"红色索加·生态高地"形象,不断提高区域品牌认知度和吸引力。索南达杰环保卫士形象和三江源、可可西里独特自然资源,不仅属于青海也属于中国和世界,在全球生态文明建设中都有独特的地位和意义,要走向全国、放眼世界,大力推介"红色索加·生态高地"建设的丰硕成果和重大意义。2019年,三江源国家公园管理局派出生态保护基层一线的8名普通干部组成"可可西里坚守精神"宣讲团,赴对口支援青海的北京、江苏、上海、浙江、天津、山东6省市开展巡回宣讲活动,把可可西里自然保护区巡山队员"坚守、奉献、无私、忘我"保护生命、守护家园的生态精神、绿色实践传递到千家万户,引起强烈反响。未来要广泛借助国家公园论坛、生态旅游大会、自然研究机构等各种国内外有影响力的平台,积极传播"可可西里坚守精神"和"红色索加·生态高地"形象,让"身在远方人未识"的索加"一朝成名天下知"。要善于利用AI、VR、AR等新技术、新媒体、新平台,微信、微博、视频号等多媒体矩阵,全方位、立体化传播,增强互动性、趣味性、体验性,吸引广大年轻人来感受索加红色文化、体验索加绿色生态,共同守护这一方净土。

《索加牧家商店的代青措毛》

李继飞　纸本素描　368mm×260mm
创作于玉树州治多县索加乡当曲村　2024年8月1日

▲ 通天河支流——莫曲

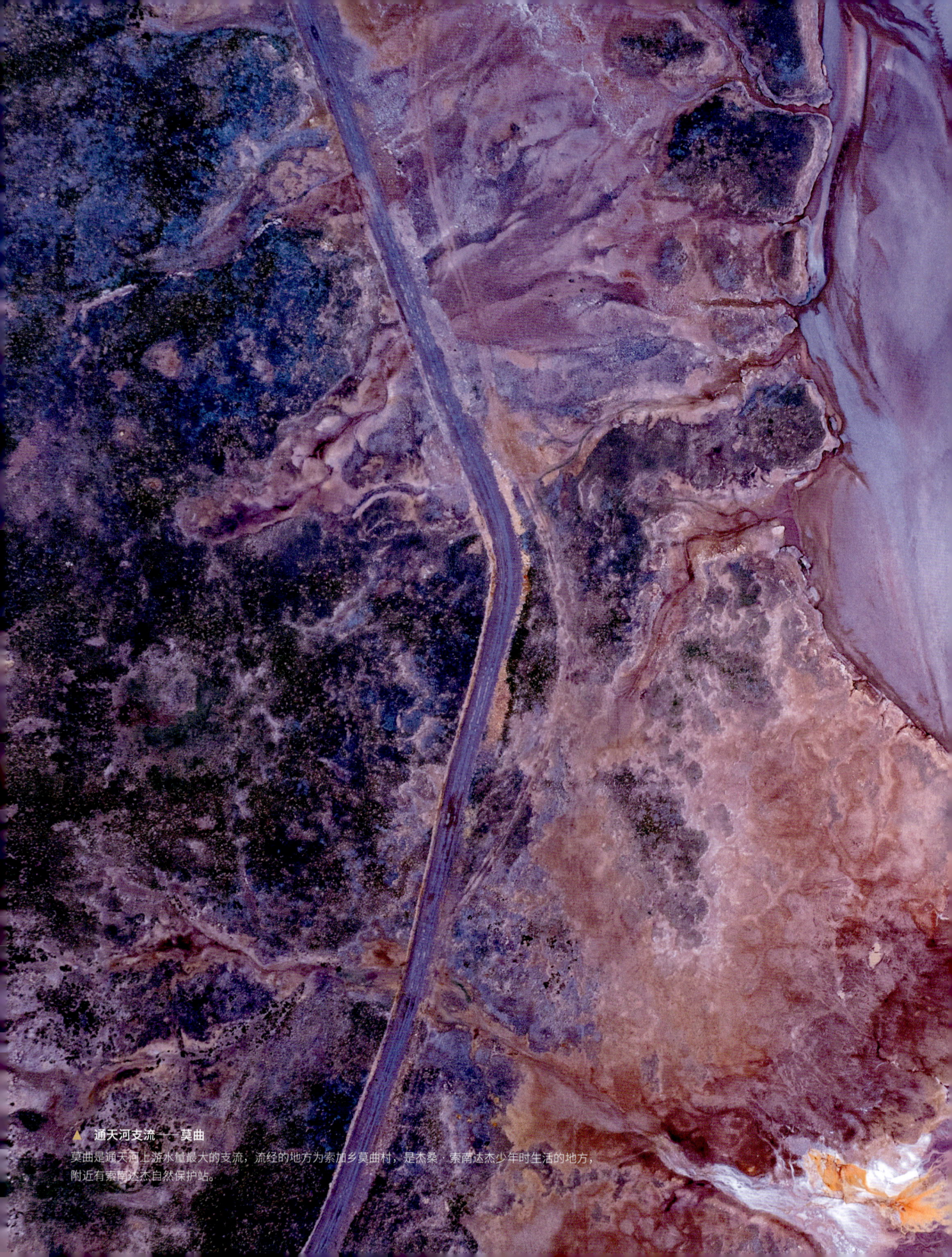

莫曲是通天河上游水量最大的支流，流经的地方为索加乡莫曲村，是杰桑·索南达杰少年时生活的地方，附近有索南达杰自然保护站。

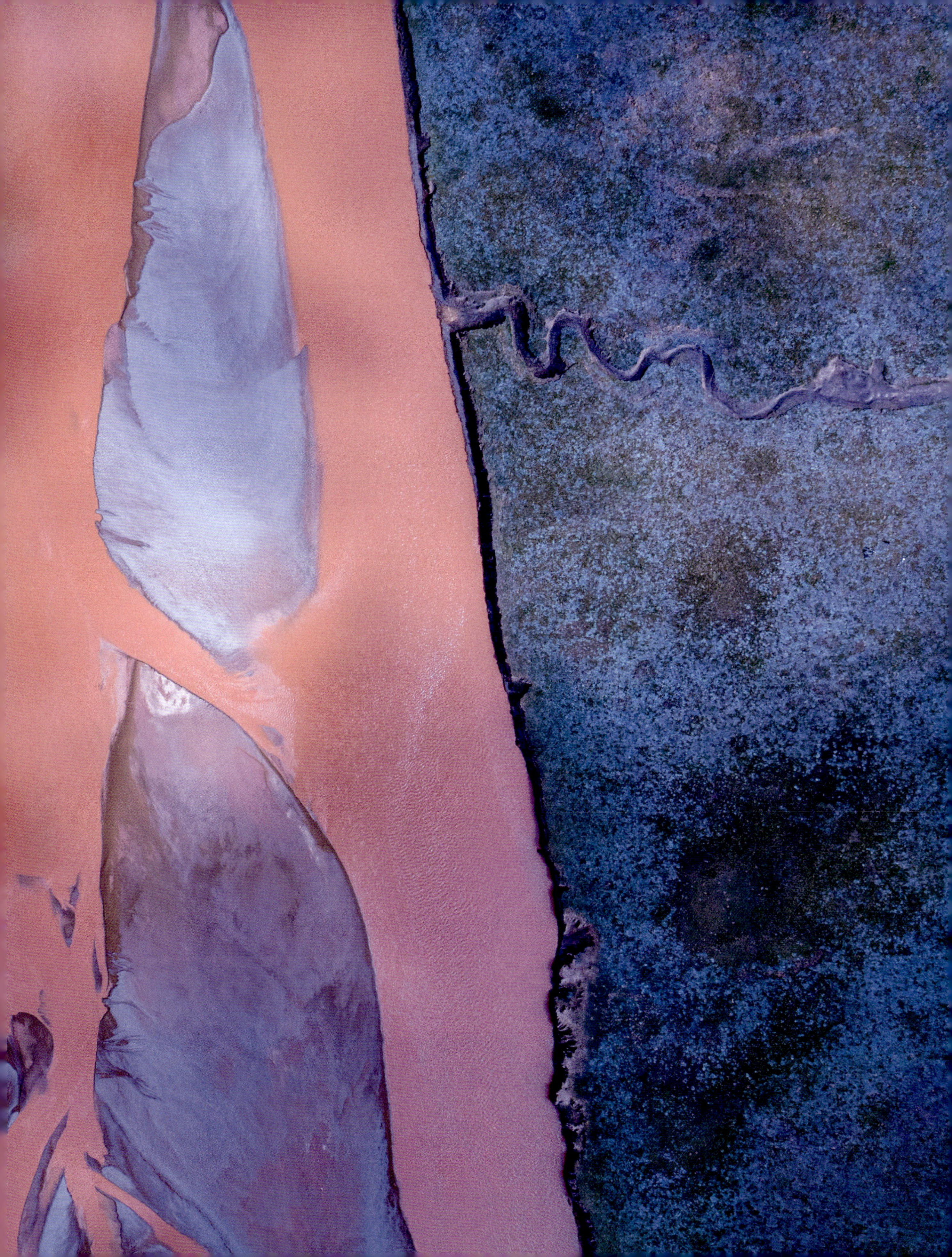

《义西它生夫妇》

李继飞　纸本素描　368mm×260mm

创作于杂多县昂赛乡年都村　2024年8月3日

雪豹的自然乐园

——杂多县昂赛乡年都村调研记

  这里是我国首个国家公园体制试点——三江源国家公园第一个开展自然体验特许经营试点的地区，其境内的昂赛大峡谷有"中国的科罗拉多大峡谷"之称；

  这里是《雪豹和她的朋友们》的拍摄地，中国"雪豹之乡"因它得名；

  这里是澜沧江的源头，"昂赛国际自然观察节"在这里举办、"澜湄国际影像周"必来这里打卡。

  这里，就是青海省玉树藏族自治州杂多县昂赛乡年都村。以前，住在这里的牧民世代游牧，从未见过山外的世界，更别说国外；现在，这里国际知名，许多国内外科考工作者、探险人员、观光游客慕名而来，让这座深山不再沉寂，让这座深山里的牧民看到了世界。头顶着如此多光环的昂赛乡年都村，令人心向往之。2024年8月3日，"保护母亲河，守护三江源"首都专家玉树高质量发展调研暨全国政协委员履职"服务为民"活动调研组，到昂赛乡年都村调研了一天，感受了这里奇美无比的壮丽景观、如自然科学画卷般的原生态风貌和牧民们对生态保护工作的热爱。

⊙ 昂赛大峡谷为什么这样"红"

2024年8月3日早上约9点钟，我们从玉树州委党校出发前往杂多县昂赛乡年都村调研。这段345国道2022年10月贯通，路况很好，中途经过世界上海拔最高的公路隧道——海拔4500米、全长2.4公里的长拉山隧道，全程不到4个小时，大约中午12点20分我们抵达年都村。这次玉树调研之行，如果说第一天是最难受的一天（高原反应头疼难以入睡），去曲麻莱县麻多乡郭洋村黄河源头是最累的一天（往返仅在泥泞路和砂石路上就颠簸了5个多小时），去杂多县昂赛乡年都村就可以说是最"惊险"的一天。

杂多县是澜沧江（湄公河）的发源地，素有"澜沧江源第一县"之称。"杂多"为藏语译音，意为扎曲源头。扎曲是澜沧江干流在玉树州境内的名称，其南源扎那曲，发源于杂多县莫云乡，水浑浊；北源扎阿曲，发源于杂多县扎青乡，水清澈。目前公认扎阿曲是澜沧江正源，扎阿曲与扎那曲在尕纳松多汇合，以下称扎曲，流经杂多县城、昂赛乡后进入囊谦县，在囊谦县娘拉乡入西藏昌都市，与昂曲汇合后始称澜沧江。

就如同澜沧江与长江、黄河的区别，345国道两边的景观，与我们前两天经过的曲麻莱县境内215国道和治多县境内224省道两边的地形也明显不同，这里多高山峡谷，山上不只是草地，森林也多了起来。到达年都村后，昂赛乡党委书记才旺多杰陪同我们调研。据他介绍，昂赛乡境内以山地为主，山脉占全乡总面积的80%，海拔在5000米以上的山峰有36座。

年都村境内的昂赛大峡谷，被称为"中国的科罗拉多大峡谷"，属三江源国家公园澜沧江源园区核心区[1]，怒流而下的澜沧江在山谷间百转千回，滋养着这里的一草一木，孕育出一方野生动物的天堂。

昂赛大峡谷还拥有格吉部落古经堂、古岩画、千年白塔、格萨尔王时期的森阿赛遗址等人文景观，是越野自驾者的天堂，非常适宜科考、探险、观光和户外运动。345国道修通后，这里成为一条自驾入藏新通道，昂赛大峡谷也成为网红"风景走廊"。

听了才旺多杰的介绍，让我们想起到达年都村之前，经过一个叫石佛沟的地方，两

---

[1] 澜沧江源园区是三江源国家公园的重要组成部分，全境位于杂多县，面积1.37万平方公里，包括果宗木查、昂赛两个保护分区，涉及莫云、查旦、扎青、阿多和昂赛5个乡的19个行政村。重点保护江源区冰川雪山、冰蚀地貌、高山峡谷林灌木和野生动物。

▲ 调研组成员在昂赛乡年都生态展厅参观

年都生态展厅是三江源国家公园澜沧江源园区进行生态教育的重要载体，日常负责对地区中小学生、高校研学、青少年夏令营、生态管护员进行培训和教育。

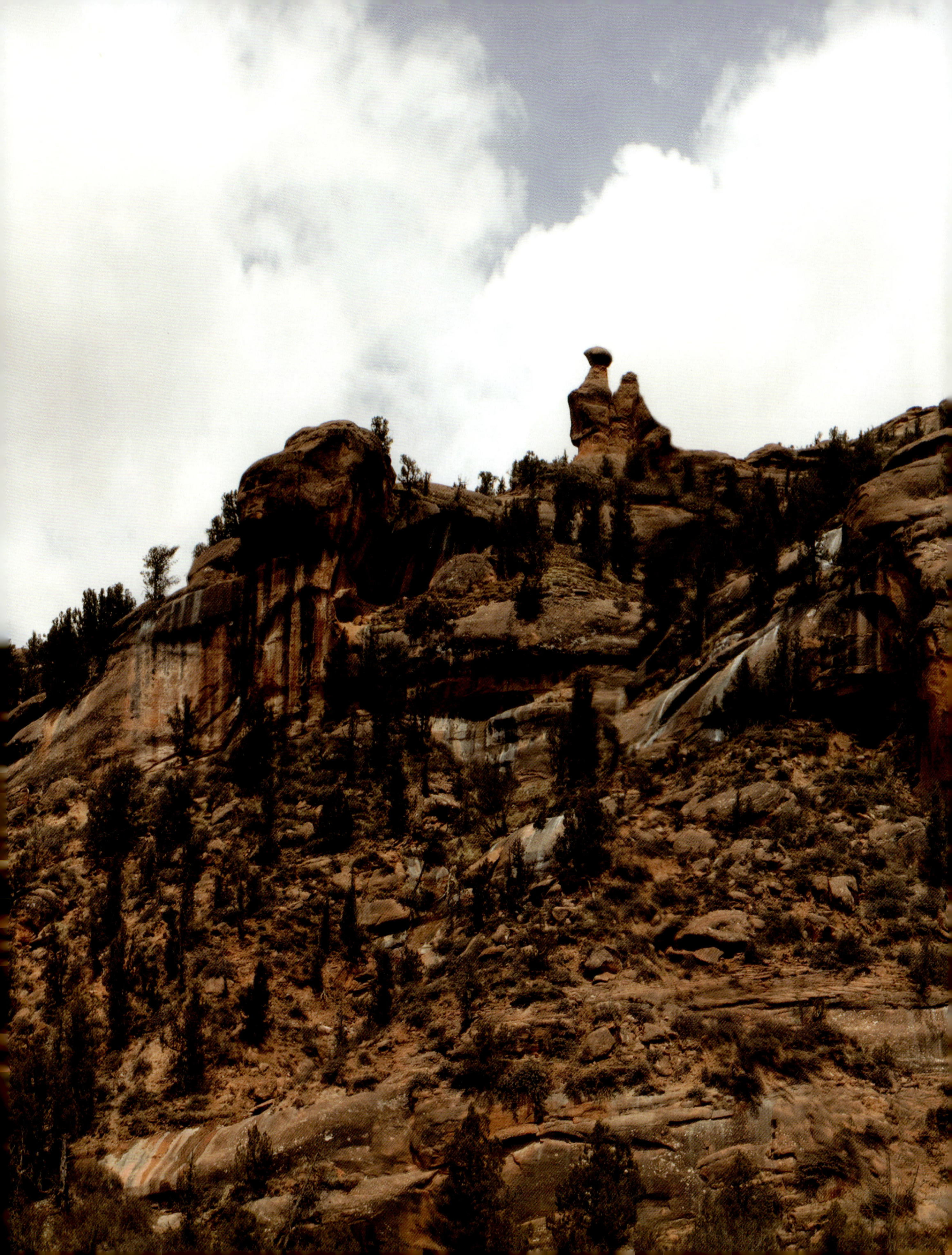

昂赛大峡谷是名副其实的"红石公园"，这里集丹霞地貌、森林草原、峡谷流水、野生动物等多种自然景观于一体，被称为"中国的科罗拉多大峡谷"。

边悬崖耸立，崖壁上一幅接着一幅的巨型岩画，延伸了几公里，大家连连称奇。随后我们从昂赛乡政府出发，顺着扎曲前往年都村二社牧民义西它生家访谈，一路充分体验了昂赛大峡谷的壮美风光和惊险刺激。车辆时而盘旋而上，时而蜿蜒而下，刚才还在悬崖峭壁上，一会儿又在河边灌木丛中穿行，真是令人胆战心惊。

澜沧江就像一条巨龙浩浩荡荡奔涌而下，有时与我们赛跑，有时又跟我们捉迷藏。绕着盘山公路走了差不多半小时，下高山深谷又行驶了近一小时，终于到达义西它生家，悬着的心才落了地。访谈结束后，我们又乘车前行了大约二十分钟，看到了昂赛大峡谷最美的丹霞地貌。

昂赛大峡谷有近 300 平方公里青藏高原发育最完整的白垩纪时期丹霞地貌和古遗址遗迹，赤壁丹霞广泛发育，形成顶平、身陡、麓缓的方山，以及石墙、石峰、石柱、陡崖等千姿百态的地貌形态，是名副其实的"红石公园"。配上周边的森林、草原、雪山和牦牛、旱獭、马鹿等动物，充分展示了藏区腹地与外界迥然不同的大自然美景。

才旺多杰介绍道，年都村生物多样性丰富，有柏树、柽柳、山地柳、龙胆、黄刺等 315 种植物，雪豹、金钱豹、白唇鹿、水獭、藏狐等 78 种野生动物。这里属大陆性高原气候，受地理环境的影响，年均温度只有 0.8℃，没有明显四季之分，只有冷暖之别，暖季为 6、7、8 月，年降水量 490.3 毫米。年都村全境处于澜沧江东畔，村境内有支流汇入澜沧江，以及措钠湖等湖泊。因地势陡峭及峡谷深长和土质松软等原因，夏季会因冰雹及强降雨引发山洪、山体滑坡等地质灾害。

⊙ 年都生态展厅"出圈"的背后

年都村是昂赛乡政府的驻地。年都村域面积 700 平方公里，草场面积 67.32 万亩，林地面积 12 万亩，平均海拔在 4100 米。2023 年底，年都村户籍总人口为 574 户、2512 人。其中，劳动力人口 789 人，占总人口的 31.4%；在校生（含高中专及以上）460 人，占总人口的 18.3%；60 岁以上人口 247 人，占总人口的 9.8%。现有党员 62 名。2023 年，年都村人均收入 15670 元，较上年增长 4.5%，其中，草原生态保护补助奖励等政策

▲ 昂赛大峡谷丹霞地貌

昂赛大峡谷有近 300 平方公里青藏高原发育最完整的白垩纪时期丹霞地貌和古遗址遗迹，赤壁丹霞广泛发育，形成顶平、身陡、麓缓的方山，以及石墙、石峰、石柱、陡崖等千姿百态的地貌形态。

▲ 调研组成员在年都村牧民仁扎家访谈

仁扎于2017年开始担任生态管护员，家里一年增加了两万多元收入。他说，我们现在端的是"国家碗"，吃的是"生态饭"，我们感到很光荣。

性补助收入占 21% 左右，采挖虫草收入占 49% 左右，务工收入占 24% 左右，分红及其他收入占 6% 左右。年都村的经济主要为畜牧业及生态旅游业，畜牧业是支柱产业，生态旅游业前景广阔，冬虫夏草是牧民经济收入最主要的来源之一。现有集体经济体包括：投资 300 万元的年都村生态旅游扶贫合作社、640 万元的生态旅游酒店、300 万元的生态畜牧专业合作社等，集体经济年均收益在 50 万元左右。2020 年，北京市怀柔区对口支援杂多县 110 万元，帮助昂赛乡年都村打造乡村振兴示范村。

我们到达年都村后的第一个调研点，是年都生态展厅。昂赛乡党委书记才旺多杰带领我们参观展厅并一一作了介绍。

社区监测、自然体验、牧民摄影师、野生动物标本及格吉部落文化等展示内容，都是当地探索人与自然和谐共生、生态价值有效转换的有力见证。

据介绍，2016 年以来，杂多县人民政府、三江源国家公园澜沧江源园区管委会、山水自然保护中心等已联合举办三届"昂赛国际自然观察节"[2]，初衷是希望在生物多样性极为丰富的昂赛，借助国内外公众的力量，为国家公园的生物多样性本底调查和社区发展作出贡献。在 2021 年于昆明举行的联合国《生物多样性公约》缔约方大会第十五次会议上，山水自然保护中心申报的案例"中国自然观察——推动生物多样性保护主流化"荣获"全球典型案例"。而就在我们调研后的半个月，年都生态展厅再次"出圈"，参加 2024 澜湄国际影像周[3] 的国内外嘉宾、摄影师、媒体记者以及网络达人也来到这里"打卡"，了解当地生态文明建设思路和成果，感受人与自然的和谐共生。此外，年都生态展厅作为三江源国家公园进行生态教育的重要渠道和载体，日常还负责对地区中小学生、

---

[2] 第一届 2016 年 8 月举办，14 支参赛队伍通过影像记录兽类、鸟类及植物等物种的类别与分布，帮助建立起昂赛大峡谷的本底数据，经初步统计，共记录兽类 10 种、鸟类 61 种、植物 934 种；第二届 2018 年 7 月举行，记录到兽类 13 种、鸟类 73 种、两爬类 4 种以及植物 315 种；第三届 2022 年 8 月举行，是本地队伍最多、看到雪豹最快和记录到青海鸟类新纪录黑短脚鹎的一次自然观察节，21 支参赛队伍共记录到兽类 16 种、鸟类 79 种、两爬类 2 种及植物 221 种。

[3] 以"同饮一江水光影耀澜湄"为主题的澜湄国际影像周，2022 年开始由青海省外事办公室、青海省人民政府新闻办公室、中共玉树州委、玉树州人民政府、中国新闻社青海分社主办，中共玉树州委宣传部、中共杂多县委、中共囊谦县委及杂多县人民政府、囊谦县人民政府承办，活动秉持"我住澜沧头、君住湄公尾，携手同行谋发展，同饮一江水"理念，邀请澜湄六国的外交官、主流媒体代表、摄影师、文旅达人等，一同溯源澜沧江 - 湄公河，通过摄影、漂流、帐篷茶叙、Z 世代江源对话、星空音乐会及考察采风等多种形式相结合的方式，打造澜湄流域全新人文交流平台，展示澜湄流域经济发展、生态保护、人文风光等领域的丰硕成果。

高校研学、青少年夏令营、生态管护员进行培训和教育，发挥向民众宣传保护自然资源、强化保护生态意识等功能。生态展厅是年都村生态保护成就的缩影。2016 年，三江源国家公园试点启动后，生态管护员"一户一岗"制度开始推行，昂赛乡每一户都有一名家庭成员担任生态管护员，负责反盗猎巡护、野生动物目击记录及垃圾清理等工作，并接受考核，领取工资。当年昂赛乡成立澜沧江源园区昂赛乡管护站，管护站下设 3 个管护大队、12 个管护分队、150 个管护小组：乡党委书记担任管护站站长，乡长担任副站长；村党支部书记担任该村管护大队队长，村长或副村长任副队长，各牧业社长兼任管护分队队长，下设若干管护小组，构建起"点成线、线成网、网成面"的管护体系，每个管护分队、管护小组均落实责任人和管护职责，采取"全面巡护＋野生动物活跃点重点巡护＋定期专项巡护"的方式对辖区动物开展保护工作。按照我们调研时的数据，全乡生态管护员总数达到 1516 名（其中年都村 495 名、组成 36 个管护小组）。昂赛乡还先后举办 16 期生态管护员培训班，参训人员达 6700 余人次；并与相关生态保护机构、专家学者合作编写《国家公园生态管护员培训教材》，培训内容包含国家公园规章制度与法律法规、生态管护员职责及管理办法、野外巡护与监测、野生动物救护知识、交通安全与垃圾分类等，提升本地牧民生态保护知识与能力，推动社区居民在保护工作中发挥主体作用，将生态保护与社区发展融为一体。

> **昂赛乡充分发挥生态管护员队伍救助野生动物的作用，已成功救助雪豹、金钱豹、白唇鹿、岩羊、金雕、黑颈鹤、棕熊等多种珍稀野生动物。一些因特殊原因死亡的野生动物，则被制成标本展示在年都生态展厅以供教育和科学研究。**

我们访谈的年都村牧民仁扎就是一位生态管护员，他家里有两个儿子，一个叫青梅贡保，一个叫朋措扎西，都在杂多县城上中学。家庭收入主要来自挖虫草，按目前市价估计，2024 年虫草能有五六万元的收入；家里没养牛，草场租赁一年有 5000 元的租金收入，草原生态补偿每年有 8000 多元。仁扎 2017 年开始担任生态管护员，家里一年增加了两万多元收入。他说，我们现在端的是"国家碗"，吃的是"生态饭"，我们感到很光荣。由于工作表现突出，他在 2022 年被评为优秀生态管护员。

从 2015 年开始，昂赛乡政府与山水自然保护中心联合开展社区监测项目，发动当地牧民的力量与技术人员一起开展野生动物监测保护。2015 年先在年都村进行试点，2017 年底在昂赛乡的年都、热情、苏绕三村全面开展监测工作。监测体系建立以 5 公里 ×5

▲ 昂赛大峡谷山间的雪豹

昂赛是"雪豹之乡",截至 2023 年,这里至少监测到 109 只雪豹、18 只金钱豹,成为全球最佳雪豹自然体验点。

在昂赛大峡谷，澜沧江就像一条巨龙浩浩荡荡奔涌而下。与长江、黄河源头两岸地形地貌不同，澜沧江源两岸多高山峡谷，森林多而草地少。

公里为单位的研究网格 80 个，每个网格设置一到两台红外相机，每当有野生动物从相机前走过，相机传感器就触发快门，拍摄动物影像。雪豹、金钱豹两种大型食肉动物共存，需要足够大的生存空间和足够数量的猎物资源，能够同时拍摄到雪豹与金钱豹，证明这个地区在长期的保护下，保持了足够健康的生态系统，是野生动物的生存乐园。才旺多杰介绍，通过对多年监测数据的比对分析发现，

> **截至 2023 年，昂赛乡至少拍摄到 109 只雪豹、18 只金钱豹，从而使这里成为全球最佳雪豹自然体验点，澜沧江源园区所在的杂多县也因此有了"雪豹之乡"**[4]**的称号。**

但随着野生动物不断增多，伤害家畜的现象也时有发生。为此，在三江源国家公园管理局的支持下，年都村试点建立以社区为管理主体的"人兽冲突保险基金"。该基金由杂多县政府出资 10 万元，由社会各界众筹 10 万元，牧民为自己的每一头牦牛缴纳 3 元钱的保险共同设立。如果牦牛被雪豹等野生动物吃掉，政府和保险公司分别补贴牧民 1000 元和 1200 元。仅 2017 年，年都村就通过"人兽冲突保险基金"赔偿牧民 23 万元，缓解牧民和雪豹、棕熊等野生动物之间的冲突。

⊙ "雪豹和她的朋友们"

2023 年 8 月 4 日，首部由中国独立创作的反映雪豹及其周边生态的纪录电影《雪豹和她的朋友们》上映，并在当年举行的第 36 届中国电影金鸡奖颁奖典礼上荣获最佳纪录／科教电影奖。这部影片的拍摄地，正是杂多县昂赛乡。影片以昂赛雪山之巅的一只母雪豹为核心，通过三位当地牧民跨越 6 年时间追踪拍摄雪豹种群的故事，互文式展现了藏地牧民家庭的成长。而当地牧民与雪豹的故事，还在通过自然体验特许经营的方式让更多的人亲身感受。

---

[4] 雪豹是亚洲中部高山地区的特有物种，分布于 12 个国家，其中 60% 的栖息地和种群位于中国。2013 年 10 月 23 日，在吉尔吉斯斯坦首都比什凯克举行的第一届全球雪豹保护论坛上，包括中国在内的 12 个亚洲国家签署了关于保护雪豹的"比什凯克宣言"，并将 10 月 23 日这一天定为国际雪豹日。据山水自然保护中心的研究，三江源的雪豹核心栖息地主要有七块，由西向东主要分布在：唐古拉山乡的两块区域、澜沧江源头杂多县与治多县交界处、治多县索加乡、玉树 – 杂多 – 囊谦的大片连续核心栖息地、阿尼玛卿神山区和年保玉则神山区。

作为三江源国家公园体制试点首批村，年都村2018年开始试点自然体验特许经营和澜沧江漂流特许经营项目，2019年正式获得这两个项目的特许经营权。其中的自然体验特许经营脱胎于昂赛国际自然观察节，项目立足于本地区野生动植物资源丰富、地质地貌景观独特等优势，以生态保护核心区牧民住户为主体，以生态保护、社区发展、牧民增收为落脚点，采取政府主导和监督、社会力量参与支持、社区自主管理收益的经营管理方式，探索出了一条高端限量深度体验模式。来访体验者要通过"大猫谷"[5]网站申请预约，由社区选拔的牧民接待家庭根据预约行程，将访客接到家里入住，为其提供食宿和交通工具并担任向导，带领自然体验者在昂赛大峡谷内，观察并用影像记录雪豹等珍稀野生动物（保持300米以上距离），欣赏自然和文化景观，游览并体验牧区生活和游牧文化。

作为三江源国家公园核心区，昂赛乡不能以常规方式全面开放旅游业，特许经营的自然体验为实现生态保护和社区发展、群众增收开辟了一条崭新的共赢之道。

自然体验特许经营项目从有意向成为接待家庭的核心区牧民住户中选拔，综合考察牧户服务水平、交流沟通、卫生餐饮、驾驶资质等综合能力和家庭地理位置因素，后续还开展接待服务、餐饮、生态环保、医疗常识等培训工作。第一次选拔出年都村22户牧民作为接待家庭，2023年增加到23户。对基础条件较差的接待家庭，积极争取协调资金，改善其接待条件。先后有10户接待家庭利用政府提供的少数民族发展资金建设接待房屋，实现上下水、电、暖、洗浴等基本保障。同时，探索建立昂赛乡自然体验特许经营管理办法，从接待家庭中民主推选出4名管理人员组成项目管理领导小组，处理日常特许经营管理工作，组织每年考核评价，评价内容包括食品卫生、服务评价、生产安全等，根据考核评价内容进行接待家庭增减递补，实现社区自主管理。

在收入分配方面，根据昂赛乡自然体验特许经营管理办法和遵循社区共享、公平分配与自然保护的原则，45%收益为接待家庭所得，45%收益归社区集体，10%作为社区生态保护基金。自然体验特许经营项目当前收费标准为：向导费1000元/天，食宿

---

[5] 因为生存着雪豹、金钱豹、豹猫、猞猁、兔狲等5种猫科动物，昂赛大峡谷也被生态工作者和当地牧民称为"大猫谷"。

费300元／人／天。集体收入由村委会统一管理和分配，用于全村集体公共事务，如缴纳养老保险、医疗保险和困难群体帮扶等。10%纳入野生动物保护救助基金积累，用于野生动物保护救助相关支出费用、野生动物保护救助补贴和生态保护活动经费。据介绍，从2018年自然体验项目开展至今，年都村累计接待团队607队、985人次，为社区带来306万元的总收益，其中社区基金（包括村集体基金和生态保护基金）168万元，23户接待家庭平均增收超过5.9万元。

2020年，昂赛乡"大猫谷"自然体验项目荣获保尔森可持续发展奖"自然守护类别"优胜奖[6]。

我们访谈的年都村二社牧民义西它生家，就是一户自然体验接待家庭。因居住在昂赛大峡谷丹霞地貌景观十几公里处，他家的院落成为自驾游峡谷的必经打卡点。

52岁的义西它生，是一名牧民党员，80岁的老母亲曾受到毛主席的接见。家中现有5口人，大女儿毕业后当上了老师，二女儿在青海民族大学上学，小儿子今年刚考上大学，夫妻俩经营自然体验接待，自己同时担任生态管护员，还养了20多头牦牛。问他是怎么开始从事自然体验接待工作的，义西它生说，家里以前收入主要靠挖虫草和卖一些牛羊制品，2018年，通过层层筛选，他们家被确定为自然体验接待家庭，政府利用少数民族发展基金投资四五十万元为他建设了自然体验接待房子，三江源国家公园管理局提供了一些装备，开始了自然体验接待工作。他很喜欢这项工作，因为不仅增加了收入，还交了不少朋友。2023年9月，他的二女儿求周巴毛和昂赛乡领导一起，参加了中共中央对外联络部和中共青海省委共同主办的"中国共产党的故事——习近平新时代中国特色社会主义思想在青海的实践"专题宣介会，讲述了在国家公园核心区开展自然体验特许经营的故事。看得出，义西它生谈起此事很自豪。问他具体是如何开展自然体验接待的，义西它生介绍，客人由网络平台随机分配给接待户，自然体验接待员主要为游客提供接站（机场或县城）、食宿、向导服务。这里什么最吸引游客？开展自然体验接待以来有什么印象深刻的事？义西它生说，雪豹等特有野生动物对游客最有吸引力，很多客人

---

[6] 保尔森奖每年颁发一次，对在中国境内推行的创新的、可复制的、具有经济和环境双重效益的市场解决方案进行表彰和奖励，是全球可持续发展领域极具影响力的年度奖项。

▲ 澜沧江源的牧区

奔腾而下的澜沧江在山谷间百转千回,滋养着这里的一草一木,孕育出一方野生动物的天堂。昂赛乡每家都有一名生态管护员,时刻守护着这里的原生生态。

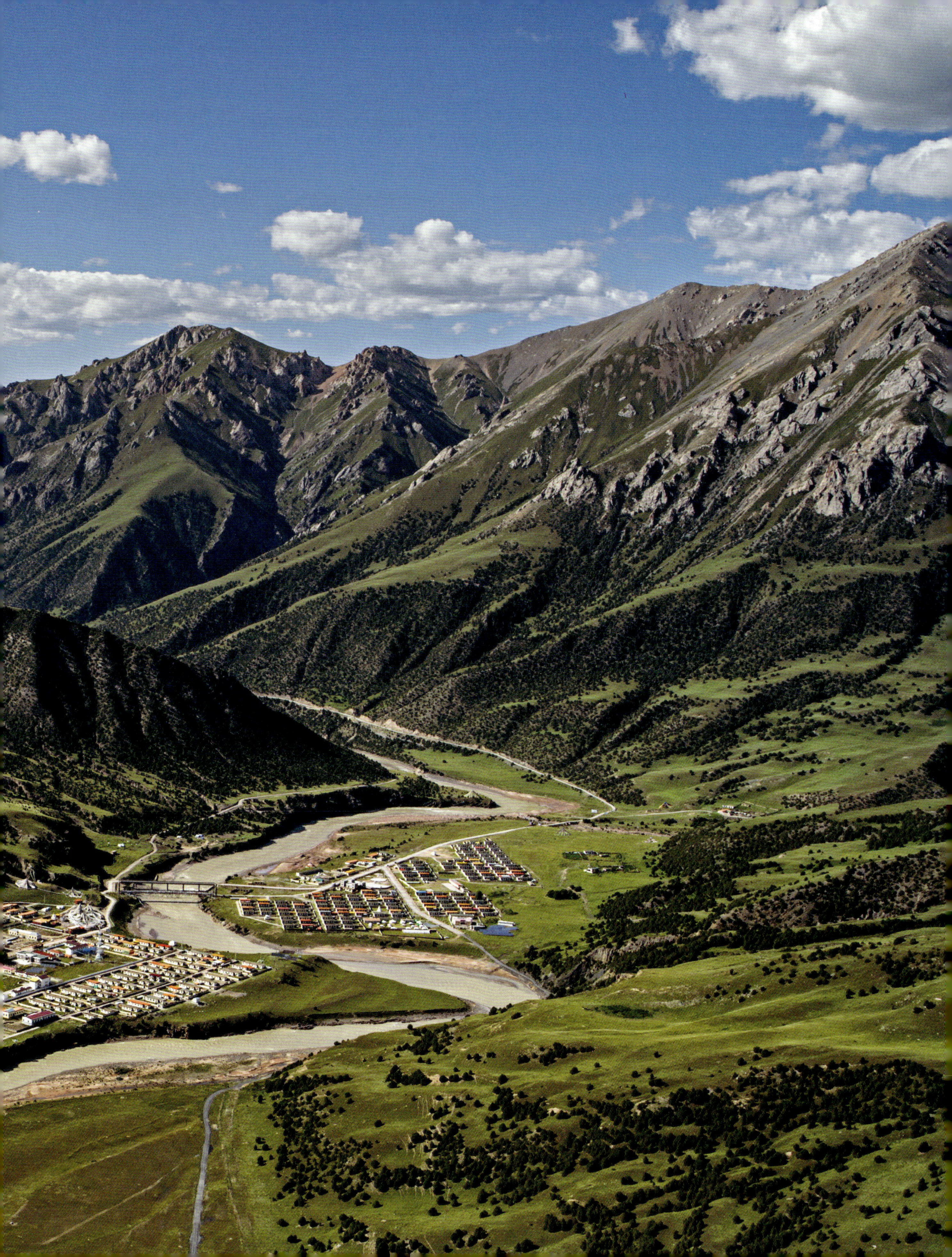

还想了解游牧文化。在当地向导的带领下，70%的游客都能拍到雪豹。[7] 印象深刻的是一个美国游客，拍到雪豹很高兴，他们现在还有联系。几年来，他已经接待过十几个外国客人。从事自然体验接待后有哪些变化？义西它生表示，除了收入明显增加外，他还通过跟不同游客接触学到了不少知识，眼界宽了，思想观念也有了很多改变。问他对未来有什么期待？义西它生说，村里的未来发展还需要很多支持：一是加大投入，改善基础设施条件；二是提高包括自己在内的接待家庭的服务水准和能力；三是全村齐心协力，共享收益。从访谈中我们明显感受到，自然体验特许经营项目实现了生态保护和社区发展的双赢，切实受到了牧民的欢迎。

自然体验项目影响力和评价的主要标准为雪豹、金钱豹等本地区旗舰物种观测几率和接待家庭条件及服务水平等。目前，昂赛乡自然体验特许经营项目观测到雪豹和金钱豹等旗舰物种的几率达到95%以上，而观测成效与全乡1516名生态管护员组成的巡逻信息共享网是分不开的。生态管护员在巡逻巡护时发现雪豹、金钱豹等踪迹，第一时间通过微信群、对讲机通知接待家庭，以保障访客观测野生动物的安全性和成功率。这有赖于地区生态持续好转和野生动物种群数量的不断增加，而特许经营的成熟运行和收益增加也直接影响着生态管护员本人及集体的利益。

自然体验特许经营项目的开展还催生了一批"牧民摄影师"。在年都生态展厅有一面牧民摄影师墙，次丁、达杰、旺然、巴丁、江永文求、扎西达哇……许多牧民摄影师和他们的作品一同被展示在墙上。据介绍，早在2016年，昂赛乡政府和昂赛管护站就联合"野性中国"工作室启动"牧民摄影师成长计划"，在积极邀请国内外摄影师和团队到昂赛开展生态宣传教育工作的同时，对有摄影爱好的牧民进行培训，既推动当地生态环境保护、牧民就业增收，也丰富他们的精神生活。

近年来，从世界各地来昂赛"邂逅雪豹"的摄影师络绎不绝，热爱摄影的牧民与各地摄影师一起交流学习，摄影技术和成果日益提升。如今，当地牧民摄影师数量已达40余人，部分牧民摄影师已在上海、北京等地举办个人摄影展。

在电影《雪豹和她的朋友们》宣传片中，那位稚嫩的解说员康卓，就是牧民摄影师达杰的女儿，她7岁时就在爸爸的指导下成功拍摄到雪豹画面，堪称世界上最小的生态摄影师。

---

[7]《青海日报》2023年8月14日刊发的《热爱雪豹的牧民摄影师》一文提到，一年当中，10月底到11月份是雪豹活动最活跃的时候，那时候野生动物少，雪豹很难捕到猎物，它在白天也会捕猎，加上牧民搬到了冬窝子，人类活动少，雪豹活动相对活跃。还有就是2月份，雪豹正值交配季节，它们会通过叫声寻求配偶，只要循着雪豹叫声的方向，就能看到雪豹。一天当中，雪豹活动最为活跃的就是早晨太阳出来之前，傍晚太阳落山之后。

⊙ 特色小镇"梦想家"

在开展自然体验和澜沧江漂流两个特许经营项目的基础上，根据玉树州和杂多县发展规划，昂赛乡正在年都村建设三江源生态文旅特色小镇，该项目2022年已入选青海省第三批省级特色小镇名单，包括地下管网在内的特色小镇首批建设项目正如火如荼地进行。根据规划，该特色小镇定位为世界第一个雪豹主题小镇、中国第一个国家公园入口小镇、三江源国家公园第一个无废小镇。规划依托辖区生态旅游、生态体验、澜沧江漂流、自然教育、科普教育等特色产业和资源，充分利用辖区自然资源和人文历史文化资源，打造中国青少年自然教育科普基地、青藏高原人与自然和谐共存文化展示地、三江源国家公园自然教育与生态体验及户外拓展训练示范点、玉树康巴文化、山水文化、野生动物文化国际交流展示窗口和格吉游牧部落文化体验区。

杂多县正在将三江源生态文旅特色小镇建设作为全县打造国际生态旅游目的地的最强举措和最大手笔来推动落实。特色小镇建设不仅关乎昂赛乡未来发展大计，也给当地牧民带来许多美好憧憬。

年都村一社牧民吉加就有一个"博物馆梦"。吉加今年51岁，是牧民党员、生态管护员。家里除了夫妻二人，还有一个未婚的小儿子。问起家里收入情况，吉加给我们算了算：2023年挖虫草收入15万元，按2023年的价格，2024年虫草收入大概能达到21万元，另外还有生态管护员工资、草补2700元左右、林补800多元以及禁牧补偿等。在他家里，堆放了许多陶器、石器、木器、皮筏子及各种藏民生产生活用品。吉加告诉我们：他喜欢收藏手工艺品，七八年来在收藏上花了六七十万元，家里的藏品主要来自四川、西藏等地，也有通过网上收藏的新疆等地的手工艺品。谈到自己的生活和村里的变化，他说，担任生态管护员既能守护环境，还能增加收入。这些年，村里环境越来越好，野生动物一年比一年多，来年都村旅游、拍摄雪豹的人也越来越多。现在昂赛乡正在建设特色小镇，将来到这里来的人还会更多，因此，他在自住房附近另买了一套房子，打算开一家博物馆，把自己的藏品以及昂赛的传统工艺品和特色文化展示给游客。听了吉加的"博物馆计划"，大家纷纷为他点赞，也祝他梦想成真。

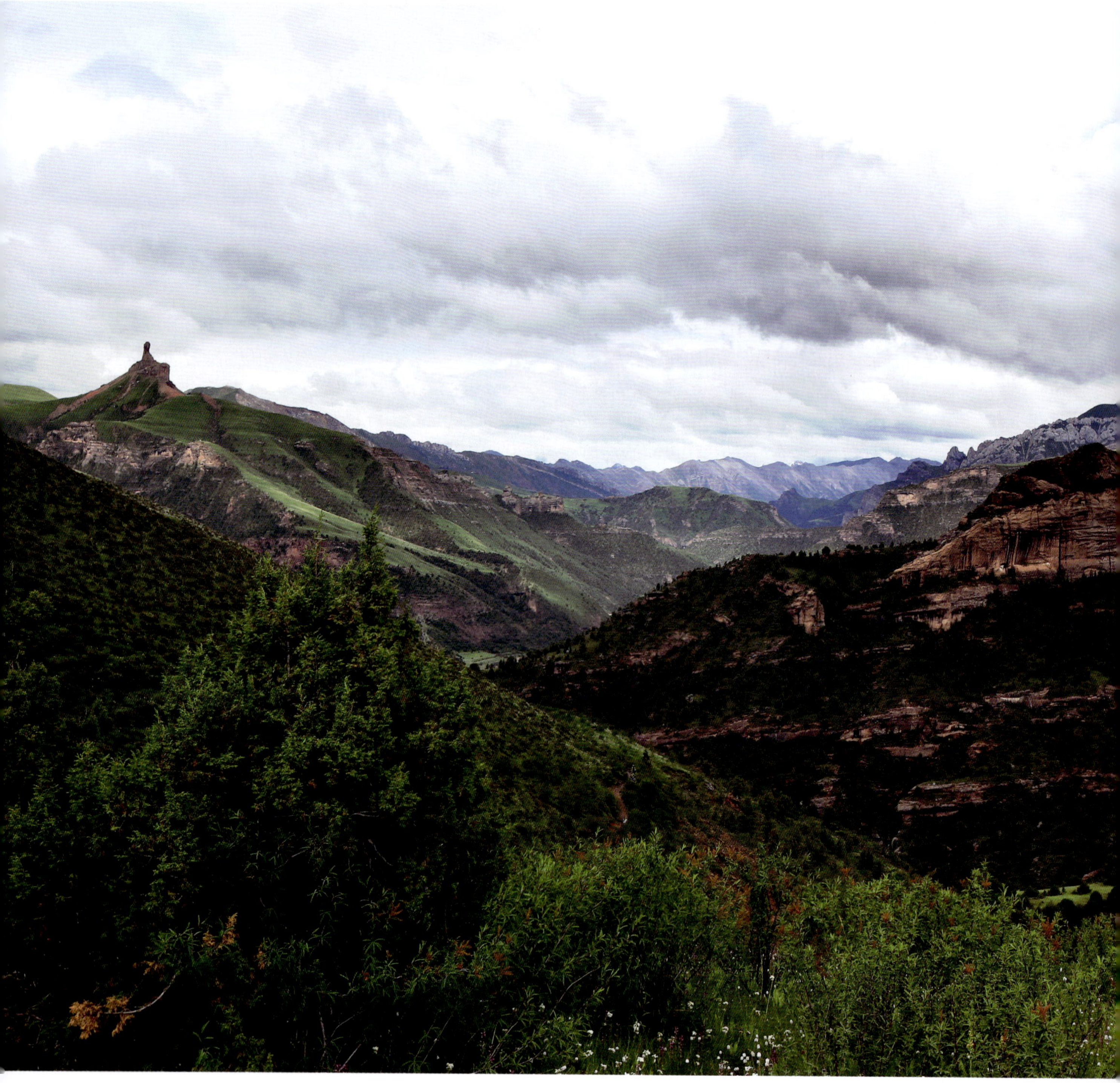

▲ 远眺昂赛大峡谷

近年来，青海省每年举办澜湄国际影像周，邀请澜湄六国的外交官、媒体代表、摄影师、文旅达人等来昂赛大峡谷，通过摄影、考察采风等方式，展示当地独特的自然风景和人文风光。

⊙ 当好国家公园特许经营探路者

中国的国家公园和其他国家的国家公园有一个比较大的差别，就是我们的国家公园不是无人区，保留有社区和农牧民[8]。为建设国家公园，地方牺牲了很多发展空间，农牧民不但通过禁牧减畜等方式给野生动物让渡空间，还把保护野生动物置于生计之前，其牺牲奉献精神令人钦佩。因此，如何让国家公园内的社区及农牧民从生态保护中受益，一直是中国国家公园体制试点建设中的重要议题。

通过设置"一户一岗"生态管护员，引导牧民群众从发展畜牧业向生态公益岗位转变，进而深度参与国家公园建设和生态保护，是三江源国家公园体制试点中的一大创新。

昂赛乡年都村率先在三江源国家公园内试点特许经营项目，为当地牧民家庭提供代替生计，以减少他们对自然资源的利用，在有效保护国家公园生态环境的同时，促进当地的经济发展和社会进步，脱贫致富和生态保护在当地已不再是一对矛盾体。

通过几年试点，昂赛乡年都村自然体验特许经营取得多方面成效。一是促进牧区群众思想意识转变。纳入国家公园核心区后，昂赛乡建立了国家公园生态管护机制，并通过各级宣传和教育，为牧民群众进行国家公园和野生动物保护等各类知识和能力培训，全乡牧民特别是参与特许经营的接待家庭、牧民摄影师等相关人员干事创业、保护生态的意识和积极性空前高涨，在相关活动中的参与度从乡党委政府安排呼吁变成自发组织、自愿参加。在此过程中，许多牧民逐步从放牧守山的角色转换成生态文明建设角色和地区发展的主干力量，并在对外交流、讲好生态保护故事中树立起新形象。二是广泛提升

---

[8] 2021年10月21日，国务院新闻办公室举行新闻发布会，请国家林业和草原局副局长李春良、国家公园研究院院长唐小平和首批5个国家公园管理机构负责人介绍首批国家公园建设发展情况。国家林业和草原局副局长李春良指出，国家公园不能建成无人区，也不是一个隔离区，更不是我们人为设定的一个禁区。我们要做的就是处理好保护与发展的关系，营造一个人与自然和谐共生的场景，我们要做到的是让生态保护和生态游憩、生态体验相得益彰。建设国家公园，其中一个目的也是要使广大人民群众能够享受到国家最美、最优质的生态产品。另据国家林业和草原局国家公园管理办公室副主任唐小平观点，中国和国外国家公园建设最主要的可能是两个方面有不同：①我们现在提出建立国家公园，主要是在生态文明的大背景下提出来的一个举措，所以更强调的是生态色彩，强调生态保护，强调对整个自然生态系统的原真性、完整性的保护，以前这个方面在国际上是走过一些弯路的，所以我们吸取这个教训强调保护。②我们建立的国家公园，都是在现有的有人员居住的情况下建立的，就要更加强调人和自然怎么和谐、怎么共生。

牧民社会参与度。昂赛乡把生态保护和牧民就业增收相结合，通过试点特许经营并建立个人、集体、公益基金各占一定比例的分配机制，牧民群众收入得到增加的同时，实现生产发展和生态保护两不误。自然体验接待家庭既深度融入生态保护和建设当中，又向外来游客宣传当地生态保护理念和成果，同时通过接待工作接触到外界的新知识、新理念，进一步激发参与生态保护工作的积极性；牧民摄影师通过作品及在外地举办摄影展等方式，大力宣传和推广当地的自然体验特许经营活动以及生态保护成果，既拓宽自己参与生态保护的渠道也增加个人收入。三是反哺生态文明建设。这不仅体现在当地利用特许经营的部分收入建立野生动物救助保护基金，更表现在特许经营项目带来的直接经济效应和媒体广泛报道所产生的社会效应，为广大牧民和特许经营参与者注入不断加强生态环境保护和推动社区发展的动力和信心，促使他们成为生态环境保护的积极影响者、示范带头者和忠实实践者。随着生态保护工作的不断深入和特许经营等生态产业的积极影响不断提高，当地生态环境明显好转，野生动物种群数量持续增加，监测反馈到的雪豹数量从 2018 年的 46 只增加到目前的 109 只，金钱豹数量从 12 只增加到 18 只，特许经营"反哺"生态保护效应不断扩大。

从国外国家公园的经验来看，将自然教育融入自然保护地游憩中，提供多样化的自然教育类生态体验项目，是实现自然保护地自然教育功能的重要途径。

我国除三江源国家公园外，大熊猫国家公园、武夷山国家公园和钱江源国家公园试点区等也启动了类似特许经营试点工作。但在近几年的探索实践中也发现，在国家公园特许经营中存在着不同程度的国家所有权虚置引致的多重失序、经营机制不完善造成的业态锁定以及因规划与监管体系不健全导致特许经营陷入困局等问题[9]。这既与实践探索不足有关，也与相关立法缺位有关。不过，曙光就在眼前。2024 年 9 月 10 日，《中华人民共和国国家公园法（草案）》首次提请全国人大常委会会议审议。这是我国首次从国家层面针对国家公园专门立法，将为国家公园的规划和设立、保护和管理、参与和共享、保障和监督等提供法律依据。根据 2024 年 9 月 13 日公布的草案全文，国家公园一般控

---

[9] 2023 年 6 月 21 日，2023 国家公园特许经营制度建设和实践研讨会在北京大学自然保护与社会发展研究中心举办。会上，浙江工商大学旅游与城乡规划学院教授张海霞从特许经营制度设计的几个风险点与应对措施角度进行了分享。

制区可以开展"适度规模的科普宣教和游憩体验活动……""国家公园管理机构应当在一般控制区科学合理设置游憩体验区域和路线，完善游憩体验服务体系，提供必要的游憩体验辅助设施设备，引导公众亲近自然、体验自然、了解自然""国家公园范围内经营服务类活动实行特许经营"。

相对国内其他国家公园来说，昂赛乡年都村自然体验特许经营试点起步较早、模式较为可行，下一步要继续探索，不断总结经验，为国家公园特许经营做出示范。同时，要充分认识到，不同于以往商业运营的生态旅游项目，国家公园特许经营是以生态保护为前提的有限经营，是在全民公益制约下的非逐利性经营，是作为政府资源管理的手段而非放开搞旅游开发的方式。

坚持生态保护第一和最严格保护的原则，优先保障社区的受益权和经营权，杜绝特许经营的整体转让、行业垄断和超长特许，做到特许经营过程的公开、透明和可追溯。

要处理好国家公园管理部门和地方政府的责权关系、原住居民经济组织和外部企业的优先顺序、村"两委"和村集体经济组织的角色分工、参与特许经营的示范户和村集体其他成员的收益分配等多重关系，通过完善国家公园开展特许经营信息公开机制，加强原住居民、特许经营者、地方政府与国家公园管理机构的互信基础，实现在政府主导下的多元共治及生态环境的可持续好转。

《雪域卓玛》

李继飞　纸本素描　368mm×260mm

创作于玉树州称多县赛马节　2024年8月2日

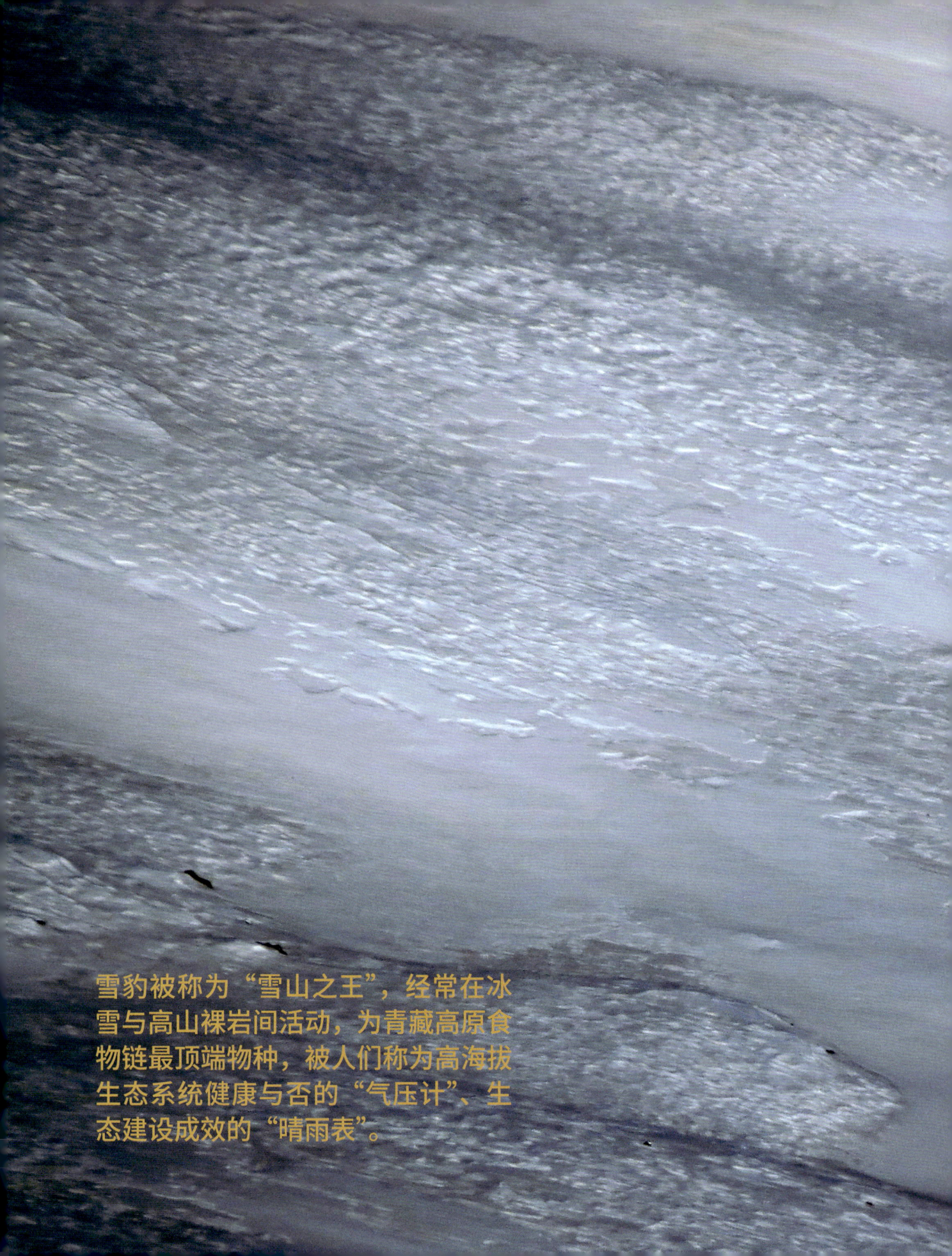

雪豹被称为"雪山之王",经常在冰雪与高山裸岩间活动,为青藏高原食物链最顶端物种,被人们称为高海拔生态系统健康与否的"气压计"、生态建设成效的"晴雨表"。

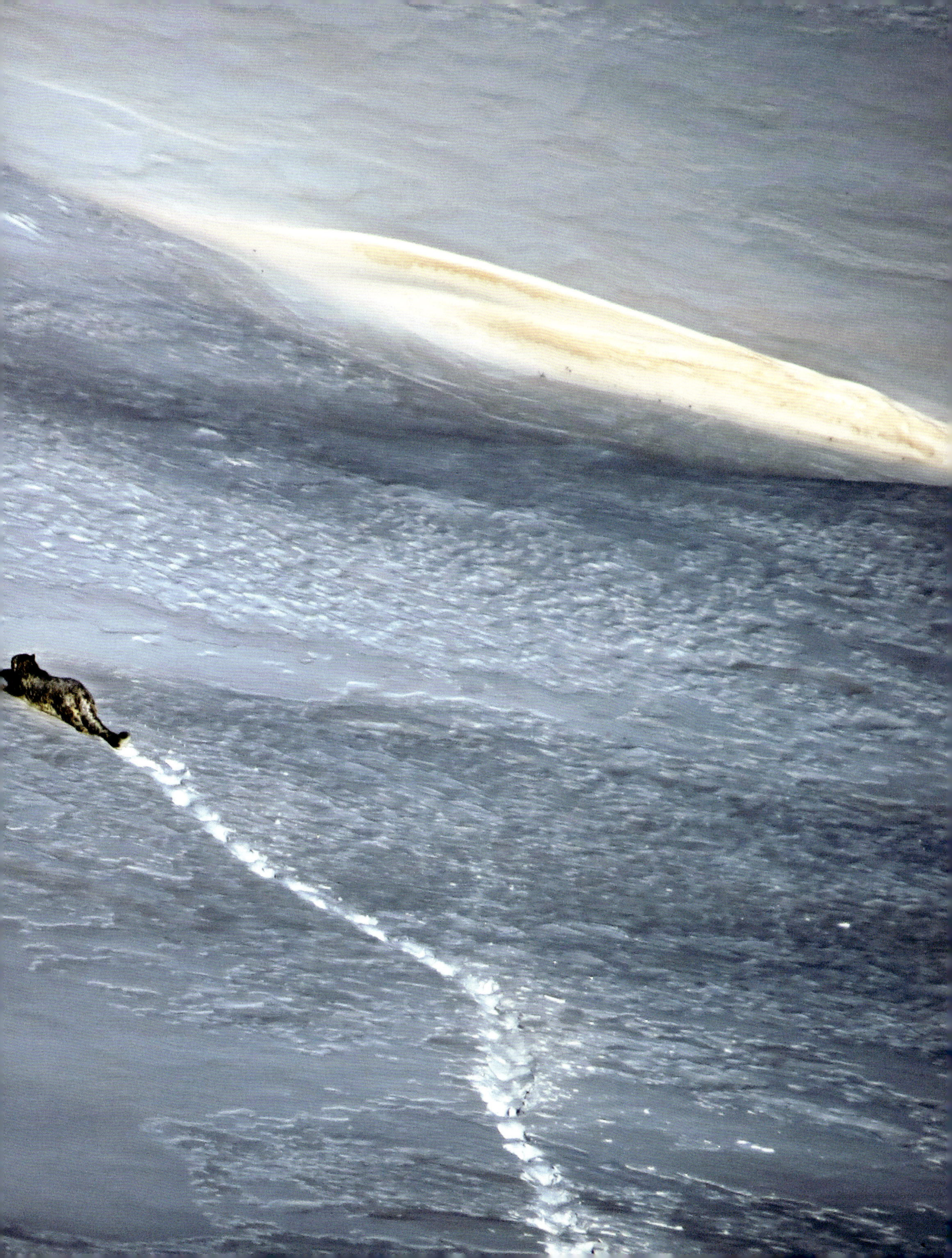

《守护者》

李继飞　纸本素描　368mm×260mm

创作于玉树州隆宝黑颈鹤自然保护区　2024 年 7 月 26 日

"中国鹤"的隆宝典范

——玉树市隆宝镇隆宝国家级自然保护区调研记

黑颈鹤，中国三大国宝之一，与大熊猫、金丝猴齐名，深受国人喜爱。黑颈鹤是中国的特有物种，也是世界上唯一一种生长、繁殖在高原的鹤类。南迁北徙，岁岁年年，黑颈鹤终其一生也从不离开高原。正如一直坚守在高原的守护者，他们日复一日，只为守护青山常在，绿水长流，万物自由。中国具有悠久的鹤文化，根植于传统文化之中，鹤不仅形象美，是高尚品质的象征，而且蕴含着"道法自然、天人合一"的自然观。2024年全国两会期间，全国政协委员、中共青海省委首席决策顾问、三江源国家公园管理局首席专家、三江源研究院院长连玉明教授提交《关于建议将黑颈鹤确定为中国国鸟的提案》，提出"随着三江源国家公园建设工作的推进，黑颈鹤的知名度和影响力不断扩大。参照世界范围内国鸟确定的标准，黑颈鹤符合作为中国国鸟的条件，应进行深入论证"。该提案受到中央及有关部委的高度重视，并引起社会各界和国内外媒体的广泛关注。

被誉为"黑颈鹤之乡"的隆宝国家级自然保护区，不仅是黑颈鹤重要栖息繁殖地，也是国际重要湿地。2024年7月26日，"保护母亲河，守护三江源"首都专家玉树高质量发展调研暨全国政协委员履职服务为民活动期间，全国政协委员、三江源国家公园管理局首席专家、三江源研究院院长连玉明教授率专家顾问和调研人员到访隆宝国家级自然保护区，并举行由玉树藏族自治州林业和草原局、三江源研究院联合发起成立的"三江源研究院中国鹤研究基地"挂牌仪式。玉树藏族自治州副州长马瑞和连玉明院长共同为基地揭牌。基地共建各方将以中国鹤研究基地设立为契机，开展黑颈鹤相关的系列活动及"中国鹤"文化品牌建设，进一步加大三江源宣传力度，引导公众关注更广泛的生物多样性和环境保护问题，形成全民参与"保护母亲河，守护三江源"的良好局面。隆宝国家级自然保护区将以崭新的面貌，向世人展现三江源人与自然和谐共生、保护与发展的经典范例。

⊙ 隆宝：高原上的生态宝地

"隆宝"在藏语中意为"有鱼有鸟的沼泽"。从玉树州州政府所在地结古出发，沿着308省道西行，穿越扎西科草原，越过红土山隧道，约45公里的路程，便能抵达这片生机勃勃的湿地。2023年2月2日，青海玉树隆宝滩湿地成功入选国际重要湿地名录。这里，湖泊与沼泽如宝石般点缀在广袤的草原上，交织出一幅生动的画卷。

隆宝国家级自然保护区管理站，一座三层小楼静静伫立在公路旁。站前，是以黑颈鹤为标志的艺术门，门顶雕塑着一对展翅欲飞的黑颈鹤，仿佛在向世界宣告这片土地的生机与活力。门顶上，藏、汉、英三种文字共同书写着"青海隆宝国家级自然保护区欢迎您"，彰显着这片保护区的国际化特征。大门两侧的标语"像保护眼睛一样保护生态环境""像对待生命一样对待生态环境"，更是深刻体现了保护区的使命和责任。

隆宝国家级自然保护区

隆宝保护区沿河谷划建，呈长条形，并且与公路伴行。隆宝是玉树的生态名片，不仅是黑颈鹤珍贵的夏季繁殖地，更是珍贵的自然遗产，能否保护好这片珍贵的高原湿地，需要各方的共同努力。

▲ 调研组与生态管护员们合影

在夏季潮湿的湖床中与同伴一起守护孵蛋的黑颈鹤，是生活在隆宝滩的藏民传统。目前，隆宝自然保护区聘用了 10 名生态管护员，其中参加管护员工作时间最长的有 10 年，职责是每隔一天对自己责任范围内的湿地和湿地内的野生动物巡护一次。

走进管理站，首先看到的是自然生态科普宣教馆，这里通过"有'高度'的自然保护区——海拔 4200 米""高原上的生命乐土""隆宝的守护"三个展区，以及"隆宝自然保护区介绍""隆宝滩上的秘境""云端隆宝——我与黑颈鹤约定的地方""高原上的绿色精灵"四大主题内容，生动地展现了自然保护区的发展历程和生态保护的丰硕成果。调研组在这里不仅感受到了隆宝的历史沉淀，更深刻理解了保护工作的重要性。

> **春末夏初，隆宝的草甸草原上，西藏嵩草、喜马拉雅嵩草、短轴嵩草、毛囊苔草等草本植物竞相生长。溪流和浅水中，轮藻、杉叶藻、水毛茛、水麦冬等湿地植物茂密丛生，小鱼和青蛙在清澈的水中嬉戏，这些都是黑颈鹤的美味佳肴。**

隆宝，以其独特的地理环境和丰富的植被，成为珍稀濒危鸟类黑颈鹤的天然家园。每年三月中旬，当玉树草原仍沉睡在冰雪之中时，黑颈鹤便从遥远的云南省中甸和贵州省威宁草海启程，迎着寒风，飞越千山万水，回到青海高原的家乡。在这里，它们在海拔 4000 多米的湖泊、河流和沼泽地中群集，觅食、求偶、繁衍后代，尤其是隆宝，成为了它们最集中的聚集地。

为了守护这些珍稀濒危的鸟类，1984 年 8 月，青海省人民政府批准建立隆宝省级自然保护区。1986 年 7 月，隆宝自然保护区晋升为国家级自然保护区，成为青海省第一个国家级自然保护区，也是中国第一个以保护青藏高原特有种——黑颈鹤及其栖息繁殖地的野生动物类型自然保护区，标志着中国生态保护事业的一次重要飞跃。

⊙ 国际重要湿地：隆宝滩的全球生态价值

2023 年，在世界湿地日的庆典中，青海省玉树隆宝滩湿地荣获国际重要湿地的殊荣，这不仅是对隆宝滩生态价值的国际认可，也是对其在全球生态保护中地位的肯定。2023 年 6 月 1 日，青海隆宝滩国际重要湿地新闻发布会在青海省林业和草原局举行，隆宝滩湿地被授予国际重要湿地证书，标志着其成为继青海湖鸟岛、扎陵湖、鄂陵湖之后的青海第四处国际重要湿地，也是我国第一处长江源头的保护区、第一处实行湿地管护员的保护区。

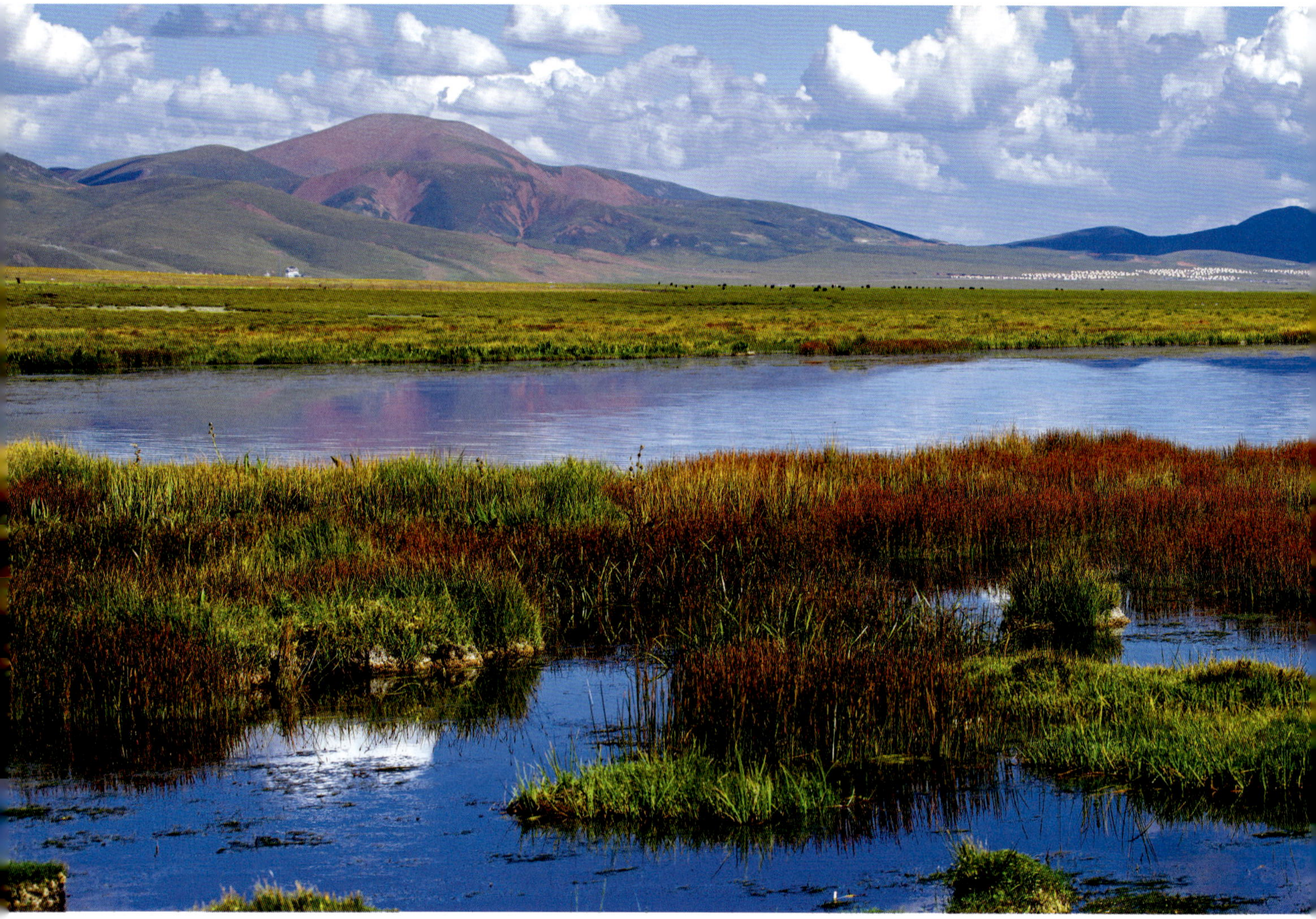

▲ 隆宝滩国际重要湿地

2023年6月，隆宝滩湿地被授予国际重要湿地证书，是青海省继青海湖鸟岛、扎陵湖、鄂陵湖国际重要湿地之后的第四处国际重要湿地，是可可西里世界自然遗产地，昆仑山世界地质公园之后的第六处国际（世界）级别保护地。

隆宝国家级自然保护区，这片 9529 公顷的生态宝地，横跨北纬 33°06'30" 至 33°16'20"，东经 96°23'30" 至 96°41'30"，湿地面积达 3349 公顷（包括河流面积 209 公顷、湖泊面积 430 公顷、沼泽地面积 1660 公顷和沼泽草地面积 1050 公顷）。这里，高山环绕，湿地纵横，形成了一个东西长约 25 公里，南北宽约 4 公里，总面积约 100 平方公里的狭长湿地区域，是全球候鸟迁徙路线中亚—印度迁徙路线上的重要繁殖地和停歇地，也是青藏高原地区黑颈鹤和斑头雁的主要繁殖地。

隆宝滩湿地位于青藏高原东部川西高山峡谷向青藏高原主体过渡地带的盆地最低处，造就了这里的多样性梯度。从最低处的隆宝滩到周围山地，其生境依次为湖泊、沼泽、沼泽草甸、高寒草甸、裸岩及雪山。这里有兴雅陇、斜雄陇等 7 条河流和 6 条季节性河流注入盆地的最低处，形成长江源头一级支流结曲河的发源地。

自 1984 年建立自然保护区以来，黑颈鹤数量从 22 只增加到最多时的 216 只，隆宝滩湿地成为繁殖黑颈鹤种群密度最高的地区之一。黑颈鹤种群超过全球种群的 1.3%、斑头雁种群超过全球种群的 9.4%，凸显其重要的全球性保护价值[1]**。此外，黑鹳、赤麻鸭、豆雁等鸟类数量的增长，也标志着湿地生态恢复的显著成效。**

隆宝滩湿地是长江源头野生动植物资源最为丰富的地区之一。这里分布有维管束植物 44 科 132 属 224 种，野生脊椎动物 23 目 50 科 153 种，包括鸟类 17 目 39 科 134 种、哺乳动物 4 目 7 科 11 种、两栖动物 1 目 2 科 3 种、鱼类 1 目 2 科 3 种。保护区内养育了黑颈鹤、遗鸥、黑鹳等 10 种国家一级重点保护野生动物，以及大天鹅、黑颈䴘、蓑羽鹤、灰鹤等 23 种国家二级重点保护野生动物。

隆宝滩湿地是青藏高原高寒沼泽湿地的典型代表，泥炭储量达 172 万吨，总碳库 28 万吨。它的形成和发育过程，是水文和气候驱动的自然杰作，覆盖了几乎所有高寒沼泽代表性湿地动植物，提供了所有高寒沼泽所能提供的生态系统服务类型，是全球生态保护的宝贵财富。

---

[1] 《国际重要湿地公约》有这样一条评价标准：如果一块湿地定期栖息着一个水禽物种或亚种 1% 的个体，就应被认为是具有国际重要意义。

⊙ "保护区 + 社区"合作模式的探索与实践

保护与可持续发展是国家公园的建设理念，促进保护地社区发展与自然和谐共生是生态文明建设的重要课题。国家公园不但对生物多样性保护至关重要，而且对于许多依赖自然资源得以生存的当地居民也至关重要。2017年9月26日，中共中央办公厅、国务院办公厅印发《建立国家公园体制总体方案》，在第六部分"构建社区协调发展制度"的第十七条中明确提出"建立社区共管机制"的要求和内容，为自然保护区指明了发展方向。在优化自然保护区科学管理的基础上，隆宝国家级自然保护区打破自然保护区长期以来封闭式保护管理的局面，积极探索自然保护区与区内及相邻社区共建共享共管模式。

探索自然保护区 + 社区共管机制。根据属地化管理原则，隆宝国家级自然保护区管理站与隆宝镇党委、政府紧密合作，将隆宝镇代青村、措桑村设为社区共管试点村。签订镇、村、社三级生态环境保护共管协议与牧户管护协议，成立社区共管委员会，措桑村和代青村分别组建社区共管生态公益巡护队，制定湿地生态巡护员管理制度、巡护工作制度、巡护报告制度。对自然保护区定期开展巡逻工作，开展日常的巡山管护、巡护日志记录和鸟类观测、垃圾清理等工作。生态管护队要开展入户宣讲森林防火的注意事项和生态保护相关政策和知识，从管护员变身"宣传员"，做到"家家到，户户讲"。同时，根据湿地管护员中的党员数量情况，及时建立隆宝滩湿地生态管护党小组，切实发挥"一名党员就是一面旗帜、一个党支部就是一座堡垒"的模范作用，通过加强基层党组织建设和党员教育，在开展环境保护工作中进一步发挥党组织战斗堡垒作用和党员先锋模范作用。

开展湿地保护生态效益补偿，在全省率先建立湿地管护员制度。从隆宝湿地水鸟主要栖息地与自然保护区22个监测样方所属草场牧户中，聘用10名湿地生态管护员。同时，每年对涉及自然保护区周边123户13.04万亩湖面、草原面积，按照每亩12元（牧户草场面积不足10000元补足1万）的补偿收益标准，发放湿地生态效益补偿补助资金342.7472万元，平均每年每户增加收入2.79万元[2]。每年发放乡、村、社三级社区管护补助金26.0762万元，牧户在退牧还草还湿中获得补偿，有效提升牧民的保护积极性，持续提升保护区与社区共管共生水平。

---

[2] "玉树市融媒体中心"微信公众号2023年10月17日发布报道《【生态玉树】玉树市积极实施"保护区 + 社区合作"试点深入推进隆宝自然保护区湿地》。玉树市深入践行习近平生态文明思想和"两山论"，持续推进"生态 +"模式，并将其作为主题教育的具体抓手，实施生态管护员制度，开展湿地生态效益补偿，完善保护区保护制度与能力建设，构建湿地保护区 + 社区共管的自然保护区工作合力，努力形成可推广、可复制的自然保护区管理工作经验。

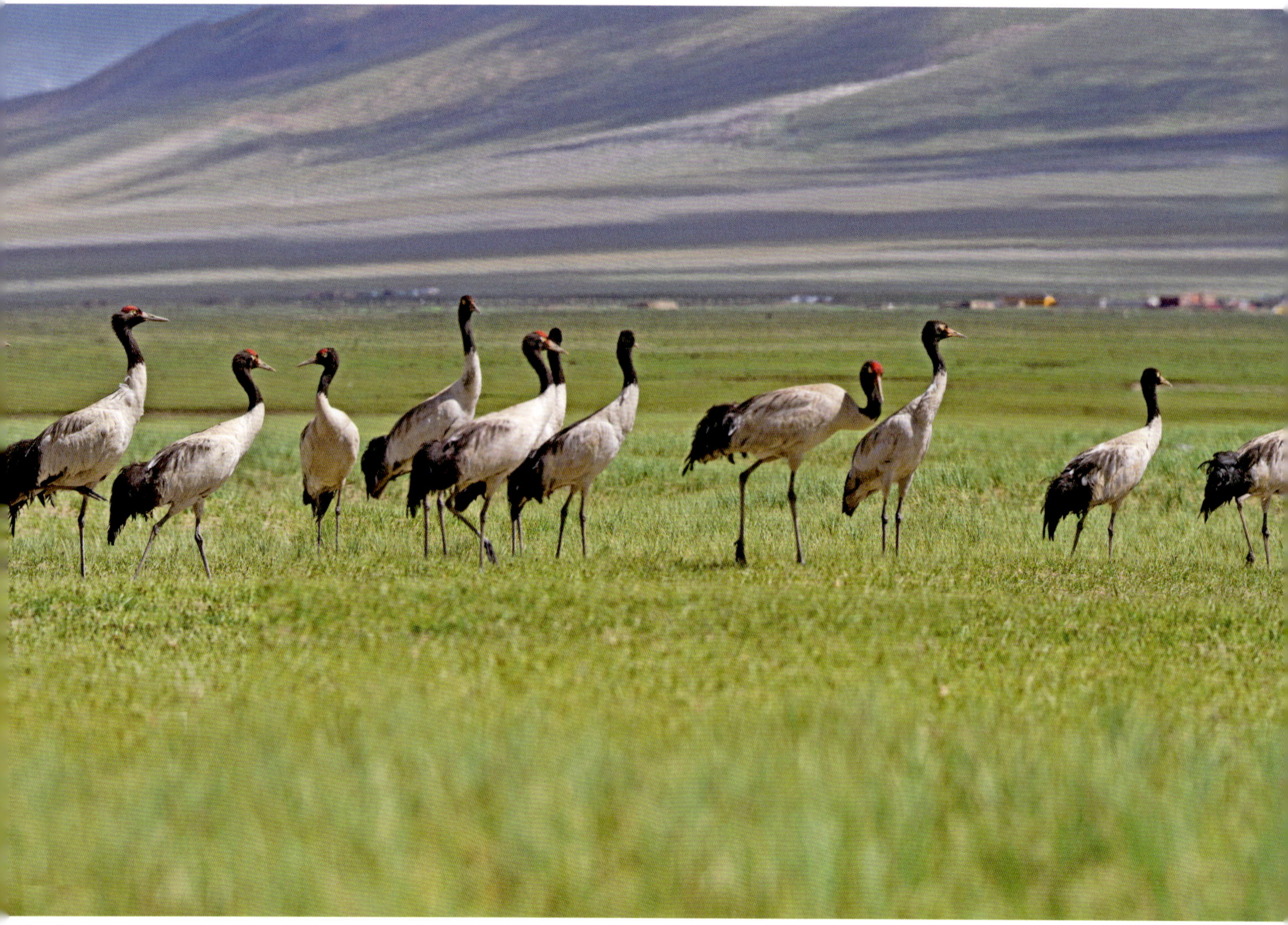

溪流和浅水中，轮藻、杉叶藻、水毛茛、水麦冬等湿地植物茂密丛生，湖面、溪流旁和沼泽地的鸟儿鸣叫声此起彼伏。远处，黑颈鹤在沼泽中悠闲觅食，斑头雁、赤麻鸭等鸟类在空中自由翱翔，构成隆宝独有的生态交响乐。

建设自然生态教育科普宣教基地。隆宝国家级自然保护区管理站联合社会力量参与湿地保护，开展社区卫生和健康培训及监测实地培训、生态旅游培训、巡护培训等工作。同时，积极联动学校生态环境保护教育，打造自然教育基地并建设绿色学校项目，将隆宝镇中心寄宿小学与德吉岭小学列入自然教育试点学校。全面完成保护区监测大楼自然生态科普宣教馆改造，宣传自然保护区 30 多年保护恢复、科研和发展历程，通过开展"爱鸟周"、野生动植物资源保护宣传月及鸟类湿地知识进校园、爱心鸟巢、"让鸟飞起来"等公益活动，扩大宣传影响覆盖面，努力打造青海省自然生态环境教育创新示范基地。

此外，挂牌成立首个三江源生态法庭环境资源保护服务站和驻隆宝国家级自然保护区公益诉讼检察联络站，将绿色发展理念贯穿环境资源审判和公益诉讼检察全过程，筑牢生态安全屏障提供司法保障。

良好的生态环境是最公平的公共产品，是最普惠的民生福祉。

通过这些年的持续工作，隆宝国家级自然保护区积极探索生态保护和民生改善共赢之路，将生态保护与牧民充分参与、增收致富相结合，多措并举探索生态、生产、生活"三生"共赢发展之路。

鸟类种群资源数量逐年增加。黑颈鹤数量由 1984 年建区时的 22 只，增加到现在最多时的 216 只，平均每年保持在 170 至 180 多只；斑头雁从原来的几百只达到 1 万余只，黑鹳、赤麻鸭、豆雁和其他鸟类资源数量也有明显增长。同时，随着自然保护区生态环境建设持续保持向好，周边监测到雪豹、白唇鹿、赤狐、棕熊等各类野生动物，其中还有 500 多只白唇鹿集体迁徙的壮观场面[3]。

群众生态环保意识进一步提升。通过各类媒介和公益活动，开展湿地及鸟类保护自然科普教育，群众生态环保意识进一步增强，得到世界自然基金会（WWF）、山水自然保护中心等环保组织的广泛关注和支持。在社区中以多种形式、多种途径开展自然教育，让保护区内的村社积极主动参与保护自然资源的同时社会经济得到发展，形成了一幅人与自然和谐共生的美好画卷。尤其是在青藏高原 4000 米以上的高海拔地区，隆宝的生态保护建设具有不可估量的示范意义，为全球生态保护提供了宝贵的经验。

---

[3]《青海日报》2023 年 1 月 15 日的报道《生态运笔，绘就人与自然和谐共生的美丽画卷》、2024 年 6 月 6 日的报道《江源玉树"生绿"又"生金"：打造"绿水青山就是金山银山"的实践样板系列调研之七》中都引用了这一组数据，是保护区管理站站长巴桑才仁为学生讲解保护区旗舰物种、湿地保护知识等的内容。

▲ 隆宝湿地中活动觅食的黑颈鹤

隆宝滩湿地是青藏高原高寒沼泽湿地的典型代表，泥炭储量达172万吨，总碳库28万吨。它的形成和发育过程，是水文和气候驱动的自然杰作，覆盖了几乎所有高寒沼泽代表性湿地动植物，提供了所有高寒沼泽所能提供的生态系统服务类型，是全球生态保护的宝贵财富。

▲ **高原精灵黑颈鹤**

每年三月中旬，玉树草原还是一片枯黄色，草原、沼泽被冰雪覆盖，河流冰封，大地在沉睡。而这时，归心似箭的黑颈鹤从云南省中甸和贵州省威宁的草海等地出发，一路欢歌，迎着寒风长途跋涉，飞向故乡青海高原，来到海拔4000多米高的湖泊、河流和沼泽地，群集觅食、求偶、繁衍后代。

⊙ 构建立体多元的黑颈鹤保护体系

黑颈鹤，这种体长约 120 厘米的大型涉禽，以其独特的黑色颈部和头顶裸露的红色皮肤而闻名。在求偶期间，它们的头顶皮肤会膨胀，呈现出特别鲜红的色彩，成为高原上一道亮丽的风景线。在藏族文化中，黑颈鹤是高尚与纯洁的象征，被称为"格萨尔达孜"，意为格萨尔王的牧马官。青海省将黑颈鹤定为省鸟，而隆宝国家级自然保护区则是其繁殖种群密度最高的地区之一。

> **黑颈鹤被当地牧民视为吉祥的神鸟，当地牧民说："只要黑颈鹤的叫声多，隆宝滩就会风调雨顺，牛羊就会长得肥壮。"**

作为全球唯一在高原生长和繁殖的鹤类，黑颈鹤对湿地生态系统的健康状况极为敏感，扮演着重要的生态指示物种角色。隆宝自然保护区采取多项措施，致力于构建一个全面立体的黑颈鹤保护体系。

湿地管护员制度是构建保护体系的重要基础。隆宝周边的牧民，深受藏传佛教的影响，他们世代传承着"万物一体、和谐共存"的生态价值观。他们以传统游牧轮牧的方式，智慧地利用湿地资源，展现了青藏高原人与自然和谐共生的生活典范。在隆宝国家级自然保护区，像才才和才乍多杰这样的牧民，成为了生态管护员，他们每月有 1800 元的固定工资，不仅改善了自己的生活，也更加用心地守护着这片土地。据才才说，他的职责是每隔一天对自己责任范围内的湿地和湿地内的野生动物巡护一次。每到有黑颈鹤和其他鸟儿栖息、孵化或育幼的地方，就会远远地停下摩托车，用望远镜巡视鸟儿的种类、数量，特别是幼鸟的数量，从手包里拿出日志放在摩托车后座上，用笔、用镜头记录下看到的一切。巡护中如果发现有动物受伤就及时救助。才才十分珍惜这份既有固定收入，又能为家乡的生态保护作贡献的工作。"夏季是水鸟孵化育雏的时候，要防范流浪狗和狼偷食鸟蛋；冬季风大且气候干燥，如果有一点火星，就能引发一场山火，所以要坚持巡护。"一次次的巡护观察，才才亲眼见证当地生态环境的蝶变。"黑颈鹤和斑头雁数量现在肉眼可见地增多了。"才才说，草长得好，湿地面积不断扩大，来到这里的鸟类才会不断增加。

穿过隆宝国家级自然保护区管理站大门前的公路，就是保护区社区共管试点村——措桑村。措桑村共有 3 个社 339 户 1324 人，草场面积 378380.50 亩，其中牧草面积 167850.72 亩，禁牧面积 210527.78 亩。家住措桑村的才乍多杰是隆宝滩守护黑颈鹤的湿地管护员队伍中的一员，今年 50 岁，面色黝黑，是地道的康巴汉子，他的父辈和祖辈

▲ 调研组与保护站工作人员一起进行野外观察，了解隆宝自然保护区自然生态教育科普情况

以中国鹤研究基地设立为契机，进一步探究根植于中国传统文化之中的鹤的形象美，挖掘其中蕴含的"道法自然、天人合一"自然观，展现三江源人与自然和谐共生、保护与发展的经典范例。

几代人都是牧民。他在管护站内已工作十年，可以算是最早一批加入隆宝滩守鹤队伍的牧民。他经常在夏季潮湿的湖床中与同伴一起守护孵蛋的黑颈鹤，这是生活在隆宝滩的藏民祖辈的传统，这爱鸟护鸟的传统一直延续着。调研组在才乍多杰家墙上的相框里发现了一张有点泛黄的照片，里面是一个满面笑容的小女孩，正向一只单腿站立的黑颈鹤走去。十几年前，一只腿部受伤的黑颈鹤落在才乍多杰家的院子里，他的女儿旦增求占和他一起给黑颈鹤进行了包扎敷药。旦增求占告诉调研组，在之后的恢复过程中，黑颈鹤和她们一家一起生活了大半年时间，建立了深厚的感情，这张照片记录的就是一个让她难忘的瞬间。

智慧化建设是提升巡护管理水平的核心助力。"能够成为美丽候鸟的守护者，是我的幸运。"说起与隆宝、与黑颈鹤的缘分，隆宝国家级自然保护区管护站站长巴桑才仁眼神里总透着一份柔情。1997年，从青海警校毕业后，巴桑才仁一直从事林业生态保护工作。2012年9月，他正式与隆宝"碰面"，并开始了为之奋斗的事业。一次次的实地巡护，他不仅熟悉了保护区的每个角落，也见证了这里发生的点滴变化。"那时候，管护站的硬件设施比较简陋，只有一台老式的军用望远镜……现在可算是大变样啦，已经实现了保护区全覆盖视频监控。"

针对自然保护区多年来一直采用人工守护、人工监测，科学管护能力低下的现状，自然保护区多方争取资金，加大基础设施建设、数字化建设的投入，随着集观测与监控于一体的实时监测指挥中心的建设，自然保护区的管理水平得到了明显提高。

2015至2019年，隆宝国家级自然保护区完成了办公设施更新等基础设施建设，完成了水鸟栖息视频监控平台等数字化保护区建设。2019年，保护区实施确界立标，建立各项规章制度，提升生物多样性监测能力，建立科研监测信息共享平台。根据自然保护区内鸟类分布、地形地貌、道路交通等因素，将自然保护区分为3个监测板块，设置3条样线、32个固定监测点。通过现场观察与室内视频监控结合，实现自然保护区主要水鸟栖息地实时室内监测全覆盖。现在，站在隆宝管理站监管指挥中心，通过电子大屏可以看到不同区域的湿地和湿地中的各种鸟儿。在巴桑才仁站长和他的伙伴们的努力下，隆宝持续推进数字化保护区建设，实现天地空一体化遥感监管体系。通过现代科学技术与人力实地巡护的结合，减少野外巡护工作量，提高巡护管理水平。

益曲是通天河右岸的一级支流，流域内有隆宝湖。益曲和隆宝湖出口水流汇合，在马藏附近注入通天河。当地的土壤为高寒草甸沼泽土，冻融交替。溪流、泉眼切割草滩，形成无数浅浅的水洼和松软的草墩。恰是这些水洼、沙洲和小岛，给黑颈鹤等高原野生动植物提供了栖息之所。

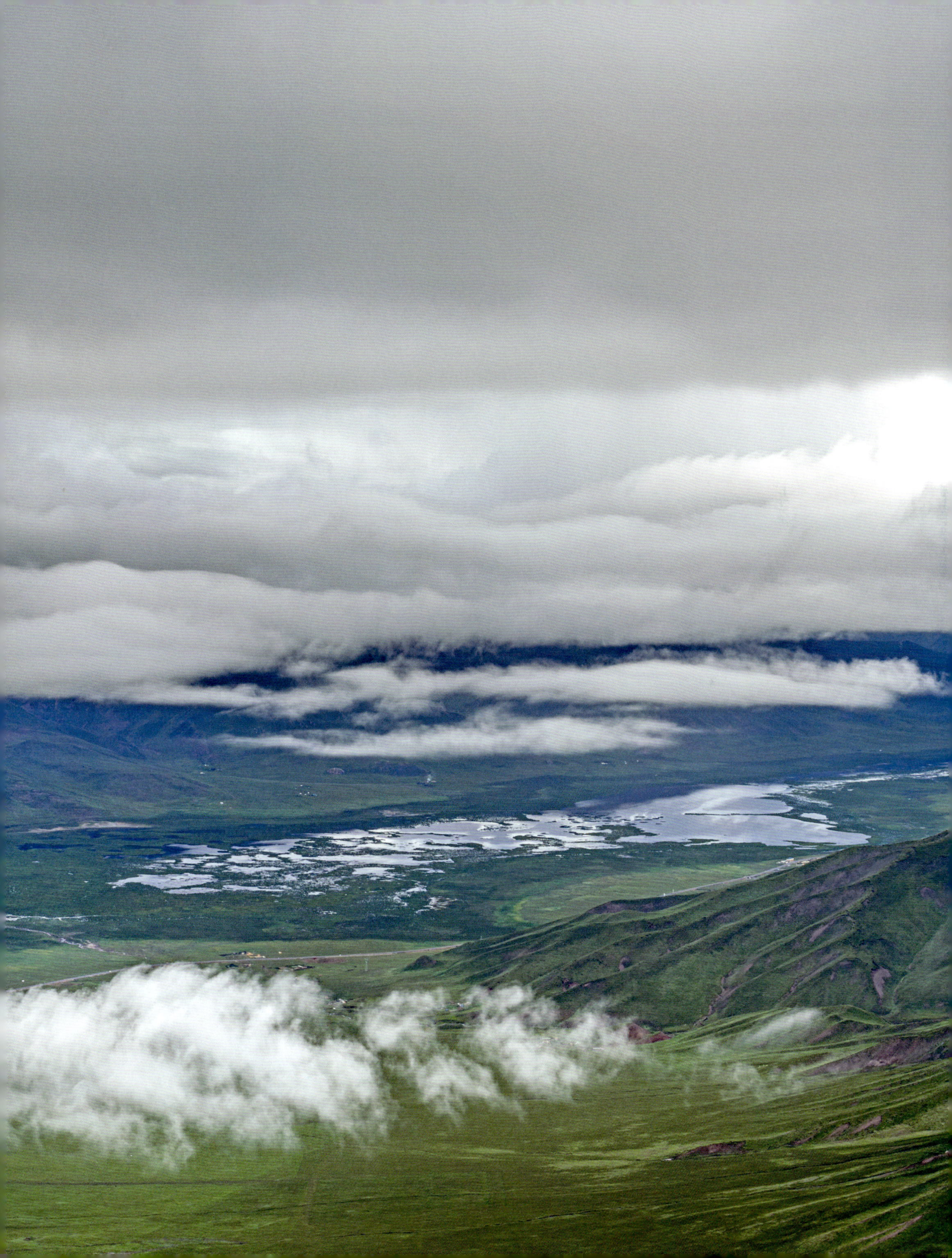

▲ 在隆宝自然保护区的观鸟平台

2024年全国两会期间，全国政协委员、三江源国家公园管理局首席专家、三江源研究院院长连玉明提交《关于建议将黑颈鹤确定为中国国鸟的提案》引发广泛关注，也为隆宝自然保护区的发展赋予新的内涵、带来了新的动力。

联席协作机制是实现跨区域生态保护的创新举措。黑颈鹤的迁徙路线横跨中国多个省份，从青海、四川、甘肃的繁殖地到西藏、云南、贵州的越冬地。10多年间，隆宝国家级自然保护区先后与黑颈鹤迁徙沿线的湖南东洞庭湖、四川雅江格、江西鄱阳湖、云南会泽、云南大山包等国家级自然保护区建立自然保护区联席协作机制，实现跨区域生态环境保护、跨区域信息共享。此外，还与青海师范大学地理科学学院合作，建立高寒湿地生态系统监测与保育研究站，并与世界自然基金会、山水自然保护中心等组织建立了合作关系，吸引众多志愿者和公众的关注与支持。这些合作为黑颈鹤的保护提供了坚实的基础，也为其他保护区的跨区域合作提供了可借鉴的经验。

⊙ 促进自然保护地与社区居民协同发展

经过多年努力，我国已建设各类自然保护地1万多个，总面积占国土面积的18%。但大部分的自然保护地都涉及社区的问题，自然保护地的设立和建设给原住居民带来生计依赖丧失、生计方式受阻、生计范围受限等现实影响，在一定程度上导致社区与自然保护地之间出现空间竞争和利益冲突。促进双方协调发展问题不仅是解决自然保护地与社区发展矛盾的现实需要，也是中国特色社会主义制度下建立以国家公园为主体的自然保护地体系的长期目标之一。

> **自然保护区社区共管制度是一种涉及保护区管理机构、地方政府、社区和其他利益相关者共同参与的管理模式，旨在推动生态保护与社区可持续发展协同前行。**

事实上，自1956年中国第一个自然保护区建立开始，保护区管理机构就在不断试验协调社区关系的方法。20世纪末，在国际组织引入"社区共管"理念之后，各地自然保护区管理机构持续探索建立社区共管机制的路径和方式。2022年7月5日，青海隆宝国家级自然保护区湿地生态效益补偿、社区共管和自然教育项目在隆宝国家级自然保护区管理站正式启动[4]。近些年来，隆宝国家级自然保护区通过与世界自然基金会等机构合作，

---

[4]《青海日报》2022年7月9日的报道显示，隆宝镇政府将全力支持社区共管和自然教育项目。隆宝国家级自然保护区管理站将与玉树市隆宝镇党委、隆宝镇人民政府、玉树市隆宝镇中心寄宿小学、德吉岭小学等相关单位紧密合作，积极吸纳青海多美生态环保科技有限公司、北京富群环境研究院等社会力量参与，共同提升公众环保意识，践行生态文明理念，在保护的前提下促进社区发展，实现人与自然和谐共生。

在构建社区共管制度方面进行了一系列的有益实践，但同时也要看到，隆宝虽然是国家级自然保护区，在管理体制和机构设置上却与其他国家级自然保护区有所不同。一般来说，国家级自然保护区的管理机构为管理局或管理处，极少数为管理委员会、管理署，级别为处级事业单位。而隆宝国家级自然保护区管理机构为一个管理站，站长即是整个保护区的负责人，级别为科级，业务上归属玉树藏族自治州林业和草原局管理。这种运行体制让隆宝管理站面临着"权小责大"的局面，人手不足、专业技术人员缺乏成为保护区发展的短板。

另外，当地牧民受教育水平普遍不高，对外界信息不敏感，在管护过程中缺乏专业的管护知识以及管护能力，限制管护工作的开展。以填写反馈表格为例，这是管护工作最重要的一个环节，由于管护员缺乏专业知识，在管护过程中不能通过巡护找到存在的问题，反馈问题不全面，一定程度上影响了政府决策的制定。只有生态管护员专业知识完备、生态保护意识提高，才能在环保事业上发挥更大的光和热。

还有就是当地居民参与共管的激励措施还不健全。目前的激励措施主要包括现金补贴、培训、提供生产设备等方式，但是以现金补贴为主。这种直接"输血"的激励方式在增加当地财政压力的同时，也在一定程度上催生了社区居民的"等、靠、要"心理。长久的"输血"不如创新机制、有效"造血"。设立保护区的主要目的是生态修复，能给居民提供的资金补贴很有限，现阶段能够从上级管理机构直接拨付的款项只有生态补偿费用和生态管护员费用，特许经营和生态体验及教育项目存在地域性差异的问题，受益面很窄，而且需要付出大量的时间和精力。通过利益刺激产生的行为活动是不长久的，利益不能满足，缺少持续性，参与意愿必然会下降。

在自然保护地体制改革的大背景下，针对隆宝国家级自然保护区社区共管的成因问题，以及借鉴国内外自然保护地社区共管的先进经验，隆宝国家级自然保护区在深化社区共管制度建设方面还应进一步改进和完善。

确立保护区管理机构社区共管的职能、人员和经费。保护区管理机构是开展社区共管工作的中坚力量，须明确赋予其职能、人员和经费，并建立相应的培训、考核与激励机制。适时推动隆宝国家级自然保护区机构升级，建立健全管护体系，增加相应机构人员编制。同时，加快设立自然保护区社区共管的专项经费，并由保护区管理机构社区共管部门负责保护区内生态补偿资金的统筹管理，明确对社区居民的考核标准和奖惩措施。

完善教育培训机制，弘扬民族传统文化。社区共管是一个多方参与、凝聚共识的过程，要建立和完善教育培训体系，把尊重和发扬民族优秀传统文化作为基本原则，利用好藏族传统思想观念的辅助作用，将民族文化和约定俗成的风俗借鉴到制度制定中，不

▲ 觅食嬉戏中的黑颈鹤

每年的春末夏初,在草甸草原上生长着西藏嵩草、喜马拉雅嵩草、短轴嵩草、毛囊苔草等草本植物。穿过草原的无数条溪流、浅水里有茂密的轮藻、杉叶藻、水毛茛、水麦冬等湿地植物。溪水里还有密密麻麻游动的小鱼和青蛙,这些都是黑颈鹤喜欢吃的食物。

断提高社区居民的认同感、民族自豪感和参与感。同时，建立社区生态管护员的专业培训和晋升体系，开展年度评比、颁发荣誉证书、宣传先进事迹。

总之，国家公园建设当前仍面临法规体系不全、体制机制不顺、中央与地方权责不清晰、保护与发展存在矛盾等问题，需要在建立健全以国家公园为主体的自然保护地管理体制机制、提升保护能力、建立社区发展机制、增强科技支撑作用等方面深化改革，全面推进以国家公园为主体的自然保护地体系建设[5]。社区共管是自然保护区管理中的重点与难点，也是保护管理政策能够真正落地的重要保障。隆宝以及三江源区域内自然保护区社区共管机制建设至关重要，需要在系统分析各地自然保护区社区共管经验教训的基础上，进一步开展理论研究和实践探索。

---

[5] 《人民日报》2024年12月6日刊发国家林业和草原局中国科学院国家公园研究院院长欧阳志云的文章《推动国家公园高水平保护和高质量发展》提出，在社区发展机制方面，完善社区参与机制，建立社区治理联席会议制度，构建"园地联动"的治理格局，提升社区协同共治成效，促进自然保护地社区可持续发展。

《阿才哥》

李继飞　纸本素描　368mm×260mm
创作于玉树州称多县赛马节　2024年8月3日

黑颈鹤栖息于海拔 2500—5000 米的高原草甸、湖滨、河谷沼泽和芦苇沼泽，是世界上唯一生长、繁殖在高原的鹤。除繁殖期常成对、单只或家族活动外，其他季节，黑颈鹤多成群活动，特别是冬季在越冬地，常集成数十只的大群。

《多才与卓玛》

李继飞　纸本素描　368mm×260mm

创作于玉树州曲麻莱县麻多乡扎加村　2024年7月27日

牦牛之都的根与魂

——曲麻莱县约改镇格前村、长江村调研记

"青海牦牛看玉树，而玉树牦牛的根与魂在曲麻莱。"

曲麻莱县是黄河源头第一个藏族聚居的纯牧业县，畜牧业是全县国民经济的基础产业。约改镇位于曲麻莱县境东部，坐落在通天河边，它曾是不同时期各进藏大道上的著名驿站。

天公作美，我们到达曲麻莱县牦牛良种繁育园区时已是傍晚，大自然的光影魔术"丁达尔效应"铺展在我们眼前，阳光透过云层的缝隙，洒在广袤的草原上，形成一束束光柱，成百近千只扎什加羊正在牧民的引导下朝着畜棚缓缓移动，不远处是三五成群埋头吃草的牦牛，犹如散落山间的一颗颗"黑珍珠"。大家纷纷举起相机、手机，用镜头定格这美好的瞬间。

⊙ 江河源头第一县的"牛"文章

从下着小雨的玉树市出发，途经海拔 4815 米的哈秀山垭口[1]，跨过"天桥"，就到了素有"江河源头第一县"之称的曲麻莱县。与县城迎宾大门上"曲麻莱人民欢迎您"交相呼应的，是路边高耸着的栩栩如生的野牦牛雕像，下方鲜红硕大的两行字"国家农产品地理标志 全国畜禽遗传资源品种 玉树牦牛核心产区"——与"牛"的缘分，在这一刻就已经埋下伏笔，也成为贯穿此次调研的一条主线。

曲麻莱县位于青海省西南部、玉树藏族自治州北部，地处国家级三江源生态保护区腹地，滚滚不息的中华民族母亲河黄河发源于曲麻莱县麻多乡约古宗列地区，长江北源主要源流勒玛河、楚玛尔河、色吾河、代曲河均发源于县境内，是我国南北两大水系的主要水源涵养地，形成了独特的"高原水塔"自然景观，素有"中华水塔""名山之宗"等美称。当地野生动植物资源丰富，境内栖息有国家一级保护动物 10 种，二级保护动物 24 种，为青海野生动物主要分布区之一。全县国土总面积 5.24 万平方公里，辖 1 镇 5 乡及 1 个党工委（办事处）19 个行政村 5 个社区居委会，总人口 47159 人，民族构成以藏族为主，占总人口的 98%。我们此行的调研点位约改镇是长江上游的第一个城镇，前身是 1958 年建立的东风公社，1984 年改设为东风乡，2001 年 10 月 15 日撤乡设镇。约改镇也是曲麻莱县政府驻地，辖长江、岗当、格青 3 个牧委会。东、东北与巴干乡相邻，西南以通天河为界与治多县相望，西北与秋智乡接壤。

> **藏语中，牦牛被称为"诺尔"，意思是宝贝。作为唯一适应高海拔的大型反刍动物，牦牛是藏族先民最早驯化的牲畜之一。**

目前，国内牦牛主要分布区也是藏族聚居的地区，这种一个动物种群与一个人类族群相互依存、不可分离的关系罕见。牦牛产业被称为玉树藏族自治州农牧业发展的"第一产业"和"第一品牌"。玉树牦牛既是牧民群众赖以生存的物质资源，也是推动牧区经济发展的支柱产业和牧业稳定增收的主要来源。以牵住"牛鼻子"、做好"牛文章"为抓手，推动玉树生态农牧业高质量发展。

据《曲麻莱县畜牧志》记载，"1974 年全县牲畜存栏突破百万大关，跨进全省'牲

---

[1] 哈秀山垭口，位于青海省玉树藏族自治州玉树市往治多方向 120 公里处，是 215 国道玉树市到治多县中间的最高垭口，海拔 4815 米。

▲ "三江源牦牛"

2024年7月25日,三江源研究院顾问聘任仪式暨三江源学第一次学术研讨会在青海玉树举行,并发布《三江源牦牛》雕塑作品。

畜百万县'行列"。牦牛数量的增多曾让这个平均海拔 4500 米的高寒之地生活富足，然而，由于全球气候变暖、草场退化、土地沙化、自然灾害等因素影响，曲麻莱县的牦牛产量锐减，传统单一的畜牧业结构亟待转型。与此同时，由于过度放牧、乱采乱挖，曲麻莱的生态环境一度恶化，野生动物大面积消亡。

2017 年，曲麻莱确立"生态立县"的战略思路，扎扎实实推进生态环境保护工作。同时，锚定支柱性产业，创新发展思路、转变生产经营方式，实现畜牧业提质增效。同行的曲麻莱县农牧和科技局副局长何雪盈，发给调研组许多玉树牦牛和扎什加羊的图片资料。一张张照片背后，是曲麻莱县为打响地方畜牧业品牌、提高牧民群众收入的"内外功夫"。昔日百万牲畜大县，如今已实现全域天然草场及牲畜有机产品认证[2]。

> **在曲麻莱的这一路，时常可见体格健硕的牦牛群，宛若一颗颗"黑珍珠"散落在漫山遍野，生态畜牧业大力发展带来勃勃生机。这片土地"畜"势勃发、"牧"歌嘹亮。**

⊙ 玉树牦牛的根与魂

"世界牦牛看中国，中国牦牛看青海。"

本次调研尚未成行，"青海牦牛"品牌早已叫响全国。

本次调研结束之时，调研组对这句话有了更加直观且深入的认识——"青海牦牛看玉树，而玉树牦牛的根与魂在曲麻莱"。

全世界现有牦牛近 1400 万头，中国牦牛存量 1300 万头，占世界牦牛总数的 90% 以上，是世界上牦牛数量和种类最多的国家。作为中国五大牧区之一，全世界数量最多、品质最好的牦牛都在青海高原，青海省也是全国最大的牦牛主产区，存栏牦牛占世界牦牛总数的三分之一，占全国的 38%。

玉树藏族自治州地处青藏高原腹地，是我国无公害超净区之一，也是青海省牦牛核心养殖区，牦牛存栏总数占到全省的三分之一以上。公开资料显示，玉树有 3 亿亩高寒

---

[2] 2023 年初，随着曲麻河乡、麻多乡、巴干乡、秋智乡、约改镇获得农业农村部中国绿色食品发展中心下属中绿华夏有机产品认证中心签发的有机转换认证证书，该县共计认证天然草场 220.5 万公顷，牦牛 167540 头，藏羊 114467 只，实现了整县全域天然草场及牲畜有机产品认证。

无污染的天然草原，其中可利用草原1.7亿亩，2022年时牦牛数量已超过150万头，是青海省最重要的优良品种繁育区。玉树以牦牛产业为主导，建基地、强龙头、树品牌、拓市场，加快推进畜牧业"前端养殖、中端加工、末端销售"全产业链建设，全力推动生态畜牧业发展方式由简单粗放向绿色循环转变、种质资源由品种保护向良种繁育转变、产品供给由单一低端向多元高端转变，牦牛产业成为玉树最具特色、最具潜力、最有发展前景的支柱产业、富民产业。

玉树藏族自治州若以寒冷和海拔划分有"东三县"和"西三县"之说，"西三县"的杂多、治多、曲麻莱位于寒冷区，都属于纯牧业区。曲麻莱县平均海拔在4500米，气候干燥，植物生长稀疏，是我国生态系统最脆弱和最原始的地区之一，冷季长达9个月，是青海省乃至全国海拔最高、条件最艰苦的县之一。就是这样一个"苦寒之地"，是国家畜禽遗传资源名录内"玉树牦牛"和"扎什加羊"的发源地、主产区，玉树还被授予"中国牦牛之都"称号[3]。

曲麻莱是青海省乃至全国县级主体中海拔最高、人均占有面积最大、生态位置最重要的一个县，也是青海省绿色有机农畜产品输出地先行示范县、中国重要农业文化遗产地、地理标志农产品和名特优新产品产地。

近年来，国家公园和自然保护地建设，让曲麻莱县生态系统得到原真性、完整性保护，山水林草等多种地貌并存，生态环境更具代表性、典型性、系统性和全局性。

"据初步统计，青海省现有1.6万头野牦牛，1.2万头分布在曲麻莱县。"在曲麻莱县牦牛良种繁育园区，曲麻莱县委常委、县政府常务副县长郭朝晖全程陪同调研，这位常年分管农畜的干部说起牦牛养殖如数家珍："我们有四大生态优势，独特的地理环境、优质的牧场条件、清洁的水源条件、优良的基因条件。"近年来，由于牦牛品种退化严重，近亲繁殖的结果使牦牛奶少、个小、肉少等弊病日益凸显。"曲麻莱是野牦牛的故乡，具有得天独厚的优势资源白唇野牦牛，整个野牦牛的群体都是非家畜的野血牦牛的交配，其特点是体格健壮、个大、奶多、产肉量高、抗寒抗病能力强。"每年秋季，杂日尔那的

---

[3] 2022年7月20日，由中国肉类协会、青海省玉树藏族自治州委、州政府、北京青海玉树指挥部、青海省畜牧兽医科学院联合举办的首届中国（玉树）牦牛产业大会在玉树市开幕。开幕式上，中国肉类协会为玉树授予"中国牦牛之都"称号，并举行"世界牦牛之都"申请仪式，正式发布玉树牦牛区域公用品牌。

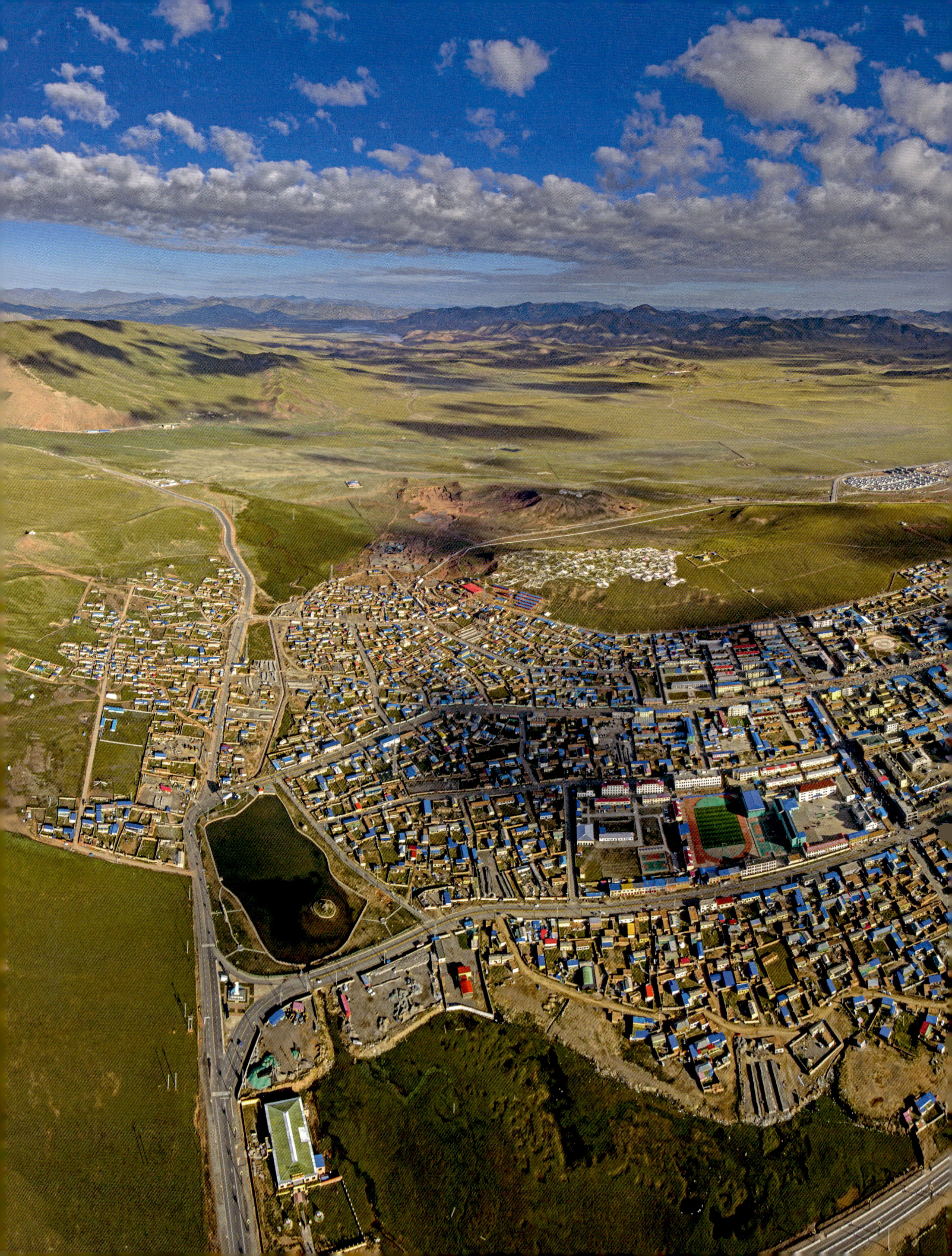

▲、曲麻莱县城鸟瞰图

曲麻莱县地域辽阔，既有广袤的草原，也有巍峨的山峦，既有纵横交错的河流，也有星罗棋布的湖泊，高山大河交织成一幅雄阔神奇的大美景观。

▲ 调研组一行听取牦牛良种繁育园区工作人员讲解

曲麻莱县着力打造"玉树牦牛"和"扎什加羊"区域公用品牌,并通过线上线下多种渠道进行品牌宣传推介,成功将"玉树牦牛"和"扎什加羊"系列产品推向市场成为新的"玉树名片"。

野牦牛混入家畜群自然交配，造就曲麻莱"野血牦牛"的强大基因，这一得天独厚的昆仑山野牦牛种质资源在整个藏区乃至全国绝无仅有。

⊙ 生态畜牧业高质量发展"三组密码"

习近平总书记指出，"沿黄河各地区要从实际出发，宜水则水、宜山则山、宜粮则粮、宜农则农、宜工则工、宜商则商，积极探索富有地域特色的高质量发展新路子。"[4] 作为"江河源头第一县"，曲麻莱县既要承担好生态建设、生态保护的责任，又要做好经济发展、生产致富的工作。有所为，有所不为。时至今日，科学养畜、草畜平衡、协调发展已成为全县生态畜牧业发展的根本原则。"双轮驱动""双星定位""七个带动""八大工程"……随着调研组一路走、一路看、一路听、一路访，调研笔记上越来越多的关键词，正是曲麻莱畜牧业高质量发展的"密码"。

第一组"密码"：生态畜牧业"222278"产业布局。

在功能布局方面，曲麻莱县肩负着这样的使命——推进牦牛良种繁育基地、千只牦牛标准化养殖基地、生态牧场建设，打造重要的牦牛种质资源县，绿色有机牦牛产品主产区，提升良种制种供种能力，绿色有机牦牛产品的供给能力。并依托扎什加羊种质资源优势，建设万只扎什加羊标准化养殖基地，形成重要的扎什加羊种质资源保护区[5]。

蓝图已经绘就——

曲麻莱县积极推动良种繁育和有机农畜产品"双轮驱动"，形成野血牦牛和扎什加羊"双星定位"、全域有机认证和全程可追溯"两全其美"、优质种源基地和优质畜产品输出基地"双基联动"的发展格局。

---

[4] 2019年9月18日，习近平总书记在郑州主持召开黄河流域生态保护和高质量发展座谈会并发表重要讲话。他强调，要坚持绿水青山就是金山银山的理念，坚持生态优先、绿色发展，以水而定、量水而行，因地制宜、分类施策，上下游、干支流、左右岸统筹谋划，共同抓好大保护，协同推进大治理，着力加强生态保护治理、保障黄河长治久安、促进全流域高质量发展、改善人民群众生活、保护传承弘扬黄河文化，让黄河成为造福人民的幸福河。

[5] 2023年初，玉树藏族自治州高规格召开生态农牧业高质量发展大会，高站位谋划未来三年的发展蓝图，高姿态吹响重振牧业雄风的冲锋号角。2023年3月，中共玉树州委、玉树州人民政府印发《玉树州推进生态农牧业高质量发展实施方案》，对全州各县市的产业布局作出明确安排。

推行"七个带动",稳步实施"八大工程",生态畜牧业产业链条、产业布局全面形成。截至2024年6月,全面完成3308万亩草场、26.66万头牲畜有机认证,成为全国最大有机牧场。

传统的"靠天放牧",让牦牛无法摆脱"夏壮、秋肥、冬瘦、春死"的困境,而高效养殖基地的建设正好破解了这一难题。曲麻莱县牦牛良种繁育园区建设于2022年,总占地面积140多亩,投资2800万元,主要建有装配式畜棚9栋,共9000平方米、运动场18000平方米、育种室兽医室60平方米、储草棚200平方米、堆粪棚300平方米、牧工房180平方米等,各类设备161台/套,建设规模2000头牛,1000只羊,园区配套3000多亩的饲草基地,园区采用半舍饲养殖模式,精准补饲,建设有智慧养殖平台。曲麻莱源牧农牧业开发有限公司作为园区的经营主体,连接全县的良种繁育基地、标准化养殖基地、生态畜牧业合作社和养殖大户,签订订单,统一收购全县良种及出栏牦牛、藏羊,统一对外销售或屠宰,进行深加工,确保良种供应有保障,牲畜月月有出栏,产品产量有保证。

第二组"密码":打造联农带农品牌的"1234"和"422"总体目标。

兴产业,曲麻莱县在联农带农打造品牌效应上下足功夫,围绕"野血牦牛"养殖这一县域主导产业优化布局、突出重点,推动牦牛良种高质量发展,实施"黑色化"和"野血化"工程,实施良种、良料、良法综合配套;建成4个千头"玉树牦牛"、2个千只"扎什加羊"良种繁育基地,7个牦牛标准化养殖基地,4个万只"扎什加羊"标准化养殖基地,1个牦牛良种繁育园区,1个"扎什加羊"标准化养殖园区,为实现良种繁育和输出地建设奠定坚实的基础。

在布局规划方面,以玉树牦牛、扎什加羊"保、育、繁、推"为重点,优化调整养殖产业布局,制定完善产业发展规划,紧紧围绕畜牧业发展"1234"(即:扶持"一社",做强"两品",提升"三率",巩固"四链")和"422"(即:县城产业集群区、格尔木飞地经济区、村集体标准化养殖区、生态牧场高质量示范区、良种繁育核心带、有机产业输出带、创建全域有机认证、全域牦牛黑色化)的总体目标,以"玉树牦牛""源上牧场"为区域公共品牌,着力推动"八大工程"(建设牦牛产业技术服务中心、饲草种植基地、蔬菜种植基地、良种繁育基地、高效养殖基地、活畜交易市场、屠宰加工车间、有机肥加工车间)。

近年来,全力打造"玉树牦牛"和"扎什加羊"区域公用品牌,做大做强"源上牧场"企业品牌和产品品牌,开展农畜产品和文旅产品"进北京下江苏""驻西宁入西藏""走四川奔上海"等品牌宣传推介活动,在西宁、徐州、拉萨等地设立直销店、体验店。玉树牦牛、扎什加羊获评全国"名优特新"农产品,"野血牦牛"产业联农带农典型经验被国家层面推广。

▲ 夕阳下的曲麻莱县城

曲麻莱县位于青海省西南部，玉树藏族自治州北部，素有"江河源头第一县"的美称。

第三组"密码"：畜牧产业带动脱贫增收的"七个带动"。

共同富裕是社会主义的本质要求，是中国式现代化的重要特征。生态畜牧业发展见成效，最终要体现在切实增加农牧民收入、以种业振兴促进乡村振兴上。

曲麻莱打出"七个带动"的组合拳：积极推行订单收购带动、资产入股带动、务工就业带动、生产创业带动、托养托管带动、消费帮扶带动、生态红利带动。

以生产创业带动为例，围绕"野血牦牛"养殖这一县域主导产业，通过税费减免、金融支持、技术指导等方式，鼓励牧民群众参与饲草种植、冷链物流、电商销售等上下游产业，实现全产业链增收。一组数据可以直观地反映变化：2022年，全县只有3个村饲草种植，面积6500亩，经济效益65万元；2024年8月，已实现全县饲草种植，面积3万亩，户均增收2000元，年产值945万元，还成立了3家冷链物流公司、1家屠宰加工企业、7家电商销售企业。

再比如生态红利带动方面，曲麻莱县与国家能源集团、北京金诺碳汇公司分别签订草原碳汇项目协议，通过退化草原改良、沙化土地治理、禁牧围栏、人工种草等管理措施提升草地土壤固碳能力，不仅为"野血牦牛"培育繁殖提供良好畜牧条件，同时每年碳汇项目收益达到5000万元左右。县委、县政府将此项收益的20%用于开发公益性岗位、组织技能培训，优先帮助弱劳动力、半劳动力就地就近就业；30%收益用于发展产业，对全民入股合作社和有养殖意愿无畜户进行重点扶持；50%收益用于乡村建设和乡村治理，围绕建设宜居宜业和美乡村，加速补齐脱贫地区基础设施和公共服务短板。

根据玉树州委、州政府2023年出台的《玉树州推进生态农牧业高质量发展实施方案》，西部杂多县、治多县和曲麻莱县为草畜平衡示范区[6]。方向明确，重在行动。聚焦

---

[6] 根据《玉树州推进生态农牧业高质量发展实施方案》，全州农牧业总体布局分东西部两个区域。东部玉树市、称多县和囊谦县为农牧业结合区，突出种植和养殖业结合，以牦牛优势产业发展为主，藏羊和青稞为辅，兼顾藏香猪、藏鸡、玉树芫根、仲达洋芋等。西部杂多县、治多县和曲麻莱县为草畜平衡示范区，以牦牛、藏羊产业发展为主，大力培育农牧业新型经营主体，适度扩大养殖规模，加强牦牛和藏羊优良品种培育，加大绿色有机畜产品生产力度，以四季轮牧为主，在游牧基础上突出加快养殖方式向半舍饲方向转型，推行增温增草增械，发展草地适度规模经营，推动交易、屠宰加工基地建设。建立和完善防灾减灾体系，将其建成生态功能突出、生产组织高效、特色鲜明的优质牛羊肉生产区。

▲ 格前村村民更松罗周向调研组展示自己收购的当季虫草

"金虫草"铺就致富路,让他鼓足了钱袋子,富裕了新生活。

"区位优先",紧盯种业发展,曲麻莱以打造世界牦牛种源基地核心产区、中国良种牦牛之都为突破口,以牦牛产业联盟为引领,着力打造现代化畜牧产业发展新格局。

⊙ 小家之事,大国之治

一路调研,听介绍、走村镇、看发展,在为今日曲麻莱点赞的同时,调研组也十分关注,政府的投入、生态的保护、产业的发展……这一系列政策和发展的红利,当地老百姓有没有真正享受到?广大牧民怎么看待乡村振兴?衣食住行、生老病死、安居乐业、婚丧嫁娶……这些群众最关心、最迫切的问题,有哪些变化,有哪些困难,有哪些期盼?带着这些问题与思考,调研团在约改镇"兵分三路",在当地干部的陪同下深入格前村扎加一家、更松罗周一家以及长江村达哇扎西一家,访民情、听民意、聚民智,透过小家之事,窥见大国之治。

以"小家"见"大国",这里有昔日环保少年与今日接力少女的言传身教。

把时间指针拨回 2000 年 8 月 19 日——这一天,在长江上游海拔 3700 米的通天河畔,"三江源自然保护区"纪念碑揭牌,标志着长江、黄河和澜沧江三江源头自然保护区正式成立。检索当时新华社的公开报道可以看到:"来自长江源头治多县的才仁忠尔、黄河源头曲麻莱县的更松罗周和澜沧江源头杂多县的康卓吉三位少年儿童,带着从三江源头地区采集的水和土,与国家林业局、青海省、玉树藏族自治州的有关官员一起在揭碑仪式上种上了代表长江、黄河、澜沧江的三棵树。他们呼吁全国的青少年朋友一起来参与保护长江、黄河和澜沧江源头地区的生态环境。"

24 年后,当我们来到曲麻莱县,在格前村见到更松罗周一家时,昔日的环保少年已成家立业、成为村里的致富带头人。更松罗周和妻子尕松代吉,热情地迎接了我们。一进屋,一排奖状证书映入眼帘,既有"2020—2021 年度玉树州级文明家庭",还有约改镇委、镇政府 2022 年 3 月颁发给更松罗周的"致富能手"证书,最多的是儿子巴丁江才、女儿卓玛永吉的奖状。

我们问他,"你知道,习近平总书记什么时候到我们青海来吗?"

"前不久",更松罗周马上答道。

"那你知道作了什么重要指示吗?"

"主要是环保治理上的"。

一边说,更松罗周一边打开手机相册给我们看,里面有很多村里组织党员和群众一起处理垃圾的照片,"捡垃圾,巡逻,我们就是这样一直做着呢"。1982 年出生的他,13 年党龄,做虫草生意也有 10 多年了,更松罗周对党的政策和环境保护有切身体会,深知

▲ 调研组与格前村致富带头人扎加（左三）深入交流

由于在带领藏族同胞致富奔小康过程中的突出贡献，扎加被评为"青海省劳动模范"。

▲ 扎加的家人正在制作酥油茶，为客人呈上糌粑和酸奶

"糌粑"是炒面的藏语译音，它是藏族人民每天必吃的主食，在藏族同胞家作客，主人一定会给你双手端来喷香的奶茶、青稞炒面、金黄的酥油、奶黄的"曲拉"（干酪素）和糖，层层叠叠摆满桌。

生态环境的好坏与牧民群众的生产生活息息相关。格前村不在三江源国家公园管控"红线"之内，没有持证上岗的生态管护员，但在村里的组织带动下，"我们做着一样的事"。

因为放"虫草假"，更松罗周的女儿卓玛永吉也在家里。小姑娘已经读五年级了，一下子见到这么多"外人"有些紧张。我们请她在调研笔记本上写下全家人的名字，一笔一画之间，神情越来越放松。后来，还当起了爸爸妈妈的"小翻译"，说起家人日常巡逻、清理垃圾的行动，也说起学校开设的环保课堂。

其间，作为在全国政协委员履职"服务为民"活动中的一项活动，我们还向更松罗周一家赠送了包含《习近平生态文明思想学习纲要》在内的宣讲手册。卓玛永吉为我们朗读了其中一段：

> "我们既要绿水青山，也要金山银山。宁要绿水青山，不要金山银山，而且绿水青山就是金山银山……"[7]

稚嫩童声，感情真挚，淳朴认真。这一刻，保护三江源地区生态环境的接力棒，从24年前的"三江源自然保护区"纪念碑，传递到了这里。

以"小家"见"大国"，这里有个人"第一桶金"与集体"不落一人"的双向奔赴。

在格前村，扎加是名副其实的"明星"，是致富路上的带头人，是大家的主心骨，更是困难群众的"暖心人"。1976年6月出生的扎加，2008年9月加入中国共产党，现任曲麻莱县藏迪畜牧业专业合作社理事长。2012年5月被曲麻莱县团委评为"优秀牧民青年星火带头人"；2013年12月被约改镇委、镇人民政府评为"党员致富能手"；2014年7月被曲麻莱县委、县人民政府评为"党员致富能手"；2019年9月被青海省人民政府授予"青海省劳动模范"荣誉称号。

这份漂亮的荣誉单背后，是先富带后富、携手奔小康的责任与担当，是帮扶与反哺的"双向奔赴"。扎加出身于一个普通的牧民家庭，初中毕业后，跟村里的很多年轻人一样，他先是回村里放牧，后来又去城市打工挣钱，最终又回到家乡。在这个过程中，他意识到城市对纯天然、高品质的牦牛肉是有需求的，萌生了搞牦牛养殖的想法，带着几个好朋友一起成立了"藏迪生态畜牧业专业合作社"。在创业过程中，驻村干部不仅主动给他详细讲解了政府的扶持政策，帮助他办理了贷款，还鼓励他在村里当致富榜样，吸

---

[7] 中共中央宣传部、中华人民共和国生态环境部：《习近平生态文明思想学习纲要》，北京：学习出版社、人民出版社，2022年，第27页。

引更多的村民一起干。第二年，扎加养殖的牦牛顺利出栏，销售火爆，此后合作社规模不断扩大、收益越来越好。

"我的成长离不开大家的帮助支持，如今我先富起来了，也绝不能忘了村里人。"这些年，扎加先是投资开办了曲麻莱县格萨尔王大酒店，吸收那些手里没有资产、无法入社的牧民就业；此后，又和大家一起办起了畜产品加工厂、畜产品经销店，还帮助部分村民在县城开办洗车店、房屋装潢店、车辆运输租赁公司、藏餐厅等，让村里更多的人有事做、有钱挣，收入越来越高。

可以说，牦牛养殖为扎加攒下了"第一桶金"。无独有偶，同村的更松罗周也是这样，从最初的七八十头到后来的二百七十多头，牦牛养殖带来的收益，为后来开藏餐厅、搞虫草生意等打下坚实基础。他自己努力、勤劳致富，还带动大家一起增收，牦牛雇人放养能解决两个人就业，藏餐厅能解决五六个人就业，虫草买卖能带动二十来人……"谁家有困难，只要说一声，我们就出钱出力，都是一家人"。当被问及赚了更多的钱还想做点儿什么营生？更松罗周非常坚定，"想买更多的牛，再多雇几个人养牛。养牛是我们的根，要发展壮大畜牧业。"

共同富裕是社会主义的本质要求，从"先富"到"共富"是一个逐步推进的过程，也是一个阶段性的从"非均衡"到"均衡"的动态演化进程。

作为先富起来的致富带头人，扎加、更松罗周都不约而同谈到"致富路上不让一个人掉队"。"格前"的本意是大善。2021年，格前村从原来落后贫穷中走出来，顺利脱贫摘帽，村集体经济产业也经营得如火如荼，可谓翻天覆地、沧海桑田，人民群众过上了幸福美满的日子。在中国共产党成立100周年之际，格前村"两委"通过党员自筹资金，建成曲麻莱县首个村级党员教育基地，切实达成薪火相传守初心，接续奋斗新征程的目标。扎加，党龄16年；更松罗周，党龄13年，他们"先富带后富"的故事仍在续写。

以"小家"见"大国"，这里有民生之基与百姓福祉的休戚与共。

当我们走进长江村达哇扎西家中，映入眼帘的就是墙上张贴的《青海省脱贫户和监测对象帮扶明白卡》，其中，"识别风险类型"一栏只有两个字：因学。在"年度内享受的帮扶措施"一栏，教育帮扶、小额信贷两项打了"√"。

51岁的达哇扎西是家里的主要劳动力，爱人在家操持家务，最困难的时候要同时供四个孩子读书，教育支出的负担非常重，家里还因此借了些外债。2023年时，小儿子、小女儿都在西宁读大学。彼时，家庭年收入平均在4万元，主要来自畜牧业收入，家里

▲ 调研组一行与长江村达哇扎西一家合影

幸福无须多言,让我们用镜头,一起捕捉美好生活与幸福笑容。

▲ 成群的扎什加羊

扎什加羊是青藏高原上特有的一个古老绵羊品种,具有耐高寒、耐粗饲、抗病力强、肉质鲜美等独特的优势。

的 30 多头牦牛托人代管每年支出 3000 多元，牦牛出栏有差不多 2 万元收入，草原奖补有差不多 1 万元，挖虫草也有七八千的收入，平时还打一些零工补贴家用。这个收入供一家人的生活尚可，但要同时负担两个大学生的学杂费就有些"捉襟见肘"。

"教育支出是家里目前最大的支出"，在玉树调研期间，这句话听到过很多次。伴随其高频出现的还有"雨露计划"。"非常感谢国家的政策"，这句话达哇扎西也说了好多次。2023 年 5 月，达哇扎西一家被纳入监测户，两个孩子享受到"雨露计划"提供的助学补助[8] 为 1 万元／人／年，家里两个大学生，助学补助覆盖了大部分的教育支出，"最大的负担"一下子卸掉了。"国家的政策非常好。要是没这个政策，我的两个孩子就进不到学校里去。"2024 年，达哇扎西的小儿子顺利大学毕业，小女儿仁青措毛在"雨露计划"的扶持下继续着大学学习。如今，达哇扎西一家已还清外债，有了存款，开了一个小杂货店，生活越来越好，谈起未来，他眼中有光。更松罗周一家并不需要为孩子的学费发愁，但对教育的重视程度如出一辙，"只要孩子愿意学，我们就要努力提供最好的条件。再困难也要供孩子读书"。这次调研，我们走遍了玉树州的一市五县，入户访谈了 60 多个家庭，从致富带头人到贫困监测户，对教育的重视程度让人印象深刻，家中最显眼的地方，摆着挂着的多是孩子的奖状证书，或贴满墙，或连成排，可以说是"最美丽的装修"。

"雨露计划"春风化雨暖学子，教育精准扶贫政策既惠及贫困群众，又惠及寒门学子，让很多家庭如沐春风。

⊙ 以"三生"共促谋"三生"共赢

曲麻莱县位于三江源国家公园核心区域，属于纯牧业区。调研组一路走来，见证了在习近平生态文明思想指引下，基层干部从细处着手，向实处出发，从保护每一片蓝天、每一泓清水、每一块土地入手，扛起"源头责任"、承担"干流担当"；见证了党和国家的政策在这里落地生根，当地干群汇聚生态力量，携手奔小康、砥砺奋进新时代的生动实践。

---

[8] 根据青海省 2023 年"雨露计划"，助学补助对象为在全国防止返贫监测信息系统中有子女接受国内全日制中、高等职业教育或全日制高等学历教育的脱贫家庭和防返贫监测帮扶对象家庭（不含 2023 年毕业生，就读成人教育、网络教育及通过成人自学考试入学的学生）。

跋山涉水，步履不歇；山高水长，初心不改。作为玉树州的"牦牛之都、藏羊之府"，在肯定发展成绩的同时也必须清醒地看到，当前在推动生态畜牧业高质量发展中还存在一些短板弱项，主要体现在：畜牧业产业单一，同质化现象严重；科技支撑不足，成果转化率低；畜牧业粗放经营，集约化程度不高；基础设施薄弱，畜牧业发展后劲不足；等等。

在坚持生态畜牧业、生态文旅产业、生态治理产业"三生"共促和保护好生态环境的前提下，发展好产业转型升级，努力实现生态保护、民生改善、生产发展"三生"共赢，是曲麻莱县推动乡村振兴，实现全域高质量发展的必答题。

坚持生态优先，构建畜牧业发展新格局。这些年来，曲麻莱县坚持生态产业化、产业生态化，统筹生态保护与乡村振兴同频共振，以生态优先为原则，以牦牛产业联盟为引领，以做强牦牛藏羊种质资源保护与开发为主线，以提高牦牛藏羊出栏率、母畜比例、良种率为抓手，以产业转型升级为方向，以绿色有机拓市场，不断创新经营方式，构建生产规模化、技术标准化、经营产业化、服务信息化生产经营体系。接下来，要进一步统筹先进技术、先进设备、先进设施，改造畜牧业，装备畜牧业，提升畜牧业，加快构建设施化、规模化、集约化、标准化、产业化、信息化、智能化畜牧业新格局。

突出市场主导，在全产业链发展中转型升级。发挥市场在资源配置中的决定性作用，以草原生态承载力为刚性约束，持续瞄准"高端、绿色、有机"，以"玉树牦牛"区域公用品牌为主导，努力打造曲麻河乡野血牦牛特色品牌，有效衔接青海"四地"建设。

稳步推进绿色有机农畜产品输出地主供区建设，加速推进"玉树牦牛"良种繁育、养殖、推广的一体化链条，实现玉树牦牛统一品牌标识、统一包装设计、统一生产标准、统一销售渠道，打通从产地到市场的品质之旅，全面打响"世界牦牛种源基地""中国牦牛之都"品牌。以草原生态承载力为刚性约束，全力推动牛羊生产向高质高效转型升级，促进合作方式向利益联结转型升级，加强经营管理向规范有序转型升级，加快试点推进向整县示范转型升级，加快市场营销向优质输出转型升级，健全服务保障向资源共享转型升级，真正从"靠天养畜"中突围，在"全产业链发展"中转型。

强化科技赋能，构建高质高效畜牧养殖体系。探索"政府＋科研院所＋企业（合作社）＋农牧户"的产学研融合发展模式，深化标准化体系建设，持续深化科技创新推广，

▲ 调研组成员与野血牦牛"亲密接触"
在牦牛良种繁育园区的畜棚前，每一只种公牛都有照片和基本信息。

积极构建草畜肥循环、种养结合、产供销一体的农牧业全产业链,加快推进一二三产业融合发展。积极发展和应用标准化牛场建设及养殖技术工艺、饲草料多样化高效收贮机械、高效精准饲喂装备、肉牛场精准环控系统,加强粪污处理能源化、资源化利用,强化牦牛养殖智能化信息化技术运用。充分运用大数据、云计算、物联网等现代信息技术,建立牦牛统一追溯模式、统一追溯标识、统一业务流程、统一编码规则、统一信息采集,实现牦牛信息可查询、源头可追溯。通过抓点示范、推广应用、人才培养、分步推进等措施,加快畜牧科技成果转移转化,全力构建高质高效畜牧养殖体系。

聚力扶优扶强,持续壮大畜牧业经营主体。实施"先富带后富"行动,集中力量优先扶持管理规范的生态畜牧业合作社、村集体股份经济合作社、脱贫村后续产业、村集体标准化生态牧场、饲草产业合作社、家庭高质量养殖发展示范户,做到成熟一个,扶持一个,带动一个,不断壮大各类畜牧业经营主体生产生活装备设施建设。实施新型农业经营主体提升行动,把"带头人"作为经营发展的"第一资源",充分发挥第一书记、驻村干部等作用,引导大中专毕业生、退役军人、企业家回归领办合作社。

探索州县科技人员联乡进村入户服务模式,充分发挥畜牧业科技人员、致富能手、种养大户、农村经纪人、科技特派员等人才作用,大力培育新型农民,提升经营主体经营管理水平。建设一批生态畜牧业模式发展经营的千头牦牛、千只藏羊标准化规模养殖基地及生态牧场,打造一批"龙头企业+合作社+生态牧场+种养大户+农户"生态畜牧业联合发展体。

生态农牧业是一项系统性、综合性、长期性的事业。面向未来,必须按照"整合力量干大事、整合资源破难点"的工作思路,打好严选良种、优化结构、科技赋能、完善标准、补链延链、抱团突围、统一品牌、牧旅结合、联农带农、金融支撑的"组合拳",多措并举促进生态畜牧业转型升级,以产业发展促进乡村振兴、生态保护、生产转型和农牧民增收多赢。

《玛尼石经城的午后》

李继飞　纸本素描　368mm×260mm

创作于玉树市玛尼石经城　2024 年 7 月 23 日

▲ 曲麻莱县境内大自然鬼斧神工打造的独特高原风光

曲麻莱平均海拔 4500 米，属典型的高原高寒气候，保存了较高的生态系统原始性和完整性。

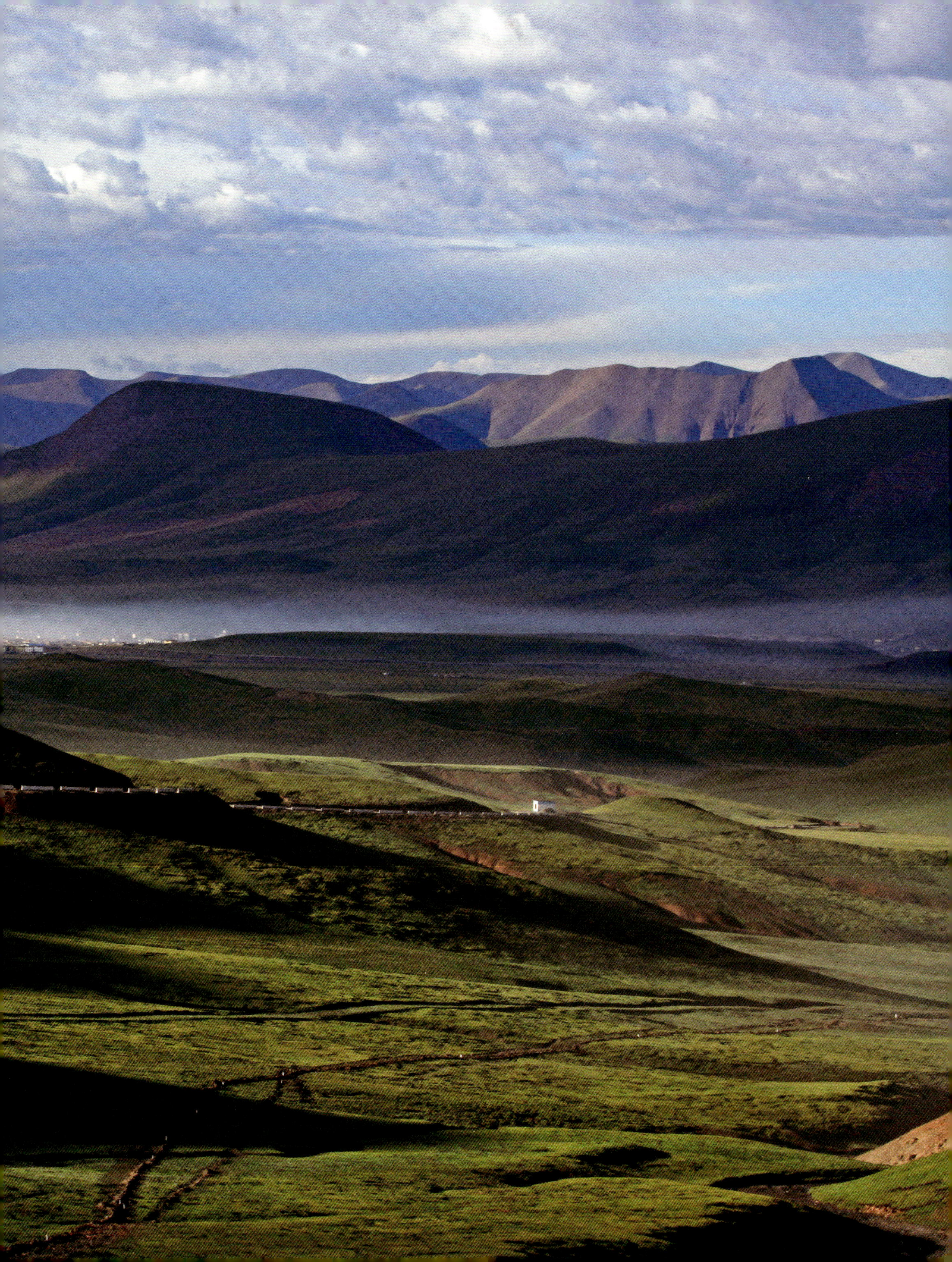

《土旦吾周》

李继飞　纸本素描　368mm×260mm

创作于玉树州称多县珍秦镇十村　2024年7月31日

牧民合作社的共富梦

——称多县珍秦镇十村调研记

"还有比你更雄伟的雪山吗？还有比你更辽阔的草原吗？还有比你更奔腾的江河吗？还有比你更寂静的星空吗？"一曲《嘉塘的风》唱出了玉树称多草原的辽阔与秀美，以及人们对它的热恋与深情。

仲夏时节，我们走进江源玉树·人文称多，深入位于嘉塘草原腹地的青海省玉树藏族自治州称多县开展田野调研，进村入户，围绕该地区的生态环境与藏族传统生计与藏民围坐交谈。调研主要以贴近观察和座谈为主，也进行了相关的实地考察，以及在草场与放牧群众直接接触，感受他们在草原驰骋的快乐。

藏族传统游牧生计的发掘和利用是恢复三江源生态的重要方面。从一家一户、一场一牧到生态畜牧合作，实现了畜牧业从传统产业向优势产业转型升级。称多县的实践也印证了游牧生态的一个基本理论，那就是，藏族传统文化已经高度地适应和顺应了高寒生态环境，同时，他们的生计方式也对维护地区性生态平衡和区域性生态安全发挥着重要作用。如果忽视了藏族传统游牧生计的重要性，则难以在该地区建立起长期的藏族传统游牧生计与三江源区生态安全一同发挥效能的生态恢复机制。在三江源生态建设过程中，藏族居民的生态知识依然具有不可替代的价值。

⊙ "生态+"让牧民守得住幸福看得见风景

称多县现有耕地4.3万亩，有可利用草场1584.1万亩，林地总面积212.21万亩。全县总人口6.7万人，其中农牧业人口5.64万人，城镇居民人口1.06万人，藏族占98%以上。截至2020年，全县共有合作社57家，实现分红盈利19家，合作社实现从无到有、从有到强的跨越式发展，各类牲畜存栏23.5万头／只／匹，出栏率28%，牧民收入稳步提高。2021年，全县57家合作社社均盈利28.28万元，累计盈利达1611.91万元。2023年，全县实施了总投资2404万元的生态畜牧业合作社提升及补短板建设项目，全面推动了畜牧业基础设施建设提档升级。

近年来，称多县结合自身特色，突出"生态扶贫""绿色扶贫"，让越来越多贫困群众吃上"生态饭"，摘掉"穷帽子"。

称多县以"生态+畜牧产业"为基本点，统筹协调各部门单位"集团化"作战，引导合作社扩大饲草料种植基地，优化牲畜结构，增加畜产品附加值，为社会提供高品质畜产品。围绕当地赖以生存和发展支柱的畜牧产业，推动产业结构调整，构建起划区轮牧、科学养畜、草畜平衡、协调发展的生态畜牧业格局。牧户以牲畜折股入社后，由合作社统一经营，实现资金变股金、牧户变股民，通过收入分红大幅提升牧民收入的同时，带来了生产力的解放。目前，以自然生态为优势，以产业融合为方向的"生态+"模式正成为当地规划和发展的重点，构筑起了"绿色扶贫"新格局，生态环境更好了，百姓腰包更鼓了。

⊙ 让牧民回归牧场，让牛羊重返草原

高寒草地生态系统是一个受控放牧系统，通过调节放牧强度，即可实现放牧生态系统的优化控制。相关材料显示，藏族群众的生计方式主要有三种："不动土的农牧混合经营""转场浅牧"与"多畜并牧"。

草山与牧场，从极近处说她就是牧民的生活，而从极远处看她就是高原极地生态有机体的肌肤。在我国三江源区的生态系统中，最脆弱的生态环节就是冻土层，而覆盖其上的腐殖质层和泥炭层又是保护脆弱环境的命根子。因此，在三江源的人类活动只要不去干扰这种环节，其生态系统就是安全的；如果人类的活动冲击到了这种脆弱的生态环节，

▲ 调研组在土旦吾周家中座谈交流

在三江源生态建设过程中，藏族居民的生态知识依然具有不可替代的价值，他们的生计方式也对维护地区性生态平衡和区域性生态安全发挥着重要作用。

就会出现生态灾变。藏族传统生计方式的"不动土的农牧混合经营""转场浅牧""多畜并牧"以及对野生动物的保护等，与三江源生态系统相耦合，其稳定性延续了上千年。可见，生态系统的脆弱性是一个文化的概念，其实质是特定文化对特定生态系统的适应能力。

禁牧、休牧、轮牧是草原保护的基本手段，可根据草地退化的不同程度，采取在一定区域内禁牧、在特定时段内休牧、在指定区域内轮牧等办法实施草原保护。2003与2011年我国相继实施围栏禁牧政策和退牧还草工程，草原已由"局部改善、总体恶化"呈现"整体退化受到基本遏制"之向好态势。然而，大规模的草原围栏与"退牧还草工程"与"禁牧"密切结合，由此对草原围栏产生简单而偏激的认识，实际上是将围栏与放牧对立起来。为此，国家层面多次强调，禁牧也要在优先确保民生福祉的前提下开展，不能伤害了老百姓的利益。

传统畜牧业发展至今，有其符合科学逻辑的地方和强大的生命力。这些年来，围绕推动"转场浅牧"与"多畜并牧"，在原来禁牧区和食草区一分为二的基础上，称多县珍秦镇的村级组织通过宣传政策，解疑答惑，竭力让牧民主动参与生态合作社建设。通过坚持走草场整合、牲畜整合、人力整合的路子，改善经营机制，提高牧民收入，唤起了生态畜牧业发展的内在动力。合作社的组建既实现了对草场优化组合，也融合了传统的"四季轮牧"方式和草原治理方法，形成了更高效、节能、环保的草原经营机制，让生态得到修复，生产力大幅提升。草原生态畜牧合作社打破了制约牲畜四季轮牧、多元化发展的壁障，为草原生态环境均衡恢复铺就了人与自然和谐共处的道路。

> **牧民们高兴地说，"牧场网围栏的拆除，不仅是拆除了网围栏的藩篱，而且让每户牧民的心贴得更近了。"网围栏的拆除，也折射了牧民们团结一心跟党走、向往美好生活的草原初心。**

⊙ "三整合，四解放"推动生态治理现代化

2022年新修订的《中华人民共和国畜牧法》中明确鼓励涉农企业带动畜禽养殖户融入现代畜牧业产业链，加强面向畜禽养殖户的社会化服务，支持畜禽养殖户和畜牧业专业合作社发展畜禽规模化、标准化养殖，支持发展新产业、新业态，促进与旅游、文化、生态等产业融合。其中，第五章关于草原畜牧业的表述中明确：国家鼓励推行舍饲半舍饲圈养、季节性放牧、划区轮牧等饲养方式，合理配置畜群，保持草畜平衡。

随着习近平生态文明思想落地生根，"宁肯发展慢一点，也不以牺牲生态环境为代价"成为称多县领导班子的共识。基于这样的发展理念，称多县不断推进生态环保与经济发展协调融合，坚定不移走产业生态化、生态产业化、"生态+"的县域经济高质量发展之路，提出了整合草场、整合劳动力、整合牲畜；解放生态、解放劳动力、解放生产力、解放思想的"三整合四解放"生态畜牧业发展战略和总体思路，并付诸实践，实现了生态畜牧业专业合作社全覆盖。

按照"合作社+基地+牧户"经营模式，合作社还与牧户形成利益联结机制，在合作社的统一管理和运营下，各乡镇立足资源优势，多措并举、多管齐下，推动合作社科学组建、转型升级，实现了生态畜牧业良性循环。2022年10月，三江源报社开设"喜迎二十大·玉树这十年"专栏，其中就浓墨重彩地报道了称多县"三整合四解放"的典型案例，展现了称多县畜牧业合作社十年发展历程和取得的成效。

为促进全县特色产业发展和农牧民合作社发展壮大，振兴地方特色经济，目前称多县正组织实施北京对口支援投资400万元的农牧民合作社及特色产业中小微企业扶持发展项目，大力扶持发展了前景较好的村级合作社和中小微企业，连续举办称多县青年创业大赛。同时，称多县还将投资9400万元建设生态畜牧业合作社农畜产品集散中心，总建筑面积12255.10平方米，改善城镇功能，提高居民生活便利化水平，巩固拓展脱贫攻坚成果同乡村振兴有效衔接，助力乡村振兴战略实施。

"让牧人回归牧场，让牛羊重返草原。"从提出到具体实践，实现了产业结构调整和优化。

"三整合四解放"的发展思路始终贯穿解放思想和保护生态环境这条主线，形成了划区轮牧、科学养畜、草畜平衡、协调发展生态畜牧业发展格局，带来了生态保护和畜牧业生产的良性循环。在2018年底那场特大雪灾中，称多县之所以做到了大灾之年"无人员死亡、牲畜数量无大损、无疫情发生"[1]，很大程度上就是由于合作社的集中放养，守牢了应对突发灾害的安全底线。

---

[1] "玉树发布"微信公众号2021年6月1日《乡村振兴》称多：生态畜牧业"畜"势勃发》报道，近年来，称多县不断深化县情认识，认真梳理工作思路，积极探索畜牧业发展新途径，最终形成以生态文明建设为引领，依托党的一系列政策，推动畜牧业从传统产业向优势产业转型升级新的工作思路和新的工作体系，促进了县域经济快速增长，走出了一条生态效益、经济效益、社会效益相统一的可持续发展道路。

一曲《嘉塘的风》唱出了玉树称多草原的辽阔与秀美:"还有比你更雄伟的雪山吗?还有比你更辽阔的草原吗?还有比你更奔腾的江河吗?还有比你更寂静的星空吗?"

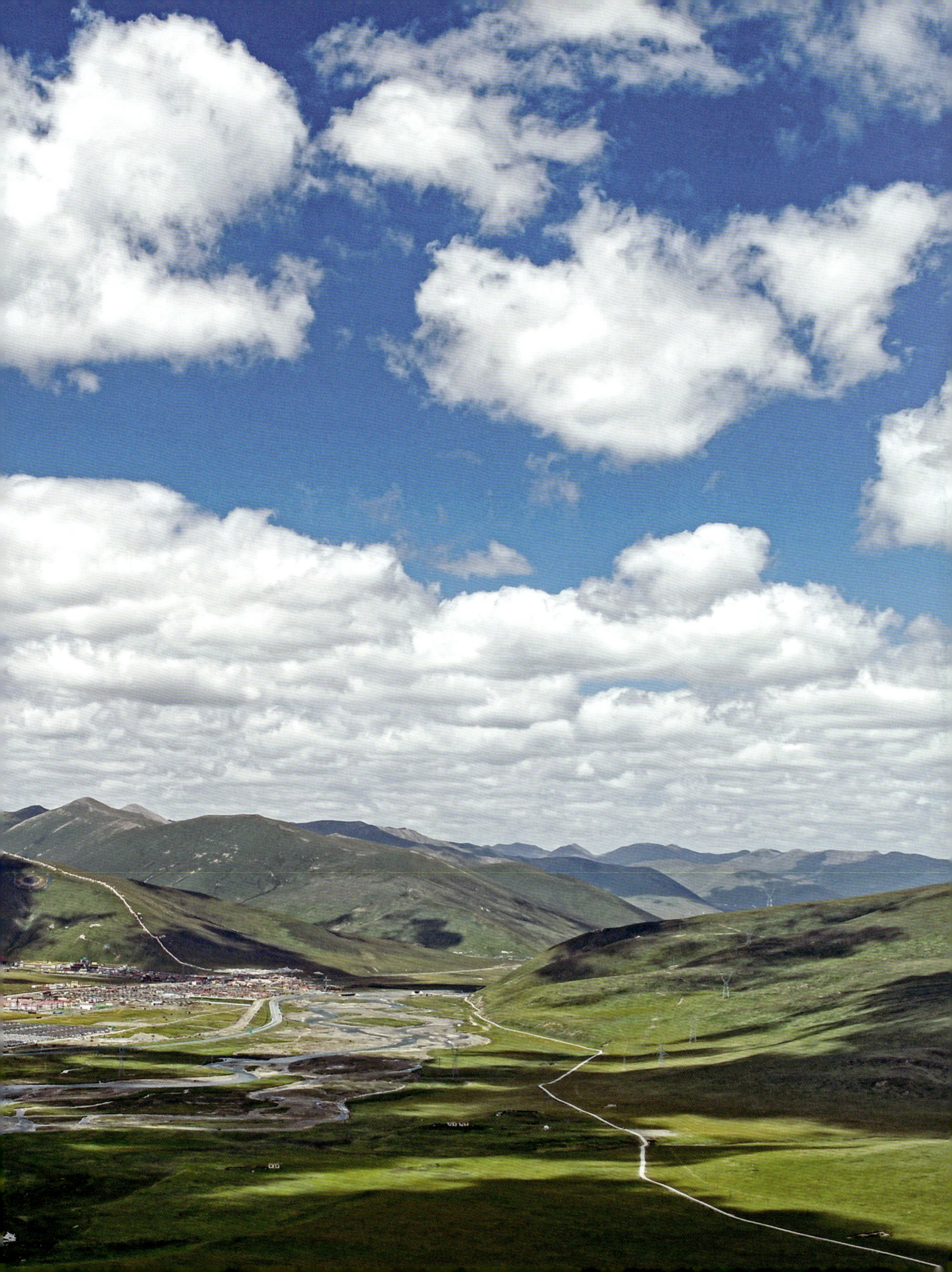

牧民需要草场，草场也需要牧民和牛羊。自然生态有其内在肌理，自然法则需要有机组成，草畜平衡是保持草原生态系统治本"良方"。把昔日不毛之地修复成水草丰美、能抵御自然灾害的生态牧场，蹚出一条保护草原生态、促进经济发展、提高居民收入相结合的新路径，就是发展畜牧合作社带来的最大成果。同时，"三生和谐"作为牧民生产、生态、生活的支柱，更要把握好牧民群众脱贫致富与国家公园生态保护的关系，深化实施好生态管护公益岗位机制，在更高水平上实现畜牧生产和"一户一岗"生态管护的有机融合、协同发力。

生态保护岗位不是简单、被动和低水平的复制，而是要以更积极的生态畜牧业推进休养生息。

要以生态畜牧业的发展为基础，持续探索推进山水林草湖组织化管护、网格化巡检，组建乡镇管护站、村级管护队和管护小分队，构建远距离"点成线、网成面"管护体系，真正让牧民由草原利用者转变为生态管护者。

⊙ "不想富都不行的合作社"

我们在珍秦镇走访农户，高原草地上到处可见吃草的牦牛和漫山的羊群。对于加入合作社的变化，他们说得最多的一个感受，就是合作社带给大家心往一处想、劲往一处使的变化。"把钱给到户，就跟把牛杀了吃肉一样，吃了就没有了。把钱给到合作社，就跟把牛放到草原一样。有了，还有！"从一家一户到合作社"四季轮牧"，将散户的牲畜、劳力、草场进行折股量化，让散户的所有牲畜整合到合作社，不仅防止了过载养畜，还有效改变了混群养殖，根除近亲繁殖，通过划分草场等级，进行分群养殖，让老人走进冬窝子，让小孩走进学堂，让全村所有壮劳力集中到牧场，让原来隔山隔水，素未谋面的牧人，共同生产和生活，相互学习、相互帮助，人与人之间有了交流。不仅改变了村社的面貌，更重要的是改变了村民的心态，带来了人们精神面貌的焕然一新。合作社，不仅是合作之基，更是和谐之源。

草山整合之前，村社牧民因为牧草纠纷不断，乡镇干部的主要精力就是"救火"，给他们协调问题、解决矛盾，确保稳定。不说邻里之间经常有牲畜越界，就是父子之间，亲戚之间因此事不和的也很多。但现在所有草场都整合到了一起，主要矛盾解决了，人与人之间的关系自然缓和了。人们开始愿意串门喝茶，像一家人一样，由此，基层群众的组织意识也得到了大幅增强。通过建立合作社，群众不仅体会到团结和整合的力量，

▲ 在高原牧区，越来越多的家庭开始从游牧走向定居生活

"草原不能没有牧民，没有牧民就没有牧业，没有牧民就没有草原的生态保护"。围绕"生态扶贫""绿色扶贫"，深耕地理、文化资源优势，按照"生态+"发展理念，以"生态+畜牧业"为基本点，称多县实现了乡镇合作社 100% 全覆盖，入社牧民家庭 100% 满意率。

▲ 调研组与藏民们围坐一起讨论合作社运营

近年来，称多县结合自身特色，突出"生态扶贫""绿色扶贫"，他们以"生态＋畜牧产业"为基本点发展新型牧民合作社，让越来越多贫困群众吃上"生态饭"，摘掉"穷帽子"。

而且在合作社这个自发组织中开始在意自身形象塑造，唤醒了个体在自发组织中发挥作用的潜意识，从着装到语言、行为上自觉自律，从而提升了素质和文明意识。

在当地村干部的陪同下，我们走进了珍秦镇十村，这是珍秦镇十一个村中很有代表性的一个村。十村所在地藏语称"乐荣拉"，意为"来自内蒙山神护佑的山沟"。东南接四川省石渠县，源自清水河的扎曲在这里蜿蜒向南。在村民格来尼玛、日拉家，我们了解到，他们的草场和牲畜现在都已经加入合作社。格来尼玛今年52岁，全家4口人，家里虽然没有牲畜，但家里的草场入股了合作社，他还兼着村里的兽医工作，负责给牛羊打疫苗。这样，每年年底能收到7000多元的分红。另外他们家还开着一个小卖部。更令人意想不到的是，这个看着身材魁梧、五大三粗的汉子，竟然还是一位善于穿针引线、心灵手巧的缝纫师傅，在他的缝纫加工间，我们想看看他是如何缝制藏袍的，只见他戴好顶针，挽起袖管，粗壮的大手拿起厚厚的衣料，飞针走线，技艺娴熟。

从牧民家里出来，我们在牧场的山坡上见到了十村的党支部书记扎昂。扎昂书记今年55岁，是2020年换届选举就任珍秦镇十村党支部书记，属典型的党支部书记、村委会主任、合作社董事长"一肩挑"，2020年8月参加过玉树州三基学院村社干部提高班培训。他介绍说：2019年刚成立合作社的时候，看不到好处，大家积极性不高，不信任。多半是单干惯了，不愿意整合资源。有的甚至害怕被整合后个人利益受到损失。为此，我们开了好多会，进行动员，统一思想认识，统一步调。这样的会，四年间镇上来领导开、党支部开、社里开、小组开，开了不下三十几次。现在，珍秦镇已经实现了牧民家庭100%的入社，其中十村的合作社目前分为4个小组，采取每家每户轮值，夏季每户负责放牧1天，冬季每4户负责放牧20天，加上村两委班子，合作社每天能同时有16个社员参与工作，劳动效率大大提升。说到这里，这位支书脸上露出惬意的微笑。另外，我们收集到的十村的数据还显示，村里有161户、608人，优质草山168600亩，入社的羊1000多只、牦牛300多头，出栏183头牛，村集体经济收入117万元，每户分红就能达到7300多元。合作社成立后，好处一个接着一个出现。首先以前在十村的草山上看不到牛，现在草山上的牛就像打翻了沥青桶一样到处流动；合作社成立后，加大补饲的力度。草料问题解决了，牛羊营养跟上了，体质有了保障。以前母牛产小牛，两年一胎，现在一年一胎。冬天，80%以上的母牛产奶，养活一个巴颜喀拉乳业公司不成问题。再加上国家给的生态管护员岗位工资和草山奖补，村民们自豪的说："我们不想富都不行！"

"不想富都不行"，多么令人激动的感叹和心声。

连起来的是草场，合起来的是牛羊，聚在一起的是人心。如今的珍秦，生态合作社不仅实现了全覆盖，而且各有特色、各有专长、各有品牌。其中的生态畜牧业专业合作社是最主要的一种形态。扎昂书记跟我们讲，以往每逢冬季，暴雪灾害经常造成牲畜死亡损失，给当地牧民群众生活带来严重困扰。现在，通过举办合作社，不仅村社面貌发生大变化，而且通过储备饲草料和给牲畜购买保险，即使冬季遇到雪灾也很少有牲畜冻饿而死的事情发生。这几年，社员和牧民们在其他时间还可以外出打工、采摘蘑菇、挖虫草等，牧民们吃下了"定心丸"，得到了实实在在的收益。

望着风吹草低见牛羊的草场，耳边响起年轻牧民吆喝牛羊的响鞭。按照目前每季草场一年使用3个月，实现休养9个月，而9个月恰好也是植被生长的全过程。草场整合把原先划定的"禁牧区和食草区"进行整合，按照自然生态的气候差异、海拔高度、植被长势、山体阴阳面等情况，重新划分春夏秋冬四个区。这样不仅能让牧人彻底改变超载过牧的现象，也有助于在"逐水草而徙"的习惯中提升"四季轮牧"模式，形成一种反向经营草场（最热的季节到最冷山顶放牧，最冷的季节到最热的洼地放牧）。而通过合作社这个杠杆，以草原为支点，一头带动起了牧民的积极性，一头推动了生态保护的大使命。

⊙ "两个100%"的启示与思考

围绕"生态扶贫""绿色扶贫"，深耕地理、传统、文化资源优势，按照"生态+"发展理念，以"生态+畜牧业"为基本点，称多县实现了乡镇合作社100%全覆盖，入社牧民家庭100%满意率。对于这"两个100%"，用牧民的话说，就是要保护草原生态，不能把所有的东西都让给兔鼠、黑毛虫和"见了羊就激动得发抖的狼"，还得和其他野生动物一道尽力恢复草原的原生态和生物链。

草原不能没有牧民，没有牧民就没有牧业，没有牧民就没有草原的生态保护。

放眼整个玉树牧区，生态畜牧业合作社的创办是党的十八大以来出现的新生事物。目前，近300个合作社，虽然大小不一、规模不一、管理方式不一、所处区域不一，但是在地方经济发展中表现出的强劲动力和前景，成为当地经济支柱和脱贫攻坚的基石。"以牛羊补草，以牛羊增收、以牛羊发展"的朴素理念和方向背后，游牧生活在我国历史发展中占据着非常重要的地位，游牧文化是确保生态优良的根基。长期以来，游牧民族为适应其高寒、缺氧、干旱的气候条件，有机融入和适应恶劣的生存环境，牧人不停地与大自然抗争，积累生态知识，提升生存本领，形成了与大自然和谐共生的行为规范和思维定势，而且这些蕴蓄的智慧和经验随着时间的推移，逐步升格为独特的游牧文化。

▲ 藏民土旦吾周家中的生活场景

"牧场网围栏的拆除,不仅仅是拆除了网围栏的藩篱,而是让每户牧民的心贴得更近了。"

珍秦镇夏季牧场上自由奔跑的羊群

藏族群众的生计方式主要有三种:"不东土的农牧混合经营"、"转场游牧"与"多畜并牧";草山与牧场,从极近处说她就是牧民的生活,而从极远处看她就是高原极地生态有机体的肌肤。

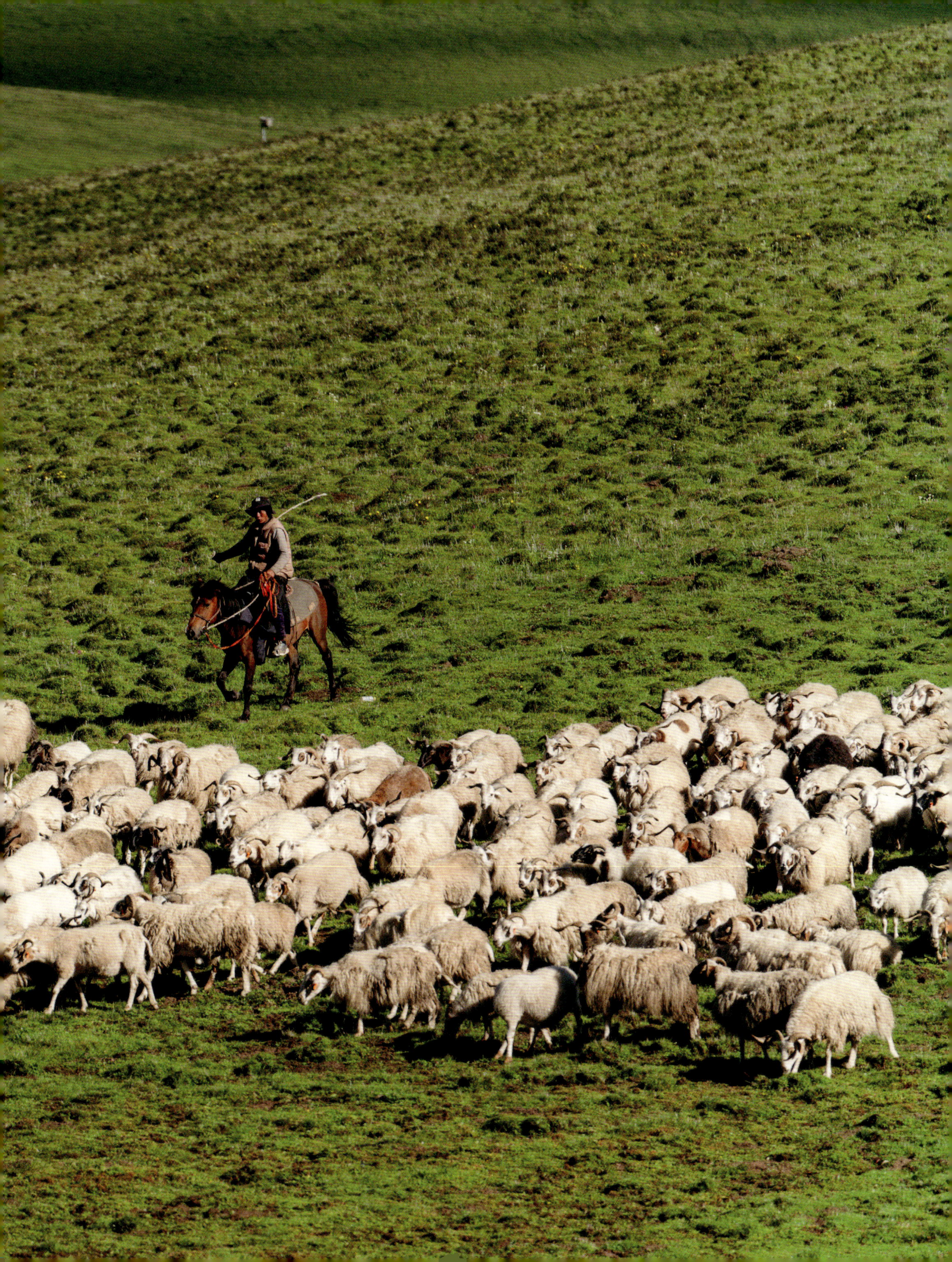

▲ 藏民们在送孩子去上学的路上

牧民合作社的成功，让老人走进冬窝子，让小孩走进学堂，让全村所有壮劳力集中到牧场，让原来隔山隔水，素未谋面的牧人，共同生产和生活，相互学习、相互帮助，人与人之间有了交流。

在称多连续几天的调研中我们体会到，作为世居青藏高原的本土民族，在长期逐水草而居的游牧生活中，不仅享受体验过大自然给予的恩赐，也切身感受、目睹了高原生态系统退化过程，饱尝了生态系统脆弱给日常生产生活带来的不便，更加懂得自然资源的珍贵。保护自然、珍惜一切生命是当地生态文化的基本特征，体现了人与自然的和谐统一。

作为青藏高原生态屏障的重要组成，高寒草甸这种地带性植被极度脆弱。脱贫攻坚战打赢之后，生态保护上升到更加重要的地位。国家的投入、当地的努力、牧民的参与，大家共同奔赴，为生态安全做出了不可磨灭的贡献。无论是草场面积、还是植被覆盖尤其是动植物种群恢复都达到了有史以来最高的水平。但同时，这里也仍然面临很多外部因素的冲击和挤压。顶级掠食动物雪豹、棕熊等在生态系统中有着很重要的地位，而从生物多样性层面分析，弱小的鼠兔也一样显得很重要。所以物种多元共存才是生态健康的最佳状态，也是生态保护者的终极目标。

我们一方面要继承古人的生态理念，了解和认识青藏高原，跳出"自我中心"的主观意识来审视青藏高原，另一方面更要跳出"头痛医头，脚痛医脚"误区，立足这个特殊区域固有的生态、文化、民族本底，讲好雪域高原自然哲学辩证法。既要看到高原"千湖奇观"背后千顷冰川消融殆尽的危机，也要认识高原生态退化背后过载放牧与万年牦牛在高原生态系统中的地位和作用。

当人们真正读懂了牧人和牦牛，其实也就掌握了高原人文和生态的关键内涵。不是牧人改变了牦牛，而是牧人依附在牦牛身上。一位哲学家写道，一个精神的家园是充满诗意地在大地上栖居。但在这个连呼吸一口氧气都成为奢侈的地方，这里的人将栖居在一种怎样的"诗意"中，或者说，怎么样的环境、怎么样的居住能使人感到"充满诗意的栖居"？20 世纪人与环境的全球互动，使得未来社会与生态的关系成为人类再也无法回避的重要课题。草原人民和他们生活的环境毫无疑问是严峻的，是极端的苦寒之地，但他们精神是自由的，他们以自己的方式与环境互动，在长期与大自然相处过程中形成了关于自然、人生的基本观念和生活方式，创造了与自然环境相适应的生态文化历史。他们是高原的主人，是自然的骄子，是雪地的精灵。

我们这份在玉树藏族自治州的调研报告主要是以生态为切入点，通过感受当地牧民的生活，从他们的生活、家庭、习俗和文化中来看生态保护对当地村民牧民的影响和变化。发现发展中的变化，展示时间延伸的轨迹。称多县珍秦镇这个样本，让我们近距离感受了这里的牧民合作社给传统牧区带来的变化，尤其是给人们生产生活方式带来的变化。正是由于四季轮换的牧民合作社的推广和普及，改变了传统一家一户的放牧生活，正是由于这种合作方式的出现，带来牧民之间、草场之间、生态之间的深刻变化。通过这次调研可以看到，在牧民生活的当地，已经有了很长时期的生态治理，当地人也深谙"发展畜牧业，牧人是老师"道理。生态保护的核心在于建立牧民参与共建机制，夯实生态环境保护的群众基础。

▲ 满载货物的牦牛群随牧民转场

当前，自然保护体系的建设已经提上日程，以"国家公园"成就"公园国家"之法的进程已经开启。在这片国土之上，我们不仅要改善人类的生存空间，还要实现与其他物种和谐相处。从一家一户简单粗放的自然牧场，到生态畜牧合作社的四季轮牧，通过规模化经营，引入先进的畜牧技术改良畜种，在养殖效率提高的同时实现了草场优化利用。不仅如此，更多的牧民现在还在探索以"生态+文化旅游产业"为动力点，厚植高原地区民族文化的路径和模式。

比如这次本来在行程安排上、但由于计划有变而没有去成的称多县拉布乡拉司通村，这里被当地人赞誉为"拉司梅朵"，藏语意为"鲜花盛开的拉司通村落"。

相传鲜花盛开的拉司通村不仅诞生了玉树的第一棵树，而且近年来"老树发新芽"，以其规划有序的村道和古老的藏式古建筑，成为玉树旅游"独树一帜"的招牌景点。

蓝天、碧水、净土以及各类保护地，是我们为修复生态环境所作努力的一部分。接下来，围绕生态有机畜牧业发展，还要坚持保护优先、适度发展方针，打好特色农牧业发展牌，不断完善天然草地利用和保护机制，统筹考虑种养规模和资源环境承载力，转变生产经营方式，优化畜产品供给结构，建立健全畜牧业现代化经营体系，推进传统畜牧业提质增效，形成适度规模经营为主导的畜牧业融合发展格局，建成草地生态畜牧业保护发展区。我们相信，随着国家生态保护政策和产业发展政策的强力推进，青藏高原将以更加崭新的姿态步入新时代，也将为我们保护生态环境提供新的解决方案。

《唐卡画家——阿热》

李继飞　纸本素描　368mm×260mm

创作于囊谦县产业园　2024年8月4日

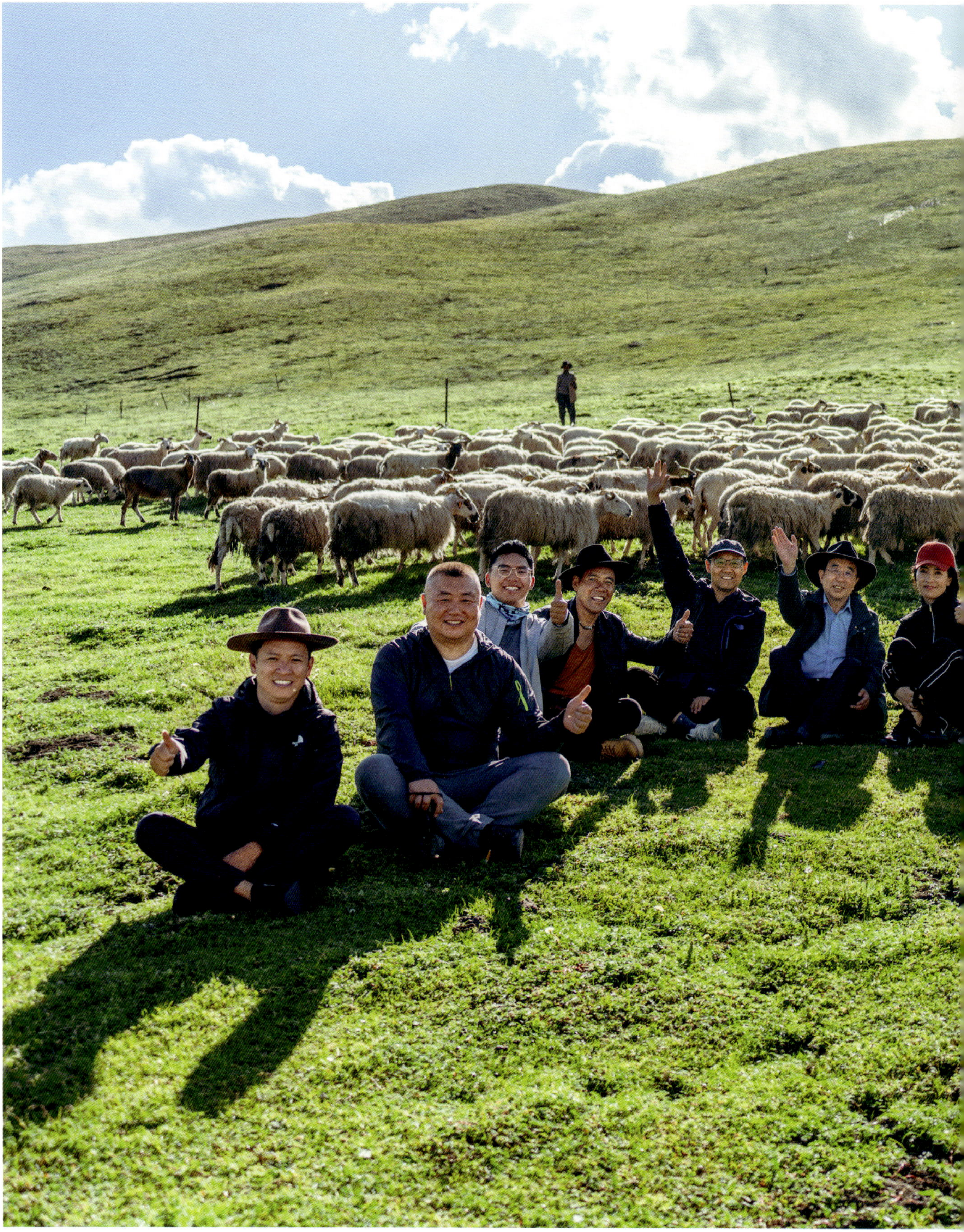

调研组与当地干部及牧民在合作社草场上合影

THE GREATEST RESPONSIBILITY

2

最大的
责任

中国是世界上物种多样性最丰富的 12 个国家之一，是世界上具备几乎所有生态系统类型的国家。习近平总书记多次殷切指示，为三江源生态保护工作精准定向、锚定坐标。建立以国家公园为主体的自然保护地体系，是贯彻习近平生态文明思想的重大举措。

发乎情，才能止于礼。自然生态存于内心，真挚的情感能催生坚定的信念，才能形成持久的道德尊崇和责任自觉。强化中华民族共同体意识，增强生态道德认同，更是关乎国家生态安全、民族永续发展的宏大使命。守护"中华水塔"，责任重于泰山。保护区的人民听党话、跟党走，牢记"国之大者"，义无反顾扛起最大责任，筑牢国家生态安全屏障，"在青海，如果只剩一件事，那就是生态保护"的理念深入人心。

人的命脉在田，田的命脉在水，水的命脉在山，山的命脉在土，土的命脉在林和草，这个生命共同体是人类生存发展的物质基础。治愈人类对大自然的伤害，是开展自然保护地体系建设最大的难点，也是生态保护最直接的责任。养活一棵树要比养活一个人难，更凸显了三江源生态保护的不易。只有充分发挥人的主观能动性，采取科学合理的人工修复措施，才能加快生态系统恢复进程。深入开展自然保护地调查评估与整合优化工作，统筹自然生态系统的完整性、原真性和生物多样性的系统保护，生态保护正不断向"末梢神经"延伸。

"绿色发展、生态道德是现代文明的重要标志，是美好生活的基础、人民群众的期盼。""能用自己的力量让家园变得越来越美，是每一个牧民的心愿。"玉树市扎西科街道甘达村，从震后废墟崛起为发展典范；囊谦县香达镇青土村，党建引领传承红色基因与绿色发展理念；灾后重建的玉树市禅古村、扎西大同村，守护生态、改善民生、推动发展的鲜活蜕变。这些生动鲜活的案例背后，是广大牧民的普遍信念，是无数生态管护员的坚守奉献，他们不畏艰辛、尽职履责，用脚步丈量责任广度与深度，他们是三江源的忠诚卫士，以切实行动诠释使命担当，捍卫三江源的生态尊严，让这片曾经面临草地退化、湿地萎缩的土地重新焕发生机。如今的扎陵湖、鄂陵湖碧波荡漾，犹如两块镶嵌在黄河源头的翡翠。湖泊面积较 2015 年分别增加 74.6 平方公里和 117.4 平方公里，成为国际重要湿地。黄河源园区湖泊的数量也由 4077 个增加到 5849 个，湿地面积增加 104 平方公里，草地综合植被盖度达 56.3%，野生动物种群增加至 21 目 46 科 119 种。如今的三江源国家公园，生物多样性持续丰富，已成为我国面积最大的国家公园，藏羚羊数量从 20 世纪 80 年代初的不足 2 万只恢复到 7 万多只，黄河源头千湖奇观再现，成为野生动物栖息的乐园。

《守泉人——巴德成林夫妇》

李继飞　纸本素描　368mm×260mm

创作于玉树市扎西科街道甘达村　2024年8月5日

总书记挂念的村庄

——玉树市扎西科街道甘达村调研记

2024 年 7 月 23 日,我们乘坐的 MU2217 航班缓缓降落在玉树巴塘机场,停机坪不远处的草场上,蓝天绿地之间矗立着户外擎天柱,上面八个大字"总书记牵挂的地方"映入眼帘。

"灾后,我去玉树灾区,当时上到了一个海拔 4000 多米的村子,那里破坏还是很严重的。"2021 年 3 月 7 日,习近平总书记参加十三届全国人大四次会议青海代表团审议时,特别提到了一个村。这个村,就是甘达村。

2024 年 8 月 5 日,"保护母亲河,守护三江源"首都专家玉树高质量发展调研团赴玉树藏族自治州玉树市扎西科街道甘达村开展"三江源乡村田野调查",与扎西科街道办事处基层干部深入交流,看村容村貌村情,看百姓生活变化。总书记牵挂的玉树,这个昔日在"4·14"地震中被无情摧毁的古道重镇,今日已华丽变身为"江源会客厅",广迎四方宾客;总书记挂念的甘达,已然成为一座崭新的产业发展新村落,"甘达模式"带领村民们稳步走上小康路。

⊙ "大灾之后肯定有大变化"

"你讲到玉树啊，勾起了我的回忆。"——2021年3月7日，习近平总书记来到青海代表团参加审议。来自玉树州的藏族代表扎西多杰一讲起玉树地震和灾后重建的情景，总书记就热情回应了他。谈及往事，总书记饱含深情："在玉树州机关，我给机关干部说了一段鼓劲的话。我说，大灾之后肯定有大变化，有你们百折不挠的精神，有党中央全力支持，有全国人民四面八方支援，大家一起自力更生重建家园，将来肯定会有一个新的玉树。"[1] "我很牵挂玉树。""后来对玉树重建情况，我一直非常关注。你们实现了'苦干三年跨越二十年'，我为玉树的发展而高兴。"抚今追昔，总书记娓娓道来："当时，我去了解群众靠什么生活，有些人上山挖虫草，旅馆都住满了，过几天好日子，回到家里又是贫困日子。通过全国性脱贫攻坚，现在你们取得了这样的成绩，非常好。特别是你讲到了，人们通过抗震救灾、脱贫攻坚，看到了党的关怀、党的力量，发自内心想要唱支山歌给党听啊。"[2]

玉树的灾后重建，寄托着总书记深深的牵挂。七百多个日夜的艰苦鏖战[3]，标注了新玉树建设的时间刻度，也成为这片土地创新发展的新起点。

2010年6月1日，地震发生后不久，时任国家副主席的习近平专程来到玉树，看望慰问灾区各族干部群众和灾后重建人员，考察灾后重建工作。那天，沿着颠簸山路，习近平还特地来到结古镇甘达村灾后重建施工现场，他认真观看工程规划展板，详细了解工程建设情况。

---

[1] 自然灾害，伴随着中国历史的演进。如何应对灾害，考验着一个国家、一个民族的精神意志，展现出人民领袖的情怀担当。人民网2022年6月11日报道中写道，每一次灾害发生，总书记最牵挂的是人民。"要把抢救人员放在第一位""尽最大努力减少人员伤亡""尽最大努力保障人民群众生命财产安全"。另据《人民日报》2021年3月8日报道，在满目疮痍的灾区，习近平同志的一番话给很多玉树人留下了深刻印象。他说："大灾之后肯定有大变化，有你们百折不挠的精神，有党中央全力支持，有全国人民四面八方支援，大家一起自力更生重建家园，将来肯定会有一个新的玉树。"

[2] 新华社北京2021年3月7日在《"大灾之后肯定有大变化"——习近平在青海代表团谈玉树地震灾后重建》中写道：扎西多杰来自玉树州。10年前，他的家乡发生强烈地震，家园受到严重破坏。当时，习近平同志专程赶赴青海玉树地震灾区，看望慰问灾区各族干部群众，考察灾后重建工作，带去了党中央的关怀和温暖……"现在玉树街道更整洁了，房屋更坚固了，奶茶更香甜了，我们真心希望总书记能再来玉树看一看，到时我们再唱一支山歌给党听、给总书记听。"扎西多杰表达着玉树人民的心声。

[3] 从2010年7月到2013年底，经过七百多个日夜的艰苦鏖战，玉树纳入国家重建规划的1248项重建项目全部完工，累计完成投资447.54亿元。康巴艺术中心、格萨尔广场、行政中心、游客集散中心、博物馆等标志性建筑傲然挺立。居民的居住条件得到根本改善，基础设施大幅提升，现在整个玉树的公共基础设施建设占到整个城市建设的50%。

▲ 调研组实地探访甘达村村集体经济发展情况

书写脱贫攻坚精彩"答卷",擘画乡村振兴美好蓝图,甘达村的脱贫故事是青海省玉树州脱贫攻坚战役中的一个缩影。

"灾后重建要坚持以人为本，注重生态环境保护，精心规划、精心组织、精心实施，建设更加结实的城乡居民住房，更加先进的公共服务体系，更加完善的基础设施，更加合理的产业结构，更加繁荣的民族文化，更加和谐的生态环境，更加文明的社会秩序。"三个"精心"、七个"更加"传达着关切与期望[4]。

当时，距离城区20公里的甘达村有210户牧民房屋倒塌，40人死亡，100多人受伤，全村1万多头牛羊，其中3000多头丧生。震后不到一个月，重建工程就启动了。新村选在距离原来村子2公里多的215国道旁、河边的山坡上。统一规划的每户房屋面积80平方米，还有0.5亩的院子。当年11月入冬前，200多户牧民陆续就住进了新房。

甘达村原本只有10户建档立卡贫困户，地震造成的人员伤亡和牲畜损失，使一些村民家庭面临因灾致贫的危险。为了帮助村民增加收入，2010年村里成立甘达利众生态畜牧业专业综合合作社，全体牧民加入，抱团取暖。

通过政府扶持、全民参与，坚持"扶贫＋扶智＋扶志"相结合，以地震灾后恢复重建、精准扶贫脱贫攻坚、乡村振兴有效衔接等重大机遇和挑战为契机，从最初的"羊圈商店"，发展到如今固定资产超过2000万元，融合一、三产业，以生态畜牧业、综合超市、手工品加工为主的12项实体经济。

聚力壮大集体经济带动家门口就业，解决了46个长期就业岗位、40个临时岗位，开发带动52名农牧民群众在家门口实现就业。2023年，村集体收益由最初的33万元增长到237万元，带动务工岗位从最初的13人增加到138人，累计实现收益1273万元——这一连串数字，记录了甘达村脱贫攻坚和乡村振兴的生动实践。

"七个更加"的重要指示凝铸成发展村集体经济的"甘达模式"，新甘达的小康之路正稳步向前。

我们走进甘达村，苍翠山峦掩映下，这里已经是一个错落有致、依山傍水的美丽藏族特色村落；走进甘达村，新村道路、水电、垃圾房、公厕、活动广场等基础设施和配套一应俱全。"感谢党的好政策，感谢社会爱心人士捐钱、捐物，我们要把日子越过越好"，从2011年起担任甘达村委会主任、2017年起担任甘达村党支部书记的群才仁，说起当年仍是满怀感激。"十四五"开局之年，玉树州提出坚持生态保护优先，筑牢三江源

---

[4] 中央广播电视总台2021年4月14日在《总书记的牵挂和高原明珠的涅槃重生》一文中写道：习近平走到正在接受治疗的群众床边，一次次俯下身子关切询问伤情和治疗情况；在藏族村民尕玛松保家的帐篷里，习近平拉着尕玛松保的手详细问生活还有什么难处……一路上，习近平反复强调要把恢复重建城乡居民住房摆在突出位置，通过恢复重建让群众生活条件明显改善、生活质量明显提高。

生态安全屏障，努力走出适合当地实际的高质量发展之路[5]。2020 年，玉树市成功入选全国文明城市，还被命名为国家生态文明建设示范区，成为全国"无废城市"试点地区，生态文明建设取得明显成效；2022 年，玉树州入选全国第六批国家生态文明建设示范区；2023 年，玉树市被命名为第七批"绿水青山就是金山银山"实践创新基地。"发展的底色，始终离不了绿。"一系列荣誉是玉树灾后重建、脱贫攻坚、生态保护的"中期毕业证"，也是探路高质量发展的"入学通知书"[6]。

⊙ 发展的原点 致富的起点 腾飞的支点

甘达村位于 215 国道沿线，是通往治多县、曲麻莱县和玉树市隆宝镇、哈秀乡的必经之路。远近闻名的"致富超市"——玉树市甘达利众生态畜牧业专业合作社就开在路边，也是我们在甘达村调研的第一站。

这个在"4·14"地震发生几个月后就成立起来的合作社，从最初由畜棚改造的十几平方米"羊圈商店"，发展到如今应有尽有的上千平方米的百货超市，不仅服务于省道上的往来车辆和附近乡镇村庄的居民，还在玉树市区开了分店……

这个超市是甘达村民的"赛吉普如"，汉语意为"金子做的碗"，也是村集体经济"甘达模式"的标志。

在甘达村利众生态畜牧业专业合作社的路旁，一排展板就是一个小型的"村情展"，有照片，有数据，有图表，系统展示了甘达村村集体经济的发展情况。"甘达村十二类支柱产业结构"的展板显示：

综合超市现有 1 个总店，4 个门店，总经营面积超过 3000 平方米，2023 年收益 135.9 万元，提供 27 个固定就业岗位，年人均收益 3 万元；

---

[5] 2021 年 3 月 16 日，基于对发展阶段性和机遇挑战的认识把握，《2021 年玉树藏族自治州政府工作报告》明确提出，"十四五"时期要突出抓好八个方面的工作，"坚持生态保护优先，筑牢三江源生态安全屏障"排在首位。https://www.yushuzhou.gov.cn/html/1387/314009.html.

[6] 人民资讯 2021 年 8 月 23 日在《砥砺七十载 玉树风华正茂》一文中写道：玉树州委书记蔡成勇说，玉树贫困发生率一度达到 34%，是青海贫困发生率最高、贫困程度最深、脱贫难度最大的地区，"我们咬着牙、憋着劲打了一场攻坚扶贫的硬仗"。

生态畜牧业整合草场9.5万亩、牲畜830头，2023年总收益31万元，提供13个固定就业岗位，累计发放薪资15.4万元；

……

"生态马帮"现有20人，年收益20万元，提供20个短期（3个月）就业岗位，年人均收益0.3万元，累计收益6万元；

馍馍铺占地20平方米，年租金0.6万元，带动2个长期就业岗位，年人均收益4.8万元，累计收益9.6万元；

灯芯加工（居家制作），由综合超市代销，带动30个灵活就业岗位（面向全村），年均创造15.03万元利润，人均年增收0.5万元；

牛绳、藏靴加工（居家制作），由综合超市代销，带动10个灵活就业岗位（面向全村），年均创收6.03万元利润，人均年增收0.6万元；

缝纫作坊（集中或居家制作），由综合超市代销，带动10个灵活就业岗位（面向全村），年均创造4万元利润，人均年增收0.4万元。

甘达村能捧上"金子做的碗"，"第一桶金"对地震灾后重建至关重要。查阅《三江源报》2020年3月18日关于甘达村脱贫攻坚的相关报道，把时间指针拨回到10多年前，2010年5月，加多宝基金会为甘达村捐资48万元，同时捐赠5辆大货车、2辆货运车和1台装载机[7]。村两委以此为契机，成立甘达利众生态畜牧业合作社。随后，根据玉树灾后重建的实际需求适时成立工程队，为建设工地拉运砂石、建材，赚到"第一桶金"。有了原始积累，2013年利用甘达村靠近国道的优势，沿公路旁建起综合门面房，成立"玉树市甘达利众专业综合合作社"，打通服务农牧民生产生活"最后一公里"。2016年开业当年盈利30余万元，生意很是红火。走进宽敞明亮的超市，琳琅满目的商品排列整齐，衣食住行应有尽有，特别是鲜艳精美的藏袍、质量上乘的粉丝糌粑，以及看似不起眼却在藏族农牧民生活中不可或缺的酥油灯芯和手编的拴牛工具等小物件都是村民们自己生产的。超市既满足了附近群众的购物需求，又为村民提供了就业岗位，更为本村生产的特产找到了展示的平台，让这些好东西能打开销路。

超市、养殖基地、炒面加工坊、冷库基地、手工制衣作坊、喜宴大厅、宾馆……十余年间，合作社逐步扩大经营，并逐渐形成了靠区位优势、劳动力优势和技能优势取胜的模块式产业经营模式，不仅解决了部分村民的生计问题，也让村集体和全体村民有了

---

[7]《玉树市甘达村：造血式扶贫托举起一条腾飞之路》，《三江源报》2020年3月18日。

▲ 巴德成林的妻子全力支持他守护泉眼

甘达村处在澜沧江上源所在地，有上百处泉眼，泉水汩汩最终汇入澜沧江。

分红。2017年甘达村实现整体当年脱贫，就为群众分红60万元……截至2023年，扎西科街道甘达基层供销社为农牧民社员进行了11次分红。据《青海日报》2023年1月17日的相关报道，这次分红金额为72万多元，全社1257人每人分红575元。甘达自成立合作社以来，已吸纳农牧民社员318户，共计1257人，直接和间接带动就业137人，累计完成销售总额2697万元，利润总额380万元，年均从农牧民生产者手中购进的农畜产品总额达229万元。甘达的产业链条不断延展，为农为牧服务有了更多触角。巩固拓展脱贫攻坚成果，全面推进乡村振兴——甘达经验正逐渐形成一条可复制、可推广的牧区供销发展新路子[8]。

"给钱给物，不如先配个好党支部。"甘达村能捧好"金子做的碗"，村级要发展，群众要致富，关键靠党支部。

这些年来，甘达村从抓基层党建入手，通过"老中青"结合、选优配强村"两委"班子、实行"一肩挑"，探索"党建引路、产业铺路、能手带路、村民参与、共同致富"的总体发展思路，大刀阔斧地创建适合本村发展的"甘达模式"。"扶贫+扶智+扶志"，甘达村人有自己的解读与实践——靠分红走不远。与许多合作社不同，甘达村并不专注于为村民分红，而是致力于创造就业岗位，尽可能让每一个人都可以在合作社找到适合的岗位，"让躺着的人站起来，让走着的人跑起来"。据统计，全村通过技能培训实现就近就业的村民占全村人口的75%以上，有些老人只靠制作灯芯便可获得每月1500元左右的收入。我们在调研中特别注意到，甘达村的合作社自成立之初就实行财务公开制度和严格的财务记账管理制度，所有账本对村民和外界公开。这一优良传统，延续至今。

随着供销合作社综合改革工作的深入推进，玉树藏族自治州供销合作社挂牌成立。甘达村同玉树州供销合作社签订入社协议，成为玉树供销史上第一个入社的村级集体经济组织。玉树一共有258个村，同样是专业合作社，为什么甘达能当第一？很大程度上要归功于甘达村"两委"班子以及甘达村的致富带头人、扎西科基层供销合作社主任、

---

[8] "玉树乡村振兴"微信公众号2024年12月5日以《玉树市甘达村村集体经济收益分红57万余元惠及1291名群众》为题报道，12月2日，玉树市扎西科街道甘达村成功举办2024年度村集体经济收益分红大会，惠及1291名群众。此次分红大会严格按照"四议两公开"流程，向全村每人发放价值447元的物资，累计发放物资价值57.71万元。村民们对党和政府的好政策表示衷心感谢，并表示将继续支持村集体经济发展，积极参与乡村振兴建设。甘达村将继续坚持党建引领，多渠道发展壮大村集体经济，为乡村振兴贡献力量。

甘达利众生态畜牧业专业合作社理事长、利众综合超市总经理更尕成林[9]——这位新时代新供销人的代表，他的实践就是基层供销人的创业纪实，饱含着奋斗的艰辛，饱含着亦农亦商的灵活应变，更饱含着一颗为民的公心。更尕成林领着我们参观利众超市，说起"生意经"来滔滔不绝。这位土生土长的甘达村牧民，干过个体运输、开过商店和炒面加工坊，也做虫草生意，是村里的致富带头人，当上合作社总经理之后，就放弃了自家的生意，专心忙合作社的事情。当我们问他，影响了家里的收入，可惜不可惜？"不会，不会"，这位康巴汉子听罢哈哈大笑、连连摆手，"我的梦想就是让每个村民都能富起来，都能过上好日子……"

"羊圈商店"抱团取暖，是甘达村致富的起点；
"致富超市"华丽蜕变，是甘达村腾飞的支点。

在更尕成林的带头实践下，"让供销合作社真正成为玉树农牧业社会化服务的骨干力量、农村牧区现代流通服务网络的主导力量、入社农牧民及集体经济的带动力量"的梦想，有了日渐清晰的轮廓。山风静静吹拂着甘达辽阔无边的草原，甘达利众便民综合商超里热热闹闹，昭示着甘达更加红火的未来。

⊙ 马背上的生态致富经

牧民既是生态保护者，也是红利共享者——调研组一路走一路看，透过在甘达村的所见所闻，对这句话的认识不断加深。"优美的自然环境本身就是乡村振兴的优质资源，要找到实现生态价值转换的有效途径，让群众得到实实在在的好处"[10]，将生态保护融入产业链条，甘达村的"生态马帮"可以说是这个思路的生动体现。

"马帮"是青藏高原千百年来传统的交通运输方式。进入近现代，草原上的马匹逐渐被更快速便捷的摩托车、小汽车代替。近年来，甘达村将生态保护和产业发展结合起来，

---

[9]《中华合作时报》2022年12月30日在《康巴汉子的"威武"与"活泛"》一文中提到，只要是人民群众需要的地方，就一定会有供销合作社在尽心竭力打通服务农牧民生产生活"最后一公里"。为了增收摘帽，村里建起了甘达利众生态畜牧业专业合作社，从最初由畜棚改造的十几平方米"羊圈商店"，到如今应有尽有的上千平方米百货超市，甚至不仅服务于省道上的往来车辆和附近乡镇村庄的居民，还在玉树市区开了分店。

[10] 2023年10月11日下午，习近平总书记在江西省上饶市婺源县秋口镇王村石门自然村考察时，指出"优美的自然环境本身就是乡村振兴的优质资源，要找到实现生态价值转换的有效途径，让群众得到实实在在的好处"。2023年10月12日，习近平总书记在江西南昌主持召开进一步推动长江经济带高质量发展座谈会时强调，"支持生态优势地区做好生态利用文章，把生态财富转化为经济财富"。

开发特色旅游项目，以"生态马帮"为切入点，为想要深度体验草原风光和游牧文化的旅游者提供户外生态游学服务[11]。"生态马帮"带游客体验牧民生活的同时，还给游客讲解地道的牧民生活文化、普及生态环保知识，把生态保护融入每一个人心中。为此，甘达村"生态马帮"的宗旨和定位就是"保护三江源的生态环境，保护最后的游牧文化，在家乡牧区实现社区自我造血的可持续性发展模式"。

"捡了73辆车的垃圾"，扎西拉登是甘达村监督委员会主任，也是"生态马帮"的负责人之一，和我们说起当年用小车运垃圾的故事。2016年在青海省三江源生态环境保护协会的指导和支持下，甘达村依托本村牧民群众成立"生态马帮"，骑着马，保护泉眼，巡逻草场，捡拾垃圾，搭建水祭祀塔，建设防熊屋……为了给这个公益组织提供资金支持、实现可持续发展，同时将生态保护和产业发展结合起来，甘达村"生态马帮"特色旅游项目应运而生。该旅游项目让游客骑马游历，感受纯粹的藏家文化、体验地道的牧民生活，但其落脚点放在对大自然的敬畏上，告诉游客每一朵野花都值得欣赏，每一条河流都值得驻足，每一片蓝天都值得仰望。

---

[11] 甘达村在马术表演与骑马方面有很优秀的文化传承，从2016年开始推动"生态马帮"。马帮的组建是基于多年的环保工作，为可持续发展而建立的社区经营模式。目的在于提升当地人对生态保护的意识和对自身文化的自信，也让外来人从游学活动中深入体验游牧文化，了解传统游牧中的生态保护观念，从而带动社区综合发展。

▲ 甘达村全景图

  不同于其他商业性旅游接待,"生态马帮"在带游客时遵守的原则是"不能完全以游客的要求为要求",对每一位游客的行为都会提前作出详细要求,比如,在游览过程中不能携带塑料袋等任何塑料制品,告知游客随手将垃圾装进分发的环保布袋带出游览区,提示游客在游览体验中尊重当地民俗文化和习俗等。

  践行"绿水青山就是金山银山"理念,甘达村"生态马帮"除了定期服务游客外,更重要的是造福村民。为此,甘达村每年都会从"生态马帮"的整体收入中拿出一部分,用来发放助学金,以及帮助村里的残疾人和孤寡老人。扎西拉登给我们算了一笔账:2023年,甘达村"生态马帮"共接待外地游客60多人,旺季时,仅"生态马帮"季节性导游工作就让马帮成员每月平均增收2000多元。此外,还有一些其他项目的收入,大概年收入能达到六七万元,50%自留,50%用于村集体困难群众帮扶,其中的20%是给村里学生的助学金,30%用于给村民搭建防熊的铁皮房子等。每年冬天,还提前在牛粪充足的牧户家购买好牛粪,挨家挨户给孤寡老人和困难牧户送去,帮助他们温暖过冬。

  望得见山,看得到水,产业旺了,腰包鼓了……聊到这些年的困难和变化,扎西拉登对现在的生活很满意,"当初,没有运输工具,一天捡几翻斗车的垃圾,很难处理。现在,巡逻时候捡的垃圾在村里就可以由环卫统一处理,大大提高了垃圾处理效率",谈到未来,"希望能持续发展'生态马帮',开发更多的旅游项目"。

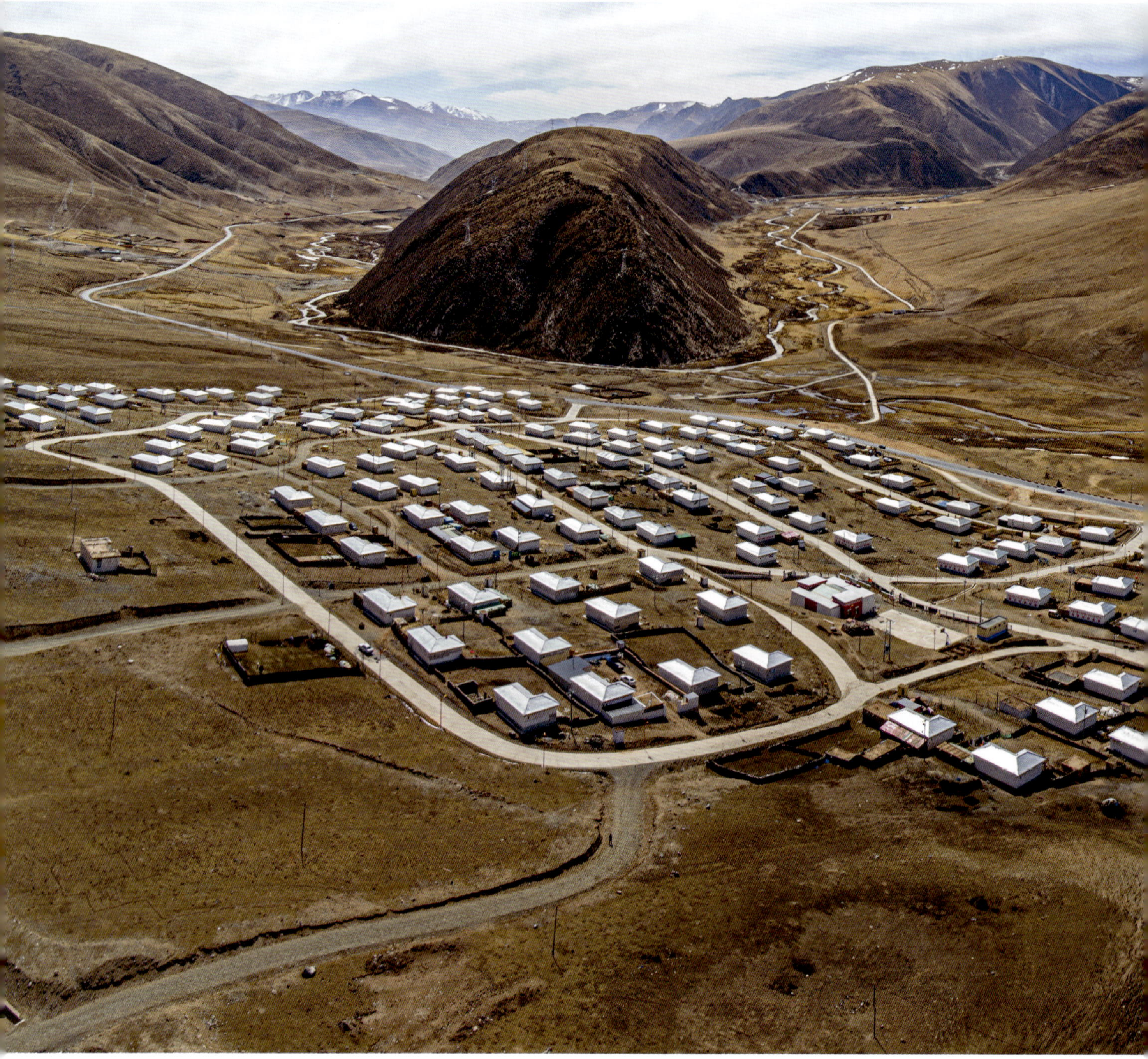

▲ 甘达村鸟瞰图

近山知鸟音、近水知鱼性，老百姓的笑脸，是生态答卷最鲜活的注脚。

今日玉树，无数像扎西拉登一样的牧民通过不同途径享受到生态红利，他们更加坚定了保护生态环境的决心，成为生态保护的践行者。玉树是一扇"生态之窗"，让我们看到了三江源地区生态生产生活的华美蝶变。

⊙ 干净的山、洁净的水、纯净的心

行胜于言，事成于思。在三江源地区，甘达村是第一个自愿拆除草场围栏的社区，巴德成林则是村里第一个带头拆除草场围栏的村民[12]**，用行动诠释什么是"干净的山，洁净的水，纯净的心"。**

为什么带头拆了围栏？巴德成林直言，"不好看，不团结。"

"2017年7月1日"，当时还是甘达村四社社长的巴德成林清楚地记得拆围栏的日子。以前把草场承包给个人后，基本上每家都拉上了网围栏，因此出现了草场固定化，走不出自家草场的现象，也因网围栏出现了很多矛盾。这一年，在村委会、共管委员会、协会的共同推动下，甘达村草场上所有的围栏都被自愿拆除，牧户之间的矛盾得到了化解，村里的氛围也变得融洽了。牧民们说：之前就连嘎松舟神山都围满了围栏，其实看到都是围栏心里是不开心的，拆除了围栏，觉得家乡"土地的灵气"又回来了。

拆掉的金属围栏堆在院子里，有人上门回收，巴德成林一家没有把这些围栏卖废铁，"放在那里，就是留下个见证"。

率先拆除围栏在三江源生态发展史上留下了一笔，如今更是写入甘达村的"家规"——《扎西科街道甘达村村规民约》[13]，共有三十六条，奖惩分明。"第三章 生态环境保护"第十一条的内容是：此前因围栏的原因在村内邻里之间发生各种纠纷，经村委会同村民协商本村已实现劳力、草场、牲畜的三整合，决定制定拆除围栏的规定。任何人不得私自设立围栏，一经发现，立刻拆除。"保护矿产资源、森林和野生动物""保护三

---

[12] 由于草场面积小，1984年甘达村并没有把草场分配到户。围栏项目来了之后，牧民自行购买围栏，围上了家里经常放牧的草场。2017年，在村委会、共管委员会、协会的共同推动下，甘达村草场上所有的围栏都被自愿拆除。https://www.sohu.com/a/415228060_120067855。

[13] 2024年5月20日，玉树市扎西科街道甘达村召开全体村民决议大会，通过《扎西科街道甘达村村规民约》，一共包含九部分三十六条，包括前言、总则、户籍管理、生态环境保护、平安建设、风俗民情等。

江源头的水资源和环境卫生，本村每户良好地树立节约用水、人人有责的环保意识""本着建设美丽村庄为目的，建立积分管理制度，对表现好的村民进行积分奖励并予以表彰"……这些写入村规民约的质朴文字，是推进生态乡村、美丽乡村建设的有力举措，更是全村村民自治、共同富裕、走向美好的共同坚守。

甘达村地处玉树市重要水源地扎曲源头，域内共有 4 条支流和 200 多个泉眼，流量较大的近 50 处，泉水汩汩最终汇入澜沧江，在当地有着"千眼水源守护地"之称。

甘达村最丰富的就是水资源，所有牧民都生活在扎曲及其支流的沿岸和泉眼周边，是当地人赖以生存的资源，也是整个扎西科的生态根基。如今，甘达村草场和水源得到有效保护，特别是拆除草原围栏后，牧场环境逐年恢复。甘达村已彻底告别守着牛羊，"靠天吃饭"的日子，过上了有产业、有工作、有分红的好日子。

作为距离城市最近的高原纯牧业村，甘达村的村民在谋发展的路上，始终没有忘记肩负的保护生态环境的重大责任。2013 年，甘达村自行划分成 23 个环保小组，为每个泉眼建立详细档案，将 213 个泉眼分派给 213 位村民，加大泉眼保护力度，随时观测水位、水质的细微变化。他们掌握着几千年来草原生态可持续发展的密码，是保护生态最直接的受益人，也是破坏生态最直接的受害者，更是生态保护取之不竭的人力和文化资源。就在这保护泉眼的行动中，甘达村村民们深深意识到自己是保护生态最直接的受益人。

多年来，甘达村在水资源保护上倾注了大量的心血。全村有 25 个生态管护员，"定时、定岗、定责"。巴德成林虽然不是生态管护员，但"每天都要去转转，去看看"，说到这里，巴德成林手摸心口，一个一个说着泉眼的藏名，34 个泉眼，如数家珍。

此行，巴德成林特意领着我们去看了他精心守护的宝贝"拉孜金鑫"——这是一棵树，也是一眼泉。2012 年守护至今，当年很小很小的树已经郁郁葱葱，树在泉眼的上方，用树命名的泉眼流水潺潺。

"像保护眼睛一样保护泉眼"，这是他作为"生态马帮"协会会员、水资源保护者的使命担当，更是发自内心的真挚情感。

"当前还有什么困难吗？"面对我们的问题，巴德成林和妻子都没有说自己家的事儿，只是谈到日益突出的"人熊冲突"问题，担心着同村人的安全。巴德成林的妻子，笑起来眉眼弯弯，照顾八个孩子的负担不轻，她依然全力支持丈夫的环保事业，虽丈夫顾不上家里也毫无怨言。

▲ 玉树市甘达利众专业综合合作社门前

在发展村集体经济"甘达模式"下,这个玉树草原上宁静村落的小康之路正稳步向前。

天色渐晚，在甘达村的调研即将画上句号。巴德成林又带着我们跨越溪流，向草场深处走了几百米，那里有一个由很多块石头搭成的"塔"，这是巴德成林和村民们一起建起来的。旁边石碑上的手绘画格外引人注目，是一双手托起蓝绿交织的"宝石"——地球。

巴德成林有个心愿，希望每年能组织大家来这里举行感恩仪式。"感恩妈妈的妈妈的妈妈的妈妈——自然之源、地球母亲的恩赐。"

⊙ 打造村集体经济量质齐升新图景

发展壮大村集体经济，是强农业、美农村、富农民的重要举措，是实现乡村振兴的必由之路。灾后重建十四年，甘达村交出了一份村集体经济从无到有、由弱到强的"中期毕业证"，接下来要努力打造"强筋壮骨"的新图景。坚持党建引领，强化品牌塑造、找准产业抓手、拓宽增收模式，积极探索多元化发展路径，实现村级集体经济量质齐升。

擦亮金字招牌，大力发展草牧旅游业。依托"生态马帮"，积极开发以"马"为主题的乡村旅游产品，并规划建设星空营地，展现"山水草畜"中的自然风光和民族风情，突出民族化、特色化、差异化、绿色化，提升"生态马帮"旅游项目品质。聚力草畜平衡、生态修复和农牧村一二三产业融合发展，注重藏族文化元素与现代文化元素的深度交融，采取"技能培训+党员带头+群众开办"的营业模式，高标准打造各具特色的牧家乐，大力实施智慧旅游、智慧牧场、草原帐篷等建设项目，形成村级"旅游+观光+娱乐+餐饮+住宿+购物"一体化的旅游产业发展链条。鼓励有条件的群众修建自驾游营地，吸引广大游客消费在藏家，吃高原藏餐，游特色藏村，感藏家风情，赏草原风光，念天地之悠悠，悟生活之本真，推动全村产业向现代畜牧业和生态旅游业发展转变。用活用好村集体经济收益资金，完善公共基础设施，升级游客中心、停车场、旅游步道、移动厕所、帐篷营地等配套设施，打造宜游宜业宜居的新时代绿色生态牧家乐。

夯实人才支撑，培育更多乡村首席执行官（CEO）。人才兴则乡村兴，人气旺则乡村旺。"甘达模式"的成功离不开经验丰富的村干部和头脑灵活的致富能人。长期以来，乡村中青年、优秀人才持续外流，要破解乡村人才"瓶颈"，强化乡村振兴人才支撑，就要建设一支数量充足、结构合理、素质优良的乡村振兴人才队伍，既要强化人才的选派和引进，更要挖掘乡土人才潜力，坚持筑巢引"雁"，让更多优秀人才涌向乡村、扎根乡村、发展乡村。实施高素质牧民培育计划，开展创业带头人培育行动。完善城市专业技术人才定期服务乡村激励机制，对长期服务乡村的人才在职务晋升、职称评定方面予以适当倾斜。同时，要选聘一批懂市场、善运营、有技术、能管理、爱农村的专兼职农业职业经理人对村集体资产、资源、资金等代理运营、联合经营，多管齐下培育乡村CEO。

强化利益联结，构建"富农"新机制。发展新型农村集体经济的根本目标在于实现农民农村共同富裕，要探索建立更加稳定的利益联结机制，让广大农民共享农村改革和发展成果。创新新型农村集体经济联农带农机制，让更多村民合理分享集体经济增值收益。

《玛尼石传说》

李继飞　纸本素描　368mm×260mm
创作于玉树市新寨街道玛尼石经城　2024年7月23日

这里房屋错落有致、依山傍水，新村的道路、水电、垃圾房、公厕、活动广场等基础设施一应俱全，已然成为一座崭新的产业发展新村落。

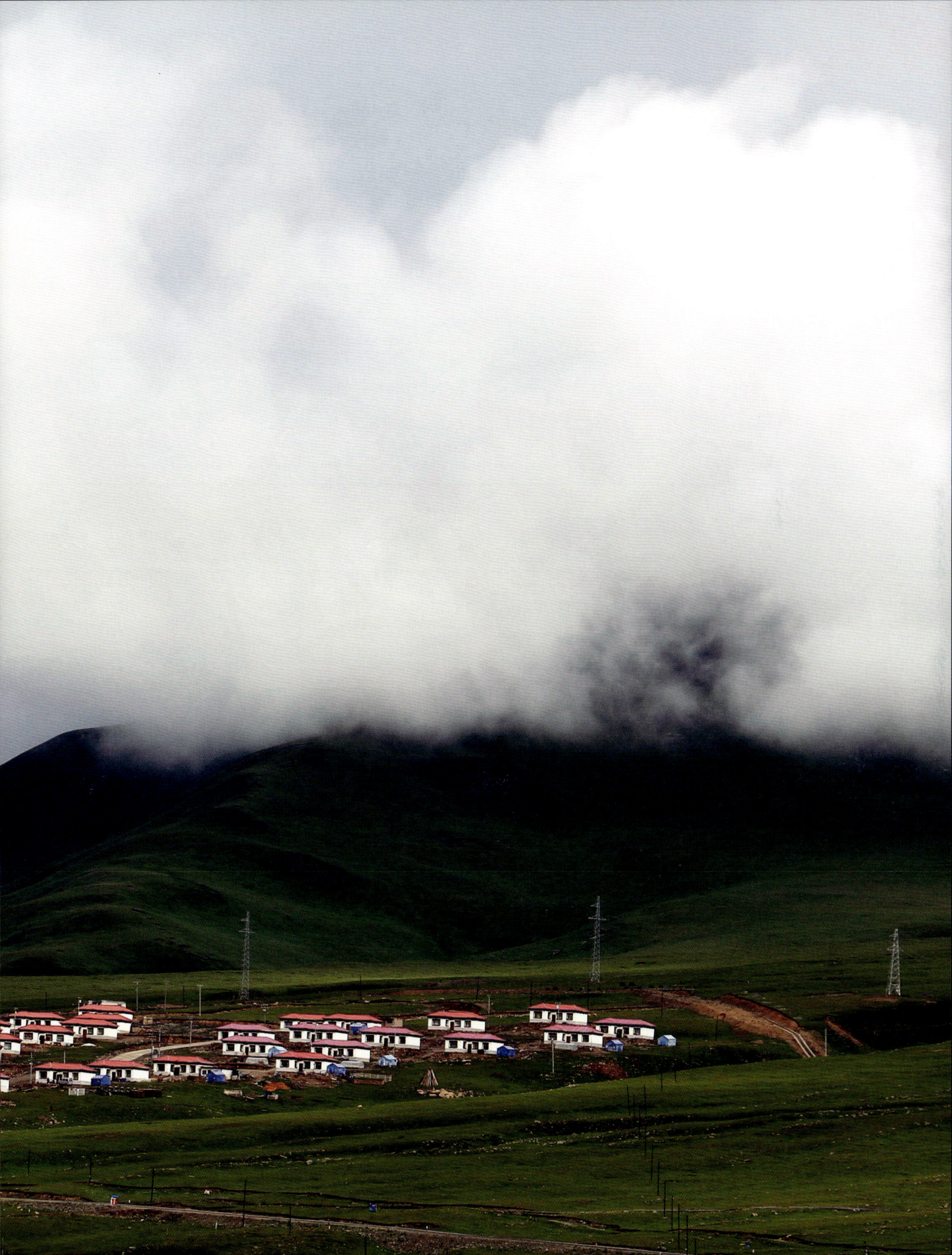

《尕玛达杰家的三代人》
李继飞　纸本素描　368mm×260mm
创作于玉树州囊谦县香达镇青土村　2024年8月5日

"第一面党旗"升起的地方
——囊谦县香达镇青土村调研记

"我志愿加入中国共产党，拥护党的纲领……"1955 年，在青土村一间破旧简陋的礼堂内，5 名牧民面向鲜红的党旗，举起右手庄严宣誓，宣告了玉树州第一个基层农牧区党支部成立，开启了玉树地区农牧区党建工作的新篇章。69 年后的今天，"保护母亲河，守护三江源"首都专家玉树高质量发展调研暨全国政协委员履职"服务为民"调研组来到玉树草原，来到青海"南大门"——青海省玉树藏族自治州囊谦县，循着铿锵有力的宣誓声，在玉树州农牧区第一面党旗升起的地方，探寻澜沧江畔的那一抹红。

⊙ 从"民族团结桥"走进囊谦

沿着214国道，朝着澜沧江上游的方向，翻越重重高山峡谷，为眼前那勃勃生机的翠绿景致所震撼：道路两侧挺拔的杨树枝叶繁茂，交织成一片翠绿的天幕，予人以悠然之享，这便是素有"玉树小江南"之称的囊谦县。作为玉树地区的发祥地，这里是历史上玉树地区的政治、文化、经济中心，坐拥康区"八大名胜"，孕育古老"八大盐场"，自然景观优美，文化积淀深厚。

汽车刚驶入迎宾大门，浓郁的民族文化氛围扑面而来，紧接着"各族人民大团结万岁"的石碑赫然在目，这便是我们此行调研的囊谦首站——扎曲大桥，亦称"民族团结桥"，是囊谦县铸牢中华民族共同体意识教育实践基地。扎曲是澜沧江在囊谦县的干流，"扎曲"藏语意为"从山岩中流出的水"，被当地人称为母亲河。扎曲大桥有新老桥之分，新桥于2013年正式通车；老桥位于新桥的东边，建成于1977年。囊谦县是一个多民族聚居县，藏族、汉族、回族、撒拉族等聚居于此。扎曲大桥见证了近50年来囊谦各族人民团结一心、共同进步的和谐发展历程。大桥的建成，不仅加快了囊谦经济社会发展，更方便了广大农牧民的生产生活。当地农牧民感恩党和政府的无私关怀，以及大桥建设者们辛勤的付出与努力，亲切地称之为"草原上永不消失的彩虹"。

囊谦县被评为全国民族团结进步示范区示范单位，这对进一步加强民族团结进步事业，铸牢中华民族共同体意识是一个新起点。

站在扎曲大桥上，"澜沧江畔党旗飘，民族团结世代传"的白色大字在一片翠绿的衬托下，格外显眼。围绕扎曲大桥，囊谦县按照"党建+创建""基地+景区""传承+振兴"的理念，将之打造成为民族团结进步教育示范基地。在教育示范基地里，"听党话、感党恩、跟党走"的信念与决心，深深地烙印在"彩虹之门""文化长廊""主题雕塑"等区域。此外，这里还设置了展示囊谦特色文化和产业的"首站景区"，规划了移动便利店、国家非物质文化遗产——囊谦藏黑陶、稼堡啤酒、黑青稞酒、糌粑等特色农产品展销点。石大存书记介绍说，打造铸牢中华民族共同体意识教育实践基地，一是希望发挥教育宣传功能，助推民族团结进步事业深入发展；二是全方位展示县域特色文化和农特产品，让远道而来的客人能在囊谦的大门口，就感受到囊谦独特的人文气息。

扎曲大桥，是交通要道、是历史印记、是艺术创作，更是构建民族团结的纽带，已经成为进入囊谦最有标志的文化地标和精神高地。

扎曲大桥是囊谦民族团结的象征，满载着囊谦人的乡愁，见证了一座小城的沧桑繁盛。

从扎曲大桥进入囊谦，在不足 10 公里的地方，还有一处更具里程碑意义的教育基地——青土村党支部纪念馆。在那里，飘扬着一面鲜红的党旗，还有一个响亮的名字：玉树州第一个农牧区党支部。

⊙ 高原绿与江源红

玉树藏族自治州是青海省第一个、全国第二个成立的少数民族自治州，是一个先建政后建党的地区，是一片有着光荣革命史、充满红色印记的热土，在历史变迁的过程中，留下了不少弥足珍贵的革命遗址遗迹。

回顾玉树的历史，1939 年，马步芳统治集团在玉树建立了青海省第一行政督察专员公署，下设玉树、称多、囊谦三县。1949 年 9 月 15 日，玉树地区原国民党行政督察专员马峻秘密通电，宣布接受中国共产党领导。11 月 2 日，玉树和平解放，迎来新生。1950 年 12 月，中共玉树地委在地委机关建立了党支部，成为玉树地区建立的第一个党支部，为党组织在玉树的发展壮大点亮了星星之火。1952 年 3 月，囊谦县人民政府正式成立[1]。历史有迹可循，蕴含着精神的力量。

2021 年 11 月，玉树州委书记蔡成勇，州委常委、秘书长夏连升做出有关打造"玉树精神谱系"的安排部署。调查组前往囊谦县调查"青土村精神"，选取的第一站就是位于香达镇的青土村。调查组走访了 2018 年至 2021 年 7 月州派驻村第一书记、州气象局军巴尔才，1989 年 1 月至 2021 年 1 月担任青土村党支部书记的桑都（赤脚医生），2021 年 1 月起一肩挑党支部书记才培扎西，1996 年至 2015 年担任村民委员会主任今年 72 岁的扎西巴桑，曾任青土村党员、民兵连长、妇联主任、今年 70 岁的俄沙卓玛，69 岁的青土村党员、一社社长郭地，村党支部副书记吉吉昂江等，基本挖掘出"青土村精神"的来龙去脉以及主要内涵和实质[2]。

按照人们流传的说法，香达镇青土村最早有三个大户人家，如同亲兄弟一般和睦相处、互帮互助，一时传为佳话，因"青土"藏语意为"和谐家园"，而得名"青土村"。

---

[1]《新生玉树　起舞盛世——中国共产党在玉树的辉煌历程》，《青海日报》2021 年 7 月 6 日第 T14 版。

[2] 才仁当智：“玉树精神谱系”之囊谦县香达镇"青土村精神"调查记，《三江源报》2021 年 11 月 10 日第 3 版。此次调查通过邀请村干部、驻村第一书记和群众座谈，前往青土村"玉树州党员教育示范基地""红旗渠"实地调查，富有成效，挖掘出有民族团结、爱国爱教新内涵，廓清了青土村第一批入党人员的情况，战天斗地开挖"红旗渠"的情景，20 世纪 70 年代青土村群众粮食实现自给自足、吃饱饭，余粮出售杂多县、曲麻莱县牧民的情况，青土村群众在党支部带领下感党恩、听党话、跟党走，脱贫致富奔小康、迈步乡村振兴光明大道的新作为、新气象。

▲ 扎曲大桥一角

曾经，扎曲将村庄与村庄、村庄与大山隔开，要想去隔壁村庄就得过河，最早只有牛皮筏子，后来有了铁索，直到 1977 年，囊谦第一座桥——扎曲大桥正式通行。

▲ 调研组与牧民丁巴尼玛一家交谈

"入党是一种荣誉,也是一种贡献。"丁巴尼玛怀着这样的初心,向党组织递交了入党申请书,希望能为家乡多贡献一份力量。

青土村是典型的高山峡谷区和农牧兼营区，东与巴米村接壤相邻，西与东才西村相连，南与前多村隔山相伴，北与拉宗村隔河相望。村土地总面积约 16.77 万亩，农作物以青稞、马铃薯、芫根、豌豆为主，兼种燕麦等饲草作物，畜牧业则以饲养牦牛为主。境内大小山脉纵横，重峦叠嶂，平均海拔 3645 米，空气质量优良，植被覆盖度较低；受高原气候影响，自然条件差，生存环境严酷，各种自然灾害频繁，干旱、冰雹、雪灾等年发生率在 80% 以上。

这个看似普通的小村庄，诞生了被载入玉树史册的"两个第一"，分别是玉树第一个少数民族牧民党员和第一个村级党支部。

1955 年 4 月 7 日，中共玉树地委组织部召开组织部部长会议，强调本着"积极慎重、发展与巩固相结合"的方针，开展基层党组织建设和吸收农牧民积极分子入党工作。1955 年 10 月，囊谦县委吸收青土村牧民尕哇东周加入党组织，成为玉树地区第一个少数民族牧民党员。

尕哇东周，藏族，玉树新寨街道新寨村人，1949 年前来到青土村，后在此成家立业、落地生根。一直以来，尕哇东周积极在群众中宣传党的方针政策，讲述党带领广大农牧民翻身当家作主的感人事迹，号召广大农牧民听党话、跟党走。他为人和蔼，与群众打成一片，曾给人民解放军当翻译。1952 年，他担任香达肖格合作社大队长。而后，尕哇东周在白玛东周[3]的介绍下成为一名党员。至今，青土村仍流传着尕哇东周对党忠诚、不负人民的动人事迹。玉树和平解放初期，青土村周边匪患严重，经常在村子里烧杀抢掠。1958 年，娘拉乡一小撮土匪发动武装叛乱，尕哇东周不幸被捕。为了获取其他党员的信息，土匪对他严刑拷打，用刀划伤他的脸颊，打断两根肋骨，还在他的腹部刺了数十刀。面对土匪残暴的酷刑，尕哇东周咬紧牙关，没有吐露半个字，用实际行动捍卫了铮铮入党誓词。

1955 年 12 月 21 日，在青土村一个简陋的礼堂内，尕哇东周带领号门永忠、尕玛公保、白玛才周、巴桑等 4 名农牧民，在解放军战士的领读下，进行入党宣誓，青土村党支部正式成立，成为了玉树州诞生的第一个农牧区党支部。至此，玉树初步形成了从党政机关、企事业单位到农村牧区都有党组织、党员的新格局。作为玉树州"两个第一"

---

[3] 时任中共囊谦县第一届委员会副书记。

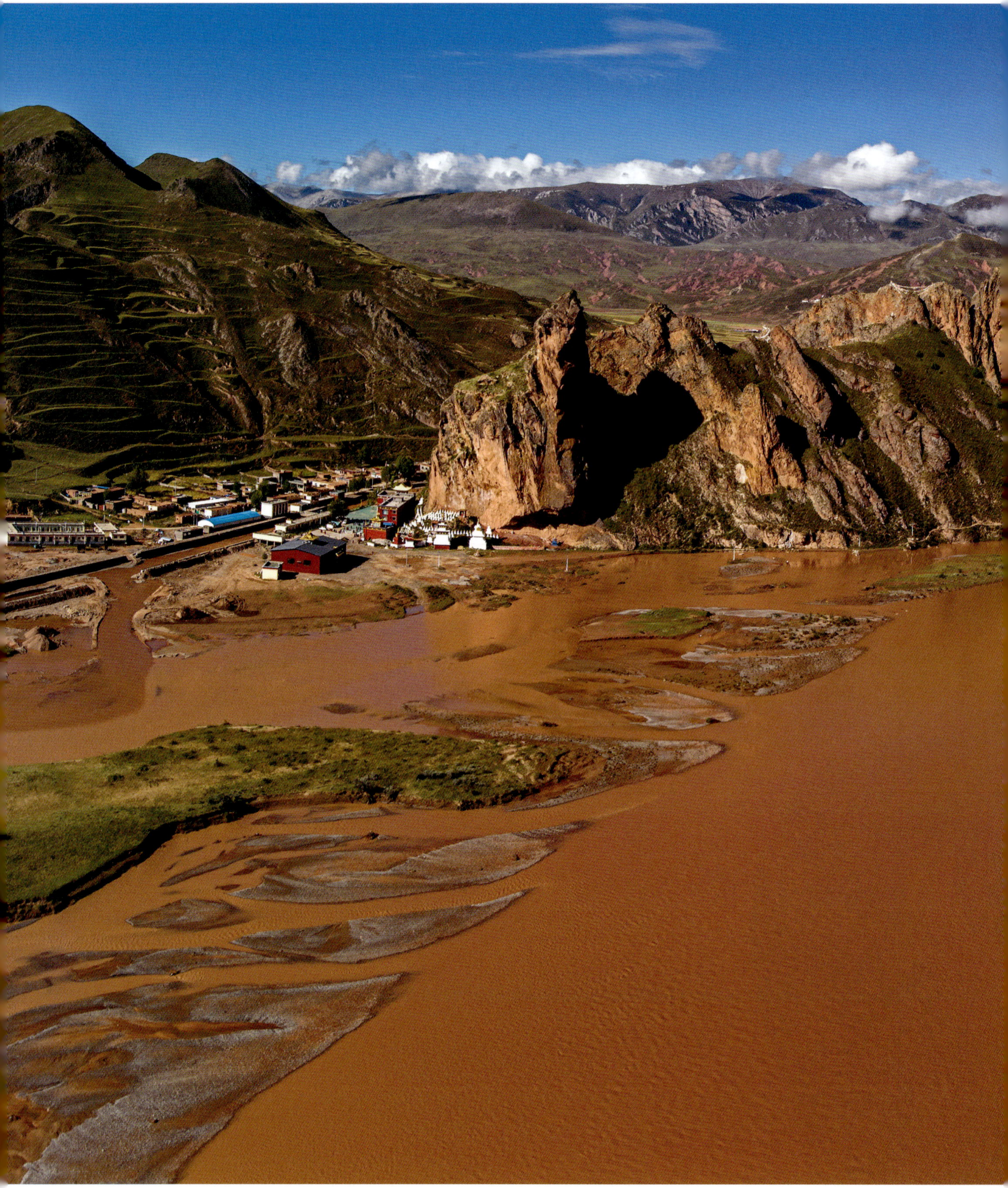

在囊谦，每一座山脉都被赋予神奇的传说，每一块石头都在诉说着一个故事，每一条河流都在演绎着一段传奇，每一处民居都在展示着时代变迁所留下的痕迹。

的诞生地，近 70 年来，一个个感人肺腑的故事在这片热土上演，他们身体力行地讲述和传承着"青土精神"，影响了一代又一代的青土人。

⊙ 玉树第一个农牧区党支部纪念馆

作为玉树州第一个农牧民党员和第一个农牧区党支部诞生地，青土村是闻名遐迩的红色名村，也是玉树高原上的红色热土。2015 年，被列入玉树州党性教育基地的建设项目。2016 年，在北京对口援建资金的支持下，青土村党性教育基地建成。2023 年，囊谦县委、县政府又对基地实施了提质升级改造工程。2024 年 8 月 5 日上午，我们来到这个基地，暗红色底的牌匾上，金黄色的大字"玉树州第一个农牧区党支部"映入眼帘。大门的两侧，挂满了各类牌匾，如"青海省'一县一基地 一县一特色'党员教育基地""玉树州爱国主义教育基地""党性教育基地""青少年爱国主义教育示范基地"等。县委书记石大存说："青土村'玉树州党员教育示范培训基地'是玉树基层党建的一面旗帜，凝结着'北京亲人'的无疆大爱。"

青土村党性教育基地是北京市西城区对口援建项目，与位于北京天安门前的"红墙精神"党性教育基地遥相呼应，有着"站在高原望北京、党中央的恩情永不忘"的心灵昭示。

纪念馆占地 535 平方米，以传承红色基因、赓续红色血脉为主线，以玉树州第一个农牧区党支部诞生、成长、发展的历史脉络为主线，以青土村经济社会发展的历史变迁为基点，讲述青土村党支部历久弥新、感人奋进的红色故事，全方位呈现青土村在社会主义革命和建设时期、改革开放和社会主义现代化建设时期、新时代十年伟大变革的丰硕成果。纪念馆的展览由"序厅""高原星火""奋进青土""建功青土""筑梦青土"五个篇章组成。展板上，一行行文字，一张张图片，一座座雕塑，还原了中国共产党人在雪域高原上的奋斗故事。这里，1:1 还原的党员入党宣誓场景，5 名身着民族服饰的党员，高举右手，面向党旗，在解放军战士的引领下，庄严宣誓……大量新旧照片、浮雕、物理沙盘重现了青土村党支部"敢教日月换新天"的大无畏精神和气概。

"村党支部书记在村里就是一面旗帜，是党支部工作的领导者、组织者和决策者。"石大存指着青土村历任党支部书记的画板，铿锵有力地说道。青土村能有今天的发展，离不开党组织的领导，也离不开历届村党支部的书记，从尕哇东周、号门永忠、俄沙多

▲ 调研组在青土村党群服务中心调研

囊谦县青土村是远近闻名的红色名村。在这片热土上，上演着一个个感人肺腑的故事，他们知行合一，讲述、传承和践行着"青土精神"，影响了一代又一代的青土人。

▲ 扎曲河谷

大自然的鬼斧神工和独特的地理位置，温暖而湿润的气候和悠久的历史文化，以及秀美的民族风情，造就了囊谦神奇、美丽而丰富多彩的生态旅游景观。扎曲是澜沧江的正源，流经玉树州囊谦县境内时，水面变得开阔。调研组前往时，正值盛夏，扎曲河谷在蓝天白云的映衬下，美若画卷。

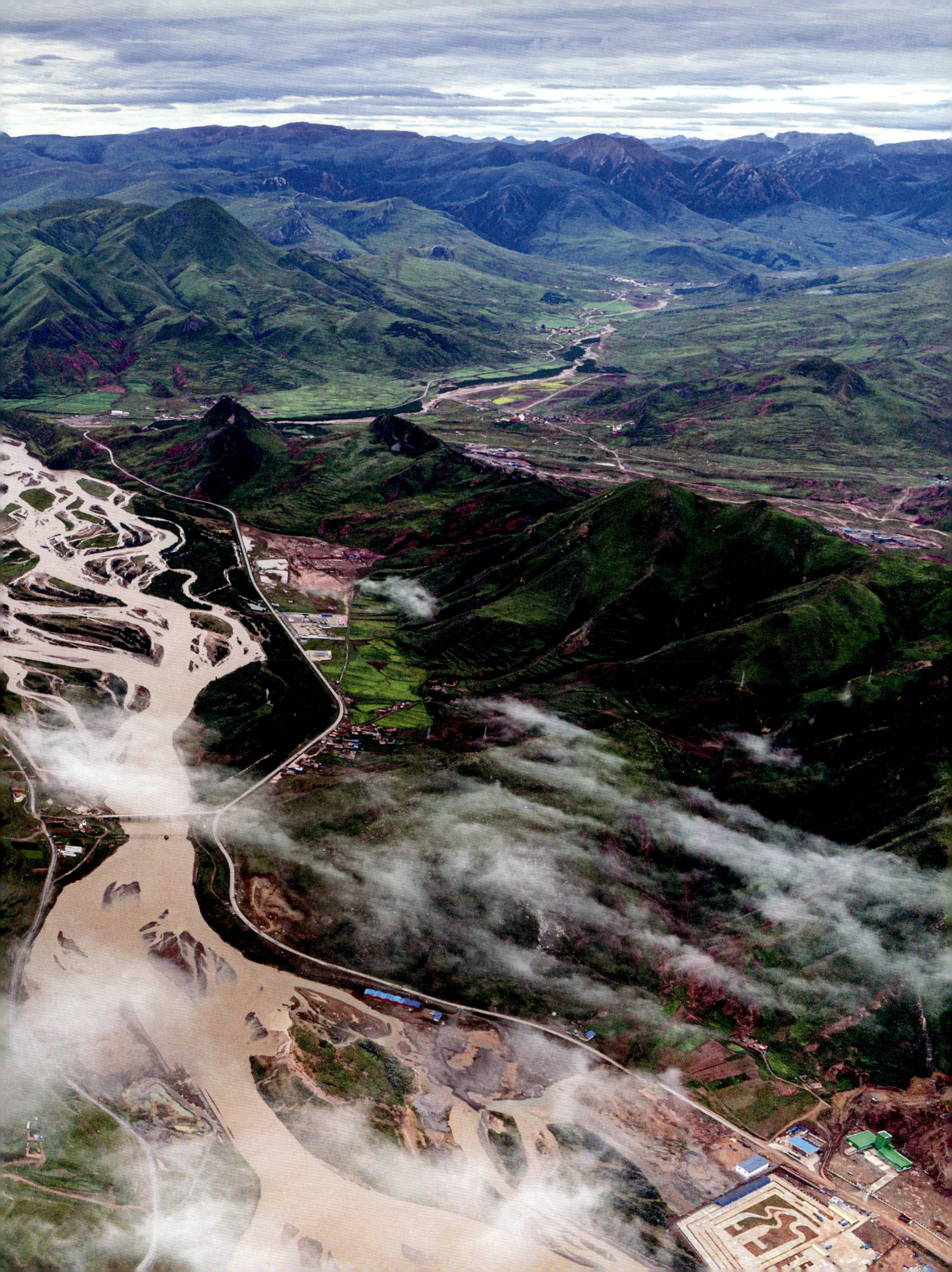

杰、桑都到现任的才培扎西，他们带领青土村人民从食不果腹到自给自足，从贫困到脱贫摘帽，老百姓的生活发生了翻天覆地的变化。

践行对党的忠诚，对人民的热爱、责任与担当，这样的精神，融入青土村的血脉里，成为了青土村人的红色基因。

细看展板上的信息，青土村一共365户，共计1678人，党支部在册党员54名。这些党员，在年龄分布上，36—59岁占比最高，为59.3%；60岁以上的次之，占比29.6%；35岁以下的最少，占总人数的11.1%。从入党时间来看，入党11—34年的党员占比达到60%以上，入党10年以下和入党35年以上的相差无几，分别为18.5%和20.4%，表明青土村党支部党员队伍年龄结构比较合理，老中青比例协调，具有充足的活力细胞与稳定基础，对基层党组织的凝聚力与战斗力，以及支部未来事业的发展起着积极的促进作用。当然，目前青土村绝大部分党员文化程度相对还较低，接受过高等教育的人群比例仅为11.1%；小学学历占比最大，达到了85.2%[4]。

"入党是一种荣誉，也是一种贡献"——丁巴尼玛是青土村一位牧民，他顺口说出的这句话，触动了我们每个人的心。2023年，他向党组织递交了入党申请书，现在是一名入党积极分子，他说"每次村里遇到什么艰难困苦，冲在最前方的都是党员，甚至很多时候只有党员才能冲在前面。我希望能成为组织的一员，能为家乡多做事、多作贡献"。这也印证了石大存书记所说的："过去的青土村是7户1僧人，现在的青土村是6户1党员。"虽然青土村每年只有1名入党名额，但是每年申请入党的村民积极性都很高，这背后隐藏着的就是如丁巴尼玛一般的初心，是青土村红色基因的延续和传承。

正是怀着这样的初心，青土村党支部勇担使命，破解难题，成就了"玉树粮仓"。"囊谦气候条件相对较好，适宜农作物生长，是玉树的农业主产区，农作物种植面积达10.7万亩，农作物种植面积和农业产值占全州的50%以上，素有'玉树粮仓'之称。然而，这个美誉背后，还有着一段勇于开拓、催人奋进的动人故事。"在纪念馆讲解员马丹妮的指引下，我们走近"热血播洒红旗渠"的故事。20世纪60年代，青土村自然环境恶劣、水源稀缺，雨露鲜至，村民时常在饥饿的边缘徘徊。为走出困境，破解这一难题，1967

---

[4] 总体来看，自1960年以来，青土村党支部各年代党员发展的数量都不同，但基本呈现正增长趋势。相关数据整理于青土村党支部纪念馆展板内容。

▲ 调研组在牧民丁巴尼玛家调研

丁巴尼玛是一名法律专业的大学生,毕业后返乡就业,娶妻生子。身为3名孩子的父亲,他只有一个愿望——"希望他们能考上理想的大学,去实现自己的梦想。"

年青土村第三任党支部书记俄沙多杰带领党员和村民劈山凿岩,用 3 年时间修筑了全长 5 千米,最深处达 12 米的红旗水渠。

该工程起自巴依山尕吾沟,沿半山腰修建,蜿蜒逶迤,因修建水渠时两旁插满了象征革命精神的红旗,因此命名为红旗水渠。水渠修成后不仅解决了青土村农田灌溉问题,还惠及附近巴米村、东才西村。同年,青土村粮食喜获丰收,不仅实现自给自足,还有余粮。当地政府将青土村粮食征调至杂多县、曲麻莱县,有效缓解了两地农牧民的吃饭问题。

如今,"红旗渠"虽已被现代水利工程所取代,但老一辈党员不畏艰难、勇于开拓、全心全意为人民服务的精神,成为弥足珍贵的精神财富。在这种精神的引领下,青土村广大党员前赴后继,奋勇争先,带领群众增收致富,改变着农牧民群众的生产生活条件,造就了"玉树粮仓"。

⊙ 党建引领促资源禀赋变经济价值

"特别感谢党和国家的好政策,日子越来越有盼头了。"在囊谦乡村振兴产业园调研中,我们不止一次听到这样的话语。

位于囊谦县城东南部的乡村振兴产业园,是巩固拓展脱贫攻坚成果同乡村振兴有效衔接的重要阵地,占地面积 102 亩,自建立以来,依托特有的地理优势和丰富的资源禀赋,以促进农牧业增效和农牧民增收为核心,推动资源优势转变为经济优势,打造了一批富民产业。

园区充分发挥产业园区孵化作用和枢纽作用,为在孵企业和创业者提供了发展壮大平台和多方位服务,为脱贫户劳动力和部分家庭剩余劳动力提供就业岗位。如今,通过层层筛选,园区已有 14 家发展前景广、竞争力强、带动乡村振兴能力强的特色企业签订合同并入驻,涵盖了牦牛绒乳加工产品、青稞加工产品及藏香、制陶、刻画、唐卡等具有本地特色的产品,实行错位发展,避免同质化竞争、低水平重复,达到"一亩园十亩田"的效果。

除了引导优势产业发展、发挥企业孵化和人才培养功能,产业园还发挥着辐射带动功能，吸纳无就业渠道的监测户劳动力和就近群众务工，将农户嵌入到产业链上，让群众与产业发展同步受益，有效解决了一部分剩余劳动力就业，让更多人在农牧产业发展中受惠，实现了收入稳定、永久受益的良好效果。数据显示，产业园从业人数共118人，其中建档立卡脱贫户72人，2023年产值达5200万元，生产经营性收入1820.83万元，实现纯利润936.83万元，建档立卡脱贫户月增收800—4500元。增加收入的同时，调整优化了囊谦产业结构，延伸了产业链条，健全联农带农机制，推动乡村振兴。

在产业园广场展销台上，摆满了入驻企业的各类产品，青稞制品、黑陶工艺品、牛粪藏香、藏酒、牦牛乳制品、马尾刺绣、唐卡……琳琅满目，独具特色，呈现出一片欣欣向荣的景象。

才丁，50岁，是一名共产党员，也是藏香技艺代表性传承人，师从父亲萨·尔玛然周学习藏香和藏药工艺，2012年创办玉树岗帝斯地方土特产有限公司，以生产藏香为主。公司成立以来，吸收了一批附近的农牧民到此就业，其中脱贫户有8名。"岗帝斯藏香传统技艺是囊谦县非物质文化遗产，通过我的努力，把民族传统文化传承下去，又带动大家一起致富，我觉得非常有意义。"他每年拿出一批资金，对残疾人、老年人和妇女儿童等老幼弱势群体进行帮扶。才丁说，这是他最骄傲的事。

关于未来的产业发展，他有自己的想法，"我们的产品开发不错，从产品种类上来说涵盖了多个型号，还有专门的礼品套装，以及车用的香包、香囊。产品质量肯定没问题，就是市场仍有待开拓。"在园区党支部的带领下，公司的发展越来越好，他对自己的产品非常有信心，但如何打开销路、拓宽市场是他现在面临的难题。为此，县委、县政府将结合打造国际旅游目的地首选区建设、绿色有机农畜产品输出地建设、农体文旅商产业融合发展、"三黑一红"（即藏黑陶、黑青稞、黑啤酒、藏红盐）特色品牌产业的目标，积极探索建立资源共享、风险共担、利益共同体的联动模式，助力囊谦高质量发展。

绿色是囊谦产业发展的底色，这些年来，囊谦县委和政府始终坚持保护与发展并重的原则，因势利导深入推进生态产业化、产业生态化。围绕如何将生态优势、资源优势转化为发展优势，青土村在村支书才培扎西的带领下，交出了一份完美答卷。2020年，一个偶然的机会，激发了才培扎西建设饮用水厂、壮大村集体经济的想法。"青土村的山泉水，以优良的水质和甘甜的口感，成为了村民们日常饮用的首选水源。若能在此建立一家纯净水加工厂，就能有望将这份源自山间的清泉转化为商品，实现经济价值。"萌生这个想法后，才培扎西带着村两委班子外出学习考察，参观其他饮用水厂的建设运营，

▲ 调研组在扎曲大桥合影留念

一座桥，是交通通道、是建筑创作、是艺术体现，更是民族团结的纽带。经历风霜洗礼、承载岁月记忆的扎曲大桥在历史的长河中巍巍耸立，已经成为囊谦大地上最有标志的见证。从这里，调研组走进囊谦，认识囊谦。

请专业团队对水质进行检测，争取项目资金支持……经过两年时间的不懈努力，2023 年，囊谦县香达镇青土村纯净水厂正式建成。为了经营好水厂，经过村两委的讨论，决定引进专业企业来运营，按照"保底分红+收益分红"的方式与村委会合作，既降低了风险，又保障了村集体收益。

"从厂子办起来我就在这上班，离家近，家里的活也耽误不了，一个月还有 3000 元的收入。我在这干得很开心。"说起纯净水厂给自家日子带来的变化，青土村的牧民尕桑才仁有着说不完的话[5]。水厂的建立，不仅将青土村的优质山泉水盘"活"了，还让农牧民实现了在家门口就业，增加收入。目前，纯净水厂已经吸纳周边就业人员 15 人，每人每月有 3000 元左右的收入，汩汩山泉变为了"富民活水"，也成为囊谦县发挥党建引领作用，做实产业发展"文章"的一个生动案例。

⊙ "党建+"为"三黑一红"土特产供能

通过短短几天的调研，我们在实地考察、入户访谈、与同行人员交流中，深深感受到，不同的历史时期，囊谦县的党员干部和群众始终发扬着听党话、跟党走的光荣传统，克服了一个个困难，以"党建红"底色，绘出"生态绿"图景，闯出了一条具有囊谦地域特色的基层党建引发展新路。新的形势下，更要充分发挥基层党建的引领作用，坚持党建与产业同部署、同推进、同落实，把党建工作与产业培育相结合，以高质量基层党建推动经济高质量发展。2021 年初，囊谦县委、县政府提出"三黑一红"的产业发展方向[6]，强化党建引领，深挖做好"土特产"文章，以产业振兴促进乡村全面振兴。

以党建链建强产业链，是增强产业集聚的向心力和协同性的重要方式。产业园区企业集聚、产业活跃，是地方经济增长的重要引擎，是党建工作的重要阵地，也是党建工作的新发展、新延伸。2023 年，中共囊谦乡村振兴产业园党支部正式成立，园区党支部的建立，充分发挥了党组织在推动企业发展中的"红色引擎"作用，构建了园区与企业之间的桥梁与枢纽。如何更好发挥基层组织的战斗堡垒作用，囊谦乡村振兴产业园可以

---

[5] 青土村纯净水厂（囊谦甜润饮用水有限公司）自 2024 年 4 月中旬正式运营以来，提供了生产、加工、配送、营销等多个就业岗位，不仅解决了附近农牧民就业问题，也为村集体经济的发展注入活力。水厂每天生产桶装水 3000 桶，瓶装水 20000 瓶。

[6] 藏黑陶、黑青稞、黑啤酒、藏红盐，为囊谦县主导产业，重点在于深入挖掘黑陶文化，做精黑陶文创产品，保护修缮红盐盐场，促进自然禀赋和历史文化的融合，打造'黑陶罐里的红盐牦牛肉'品牌，打响'欢迎到囊谦度周末'旅游品牌。

做一些探索。在管理模式上，鼓励采取"党建+自管"的模式，推选党建基础好、群众威望高的承租企业负责人担任党支部书记，高效整合园区企业、人员、阵地等资源，将党组织建立在产业链上，实现党建共抓、资源共享、活动共办、事务共商、发展共融。结合园区实际工作，突出"书记抓、抓书记"，将园区党建纳入党支部书记述职重要内容。同时，精心打造"先锋引领，产业聚焦"党建品牌，从融合共建、创先争优、惠企助民三个维度，推动园区企业与企业之间的共融、共创、共惠，有效激发园区发展的内生动力。

以文化铸魂，为传统产业转型升级赋能。"先有囊谦，后有玉树"，在坊间流传着这样一句话。囊谦作为玉树州的发祥地，是历史上玉树地区政治、文化、经济中心，具有十分丰富的历史遗迹、宗教文化、民俗风情、原生态歌舞等文化资源，是玉树州的文化大县。在乡村振兴产业园区里，我们见识了噶玛博秀泥雕技艺、看到了精美的噶玛噶赤马尾线刺绣唐卡、领略了囊谦黑陶工艺品的风采，这些州级非物质文化遗产，是囊谦县产业发展的灵魂所在，也是囊谦县农特产品走向全国、走上世界舞台的"金钥匙"。

充分挖掘、研究和利用好囊谦的文化符号和价值，将文化融入产业发展中，形成囊谦文化标识与记忆，推动特色产业与地方特色共舞，文化传承与经济发展共兴，既有利于推进囊谦传统文化的创造性转化和创新性发展，也有利于让囊谦特色、囊谦产品、囊谦文化走向更广阔的市场。

科学技术是推进产业智能化、绿色化、融合化发展的核心。如今，"三黑一红"特色品牌产业发展成效显著，但在生产、研发和营销等方面仍存在"短板"。北京市西城区是囊谦县对口帮扶城区，接下来还需要进一步发挥对口援青和东西部协作优势，加强合作开发、实现优势互补，依托发达地区产业发展经验和先进技术，点对点交流、面对面把脉，推进囊谦产业迭代升级。以稼堡黑青稞精酿啤酒产业为例，就是通过囊谦县委、县政府积极对接，北京燕京啤酒股份有限公司总工程师，技术研发、采购营销等部门负责人来调研指导，为打造囊谦黑青稞啤酒迭代升级传经送宝、提质赋能。同时，囊谦也在探索利用东西部协作对口支援的机制，全方位推进规划建设、设备管理、管理模式、原料进货、生产线布局、运营现状、产品检验等各方面的提质增效，借助燕京的品牌优势、

▲ 调研组与尕玛达杰一家交流

尕玛达杰是一名老党员，于 1989 年入党。他凭着自己勤劳的双手和坚定的意志，日复一日、年复一年地往返于牧场与家之间，建造了自己的幸福乐园，住进新楼房、买了轿车，还将 4 个孩子送进大学校园。

资源优势、团队优势，推动"输血"变"造血"，通过"企业＋基地＋农户"的形式，公司在经营的同时，带动当地就业 40 人，为农牧民增收超百万元[7]。

品牌是推动区域产业转型和高质量发展的关键，一个好的品牌，对地方经济发展和城市形象打造具有重大影响。在品牌打造上，囊谦县围绕"三黑一红"培育壮大潜力企业，擦亮"金字招牌"，锻造囊谦产业发展"先锋队"，发出囊谦品牌声音。同时，积极发挥品牌带动效应，以"头雁"效应激发"群雁"活力，创新探索新产品、打造新场景、讲好新故事。另外，在农特产品的宣传上，创新性用"视、味、嗅、听、触"等多样化、多感官化的形式呈现出来，在消费者心中打上"囊谦印象"，让囊谦农特产品焕发光彩，全方位提升囊谦产品的形象与品质。

---

[7] 近年来，囊谦县全面落实以黑青稞、芫根、马铃薯、饲草料为主的"四个万亩"种植计划，聚力打造黑青稞种源基地和农产品区域公用品牌，农业生产综合机械化率达 46%，青稞单产从 2021 年的 145.1 公斤增加至 2024 年的 202 公斤，产量同比增加 24.3%。https://difang.gmw.cn/qh/2024-10/13/content_37611591.htm。

《祖孙俩——扎洋和陈林江才》

李继飞　纸本素描　368mm×260mm

创作于玉树州囊谦县香达镇青土村　2024年8月5日

一条河丰满了一段历史，一座桥承载了一段记忆。矗立在扎曲大桥的彩虹门，寓意"红"帆领航、"橙"心服务、"金"谷满仓、"绿"水青山、"青"风育廉、"蓝"盾维稳、"紫"气东来，以彩虹立志、以哈达传情，感恩伟大的祖国。

草原上永不消逝的彩虹

《才仁卓玛》

李继飞　纸本素描　368mm×260mm

创作于玉树市西杭街道禅古村　2024 年 8 月 6 日

灾后重建"第一村"

——玉树市西杭街道禅古村调研记

在青藏高原的腹地,美丽的玉树扎曲河畔,有一个被历史铭记的村落——禅古村。这里,不仅是玉树灾后重建的"第一村",更是民族团结进步的象征,一个充满活力、和谐共生的典范。

从 2010 年那场毁灭性的地震中涅槃重生,到如今成为民族团结进步的标杆,禅古村的发展历程充满了艰辛与挑战,也承载着希望与梦想。在这里,我们看到了中国共产党领导下的社会主义制度优势,看到了科学规划与精准施策的力量,更看到了玉树人民在党的领导下,团结一心、共克时艰的坚定信念。

禅古村的故事,是一部生动的民族团结进步史。调研期间,我们入户访谈了三家村民,聆听了他们的心声,感受了他们的变化。从他们的故事中,我们更加深刻地理解了"民族团结进步"的深刻内涵。禅古村的今天,是无数干部群众共同努力的结果,是党的民族政策在基层落地生根的生动体现。

⊙ 禅古村的重建新生与蜕变

从巴塘机场驶向玉树市结古街道，沿途的扎曲河畔，绿荫掩映下，一个红顶黄墙、依山傍水的村落映入眼帘，这便是禅古村。它坐落于结古街道南约 11 公里，东靠禅古寺，南邻禅古水电站，214 国道穿村而过，是通往勒巴沟、文成公主庙、嘉那嘛呢石堆等名胜的必经之地。这里平均海拔 3700 米，空气含氧量仅为海平面的 60%，年平均气温 –0.8℃，是一个半农半牧的行政村，有 4 个农业合作社，共 232 户，764 人居住。

禅古村被誉为玉树灾后重建的"第一村"。2010 年 4 月 14 日，玉树遭受 7.1 级强烈地震，损失巨大。禅古村所在的结古地区，受灾最为严重，几乎所有房屋倒塌，整个村子被夷为平地。震后第 20 天，2010 年 5 月 4 日，以禅古村为起点，灾后重建在玉树州迅速铺开。仅用 6 个月的时间，在 2010 年 11 月，禅古村整村搬迁重建。

如今，重建后的禅古村，红顶黄墙的新居错落有致，巴塘河静静流淌，广场上老人悠闲地晒着太阳，新建的路灯和护栏保障了村民的出行安全，凉亭为村民提供了休憩的场所……

地震前，村民散居山上，居住条件简陋，交通闭塞，经济发展受限。灾后，全村搬迁至河对岸的平地上，基础设施得到极大改善，为孩子们提供了更优质的学习环境，村庄面貌焕然一新。2014 年，禅古村荣获全国文明村镇称号，坚定了村民打造和谐文明村社的决心。村民江格回忆往昔，感慨万分："过去到结古需骑马，如今桥通路畅，生活大为改观。"现在，江格一家住在新居，3 个儿女完成学业，家庭和睦美满。

玉树抗震救灾是人类在高原高寒地区进行的大规模救援行动，其艰难程度世所罕见。2010 年 6 月至 2013 年 10 月，是玉树灾后重建的关键时期。在党中央、国务院的坚强领导下，对口援建省市和央企及部队的大力支持下，青海人民共同努力，完成了高海拔地区最大规模的重建。到 2013 年，玉树州农牧民住房和城镇居民住房全部建成并入住，基础设施得到完善，灾区群众住房条件得到根本性改善。玉树重建投资 447.54 亿元，完成 1248 个重建项目，建成了布局合理、功能齐全、设施完善的新玉树，实现了"重建 3 年，跨越 20 年"的目标[1]。

---

[1] 从 2010 年 7 月到 2013 年底，经过七百多个日夜的艰苦鏖战，玉树纳入国家重建规划的 1248 项重建项目全部完工，累计完成投资 447.54 亿元。康巴艺术中心、格萨尔广场、行政中心、游客集散中心、博物馆等标志性建筑傲然挺立。居民的居住条件得到根本改善，基础设施大幅提升，现在整个玉树的公共基础设施建设占到整个城市建设的 50%。"废墟上崛起的重建奇迹，是'中国之治'在藏区的生动实践。"新华社新媒体 2020 年 4 月 14 日在《废墟上的重建奇迹——青海玉树这十年》一文中报道，玉树重建开创了迄今为止人类历史上海拔最高的灾后重建。

▲ 禅古村党群服务中心广场

禅古村发展历程充满了艰辛与挑战，也承载着希望与梦想。

▲ 调研组在结古街道禅古村村民新居门前合影

禅古村恢复重建秉承安全宜居、舒适自然、功能齐全的原则，村庄布局尽量避让地质灾害易发区。房屋建设因地制宜，因山就势，形成错落有致的空间形态。

我们一直在追问，"玉树奇迹""禅古模式"是什么？

"玉树奇迹""禅古模式"离不开党建引领，从制度优势、政治优势到发展优势。作为灾后重建"第一村"的禅古村体现了中国共产党是中国特色社会主义事业的坚强领导核心，再次证明了办好中国的事情，关键在党。正是有了党的坚强领导，才有了从抢险救援、过渡安置到恢复重建、发展振兴的一个个"玉树奇迹"。正是有了广大党员干部的身先士卒、率先垂范，才立起了一面面旗帜、一个个标杆，也才能在最短时间内凝聚起了灾区群众克难而进的必胜信念。禅古村的奇迹是社会主义中国的制度优势的生动印证。地震发生后，国家第一时间动员全国力量，开展了一场高寒地区规模最大、成效最显著的救援行动，震后第一时间，全国各地的救援力量和物资善款汇集到灾区，以最快的速度，最有力的措施，最有效的方法施援。中央在震后两个月即作出对口援建的部署，来自全国各地的援建人员、物资源源不断地向玉树集聚。禅古村抗震救灾和灾后重建取得的巨大成就，彰显了社会主义中国集中力量办大事、办难事、办急事的制度优势。

"玉树奇迹""禅古模式"离不开科学规划。震后两个月，国务院批准印发《玉树地震灾后重建总体规划》，新家园的蓝图正式绘就。震后不到三个月，玉树灾后重建的第一个重点项目巴塘机场夜航工程竣工投入使用。禅古村率先进行恢复重建，标志着玉树抗震救灾工作进入新阶段。青海省国土部门对禅古村的新址进行了地质灾害评估，地震部门对重新选址的地点进行了分析和论证。禅古村恢复重建秉承安全宜居、舒适自然、功能齐全的原则，村庄布局尽量避让地质灾害易发区。房屋建设因地制宜，因山就势，形成错落有致的空间形态。禅古村规划"一轴三心四组团"。一轴以交通线为中轴，三心结合禅古村产业发展，设立文化中心、居民活动中心和风景展示中心。

玉树州借势灾后恢复重建，全面加强基础设施建设，加快城镇化步伐，玉树城乡发生了翻天覆地的变化。玉树市先后荣获国家卫生城市、全国民族团结进步示范城市、全国文明城市等荣誉，见证了城市建设发展的成就。

"玉树奇迹""禅古模式"离不开跨越山川的双向奔赴。党中央国务院确立了"由国家出资、由援建方建设、由地方提供服务保障"的特殊援建方式。自2010年启动对口支援青海玉树藏族自治州工作以来，北京市先后派出四批、186名援青干部人才，实施各类援建项目324个，为脱贫攻坚、民生改善、医疗救助等作出了重要贡献。北京援建的禅古村党员教育基地、江南县旧址红色教育基地等丰富了玉树开展爱国主义教育、感恩

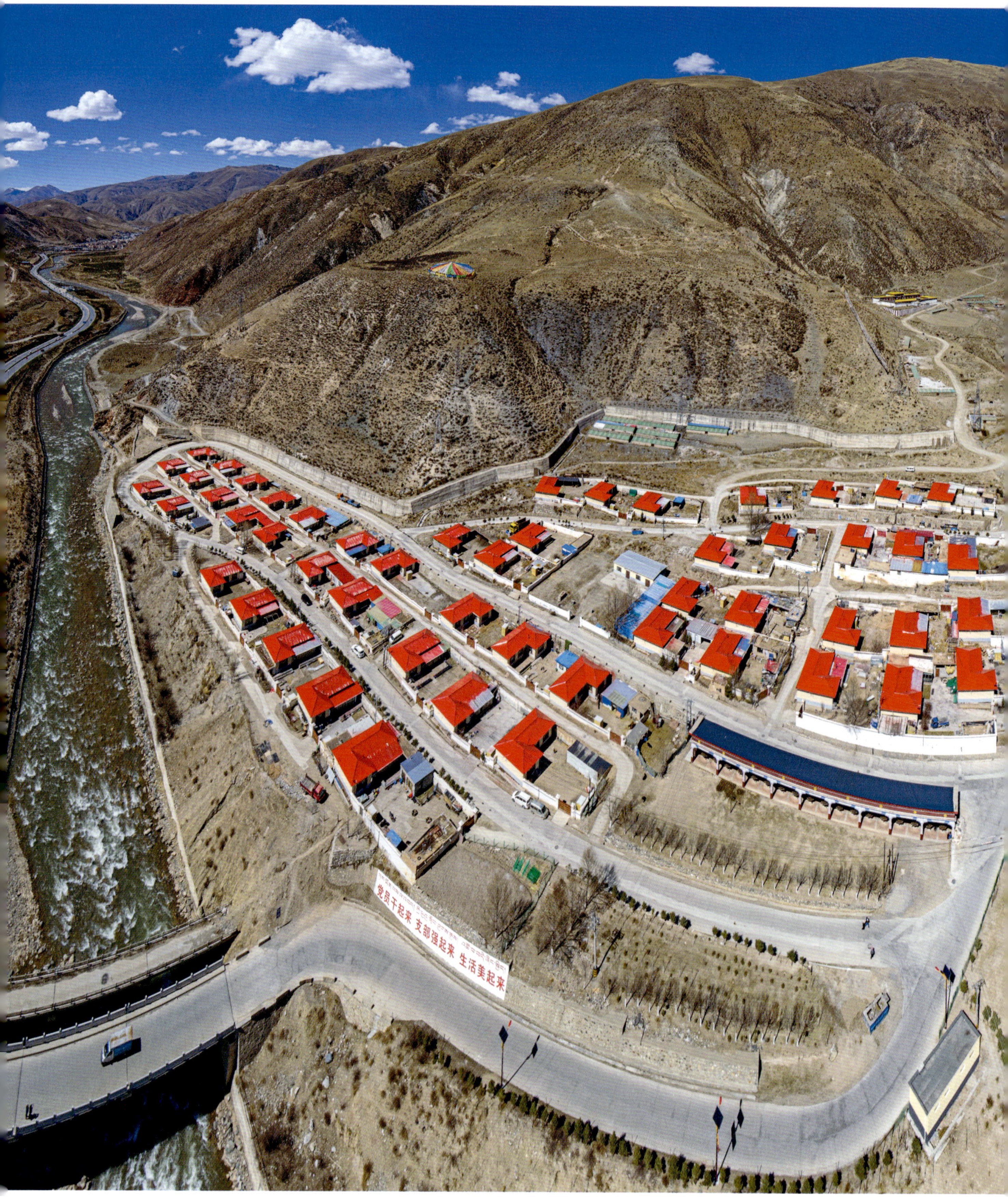
党员干起来 支部强起来 生活美起来

"玉树奇迹""禅古模式"离不开党建引领、科学规划及跨越山川的双向奔赴。

教育、党性教育的平台。扶持开展"村寺并联治理"工程和"三基"干部学院建设，帮助实施千名村级后备干部培养培训工程。特别是在民族团结方面，北京市社会各界组织开展与玉树州的"结对子、走亲戚、交朋友、手拉手"等活动，把对口支援工作打造成民族团结进步工程。北京市对玉树实施全方位、宽领域、多层次的支援，援建资金比例、总量和到位率均居6个对口援青省市之首。2011年至2017年，北京累计安排援青资金17.45亿元，331个项目；2018年至2020年计划内安排10.67亿元，计划外增加脱贫攻坚专项经费3亿元，为新玉树转型跨越发展注入了活力、增添了动力。北京紧紧围绕精准扶贫实施民生工程，确保援建资金的80%以上用于基层和改善民生，累计投入民生工程14.14亿元，实施项目213项，占援助资金的81.03%。累计投入资金1亿余元开展各类人才智力培训项目118批次，增强了玉树发展的内生动力。实施人才培养工程，在政府管理、公共服务、市政运营等方面培训2.9万余人次。

⊙ 共绘民族团结与宗教和睦新蓝图

在玉树州，宗教信仰在当地民众生活中占据着举足轻重的地位。全州共有佛教寺院238座，保持着"寺村不分家"的传统。禅古村旁的禅古寺，全称为青海禅古扎西求林寺，亦称创古寺，是一座始建于公元12世纪的藏传佛教噶举派重要寺院。寺院坐落于海拔3700多米的地方，分为上下两寺，相距约70米。下寺作为母寺，"禅古"这个名称源自下寺附近一块色彩斑斓的磐石。在地震中，禅古寺遭受了严重破坏，但经过多年的艰苦努力，新的禅古寺在废墟中重新站立，再次屹立于青藏高原之上。

"和实生物，和谐生美"。青海以其多民族聚居、多宗教共存、多元文化共融而著称。2023年8月，在玉树州"强村带寺·双星联创"工作互学互评交流会前，参会代表实地参观了禅古村和禅古寺党建引领下的"强村带寺·双星联创"工作。

近年来，玉树州在坚持党的领导和发挥基层党组织作用的基础上，深入推进强村稳寺、强村治寺，创新实施了"强村带寺·双星联创"模式，引导村寺在生态、团结、民生、和谐、文明五个领域进行共建联创。通过打造"五星村"和"五星寺"，推动了基层社会治理从"治"到"创"、从"应急"向"常态"、从"被动"向"主动"的转变，探索出铸牢中华民族共同体意识的"玉树路径"。

以打造"五星村"为引领，强化农牧区基层战斗堡垒。立足"思想聚村"，创建"强村讲堂"。将村干部和农牧民党员群众的思想政治引领作为强村带寺工作的核心。创新开设"强村讲堂"，组建了一支政治坚定、业务精干、立场坚定的专业化宣讲队伍"强村导师团"，使用藏汉双语，常态化开展"七讲"活动，将党的声音和民族团结的主旋律传递

▲ 调研组调研禅古村

走进禅古村，干净整洁的村道通到家家户户的红顶新居门前，屋顶上迎风招展的五星红旗、墙壁上藏汉双语精心书写的标语，展示着禅古村村民的新生活。

到农牧民群众心中，探索出符合民族地区基层实际的"辅导式、宣教式"思想政治建设路径，增强了玉树各族群众对党的认同感和归属感。

立足"支部领村"，强化基层堡垒。实施村党支部"六化"建设（即，支部建设标准化、"两委"成员知识化、党员队伍年轻化、组织生活严肃化、阵地建设标准化、服务活动经常化），在"抓规范、抓软弱、抓队伍"上集中发力，制作藏汉双语版党支部工作手册、党支部工作流程图，进一步严肃规范组织生活；落实发展党员全纪实管理制度，建立农牧民党员政治审查负面清单。打造提升村级组织阵地，充分发挥村级党群服务中心作用，实现有人办事、有地方说事。

聚力"能人带村"，提升履职能力。将村干部队伍建设作为发展乡村、稳定乡村、治理乡村的关键基础，通过实施村（社区）"一肩挑"人员事业岗位管理试点工程，有效激发村（社区）党组织书记干事热情；通过实施村（社区）"两委"干部学历提升"蓄水池"工程，有效解决村（社区）"两委"干部学历不高、能力不强的问题；通过实施"一村一助理"返乡大学生赋能工程，为村"两委"回引、锻炼了一批有学历、有能力、有干劲的优秀后备干部。

立足"产业兴村"，破解发展瓶颈。建成生态畜牧业合作社100个、标准化家庭农牧场120个，结合"支部＋产业＋党员"等做法，村集体经济实现从"破零"到"强村"的转变，100%的村集体经济收益突破10万元，年收入增长率达10.2%。

生态畜牧业合作社、抱团发展、村企联建等办法不断丰富玉树集体经济发展路径，集体有资产、群众有分红的变化，让村党组织腰杆更硬。

立足"生态绿村"，守护绿水青山。坚持以"红色党建"推动"绿色发展"，将生态利民、生态惠民、生态为民作为根本价值取向，大力创建省级生态示范村、生态文明示范村。

同时，以铸牢中华民族共同体意识为主线，着力建设"五好寺庙"。

坚持"政治领寺"，凝聚感恩共识。把寺庙"七进"活动作为推动创建挂星工作的重要载体，推动国旗、宪法和法律法规、社会主义核心价值观、中华优秀传统文化等进寺庙，寺庙"升国旗、看新闻、学汉字、读报刊"成为常态。把思想政治引领作为坚持我国宗教中国化方向的坚实基础，组建"强村带寺"宣讲团，多次开展巡回宣讲活动，开展国家通用语言文字演讲和书写比赛等文化活动，"讲法律、讲团结、讲环保、讲政策、讲感恩"融入日常，僧尼对"两个维护"的认同感、行动力不断跃升。

强化"干部驻寺",规范日常管理。按照青海省委提出的"六必须""六做好"要求,坚持对驻寺干部、村干部、村警进行"打包"管理,组建副县级、副科级管委会和寺管办,对符合条件的驻寺机构设立党组织,规范党组织生活,配齐配强驻寺干部,实现寺庙驻寺工作全覆盖。出台驻寺干部工作规则、寺庙和驻寺干部队伍管理措施,加强党对宗教工作的领导,寺庙管理格局不断夯实。

注重"结对带寺",强化矛盾调解。建立领导干部三联结对机制,各级领导干部围绕"四个一"常态化入寺开展活动。驻村第一书记全面兼任寺庙民主监督委员会委员;"强村带寺"党建指导员常驻村寺,常抓治理,密切干僧联系、拉近干僧关系,推动矛盾问题在调解中化解,促进了民族和睦、宗教和顺,全州宗教界人士衷心拥护党的政策。

强化"依法管寺",减轻信众负担。坚持宗教中国化方向,构建"寺庙民主管理、村级自治管理、驻寺干部专职管理、乡镇属地管理、部门依法管理"五个共管模式,宗教领域乱象、宗教建筑无序扩张、未成年人入寺整治成效持续巩固,寺庙财务管理不断透明规范。

深入实施"四个创建"行动,在寺庙、僧尼间创新开展创评工作,形成以"创"促"治"、以"治"提"创"的良性局面。依托州佛学院教育阵地,培养了一批"政治靠得住、宗教上有造诣、品德能服众、关键时起作用"的宗教界代表人士队伍。

突出"精细治寺",确保掌握主动。一是在管细上发力,加强僧尼"进、管、出"动态管理,制定印发切实管用的管理制度。二是在制度上严密,大力开展寺庙教风建设和崇俭戒奢活动,健全完善寺规戒律。三是在暖心上助力,领导干部依托"联心共建"联系寺庙,常态化开展结对帮带、走访慰问等活动。

在玉树这片多民族、多宗教和谐共生的土地上,禅古村与禅古寺的融合发展成为了民族团结和宗教和睦的生动写照。村寺共建的模式,不仅提升了基层社会治理水平,还促进了民族文化的传承与发展,为构建和谐社会提供了有力支撑。

禅古村的实践证明,基层党建是引领社会治理的关键,而寺庙的和谐则是民族团结的重要体现。两者相辅相成,共同构筑了玉树州民族团结进步和宗教和睦的坚实基础。

⊙ 民生改善:民族团结进步的落脚点

发展是做好民族工作的立足点,是解决民族地区所有问题的关键。禅古村的变迁,是这一成效的生动写照。走进禅古村,干净整洁的村道通到家家户户的新房子门前,屋顶上迎风招展的五星红旗、墙壁上藏汉双语精心书写的标语,如"幸福是奋斗出来的""新时代、新玉树、新生活""永远跟党走",以及手绘的精美图画,展示着禅古村村

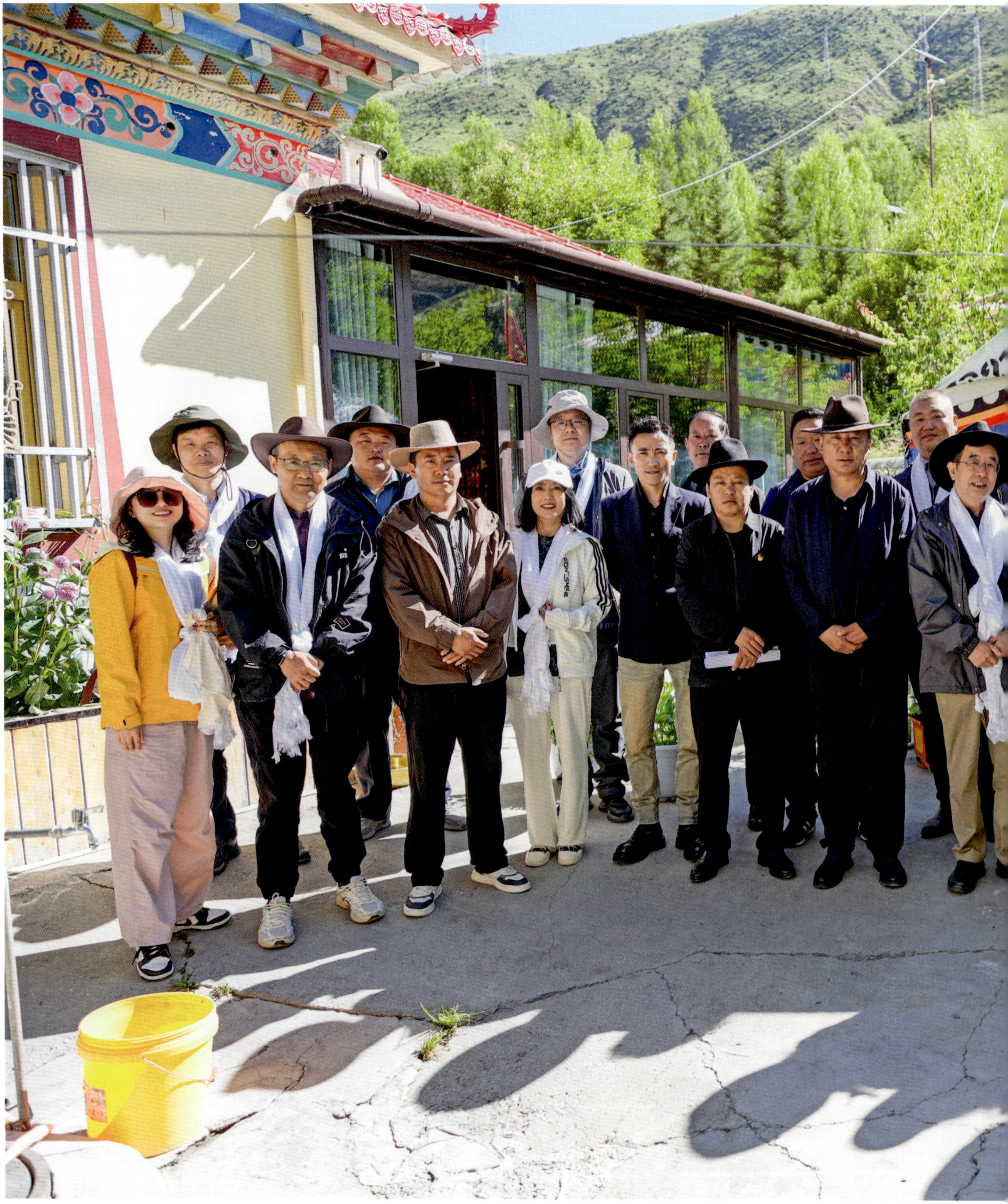

▲ 调研组在尼周家小院里合影

尼周和自己的妻子才仁卓玛的家在村的东头，宽敞的小院里鸟语花香，80平方米的房子里藏式的家具、现代化的家用电器一应俱全。

民的新生活。从废墟到重生，完善的基础设施不仅改善了村民的生活条件，也悄然改变了他们的思想观念。他们外出打工、做虫草生意、搞特色养殖、发展村集体产业，收入来源的多样化让村民的腰包也鼓了起来。地震前，禅古村村民的人均年收入只有4000多元，到2020年底，村民的收入增加到了10500多元。

尼周家是我们走访的第一站，他们家位于村子的东侧，拥有一个宽敞且充满鸟语花香的小院。80平方米的房子内部装饰温馨，藏式家具与现代化家用电器一应俱全，显得既传统又现代。尼周和他的妻子才仁卓玛将家打理得井井有条，每个角落都干净整洁。虽然室内的摆设并不奢华，甚至有些陈旧，但这份整洁与有序透露出家的温暖与幸福。桌子上摆放着糖果和饮料，客厅的古董架上陈列着各式各样的全家福照片，记录着这个家庭的欢乐时光。尼周和妻子育有两个漂亮的女儿，大女儿叫更求卓玛，小女儿叫永青拉毛，家中弥漫着浓厚的温馨气息。茶几上摆放着新鲜的水果和各种小点心，我们的到访打破了屋内的宁静，才仁卓玛热情地迎接我们，她的好客之情让人倍感温暖。

尼周是一名老党员，他曾是村里数一数二的勤劳致富能手。在外奔波数年后，尼周积累了一定的财富。如果不是他的介绍，我们很难相信，这个充满生机的家庭曾经是一个低保户。尼周回忆，地震前，他们家条件艰苦，长期生病的女儿让家庭负担更加沉重。然而，搬至新居后，尼周利用便利的交通条件，开始从事虫草生意，家庭收入逐渐增加。

尼周感慨地说：“过去交通不便，连水都得外出取用，现在水可以直接引入家中，无论是雨天还是雪天，喝水都不再是问题。感谢国家给予的巨大帮助，我们自己也必须努力。”

尼周家是州级民族团结进步示范家庭，曾接待过北京市和青海省的主要领导。他回忆说，在2023年2月20日，时任青海省委书记、人大常委会主任陈刚来到家中，强调要将学习党的二十大精神与本地实际情况相结合，以实际行动感恩习近平总书记、感恩党中央。尼周感叹："现在的生活越来越好，过去在春节我们才能享受一些特殊的食物，现在每天都像过节一样。国家的政策越来越好，你看村里这道路、电网，还有篮球场，变化太大了。我对未来的生活充满希望，希望它会越来越好！"

离开尼周家，我们来到旦周多杰家。一踏入家门，便感受到一股温暖的氛围。客厅的炉火旺盛，与外面高原炽热的阳光相呼应，使得整个房间洋溢着暖意。新购置的暖色调布艺窗帘轻柔地覆盖着大玻璃窗，阳光透过窗帘的缝隙，洒落进屋内，被窗帘柔和地过滤，留下一室的温馨。

▲ 旦周多杰家的"荣誉室"

旦周多杰家墙壁上挂满了各式各样的奖状,它们在阳光的照耀下格外引人注目。

▲ 当求卓玛的"高光时刻"

"总书记噶珍切（感谢您），共产党噶珍切（感谢您）！"当求卓玛手握西南民族大学的录取通知书，喜悦之情溢于言表。

54岁的旦周多杰是一位林业管护员，尽管他仅是小学文化水平，但他对女儿当求卓玛的成就感到无比自豪。他小心翼翼地展示着女儿被西南民族大学录取的通知书，黝黑的脸庞上洋溢着抑制不住的笑容。他反复念叨着女儿的优秀和勤奋，以及她获得的诸多奖项。旦周多杰回忆道，过去村里的孩子们上学非常不易，需要长途跋涉至镇上的学校，路途遥远且路面狭窄，加之车流量大，没有公共交通工具，他曾一度考虑放弃送女儿上学。如今，这种情况在禅古村已经终结了。2021年9月新学期开始前，禅古村成功解决了学生的上学交通问题。经过广泛的征求意见和协调，公交公司同意开通了一条新的公交线路，连接禅古村和玉树市公交客运有限责任公司，专门用于接送孩子们上下学。这条线路的开通，不仅解决了孩子们的交通难题，也承载了一个个家庭的希望与未来。

当求卓玛作为家中唯一的女儿和龙凤胎之一，出生于2004年10月1日，正好是国庆节的生日，她感到非常自豪。她还有三个哥哥，分别叫作吾金闹拉、索南多江和普措文江，他们都非常疼爱她。在这样一个充满爱的家庭环境中成长，当求卓玛从小就立志要爱家爱国。她在报考大学时选择了藏文专业，当被问及毕业后的职业规划时，她坚定地表示："我想回到家乡成为一名老师，这是我从小的梦想。"当求卓玛说，"总书记噶珍切（感谢您），共产党噶珍切（感谢您）！"是父亲旦周多杰经常挂在嘴边的话。玉树人民深知，没有中国共产党的领导，没有各民族的团结，就没有今天的新玉树。

⊙ 民族团结和产业发展双向赋能

我们在禅古村调研的第三户人家，户主名叫格来仁青，给我们留下了深刻的印象。格来仁青的汉语非常流利，他告诉我们，他从小就对汉语有着浓厚的兴趣，并自学汉语。大概就是这份情缘，让他娶了一个汉族姑娘为妻。格来仁青的妻子叫刘奕杉，在家都用汉语交流。格来为妻子起了一个藏语名字——白玛拉母，意为"莲花仙女"，寓意着美好与纯洁。他用地道的普通话向我们讲述了一个充满爱意的跨民族爱情故事。白玛拉母，一位兰州姑娘，多年前来到玉树旅游，与格来相识、相爱，并育有一个可爱的女儿益西措嘉。

在这对夫妻身上还不仅仅是一个跨民族的爱情故事，还发展出了新的创业故事。格来随妻子到兰州，进行学习和考察，萌生了自己创业的想法。最终夫妻俩决定回到玉树，共同经营一家藏文化声音疗愈馆。尽管这个疗愈馆才刚刚起步，但得到了当地政府的关注和支持。格来还加入了玉树市青年企业家协会。这个协会汇聚了众多像格来仁青这样的青年才俊，他们大多有一段"走出去"的经历，在与外部的交往交流中长了见识、积累了财富，因为对家乡的热爱而选择回到家乡，共同为玉树的建设和产业发展贡献力量。

这个协会是由当地的青年企业家自愿组成的一个非营利性社会团体，具有独立的法人资格，是政府与创业者、企业家沟通的一个重要桥梁。协会致力于开展各类培训、研讨、交流活动，提升青年企业家的综合素质，同时，通过发现和宣传优秀典型，促进青年企业家队伍的成长，推动经济合作与交流，为玉树市构建经济协作网络。

格来仁青热爱阅读，尤其钟情于人文和自然类书籍。他家的藏式茶几上摆满了各类有关汉藏文化交流的图书。他向我们介绍了家乡玉树的旅游资源，强调了玉树作为三江源头的独特地位，以及丰富的野生动物资源和多姿多彩的民族文化。玉树被誉为"歌舞的海洋"，这里的卓舞不仅歌颂赞美家乡和自然风光，还广泛反映社会生活的各个方面，展现出男性舞蹈的阳刚之美和女性舞蹈的柔美秀丽。玉树的传统赛马会历史悠久，是中国十大赛马比赛之一，也是青海规模最大的藏民族盛会，每年盛夏，玉树藏族群众都会身着盛装，举行盛大的巡游和赛马活动，吸引着来自世界各地的游客。谈到这些的时候，格来对藏文化的推广和文旅产业的发展充满信心。

格来仁青表示，他计划继续学习英语，以便更好地接待来自世界各地的朋友，为玉树的发展贡献自己的力量。他的故事，是禅古村变迁的缩影，也是民族团结和产业发展双向赋能的生动写照。

《格来仁青》

李继飞　纸本素描　368mm×260mm
创作于玉树市西杭街道禅古村　2024年8月6日

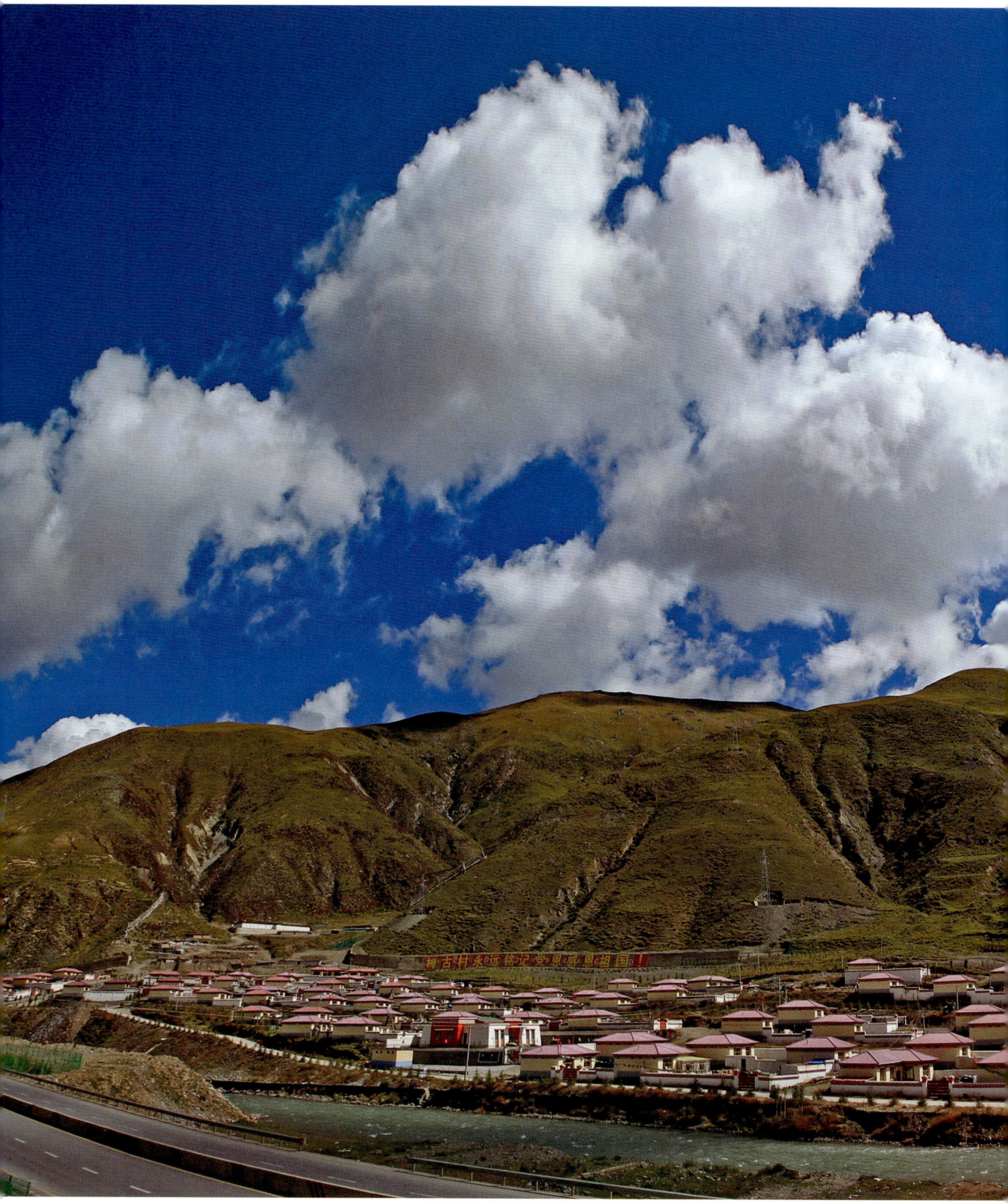

重建后的禅古村，红顶黄墙的新居错落有致，巴塘河静静流淌，新建的路灯和护栏保障了村民的出行安全，凉亭为村民提供了休憩的场所……

《花好梦圆——尕玛文索一家》

李继飞　纸本素描　368mm×260mm

创作于玉树市西杭街道扎西大同村　2024年8月6日

山乡巨变孕育"大同梦"
——玉树市西杭街道扎西大同村调研记

位于玉树市城区的扎西大同村,是典型的"人多地少"城中之村,全村仅 0.53 平方公里。

2010 年 4 月 14 日,青海省玉树藏族自治州在 7.1 级强烈地震中遭受重创。14 年后的今天,玉树凤凰涅槃,一个绿色、幸福、和谐的现代化高原新城矗立在三江源头,扎西大同村也借"天时地利人和"之势,积极拓宽增收渠道,在"方寸之间"走出一条多业并举的致富路子,以山乡巨变间孕育美好生活"大同梦",收获了老百姓的真心点赞。

昔日的极重灾区,今日已成为玉树市村集体经济的"风向标""领头雁"。

一个村子,一部历史,一种坚守,一片未来。

⊙ 地震废墟上的浴火重生

在"4·14"玉树地震中,当时的结古镇扎西大同村是整个玉树县[1]受灾面积最大的地区,方圆3公里的范围内,几乎所有的民房都被夷为平地。

"救人要紧。"当时还是村长的尕玛文索,父亲在地震中不幸遇难。全村28名党员,一半多的家庭有亲人遇难,但他们第一时间冲入搜救现场,从废墟中救出了165名群众。

"佩戴党员徽章的人就是为我们办事的人",这是扎西大同村百姓的共识。灾后重建工作全面展开后,村党支部响亮地提出,党员要在灾后重建中创先争优,带头建房子、带头搞生产,带动全体村民积极投入到新家园的建设工作中。村砂石厂、炒面加工厂快速恢复生产,铝合金厂、砖瓦厂开始筹建,新村规划加速完成,许多村民着手筹备建房。村党支部组织村里100多名青壮年外出挖虫草,帮助村民开商店、设摊点,联系企业单位让有一技之长的村民外出务工。村民们生活稳定了,重建家园的劲头也更足了。2012年10月,扎西大同村400多户灾区农牧民陆续搬进新居,告别帐篷。

有一种荣誉,叫"全国抗震救灾英雄集体"。由于在抗震救灾任务中表现出色,敢打硬仗恶仗,扎西大同村党支部在2010年8月被中共中央、国务院、中央军委联合表彰为"全国抗震救灾英雄集体"[2]**。**

走进扎西大同村的党员活动室,"做时代先锋 为党旗争辉",挂满奖牌的荣誉墙格外引人注目——青海省先进基层党组织、全省抗震救灾模范集体、玉树抗震救灾先进基层党组织、全省农村牧区先进基层党组织、全国妇联基层组织建设示范村、玉树市"三八"红旗集体、玉树市先进基层党组织、全省农村牧区先进基层党组织、全省民族团结进步示范村……

2016年,扎西大同村顺利实现脱贫摘帽任务。通过实地走访调研我们了解到,目

---

[1] 2013年,青海省批复同意撤销结古镇;2014年,玉树县撤县设市后,玉树市区设立结古街道、西杭街道、扎西科街道、新寨街道。玉树市西杭街道办事处于2014年3月挂牌成立,西杭街道办下辖3个社区、2个行政村,西杭社区、胜利路社区、扎西大同社区、禅古村、扎西大同村。

[2] 2010年8月18日,《中共中央国务院中央军委关于表彰青海玉树全国抗震救灾英雄集体和抗震救灾模范的决定》提出,授予玉树州抗震救灾指挥部等225个集体"全国抗震救灾英雄集体"荣誉称号;授予王玉虎等330名个人"全国抗震救灾模范"荣誉称号,追授松尔等4名同志"全国抗震救灾模范"荣誉称号。

前扎西大同村共有 225 户 718 人，其中脱贫监测户 8 户 41 人，脱贫户 113 户 374 人，一般户 104 户 303 人。村"两委"班子成员 5 名，已实现"一肩挑"，党员 37 人。共有 3 个农牧业合作社，现有草场面积 68000 亩，耕地面积 400 亩，现有牛 2314 头，羊 620 只。2023 年，全村脱贫人口人均纯收入 14876.39 元，其中工资性占比 49.43%（主要为公益性岗位及务工收入）；生产经营性占比 6.72%（主要为畜牧业及经商）；转移性占比 31.38%（主要为政策性惠民收入）；财产性占比 12.47%（主要为村集体经济分红）。2023 年人均收入同比 2022 年（12415.64 元）增长 2460.75 元，同比增长 19.82%。

在村集体经济方面，扎西大同村充分利用城中村独特的地理区位优势，实行"党支部＋企业＋合作社＋农牧户"的融合发展模式，实施"收益分红＋稳岗就业＋滚动发展"的利益联结方式，走出一条资产整合、混合经营、多元发展的村集体经济发展新路，形成六大支柱产业。

昔日的极重灾区，今日的"小康村"，这个党和国家领导人曾踏足过的地方，这个曾牵动亿万人民神经的地方，走出了一条新时代乡村产业振兴路，用实绩大声宣告"我们挺过来、强起来、富起来了！"

⊙ 从 400 万到 1 亿的跃升

地震给当地百姓带来灾难的同时，也带来了前所未有的机遇。三年灾后重建，基础设施跨越二十年，藏族百姓学会了援建者的语言，思想观念也得到了更新，这是一笔宝贵的财富。

"从今年开始到 2020 年，基本消除集体经济空壳村，实现'破零'工程全覆盖。"时间回溯到 2018 年 6 月 22 日，青海省村集体经济"破零"工程启动大会做出郑重承诺。当时，全省行政村集体经济"空壳"率高达 78.6%，作为西部落后地区的经济穷省、人口小省，要兑现这份庄严的承诺，非立下愚公移山志不可，非凝聚力量科学施策不可，非咬定青山苦干实干不可[3]。彼时的扎西大同村村民，面对村党组织提出的想方设法发展

---

[3] 何敏：《我省村集体经济"破零"工程开新局》，《青海日报》2020 年 6 月 10 日第 5 版。

玉树市西杭街道扎西大同村街道实景图
昔日在地震中遭受重创的扎西大同村,如今新房舍、新设施一应俱全,处处洋溢着欣欣向荣、蓬勃发展的新农村新气象。

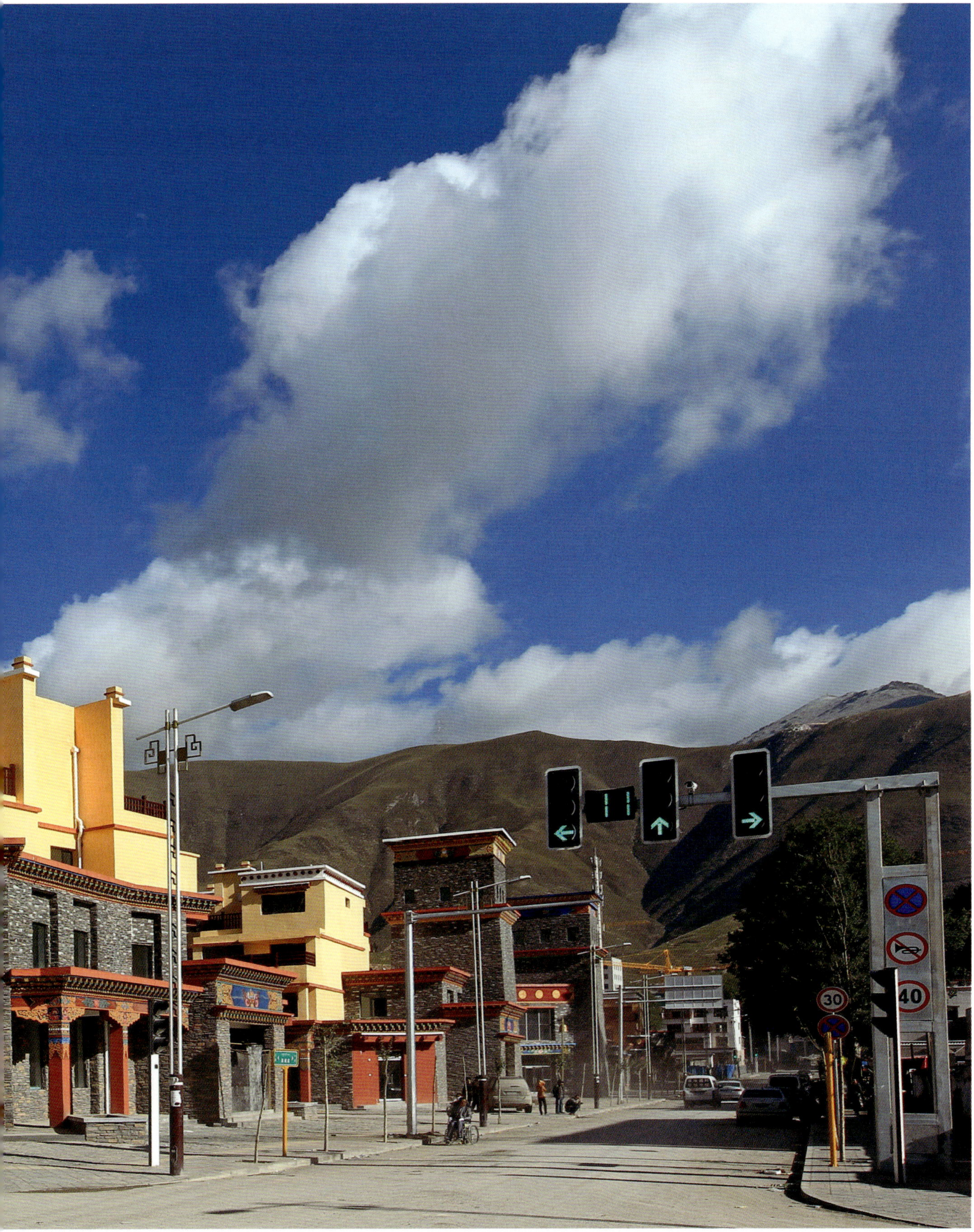
30
40

集体经济的决定，也一度存在不乐观、不信任的情绪。为转变村民的思想观念，扎西大同村"两委"班子成员通过会议研讨、走访入户做村民思想工作，逐渐赢得群众的信任和支持，并针对农牧区发展的现实需求，提出"抢抓机遇、把握优势、因地制宜，从单一型集体经济走向混合型集体经济"的发展思路。

畜产品交易是第一个突破口。当时，玉树市的畜产品交易还很落后，想买畜产品的人因为没有固定的交易场所，不知道去哪里买；想卖的人也因为没有像样的门店，畜产品卖不出去。

面对这个两难的问题，村党支部采取整合扶贫资金、群众集资、银行贷款等方式，筹措资金 300 多万元，成立扎西大同畜产品交易有限责任公司，新建玉树市畜产品交易市场，把原先分散式、无固定场所的畜产品交易统一集中到畜产品交易市场，不仅给交易双方带来方便，更给村集体经济带来可观的效益。此后，村里还积极争取国家灾后重建政策和扶贫政策支持，再投资 1300 万元，进一步扩大交易市场和公司规模。

畜产品交易市场的成功为进一步巩固和扩大村集体经济成果奠定了基础。经过一段时间的摸索，扎西大同村按照市场化经营模式，依托新玉树发展机遇，按照"什么产业有市场、有经济效益，就发展什么产业"的路子，不断优化丰富村集体经济产业结构，逐步探索出一个资产整合、混合经营、多元发展的乡村产业振兴模式。

深入调研可以看到，扎西大同村已发展农畜产品综合交易市场（2023 年收益 355.99 万元）、大型汽车修理厂（2023 年收益 24.2 万元）、青稞炒面加工厂（2023 年收益 13.94 万元）、三江源商城商铺（2023 年收益 8.92 万元）、加多宝（省级）产业园区入股（2023 年收益 39.33 万元）、生态畜牧业合作社（2023 年收益 62.3 万元）6 个核心产业。

2023 年 10 月，扎西大同村特色产品展示区提档升级项目及村集体经济壮大项目竣工验收，在农畜产品综合市场内新建速冷库 6 间，还设置了 12 个特色产品展示位供企业和商户有偿使用。

产业发展兴旺，让不少村民实现就近就业，村里群众的"钱袋子"也越来越鼓。

面向未来，扎西大同村正在规划建设未来三年的"大项目"，计划在振兴宾馆侧面新建"为农服务中心"[4]，项目总建筑面积 10864.67 平方米，其中地上建筑面积 8813.32 平

---

[4] 立足村情谋发展，实地调研的过程中，我们在扎西大同村的村情展板上看到，"扎西大同村未来展望图"对"为农服务中心"已作出初步规划。

方米，地下建筑面积 2051.35 平方米。层数为地上五层，地下一层。地下一层高 4.2 米，二至三层均高 3.9 米，四至五层均高 3.6 米。地下一层为车库及设备用房，地上为农贸市场、商铺、餐厅公租房、宾馆等。

> **2010 年，扎西大同村的固定资产 400 万；2024 年，村集体经济固定资产预评估价突破 1 亿元[5]。从 400 万到 1 亿元的跃升，不仅是一个村创造的财富，更是从脱贫攻坚到乡村振兴的山乡巨变！**

⊙ 党建引领画好发展"同心圆"

没有人甘愿靠天吃饭，艰苦的自然条件总会造就一批吃苦耐劳和具有冒险精神的引路人。在扎西大同村灾后重建中，村"两委"通过入户走访了解、召开村民大会，理清发展方向，研究制定村集体经济发展规划，带领村民一起奋斗，最终成为玉树市村集体经济发展的"样板"。如今，依然是那群佩戴党员徽章的人，立足村情谋发展，夯实基础促振兴。

近年来，扎西大同村的村集体经济一直稳居玉树市之冠。在玉树市委组织部的有关负责人看来，这主要得益于该村有一个组织信任、群众认可，具有很强战斗力的党支部和具有凝聚力的"两委"领导班子。这一点，也在调研过程中得到了进一步印证。始终牢记党的宗旨，弘扬传统，思百姓所思、想百姓所想。扎西大同村委会带领群众脱贫奔小康，不仅鼓了群众的"钱袋子"，还按照群众向往美好生活的需求，努力在精神家园建设方面也走在前面。"村领导好，一心为百姓好"，我们在扎西大同村调研期间，总是能听到类似的话语。

党建引领画好发展"同心圆"，扎西大同村筑牢"桥头堡"，积极创建"五好"党支部。农村基层党组织是党在农村全部工作和战斗力的基础。"给钱给物，不如建个好支部。"在扎西大同村，大家之所以形成这样的共识，很重要的一个原因是，党员干部在脱

---

[5] 2024 年 4 月 29 日，《青海日报》的"乡村振兴在青海"专栏刊登了扎西大同村的相关报道《产业风生水起　生活蒸蒸日上》，报道中写道："目前，扎西大同村已发展有农畜产品综合交易市场、大型汽车修理厂、青稞炒面加工厂、三江源商城商铺、加多宝（省级）产业园区入股、生态畜牧业合作社 6 个核心产业，村集体经济固定资产预评估价突破 1 亿元。"

贫攻坚征程中，始终冲锋在前，发挥模范带头作用，持续巩固拓展脱贫攻坚成果，扎实推动乡村产业、人才、文化、生态、组织振兴，全面落实新时代党的建设总要求。扎西大同村党支部紧扣时任青海省委书记陈刚提出的基层党建"六个一"要求[6]，聚焦产业富民，不断强化党建引领，抓实基层党建工作，全力推进村党组织建设提质增效，扎实推进"五好"党支部创建，推动各项工作高质量发展。

支部班子好——坚决贯彻落实习近平总书记关于"把基层党组织建设成为有效实现党的领导的坚强战斗堡垒"的重要论述[7]，强化党建引领，突出党员和群众两大群体，对无职党员进行定岗设责，纳入横向功能网格中，确保群众"需求在网格中发现、矛盾在网格中化解、服务在网格中开展"。

干部队伍好——村"两委"班子切实发挥示范引领作用，以上率下，层层带动，在全域无垃圾和禁塑减废专项活动中严格落实网格化机制，党支部书记、各社社长担任组长；通过"流动党校""帐篷党校""双语课堂"等，推动习近平新时代中国特色社会主义思想入心入脑、先学先悟；严格落实发展党员近亲属报备制度、流动党员双向管理制度，着力解决农牧民党员"双重信仰"问题；组织部部长、街道党工委书记、村党支部书记在村内开展基层大调研，全面掌握基层党建工作存在的问题，确保调出实情、研出实策、办出实事。

制度运行好——扎西大同村不断完善基层党建工作的运行机制，通过严格组织生活制度提升支部凝聚力，健全民主科学决策制度，严格落实抓党建述职评议考核制度，严格执行"三会一课""四议两公开一监督"等党组织制度，严格落实"坐班制""带班制"，确保村级党群服务中心有人办事、有人接待群众，切实做到制度执行严密、工作落实缜密、党群联系紧密。

集体经济好——扎西大同村作为玉树市村集体经济的"风向标"，积极探索"组织领、党员带、村民跟、同发展"的"扎西大同模式"。依托新玉树发展大势，充分利用城中村独特的区位优势，着力发展第三产业，形成六大核心产业。在此基础上，持续探索"党支部＋企业＋合作社＋农牧户"的管理运行模式，充分发挥党支部引领作用和企业、合

---

[6] 2023年1月11日，青海省委常委会召开（扩大）会议，听取并评议各市（州）委书记和省委派出党工委书记履行工作责任制述职。时任青海省委书记陈刚对抓基层党建工作提出"六个一"要求。他强调，基层党建、党风廉政建设和意识形态工作，事关党的执政根基、事关党的初心使命、事关党的先进性和纯洁性，关键在于想不想抓落实、能不能抓落实、会不会抓落实。要牢固树立大抓基层的鲜明导向，围绕开展一次专题研究、召开一次工作会议、组织一次深度调研、解决一批重点问题、树立一批工作样板、写好下一年度述职报告，一层一层传导压力、夯实责任、打牢基础，真正把基层党组织建设成为有效实现党的领导的坚强战斗堡垒。

[7] 丁炜：《把基层党组织战斗堡垒作用充分发挥出来（治理者说）》，《人民日报》2022年11月4日第9版。

▲ 大红灯笼中国结，映照乡村新面貌

红灯笼与中国结装扮村居，与周围的藏式建筑相映成趣，见证了一年又一年的团圆和欢乐。

作社示范带动作用。实施"收益分红＋稳岗就业＋滚动发展"的利益联结方式，做好全市乃至全州村集体经济的"领头雁"和"排头兵"。

乡村治理好——扎西大同村基层党组织严格落实"四议两公开"等民主管理制度。按照"党建引领、群众主体"工作思路，充分发挥老党员、乡贤能人等示范引领作用，将村民关注度高的邻里纠纷、社会治安、公共道德等方面重点难题纳入村规民约，让群众更好地参与乡村治理，实现村民自我管理、自我教育、自我服务的自治新局面。借助司法所、派出所、党群服务中心等，开展村民学法、守法、用法学习活动，通过案例重现、视频直播、警示教育等方式，以通俗易懂的形式，向群众传播法律知识，引导群众知晓法律法规、守好法律红线，学会用法律维护自身权益。依托新时代文明实践站，整合党员活动室、农家书屋等资源，在节日节点开展移风易俗、尊老爱幼、崇德向善宣传活动，通过面对面交流，使德治自律深入人心，健全"自治、法治、德治"相融合的基层治理体系。

扎西大同村始终以党建引领，发挥党支部战斗堡垒作用，因地制宜探索特色村集体经济发展之路，依托产业布局，做到产业延伸到哪里、党组织就覆盖到哪里，推动村级集体经济多元化发展。

扎西大同村树牢"红地标"，积极打通服务党群"最后一公里"。在玉树市，扎西大同村不仅村集体经济名列前茅，党群活动室建设的也是数一数二，不仅硬件设施好，面积足够大，还同步建立了图书室、会议室、活动室等，免费向全体村民开放。扎西大同村本着"一室多用"的原则，将党员活动室建设为集党员教育培训中心、村民议事决策中心、党群文娱活动中心于一体的多功能党员活动中心，大大提升了党员群众的满意度和幸福指数，活动室已然成为党员群众暖心的"红色地标"。

搭建党建学习平台，建设党员群众红色"充电站"。鼓励各党支部利用远程教育平台等网络载体，借助"三会一课"、主题党日集中开展理论学习、理论宣讲。同时，根据村民的需求，开展生产技术、务工技能、法律法规、科技知识等培训，既丰富了村民的精神生活，又提升了知识水平，老百姓得到了实实在在的实惠。

搭建沟通交流平台，建设党员群众沟通"议事站"。对村民开放党员活动室，群众有任何生活上的困难都可以到党员活动室进行反映，村"两委"干部收集村民提出的问题，建立清单逐项解决。以党员活动室为纽带，搭建党群干群"连心桥"，持续发挥基层党组织的战斗堡垒作用，推动更多"暖心实事"在党员活动室落地生根。

▲ 调研组与布才哇（右五）深入交流

都说微笑是阳光，能传递温暖，看藏民的笑容就知道了，走进他们的生活就看到了。

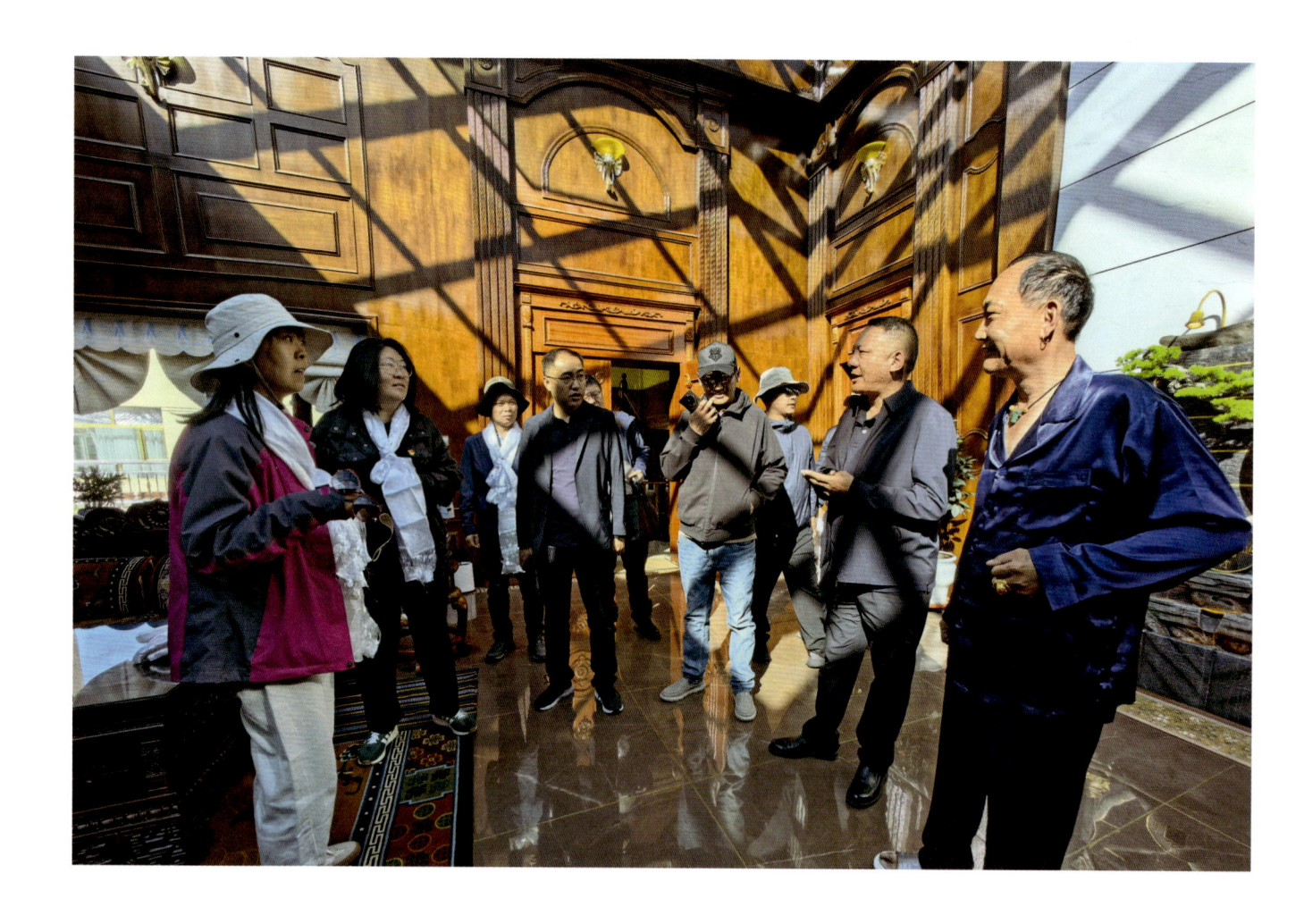

▲ 玉树市西杭街道扎西大同村村民布才哇家中

布才哇的家是典型的藏式建筑，既有古朴、神奇、粗犷之美感，也有精雕细刻、富丽堂皇的一面。

搭建为民服务平台，建设党群温馨家园"加油站"。充分利用各村现有资源，将党员活动室打造成家门口的"加油站"。村"两委"干部利用业余时间组织党员群众一起聊天娱乐、观看文化节目，欢声笑语不断，拉近了邻里关系，活动场所已逐渐成为党员群众的"文化乐园"。

平台建在"家门口"，服务做到"心坎上"，扎西大同村党群活动室打通了联系服务群众的"最后一公里"。"让党群活动室真正成为学习之地、议事之地、连心之地。"西杭街道扎西大同村第一书记陈树祖表示，还要进一步优化活动室功能作用，凝聚基层党员干部合力，不断厚植群众基础，努力走出一条有深度、有力度、有温度的党建创新路子。

⊙ 小家庭见证乡村大变化

"这些年村子最大的变化是什么？"

在扎西大同村，我们问了每户家庭相同的问题。

"经济抓得好，党的政策宣传得好，日子越过越好了。"

村民们不约而同给出了相同的回答。

在西杭街道办党工委书记格来仁青的带领下，调研组一行走访扎西大同村三户家庭，与牧民群众面对面交流，在百姓故事里感受民生图景、记录美好生活。

一声"噶珍切[8]"，传递真情意。我们沿着村里的路前行，远远就看到布才哇的家，典型的藏式建筑，三层小楼，雕梁画栋，装饰气派。从父辈起就经营藏瓷、珠宝生意，布才哇一家的生活很富足。

> **"前几天遇到了地震前的老邻居，聊起这些年的变化，大家都觉得变化很大，感谢党的好政策，还有村里的好干部"**，说这话时，布才哇竖起大拇指，点了一个赞：**"精准扶贫亚波热，习近平总书记噶珍切！"**

---

[8] "噶珍切"在藏语中是一个译音，通常用于表达对他人关心和帮助的感激之情。下文中"亚波热"在藏语中是"很好"的意思，常用于表达赞美或认可。

当被问及现在有什么困难时，布才哇直言："希望你们多去看看生活困难的家庭，我这里什么都不缺。"经历了家乡的发展与变化，布才哇深感知识的重要性，最大的心愿就是希望孩子们能更有出息，"希望孙子，好好学习，考上大学，考上公务员，服务家乡，成为对社会有用的人"。

一张全家福，记录新变化。在才仁更求家的大门上，挂着玉树市"五星级文明户"的铭牌，红底白字写着"爱党爱国、诚信守法、勤劳奉献、团结风尚、卫生整洁"。一进门，满院的绿植赏心悦目，院子里有口大锅热气升腾。格来仁青十分欣喜地招呼大家来看，女主人尼玛拉毛正在用传统方法煮制藏茶，这场景如今在城市里已不多见。走进才仁更求家中，客厅墙上挂着的大尺幅照片格外引人注目，一家九口人，笑容洋溢。这张照片，拍摄于2020年，也就是玉树地震10周年之际，大儿子结婚、新媳妇进门，全家人齐齐整整、身穿藏袍，特意去照相馆拍摄了人生中的第一张全家福。聊起一家人的衣食住行，盘算了一年的收入支出，这位脸上总是挂着笑容的康巴汉子坦言，"生活没大问题的，就是担心孩子的就业。"三女儿刚刚大学毕业，正在积极备考公务员，补课费用是一笔很大的支出。在玉树调研期间，只要家里有大学生或应届毕业生的，"考上公务员"几乎是共同的心声，这里面寄托了对美好生活的向往，也从一定程度上反映出目前玉树州产业发展、就业渠道相对单一。

"雨露计划"让村里的孩子上学不再难，接下来，扎实做好"雨露计划"毕业生就业工作，真正助力县域经济高质量发展，还需要进一步推动就业帮扶政策走深走实。

"发展壮大农村集体经济"是在选择扎西大同村这个调研点位之初就确定的调研重点之一。调研组一路走村入户，看发展，也看问题。从我们实地走访的二十几个村庄看，治理体系分散、有效支撑不足、农民参与不足等问题普遍存在。很多村集体经济经营项目主要依靠脱贫攻坚期由政府或帮扶部门注资扶持开发运行，"输血"成分较大，"造血"功能偏弱；部分村里致富带头人缺乏项目、资金支撑，带头共同致富的难度大，群众就近就地就业创业路子窄；同时，由于引领经济发展的专业性经营管理人才匮乏，经营性资产保值增值存在隐患……这些问题并非个例。立足当下、面向未来，要坚持问题导向，在资源开发、收益分配、配套服务等方面加快补短强弱，聚合资金、土地、人才、技术等要素资源，走好专业化、产业化、市场化道路，着力构建高素质农民、特色产业、乡村善治、优美生态、乡土文化等为主要支撑的乡村振兴内生动力系统。

▲ 玉树市西杭街道扎西大同村村民才更求家中

客厅墙上挂着的照片拍摄于 2020 年,也就是玉树地震 10 周年之际,是全家人拍摄的第一张全家福。

▲ 玉树市西杭街道扎西大同村村民尕玛文索家中

新建的房屋气派又漂亮,成片的大温室花棚暖意融融,这是属于尕玛文索一家的"花好梦圆"。

一个花园梦，见证幸福路。2014年4月11日，《三江源报》曾刊发过一篇"小故事 小视角系列"报道，这个用小故事展现玉树百姓向着新生活整装出发的栏目，就有扎西大同村尕玛文索一家的"花好梦圆"。当时，已经从扎西大同村村长抽调到西杭街道办上班的尕玛文索，收入越来越高，生活过得有声有色，一心要实现老伴的繁花灿烂梦。

"结婚30多年来，我老伴对花情有独钟，对于养花护花她有自己的经验和秘诀，她被左邻右舍看作养花能手。马路上经过的人抬头往上面一看，只要看到摆放有好多花的窗户，就知道是我们的家！"

刚好有一块地，尕玛文索就计划着要给妻子搭个大温室花棚，让她安心养花。2024年8月5日，当十年后我们来到尕玛文索家时，新建的房屋气派又漂亮，成片的大温室花棚已如期建成、暖意融融，小猫小狗自在打滚儿、追逐嬉戏，品类繁多的花卉绿植茁壮生长、层层叠叠。不仅如此，家里还做起了鲜花生意，在玉树市区开了一家花店，批发、零售兼有，每年收入颇为可观。"下一步，计划开拓云南的花卉市场资源，进一步丰富花店的品种。"

"现在，真的过得好！"1963年出生的尕玛文索这样说，1968年出生的布才哇这样说，1970年出生的才仁更求也这样说。

虽然当年在地震中遭受重创，但看今日之扎西大同村，"大家都住上了新房子，家家户户通了电，有了自来水，有了电话，出门就有车，出远门还可以走高速公路、坐飞机，日子真的越过越好。"尕玛文索说起最大的心愿，就是希望孙子、孙女们好好学习、学业有成。

正巧，说话间孙子仁增文次放学回来，村干部忍不住夸赞"这孩子唱藏歌很好听"。小家伙落落大方，站在花园里就为我们唱了一曲，高亢空灵，令人陶醉……孩子纯净的歌声直抵人心，为我们在扎西大同村的调研之行，画上了一个完美的句号。

⊙ 激发强村"共富体"的良性循环

在全面推进乡村振兴和共同富裕的大背景下，看扎西大同村的实践，就是全面激发强村带富的活力，让强村这个"共富体"实现良性循环。

高质量发展新型农村集体经济，至关重要的一点是，理念要新、思维要活，要让"资源"向"资产""资本"转变。

要立足乡村自然资源条件、资源禀赋、产业基础，积极培育本地优势产业，因地制宜发展与区域资源禀赋契合的特色产业，加快构建现代乡村产业体系，加快新型农村集体经营机制与模式创新。

要加快构建农村集体资源资产管理体制，建立健全新型农村集体经济组织监管监督及风险防控体系，逐步形成产权明晰、权责明确、经营高效、管理民主、监督到位的经营管理体制。

要将外部推力和内生动力有机结合，完善联农带农机制，坚持富裕农民发展取向，把产业发展落到促进村民增收上来，守住村民利益不受损的底线，逐项研究确定带动方式、合作范式、受益程度，逐步形成"百姓增收—产业发展—主体受益"互促共赢的良性循环。

《抗震英雄——旦周才仁》

李继飞　纸本素描　368mm×260mm

创作于玉树市西杭街道禅古村　2024 年 8 月 6 日

践行"绿水青山就是金山银山,冰天雪地也是金山银山"的理念,保护传承历史文化、提优城乡空间布局,促进历史文化、自然山水与城乡空间有机融合。

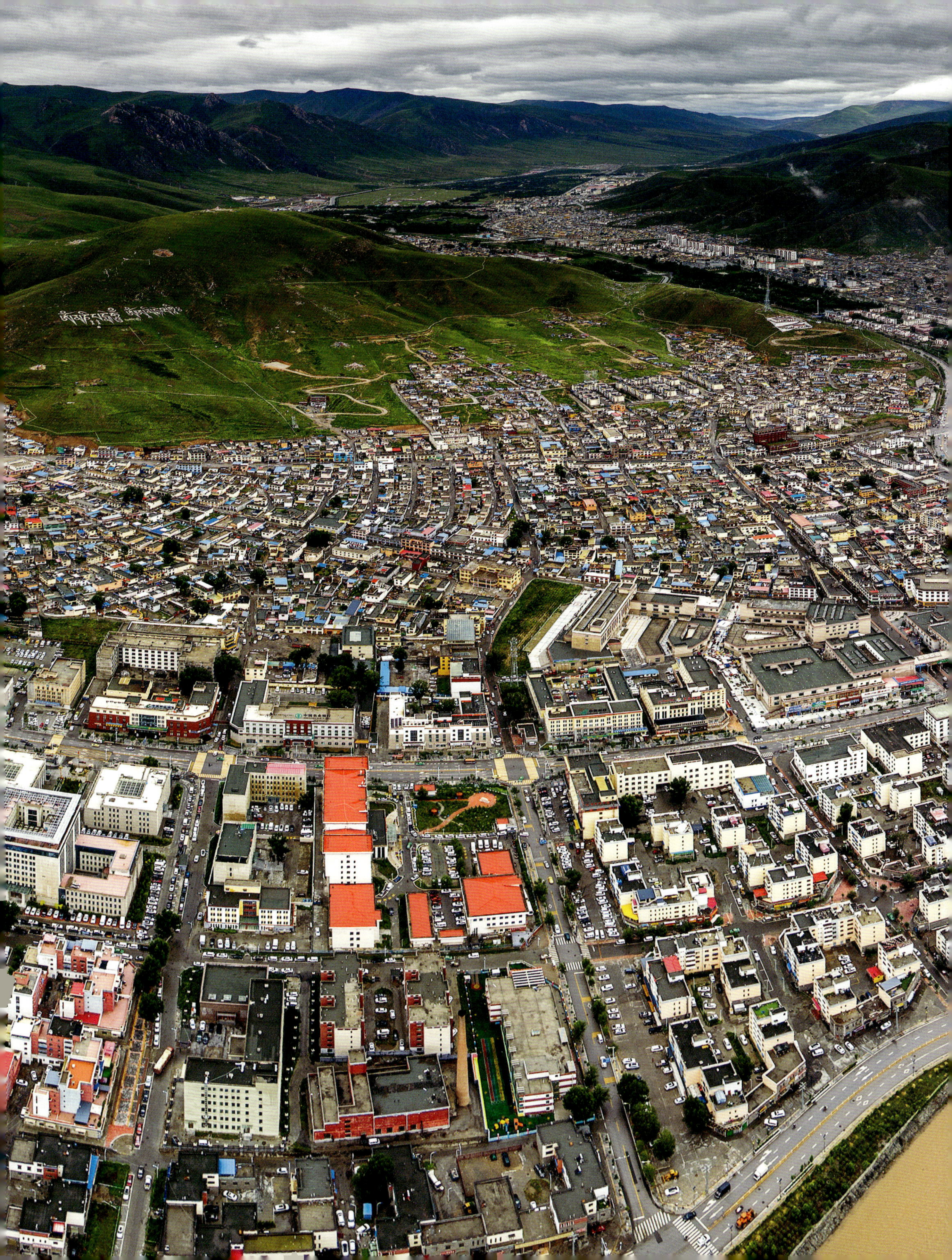

《草原移民——本格百玛夫妇》

李继飞　纸本素描　368mm×260mm

创作于玉树州杂多县萨呼腾镇闹丛村　2024年8月3日

党建红生态绿
映衬格桑小镇

——杂多县萨呼腾镇闹丛村调研记

在澜沧之源、宝地杂多，萨呼腾镇闹丛村的格桑小镇以其独特的藏式风格和吉祥的寓意，成为了高原上一道亮丽的风景线。这里，曾经是青海省玉树藏族自治州地震灾后重建的重点区域，如今以一种全新的面貌呈现在世人面前。2024年8月4日，"保护母亲河，守护三江源"首都专家玉树高质量发展调研暨全国政协委员履职"服务为民"活动调研组走进格桑小镇。首先映入我们眼帘的是错落有致的藏式民居建筑，吉祥四瑞雕塑立于民俗文化广场上，四周布满了转经筒，每一个细节都透露出浓厚的藏族文化气息。

从海拔 4000 米以上的草原搬迁到县城，对于格桑小镇 305 户移民群众来说，变化的不仅仅是居住环境。他们经历了搬迁之初的兴奋和随之而来的不习惯，再到努力适应新生活，实现了一次生产和生活方式的大跨度跳跃。

在这场坚韧与希望的转变中，党建引领发挥了关键作用。闹丛村曾经是一个先进村、红色村。在闹丛村党群服务中心，进门的一侧墙上是闹丛村历年来获得的各类荣誉奖牌，另一侧是村情介绍和历任村干部形象事迹的宣传栏。这些荣誉和事迹，不仅是对过去的回顾，更是对未来的展望。闹丛村持续强化党建引领，以"两委"成员、党员、户代表组成党群服务中心，带领群众走出了一条移民搬迁的新路子。

生态保护是格桑小镇的一大亮点。走在萨呼腾镇的大街小巷，音乐垃圾车"唱着歌"穿梭在辖区内一条条道路上，而牧民群众则"闻歌而来"，将已分类包装好的垃圾袋投进垃圾车厢内。随着全域无垃圾和禁塑减废专项行动的推进，一首绿色生态的"乐章"在澜沧江源奏响。

在这片充满希望的土地上，"党建红"与"生态绿"完美结合，推动了一场因移民搬迁带来的关乎生存方式、文化传承、社会治理的深刻变革，也是一次关于人与自然和谐共处的积极探索。

在格桑小镇，党建引领着社会治理的创新，生态保护推动着环境的持续改善，正以崭新的面貌，谱写着乡村振兴和可持续发展的新篇章。

⊙ 高原上的格桑花：闹丛村的重生之路

2010 年 4 月 14 日，一场 7.1 级的强烈地震袭击了青海玉树藏族自治州，造成了巨大的破坏和损失，地震影响范围波及青海省玉树藏族自治州玉树、称多、治多、杂多、囊谦、曲麻莱县和四川省甘孜藏族自治州石渠县等 7 个县的 27 个乡镇，受灾面积达到 35862 平方公里，受灾人口高达 246842 人。在此后国务院印发的《玉树地震灾后恢复重建总体规划》中，萨呼腾镇被确定为杂多县灾后重建的重点乡镇，承担起重建农牧民住房的重任，其中包括 164 户的加固和 884 户的重建，分布在 15 个安置点，其中规模最大的是闹丛村的格桑小镇，安置了 305 户居民。在重建过程中，萨呼腾镇圆满完成了艰巨的重建任务，被人力资源和社会保障部等四部委表彰为国家级"灾后重建先进集体"。这才有了今天格桑小镇如同高原上的格桑花，坚韧而美丽地绽放在色青滩上。

澜沧江源第一县

杂多县是澜沧江正源扎曲的发源地和长江南源当曲的发源地。全县可利用草场4420万亩,年均气温-2℃,这里没有四季之分,只有冷暖之别,冷季长达8—9个月。

▲ 闹丛村所在的格桑小镇

"格桑"在藏语中有"幸福"之意,是一个自带流量的文化 IP。闹丛村村委会所在的格桑小镇,是灾后重建项目中的农牧民住房工程,从高空俯视呈现出八瓣格桑花的形状,"格桑小镇",这个充满了梦幻色彩的名字,令许多经过的人们都想走进其中看一看。

萨呼腾镇是杂多县的县城所在地，其东北部与玉树市上拉秀乡、隆宝镇毗邻，东南部与昂赛乡接壤，南部与阿多乡相连，北部与治多县多彩乡交界，西北部与扎青乡相邻。"萨呼腾"为藏语译音，"萨呼"意为禽类栖身之所的石洞，"腾"是平坦滩地的意思，因滩地周围多野禽栖息而得名。全镇总面积2551平方公里，占杂多县总面积的7.73%，平均海拔4200米。萨呼腾镇下辖4个行政村、10个社区、5座寺院、2所学校。总人口12921户52582人，其中：社区10720户43214人，村2201户9368人，藏族人口占总人口的99%。全镇可利用草场面积291.4万亩，目前共有牲畜26569头（闹丛村9231头，扎沟村4820头，多那村6038头，沙青村6480头）。萨呼腾镇年平均气温 −3℃，年均降水量548.5毫米，境内水系众多，河流以子曲河、扎沟涌曲河、结绕涌曲河为主；已探明矿产资源有铜、钼、铅、锌、煤等多种矿产；高原野生动物和高原鸟类的种类繁多，有白唇鹿、岩羊、黄羊、棕熊、旱獭、马鹿、藏野驴、雪狐、雪鸡、白天鹅等几十种；野生植物有冬虫夏草、雪莲、红景天、知母、贝母、蕨麻等百余种野生药用植物。

闹丛村是萨呼腾镇东部的一个行政村，距离县城约6公里，历史上曾是"格吉纳仓"分支部落的一部分，取名为"闹丛"是为音译。

全村下辖五个村民小组，总人口744户2982人，党员56人，团员16人，民兵55人，生态管护员86人。闹丛村村委会所在的格桑小镇，是灾后重建项目中的农牧民住房工程，于2013年9月竣工并入住。小镇共有305户牧户约1500人，由萨呼腾镇所属的沙青村、多那村、扎沟村和闹丛村的搬迁牧民组成。

除了灾后重建最大集中安置点所在的闹丛村外，萨呼腾镇还是杂多县易地扶贫搬迁集中安置点。杂多县对全县"一方水土养不活一方人"的711户3139人建档立卡贫困户在萨呼腾镇吉乃滩进行集中安置，项目总投资1.422亿元，其中2016年搬迁43户于2017年底实现入住，2017年共搬迁668户于2018年11月实现入住。安置点全部采取统规统建的形式，分成2个小区进行集中安置，其中，牧人幸福家园集中安置270户，牧人希望家园集中安置441户。安置楼房共计46栋，总占地面积205亩。配套设施方面，成立了易地搬迁社区党支部和社区居委会，设立社区卫生所、便民平价超市、社区物业公司，附近有幼儿园、小学、初中、医院。杂多县易地扶贫搬迁工作获得省、州的认可，2018年荣获"十三五"期间玉树州唯一的易地搬迁省级先进县荣誉称号。

⊙ 党建红：基层治理的创新实践

闹丛村成立党群服务中心，由村"两委"成员、党员、户代表组成，是该村加强党建引领、探索基层治理创新的重要举措。上世纪六七十年代，闹丛村就是远近闻名的先进村、红色村，是玉树州出类拔萃的优秀行政村。闹丛村始建于 1960 年左右，由于受到中央及省、州、县多次表彰，1966 年，闹丛村光荣地更名为红旗公社，三年后又更名为红旗大队。闹丛村的第一任村委主任名叫本布尕白，1969 年 4 月，本布尕白赴北京出席了中国共产党第九次代表大会，受到毛主席的亲切接见，并被授予"全国优秀村支部书记"荣誉称号，截至 1997 年先后受到中央及省州县 55 次表彰。

红色基因在闹丛村传承发扬。闹丛村党群服务中心以村级党员活动室为依托，以 10—15 户为一单元，选举产生若干名户代表，并在村"两委"班子的基础上组建而成。当遇到重大工作、遇到自然灾害、遇到急难险重任务时，党员、干部、户代表一起商量、一起研究、一起攻坚克难。户代表的加入，是对村"两委"班子工作力量的有效补充，也给村里的无职党员和普通牧民提供了一个展示才能的舞台，充分地调动群众参与村务的积极性和主动性，提升全体村民的幸福指数与满意度。

介绍完党群服务中心的情况，萨呼腾镇干部扎西还给我们分享了一件当年的感人故事。在 2019 年党群服务中心落成那天，村里的石匠昂拉将他亲手雕刻了 3 个多月的"石刻党徽"作为礼物，献给了闹丛村党群服务中心。当时昂拉说道："去年雪灾[1]，是党和政府给我们撑腰，疏通道路，运送物资，确保安全，要不然，后果不堪设想。我打心眼里感恩党和政府。听说要成立闹丛村党群服务中心，我就想到了用雕刻玛尼石的手法雕刻一枚党徽，提醒自己和大家时刻牢记党的恩情。"

闹丛村党群服务中心建成后，本着"党建引领、众商众议、发扬传统、凝聚人心"的工作原则，当年就解决了 34 件群众的烦心事、揪心事和难心事，事关全村的通水、通电问题、夫妻矛盾、邻里纠纷，不论大小一概摆到桌面上协商解决。

---

[1] 2018 年 12 月下旬以来，青海省玉树藏族自治州境内多次发生大范围降雪天气过程，局部地区积雪厚度达 45 厘米，其中杂多县出现重度雪灾，曲麻莱县为中度雪灾，称多县清水河镇出现轻度雪灾。雪灾共造成玉树州 1 市 5 县 26 个乡镇 72 个村牧委会遭受不同程度雪灾，涉及受灾牧户 12731 户，受灾人口 55379 人，涉及受灾区域牲畜 68.8 万头（只），死亡牲畜 6334 头（只），直接经济损失约 1830 万元。

▲ 调研组在格桑小镇调研

从海拔 4000 米以上的草原搬迁到县城,对于格桑小镇 305 户移民群众来说,变化的不仅仅是居住环境。他们经历了搬迁之初的兴奋和随之而来的不习惯,再到努力适应新生活,实现了一次生产和生活方式的大跨度跳跃。

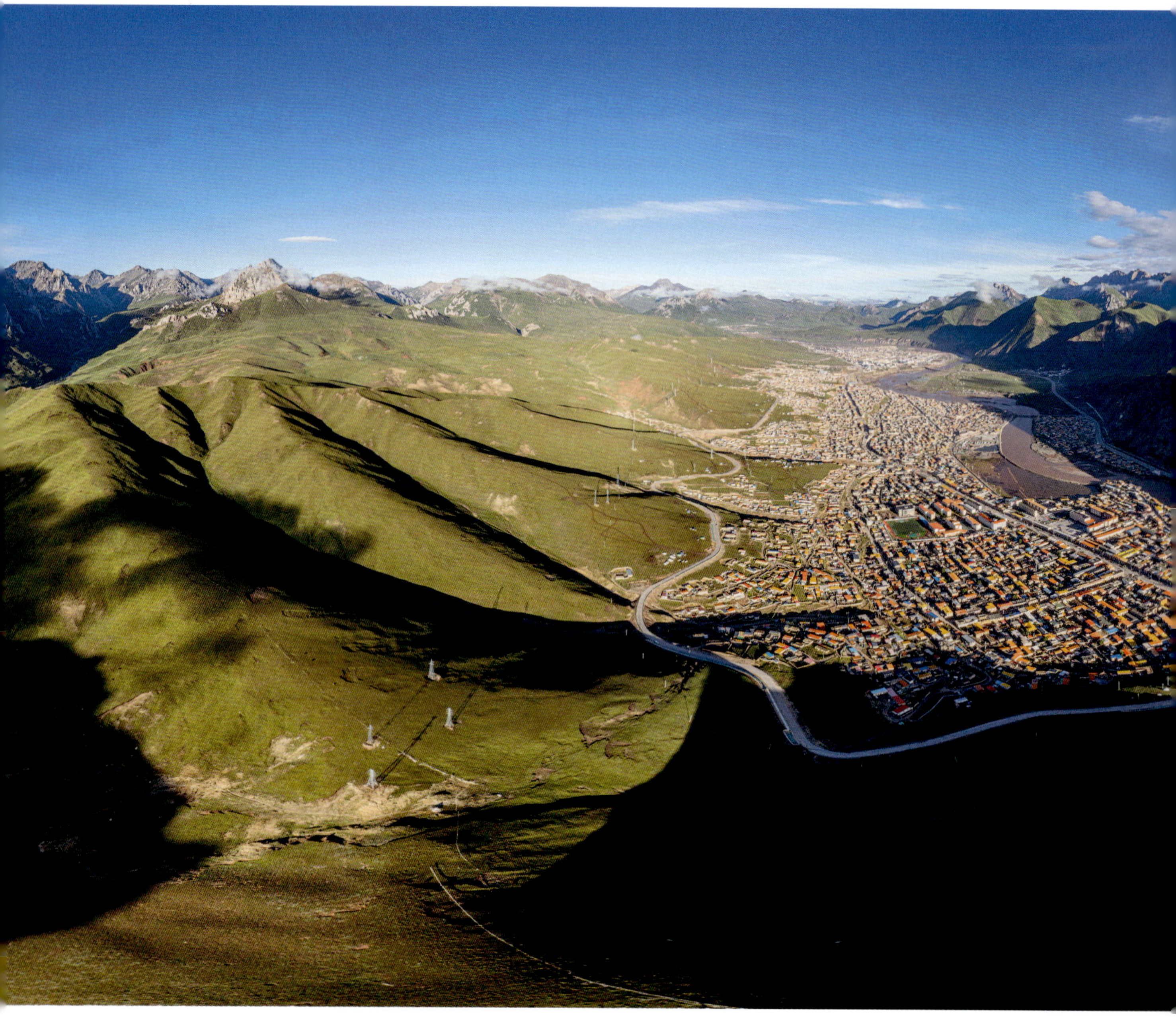

▲ 杂多县城俯瞰

2010年4月14日,青海玉树藏族自治州发生7.1级地震,造成杂多县各乡镇不同程度受灾。在此后国务院印发的《玉树地震灾后恢复重建总体规划》中,萨呼腾镇被确定为杂多县灾后重建的重点乡镇,承担起重建农牧民住房的重任,其中包括164户的加固和884户的重建,分布在15个安置点,其中规模最大的是闹丛村的格桑小镇,安置了305户居民。

户代表在"中心"与村民之间承担起"连心桥"的职能,其作用不容小觑,既是实时信息的搜集者,亦是困难问题的发现者,还是村情民意的传达者。村民想要表达诉求、寻求帮助,从此有了一个倾诉的对象,村民与党员、户代表与干部之间的心贴得越来越近了。

扎西进一步介绍道,杂多县城所在的萨呼腾镇,大量居民都是由各乡镇搬迁而来,加之是虫草主产区的缘故,流动人口比例极大,社会治理难度亦相应增大。如何在实施乡村振兴战略中走出藏区基层社会治理的新路径?杂多县紧紧围绕"基层"这个社会治理创新的重心和根基,坚持因地制宜、分类施策,一手抓突出问题整治,一手抓社会治理创新,将全县网格化管理转型升级为城乡一体化组团式新型服务模式。以社区和乡镇为单位划分为 17 个大网格,以行政村为单位划分为 31 个小网格,以沟、口、滩(30—50 户)为单位划分为 892 个组团,着力构建"以网找地、以地找房、以房找人,无死角、无疏漏,横向到边、纵向到底"的工作格局,切实做到了管理到位、服务跟进、不漏一户、不落一人,探索出一条符合当地实际、具有民族地区特色的社会治理新路子。同时,为推进全县社会治理创新工作上新台阶,通过"互联网+社会治理",汇聚整合了"人、地、物、事、组织"信息资源,囊括了呼叫中心、综治维稳、民政救助、精准扶贫、人口管理、党建管理、综合评价、民宗管理、企业组织、地图平台、卫生计生、教育管理等 15 个子系统。这个集信息获取、信息处理、全过程监控督办、分析决策、视频监控、应急联动、联合指挥调度等多位一体的智慧化、全覆盖、全流程、高效率的社会治理与城乡一体化全民服务平台,在社会治理、维稳安保和虫草采集管理工作中发挥了重要作用。

2022 年以来,以"江源初心、澜沧旗红"党建品牌创建活动为抓手,杂多县重点在提升党建工作质量、标准化党务操作、规范化支部建设、模范化先锋锤炼上下功夫,有效解决基层党建工作不平衡问题,逐步形成以点带面、整体推进、全面提升的党建引领基层治理创新的工作格局。

开展村(社区)、机关示范党支部创建活动,是其中一项关键性举措。萨呼腾镇的闹丛村和加索下滩社区,与结多乡优多村、苏鲁乡山荣村等党群服务中心和县党性教育基地一起,充分发挥省州县三级组织生活共享阵地作用,着力打造县内"八点一线"环线党建示范圈,实现 8 个乡(镇)"家门口"的党史馆全覆盖,同时深入打造"1 个基地+8

个乡镇党史馆+8个示范村"党群服务红色矩阵。围绕全县党员、群众、企业、社会组织等群体,提供观摩学习、思想交流、现场教学等服务,开发集"看、听、讲、学"于一体的江源初心研学课程体系,服务内容涵盖主题党课、红色观影、VR体验等多种形式,创新党员教育的内容和形式,强化阵地共享服务能力,不断丰富提高基层党建工作内容和质量。

同时,加快各领域党组织标准化建设进程。在村级党组织,精心组织实施"把致富能手培养为党员,把党员培养为致富带头人,把优秀党员培养成村社干部,提高村党支部领导水平,提高村集体经济发展水平,提高党员群众致富能力"的"三培养三提高"工程,强化党建引领乡村振兴工作;在社区,持续深化"一社区一品牌"建设,充分发挥各社区"六能组团长"(即:最能的生态管护员、最能的民生服务员、最能的政策宣讲员、最能的矛盾调解员、最能的信息搜集员、最能的民创推进员)的优势,各社区组团长带头落实"社区吹哨、团长报到、服务暖心"机制,持续推进基层综合治理工作;在机关,坚持"书记抓、抓书记",完善县级领导联系指导机关党建机制,压实党委(党组)主体责任、党支部直接责任,凝聚齐抓共管合力;在"两新"组织,完善"两新"组织的双重管理体系,选好"两新"组织党建指导员,发挥"两新"党组织推动企业发展的引领作用,拓展功能定位,实现党建工作与"两新"组织发展互融共促。

在强化新业态新就业群体党建工作方面也有所创新。通过建设"江源红色驿站",将基层党组织阵地延伸到新业态新就业群体的最前沿,把服务触角拓展到快递员、外卖员等群体中,推动新业态新就业群体组织"强"起来、服务"优"起来、党员"动"起来,切实激发新就业群体"热爱杂多、建设杂多、守护杂多"的热情,实现新业态新就业群体由"管理变量"变为"治理增量"。

通过实施这些举措,包括萨呼腾镇、闹丛村在内的乡镇和村社在基层治理方面取得显著成效,为藏区完善社会治理提供了新的思路和模式。

⊙ 生态绿:全域无垃圾示范县的地方探索

"格桑"在藏语中有"幸福"之意,是一个自带流量的文化IP。闹丛村所在的格桑小镇,从高空俯视呈现出八瓣格桑花的形状。"格桑小镇",这个充满了梦幻色彩的名字,令许多经过的人们都想走进其中看一看。然而,曾经有一段时间,受搬迁牧民环保意识和生活习惯的影响,以及政府投入资金有限等原因,闹丛村所属萨呼腾镇范围内垃圾随处可见。这让格桑小镇既不像格桑花那样美丽,也没有"小镇"的干净与整洁,身处其间的村民们苦恼不堪。

为了解决这一难题，从 2015 年起，杂多县聚焦高品质生活对城乡环境的更高标准要求，统筹推进垃圾减量化、资源化、无害化处理。一方面，县乡村三级党委政府通过志愿者宣传、培训等，提高牧民群众的垃圾分类意识；另一方面，与垃圾分类公司和环卫公司合作，提供分类设施、进行分类回收等服务。同时，还通过奖励制度等方式，鼓励牧民群众积极参与垃圾分类工作，形成以政府为主导，社区、学校、企业、牧民共同参与、互相监督，"户分类、村收集、乡收运、县处理"的"N+1"牧区垃圾处理新模式。

2020 年以来，杂多县先后启动全域无垃圾和禁塑减废专项行动，创新推进全域无垃圾示范县及垃圾无害化处理示范试点县建设，旨在通过全民动员、全域参与、全域治理，坚决扛起维护生态安全、保护三江源、保护"中华水塔"的重大历史使命。

首先，是强化组织领导。把开展全域无垃圾和禁塑减废专项行动作为一项重要的政治任务，召开全县动员部署大会，制定印发《杂多县全域无垃圾和禁塑减废专项行动方案》等 8 个专项行动方案，构建了"党委抓总、上下贯通、左右联动、齐抓共管"的行动体系。落实党政一把手第一责任人责任，由县委、县政府主要领导担任双组长，总体部署和统筹协调全县全域无垃圾和禁塑减废工作，领导小组下设"一办七组"工作专班，具体负责组织实施、推动落实。各乡镇、各部门分别成立领导小组，根据工作安排各司其职、协调联动、密切配合、精准发力，形成齐抓共管的强大合力。推行常委联乡、县级领导包村工作机制，通过定期召开县委常委会、县政府常务会、工作座谈会、推进会、反馈整改汇报会等，听取工作进展汇报，研究解决问题，全面延伸整治范围，有力有序推进全域无垃圾专项治理工作不断向纵深发展。

其次，是做好宣传引导。把宣传引导工作摆在重要位置，以"人人知晓、人人参与"为目标，创新宣传内容、宣传载体和方式方法，不断提高干部群众知晓率和参与度，让广大干部群众真心拥护、积极支持、热情参与专项行动，在全县切实营造"保护环境人人有责、整治环境从我做起"的浓厚氛围。构建全媒体宣传格局，在"杂多在线"公众平台、"大美杂多"APP、视频号"杂多融媒"等开设"三创一行动""开展全域无垃圾和禁塑减废"等专栏。充分发挥全县 17 支理论宣讲队、11 支新时代文明实践志愿服

全域无垃圾示范县的杂多探索

杂多县先后启动全域无垃圾和禁塑减废专项行动,创新推进全域无垃圾示范县及垃圾无害化处理示范试点县建设,旨在通过全民动员、全域参与、全域治理,坚决扛起维护生态安全、保护三江源、呵护"中华水塔"的重大历史使命。

队等队伍以及各乡镇、各单位、各村（社区）宣传委员、宣传员和党员干部等作用，集中开展宣讲活动 82 场次，深入田间地头为群众发放双语"口袋书"、宣讲册 2.1 万余份，用通俗易懂的语言让群众了解保护生态环境和禁塑减废的重要性和紧迫性，把文明意识、卫生观念和良好行为习惯传播到千家万户，使专项行动家喻户晓、深入人心，并身体力行引导群众做爱护环境的宣传员、排头兵。

最后，是注重政策落实。推行"党员岗""街巷长"责任制，并把县城划分为 6 个片区、47 个网格，常态化开展"周五环境卫生整治日"制度。把全域无垃圾和禁塑减废工作开展情况纳入年终考核，层层签订目标责任书，强化任务落实。建立"红黑榜"评比机制，对环境卫生整治不到位的单位和单位负责人发现一起、通报一起。全面推行"一三五、二四六"垃圾分类回收方式，引导垃圾分类投放、建立垃圾分类运输台账，基本实现垃圾"资源化利用＋焚烧处理＋无害化处理"。推行"七彩彩虹市环保卫士我先行"绿色兑换活动，垃圾换日用品，调动了群众积极性。把开展专项行动纳入财政预算，两年累计筹措资金 332 万元用于专项行动工作经费，通过多种渠道筹措 4000 万元，用于城乡垃圾处置设备购置、保洁经费等方面，基本实现了各乡镇有垃圾收集设备、转运车和保洁队伍。按照"先减、再控、后禁"的原则，号召广大干部群众、个体户经营者等使用环保材料制品，禁止塑料购物袋、一次性塑料餐具、一次性农用薄膜等销售和使用。

经过持续不懈的努力，当地城乡面貌彻底改观、乡村环境有了大幅提升、全民环保意识和文明素质有了显著提高，营造了整洁、靓丽、文明的生活环境。本格百玛是闹丛村里的垃圾清运公益岗员工，他对调研组说，"开展全域无垃圾和禁塑减废行动是我们这一代人对村里、对子孙后代的功劳和业绩，现在的环境比以往改变很大，越来越好了。"

如今的闹丛村，村容村貌有了根本性改变，角角落落种满了格桑花，"格桑小镇"成为了名副其实的生态宜居美丽小镇。

⊙ 搬迁移民群体面临的变化与挑战

从辽阔的草原搬迁至繁华的县城，闹丛村格桑小镇及萨呼腾镇其他移民社区的牧民群众，首先感受到的是居住环境的巨大变迁。本格百玛一家住进了统一规划建设的 80 平方米住房，附带一个小巧雅致的庭院。房屋采用藏式风格装修，整洁明亮。踏入

▲ 调研组在村民加丁家调研

从游牧到定居，从草原到城镇，从帐篷到楼房，移民群众的生活发生了翻天覆地的变化。尤其是教育方面，学校离家近，孩子上学方便，牧民子女的入学率显著提升。

▲ 调研组在村民本格百玛家调研

本格百玛是闹丛村里的垃圾清运公益岗员工，他对调研组说，"开展全域无垃圾和禁塑减废行动是我们这一代人对村里、对子孙后代的功劳和业绩，现在的环境比以往改变很大，越来越好了。"

本格百玛家，夫妇俩热情洋溢迎面而来，屋内摆放着精美的藏式实木家具，桌上摆满了招待客人的特色食品和饮料。相邻的加丁一家，居住的也是灾后重建的房屋，室内装饰简洁大气。他说，吃水不忘挖井人，现在有房子住了，一家人不能忘记共产党的恩情。

从游牧到定居，从草原到城镇，从帐篷到楼房，移民群众的生活发生了翻天覆地的变化。

日常生活中，餐桌上丰富了蔬菜和水果，新房内添置了电视、烤炉、冰箱和洗衣机等家用电器，城镇的医疗、交通等配套设施齐全，衣、食、住、行、医疗、教育、文体等各方面生活日益便捷。尤其是教育方面，学校离家近，孩子上学方便，牧民子女的入学率显著提升。加丁向调研组介绍，他家有四个孩子，两儿两女，最大的20岁，在西安上大学；老二18岁，在玉树州读书；另外两个孩子分别在县里上初中和幼儿园。

但受长期以来历史因素的影响，牧（移）民群体的教育水平普遍较低，很多还缺乏必要的劳动技能，这对后续产业发展产生了严重影响。在我们走访的牧民家庭中，家庭成员的教育水平大多停留在小学及以下，受过高中、大学等高等教育的人较少。许多年长的牧民从小生活在牧区，除了放牧并无其他技能。同时，新的条件下，移民群体的文化传统、生活习俗等也在随着日常生产和生活的变化而发生了很多改变。本格百玛家于2022年成功脱贫，目前家庭成员中有四人享受农村低保，每人每年约4000元；两人享受草场补助，每人每年约2500元；家庭收入还包括虫草采挖等。家庭的主要支出包括妻子治疗结核病的医疗费用和孩子的教育费用。近期，家中因母亲去世，丧葬费用支出十余万元，给家庭经济带来了一定压力。而总体来看，新移民群体在城镇生活中，已成为无畜群的牧民，他们缺乏在城镇从事新工作的劳动技能，就业渠道十分有限，许多移民家庭的主要收入依赖于政府发放的生活补贴，但城镇化生活的日常开销较大，仅靠这些补贴，生活有时显得颇为拮据。

⊙ 搬迁移民社区的适应与发展之路

对三江源地区的各类移民社区而言，只有异地生活生产安排得当，当地群众的社会适应能力能够充分发挥，才能够在生态环境得到保护和改善的同时，实现经济社会的可持续发展。在这方面，需要做的还很多。

杂多县因水而得名，因生态而闻名，全域处于三江源腹地，是国际河流澜沧江—湄公河以及长江南源当曲的发源地，是三江源国家公园澜沧江源园区所在地。特殊的地理区位和重要的生态地位造就了杂多在三江源地区生态环境的独特性。

杂多县特殊的县情实际，决定了实现搬迁群众"稳得住、有就业、逐步能致富"的目标，就必须在生态管护、有组织帮助搬迁群众灵活就业和动员鼓励搬迁群众自主创业等方面想办法。

杂多县针对三江源国家公园澜沧江源园区内的469户搬迁对象，以国家公园澜沧江源园区建设试点为契机，每户安排了一名生态管护员，月工资1800元，户均年增收21600元，切实解决了搬迁对象进城后的"两不愁"问题。对园区外242户搬迁户中还未安排公益性岗位的147户，搭建企业和搬迁群众就业供需对接平台，加强劳务输出，安排到县级政府开发的公益性岗位就业。通过实施技能培训，择优纳入到杂多县小微企业、物流中心、扶贫酒店、虫草广场等政府与企业协商设立的扶持性岗位就业。成立以农畜产品加工、批发、零售为经营业务的杂多县易地扶贫搬迁创业合作社，由搬迁对象自主运营，杂多县政府提供注册资金并免费提供经营场所。

同时对合作社提供贴息贷款，切实保障搬迁户创业选择难、缺资金的问题，从思想上消除搬迁户创业的后顾之忧。对有劳动能力并具有产业发展意愿的503户1709人搬迁对象每人补助6400元，通过发展特色畜牧业和资产入股的方式，建立与搬迁牧户的利益联结机制，并按股分红，人均每年可增收640元。对没有生产能力的208户712人搬迁户实施政策兜底，每人每年落实3600元的最低生活保障费。对非虫草产区的查旦、莫云、扎青的207户830人，在每年虫草采挖季由政府组织到虫草产区进行劳务输出，户均可增收2万元左右。

通过修建光伏电站，与403户1750人搬迁对象建立利益联结。从长远来看，当地移民型社区发展的主要特征仍然是农牧服务型的，发展的主要动力包括生态环境修复和林地保护、生态补偿，游牧定居工程、交通设施完善及旅游业发展等。

接下来，还要稳妥推进新型社区建设，加大对移民社区的文化、教育、医疗等基础设施的稳定投入，加强游牧定居后群众的就业服务，加强和完善就业技能培训。

增强移民社区的后发优势。在普及和提升民族地区义务教育质量基础上，积极探索如何办好职业技术教育。在办好现有的职业中学外，还要在普通中小学积极渗入职业技术教育的因素，以初中后分流为重点，开办兽医、藏医、缝纫、裁剪、电脑数码、导游、驾驶等牧区急需的专业技术培训班，加强实用技术技能的培训。

积极发挥社会教育的作用，开展科普宣传、科技培训和语言类学习等形式多样的工作，实行牧科教相结合，大力发展和提升职业技术教育培训的规模和力度。鉴于目前纯牧区教育资源短缺、师资力量相对较为薄弱、基础设施简陋的现状，应继续实施异地办班计划，在省内外经济社会和文化教育等条件较好地区联合办学或特设移民子弟班插班就读。

加强对移民社区的文化重建工作。当地移民搬迁项目前期重点关注移民群体的生活安置和配套解决问题，还没有太多考虑移民群体社会文化生活的适应性与重建等相关问题。在下一步的重建中应该充分顾及移民群体的文化习俗问题，加快对移民社区文化的重建工作，尽可能增强移民群体对陌生环境与社区的归属感和凝聚力。在具体工作中，还要进一步处理好移民群体的传统文化与移入地区文化的融合问题是要特别关注的重要问题。各级政府部门应该加强地区物质文化和非物质文化遗产的系统性调查与保护，加大对一些濒危的民族传统文化和非物质文化遗产、群众性文艺活动、民族节日和民俗事项的重点文化保护专项工作的开展，从政策、资金、文化传承与保护等诸多方面予以倾斜性扶持安排。

《青年兽医卓玛》

李继飞　纸本素描　368mm×260mm
创作于玉树州称多县赛马节　2024年8月2日

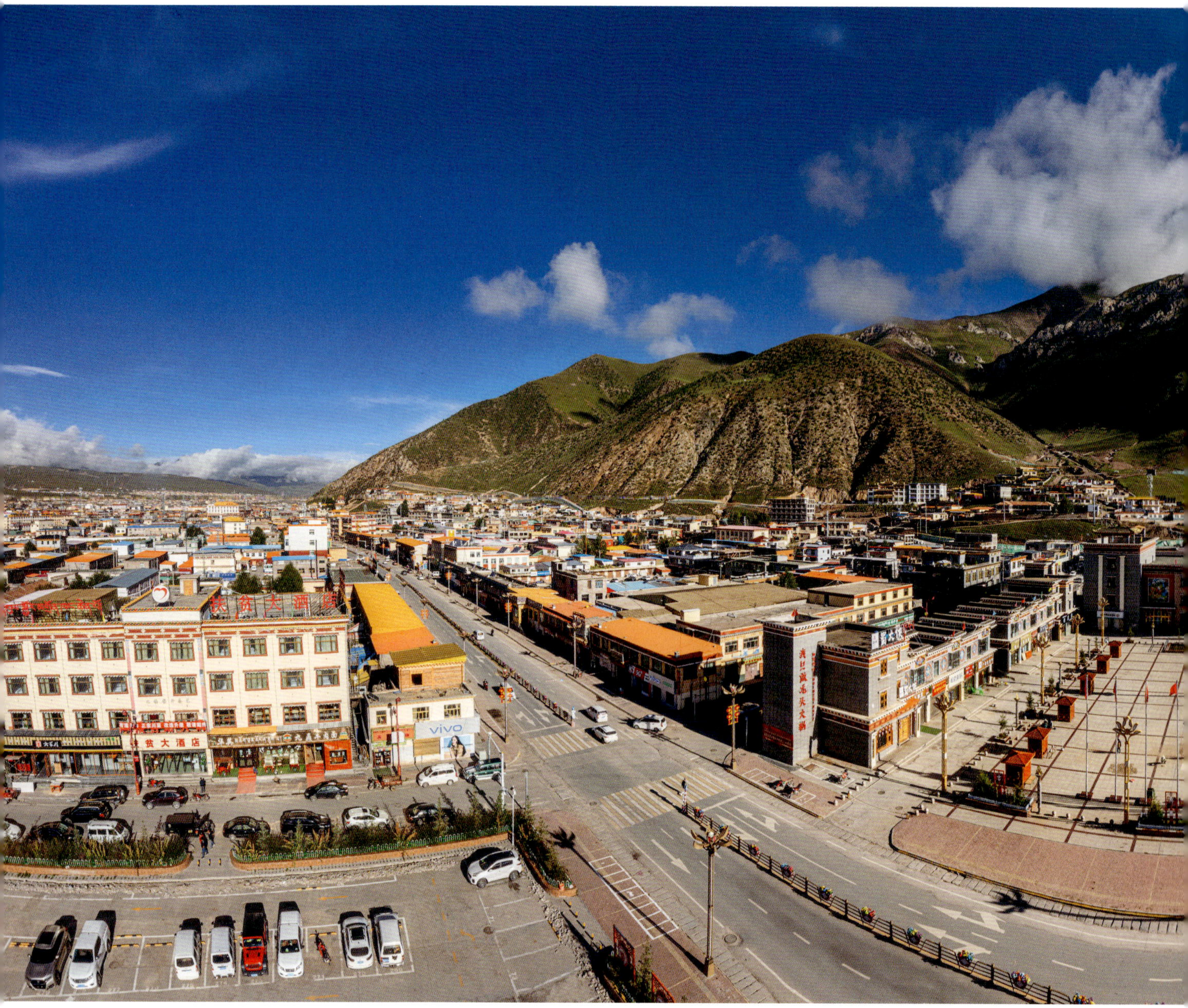
扶贫大酒店
vivo

▲ 杂多县虫草广场

杂多县紧紧围绕"基层"这个社会治理创新的重心和根基,坚持因地制宜、分类施策,一手抓突出问题整治,一手抓社会治理创新,将全县网格化管理转型升级为城乡一体化组团式新型服务模式。

《不冻泉的鲜花——"精神文明户"扎西达杰和"最美环保卫士"仲措》

李继飞　纸本素描　368mm×260mm

创作于玉树州曲麻莱县曲麻河乡不冻泉垃圾处理站　2024年7月28日

致敬江河源头"最可爱的人"
——曲麻莱县曲麻河乡不冻泉垃圾处理站调研记

　　四季景色各异的青海，这几年越来越成为各地游客的打卡地。不冻泉，位于昆仑玉珠雪山遥望的三江源保护区与可可西里保护区的交界处，北纬 35°31′10.59″，东经 93°54′58.91″，海拔高度 4543.2 米，青藏公路与青藏铁路在此处穿过，尽管位于高海拔的冷冻区域，但常年泉水清澈见底，泉水源源不断流入黄河、长江源头，与浑浊的雪山水并入溪流。

　　不冻泉正西方向是可可西里无人区。天晴时从不冻泉往东北方向望去，在静寂的万古雪野中，可以看到巍巍玉珠峰；往东南眺望，昆仑山的玉虚峰孤兀雄起，势压万山，造就了冰雪世界特有的自然景观。这两座山峰被当地人称为玉皇大帝的两个女儿，俗称昆仑山的姐妹峰。在不冻泉，还能看到主峰周围海拔 5400 米以上的 20 余座雪峰。

不冻泉被当地藏民视为神泉。不冻泉特大桥是整个青藏铁路拉格段难度最大的控制工程，全长 2.95 公里，是目前世界上海拔最高、穿越冻土层最厚、科技含量最高、施工难度最大、空气最稀薄、条件最恶劣的高原特大桥。

但我们这次的调研，不是看这里的美丽风景，甚至也没有来得及到不冻泉边打卡。我们要追问和发现的是，在这雄壮风光美景的"背后一面"——最让草原无法承受之痛的垃圾如何分类和处理。曾几何时，可可西里沿路垃圾的问题引起强烈的舆论关注，如 2019、2021 年《经济观察报》两则关于可可西里垃圾堆的新闻等[1]。正是在全社会共同的关注和努力下，经过多年持续的治理，今天的高原牧区、三江源头的环境实现翻天覆地的变化，全域禁塑、垃圾分类深入人心。

垃圾治理是国家、政府、家庭、个人、社会组织等不同层次的环境保护者持续行动的领域。目前学界围绕垃圾治理，对于城市和农区的研究远远高于牧区；而在牧区垃圾治理研究中，有关西藏与内蒙古牧区的研究相对较多，关于青海牧区垃圾问题的研究较少。

垃圾分类，在城镇发达地区相对容易，但在像青海这样地广人稀、经济欠发达的地区，殊为不易。这不仅仅是因为缺钱，还有更为复杂的气候、地理、环境、资源等等一系列问题。

更需要统筹推进，开展系统性治理。这些年来，在党委政府的大力推进下，通过不断学习和实践，当地群众处理垃圾的手段也逐步升级。从简单的集中收集、填埋、焚烧，到如今的回收、分类、外送处置，方法越来越科学有效。人们的思维意识也明显改变，从资源的利用者转变为保护者。目前，在三江源已经确立了"全域无垃圾"的目标，当地党委和政府出台了维护环境卫生的举措，相关的团体和群众经常自发开展捡拾垃圾的行动，企业不断提升垃圾处理能力，一些乡镇还通过建立垃圾积分兑换的激励机制促进垃圾回收。当越来越多的人养成不乱扔垃圾的习惯，掌握了垃圾分类的方法，建立了废物利用的自觉性，垃圾就能再度变成有用之物，垃圾的数量也就能有效减少。

我们这次的调研特别选取了地处三江源国家公园腹地的曲麻莱县曲麻河乡多秀村不

---

[1] 关于可可西里垃圾问题的新闻报道，可见经济观察网《触目惊心　青藏公路沿线垃圾问题已形成严峻挑战》，2019 年 9 月 17 日，https://www.eeo.com.cn/2019/0917/365774.shtml;《青藏高原可可西里地区再现巨大露天垃圾带》，2021 年 6 月 20 日，https://www.eeo.com.cn/2021/0620/492245.shtml。

冻泉垃圾处理站进行深入考察，与这里的垃圾分类处理工人们交谈，倾听他们的故事，共情他们的喜乐艰辛。

⊙ 全域禁塑"紧箍咒"

三江源生态极其脆弱，长期的垃圾污染不仅会破坏土壤结构和生态系统的稳定性，更会对群众生产生活产生影响。2022年9月，作为国家社会科学基金项目"三江源生态实践多方合力构建研究"的阶段性成果，四川大学中国藏学研究所教授徐君等学者专门就环境社会学微观视角下青藏高原垃圾治理路径进行过专业探析，他们以三江源区"捡垃圾"行动为例，强调"捡垃圾"已经不是一般意义的"变废为宝"循环再利用的目的，而是一种极具象征性的环保主义实践。为此，该项研究提出：

> **在生态文明建设中，居于主导地位的政府及政策制定者们，必须将垃圾治理与新的道德形成以及自我行为的调整联系起来，通过环保主义、传统生态道德以及经济手段、行政权力等社会框架约束，形成完善的垃圾治理体系，以利于促进每个环境主体的长久行动，从而最终实现青藏高原农牧区人居环境的提升**[2]。

近年来，青海省实施禁塑限塑专项整治行动和塑料污染治理工作，率先在部分地区、部分领域禁止、限制部分塑料制品的生产、销售和使用。目前，全省一次性塑料制品消费量明显减少，替代产品得到推广，塑料废弃物资源化、能源化利用比例大幅提升。2020年1月20日，青海省发展和改革委员会提出，"十四五"期间，推动多部门联合开

---

[2] 徐君、陈蕴：《环境社会学微观视角下青藏高原垃圾治理路径探析——以三江源区"捡垃圾"行动为例》，《民族学刊》2022年第9期。文章认为，垃圾的产生和处理、人与垃圾的关系等是目前环境社会学关注的热点问题，也是从环境社会学微观视角关注个体环境行为的重要领域。文章以在三江源农牧区开展环保实践的两个社会组织为观察对象，借鉴戈夫曼的拟剧论等理论，透视两个环保组织的垃圾治理行动——通过具身性"表演"，催生、培养其志愿者、组织成员和环境他者的垃圾分类与处理意识，调动微观层面个人能动性与当地民众的生态道德伦理，在与地方政府、民众、游客等"观众"进行社会互动中达到传播亲环境行为的目的，促使更多环境主体加入环保实践活动，弥补环境治理中宏观结构与运动式治理之间的缝隙，最终将利他主义和实用主义的捡垃圾行动嵌入地方垃圾治理事项，形成环境治理合力。这是独具三江源区特点的垃圾治理实践，开创了促进青藏高原环境综合整治新模式。

静寂的万古雪野中，玉珠峰巍巍耸立，玉虚峰孤兀雄起，势压万山，造就了冰雪世界特有的自然景观。青藏公路与青藏铁路在此处穿过，尽管位于高海拔的冷冻区域，但常年泉水清澈见底，泉水源源不断流入黄河、长江源头，与浑浊的雪山水并入溪流。

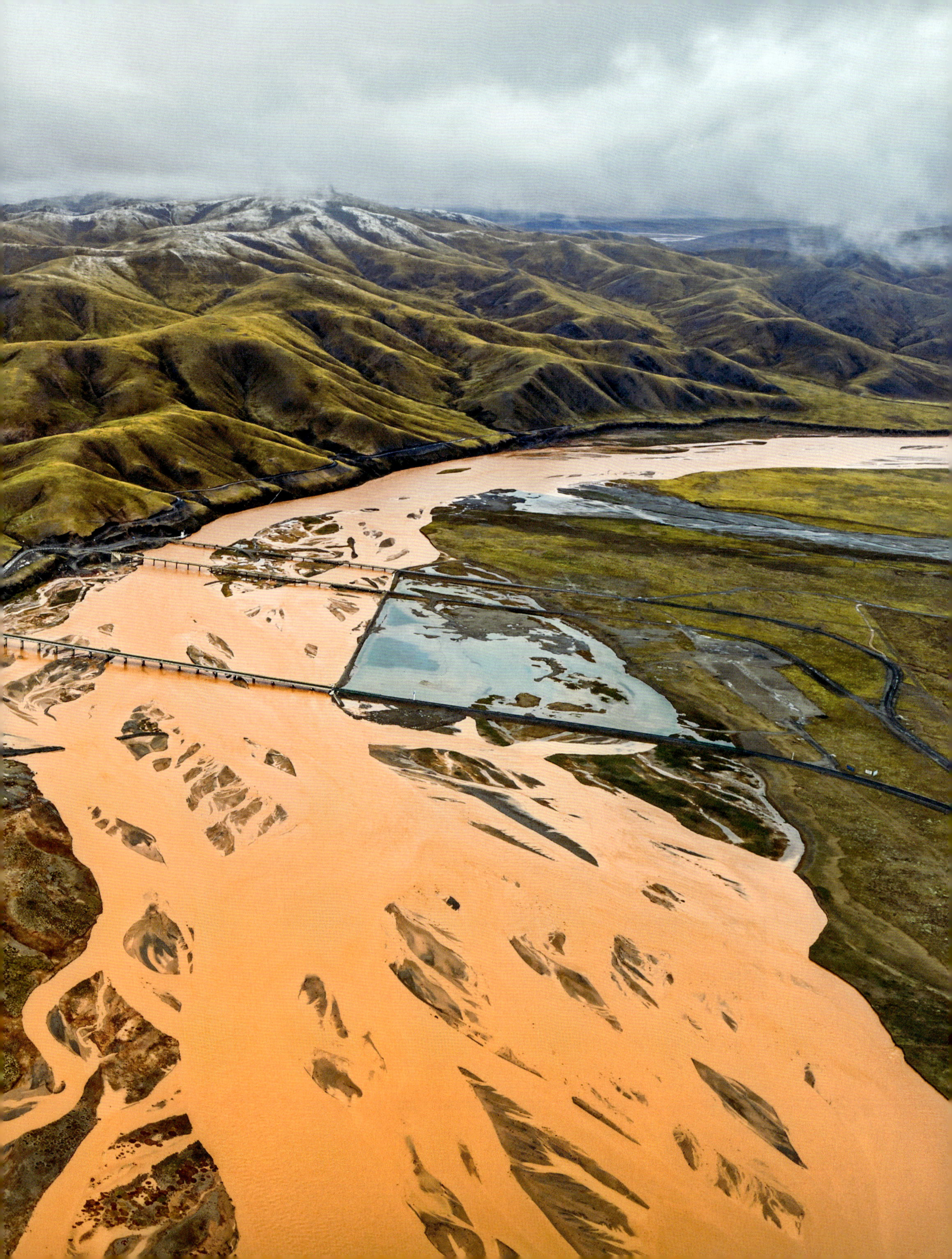

▲ 曲麻河乡多秀村生态环卫公司员工接受调研组访谈

近年来，曲麻河乡从全乡四村无草无畜户及未享受生态管护员待遇的牧民中，招聘有一定劳动技能的牧区剩余劳动力，组建环卫队伍，实行公司化管理，主要负责109国道、乡村公路沿线两侧及河（湖）水全域垃圾日常保洁清扫及清运。其中，多秀村全村374名生态管护员形成了网格式的垃圾清理模式，确保了国道沿线的干净与整洁。

展塑料污染全链条治理，实施塑料使用源头减量、塑料垃圾清理回收利用和处置等专项行动，并在重点生态保护区推行"全域禁塑"。

从2021年开始，玉树州着力解决生活垃圾、废塑料、牲畜粪污、建筑垃圾等典型废物全过程管理中的问题，健全各类处理处置设施，推进具有玉树州特色的生态脆弱区"无废城市"建设，切实担负起维护生态安全、保护三江源、保护"中华水塔"的重大使命。自2021年8月至2023年底，在全州开展全域无垃圾和禁塑减废专项行动，实现了城市城镇生活垃圾分类全覆盖，城乡生活垃圾无害化处理覆盖率达到90%以上。2023年3月，《玉树藏族自治州"十四五"时期"无废城市"建设实施方案》正式发布，确立了分区实施生活垃圾分类收运，健全农牧区垃圾收运设施等一系列基本任务。其中明确，到2023年，境内沿江（河）道、沿国省道、沿景区景点、沿草原林区和以五道梁、不冻泉区域为重点的青藏公路（可可西里段）沿线的生活垃圾治理常态化，环境基础设施供给能力、均等化水平进一步提升；到2025年，构建青藏高原生态安全屏障减量化、资源化、无害化的生活垃圾全过程治理系统。

曲麻莱县地处三江源地区，黄河和长江北源主要源流均发源于此，这里有着"江河源头第一县"美誉，生态地位十分重要。

经过多年的努力，今天的牧区，越来越多的牧民开始"凝聚共识，争做'禁塑'行动的倡导者；以身作则，争做'禁塑'行动的示范者……"[3] 牧民家里的垃圾也投放到村里垃圾箱，再由乡上转运至县上垃圾厂处理。最可喜的变化是，牧民的观念转变了。据当地牧民讲，以前大家随处丢垃圾，现在出去一趟回来，车里装的都是捡的垃圾，如今在三江源，人人都是环保卫士。玉树州境内沿江（河）道、沿国省道、沿景区景点、沿草原林区和五道梁、不冻泉区域为重点的青藏公路（可可西里段）沿线等区域垃圾治理实现全域化和常态化。特别是玉树州3.17万名生态管护员扛起生态大旗，以坚持网格化管理、属地化领导、常态化宣传监督为抓手，将生态管护队伍优势转化为生态保护和治理效能，推动"江源玉树"的"颜值"更靓、更美、更有魅力。

---

[3] "凝聚共识，争做'禁塑'行动的倡导者；以身作则，争做'禁塑'行动的示范者；着眼全局，争做'禁塑'行动的践行者；行动自觉，争做'减废'行动的参与者……让我们携起手来，以实际行动呵护我们的家园。"2023年6月20日，玉树州"禁塑令"施行之日，以"扛起源头责任全面禁塑减废 共建美好家园"为主题的玉树州全域无垃圾和禁塑减废专项行动主题宣传活动举行。青海省十四届人大代表、玉树市第五完全小学校长伊羊向全州42万各族儿女发出禁塑减废倡议。

⊙ 生态管护"永动机"

　　109 国道青藏线贯穿可可西里地区，沿线垃圾清运是一项重要工作。我们的调研重点，就是位于青藏公路（可可西里段）109 国道沿线的曲麻河乡多秀村所属的五道梁、不冻泉生态管护和垃圾转运站。这是一个特殊的点位，是观察三江源生态保护最有独特价值的一个角度。作为连通青海，进出西藏的必由之路，五道梁、不冻泉区域的生态环境治理更是一项重大政治任务和责任使命。

　　今天的人们驱车行驶在宽阔的公路上，看到的是整洁的环境，平整的国道，不冻泉的泉水静静地流淌，过往的游客纷纷打卡拍照。但很难想象，在过去很长一段时间，这里一度成为绵延数十公里的垃圾重灾区。由于长途大客车的密集通过，尤其是旅游旺季，五道梁、不冻泉过往车辆日达近 6000 辆，非旅游旺季日均车辆也能达到 1000 余辆。偶尔因道路问题造成堵车，车流长度近 30 公里，堵车带来的沿线垃圾给 109 国道周边环境卫生造成巨大压力，国内诸多媒体也曾对沿线垃圾问题进行多次报道。2019 年 9 月 17 日，经济观察网刊发《触目惊心　青藏公路沿线垃圾问题已形成严峻挑战》一文，报道了青藏公路的垃圾问题。2021 年 6 月 20 日，经济观察网再次刊文《青藏高原可可西里地区再现巨大露天垃圾带》[4]，报道引起玉树州委、州政府高度重视，曲麻莱县委书记等在第一时间赶到五道梁进行现场情况勘察。当即出动了 21 辆运输卡车，2 台装载机，4 台挖掘机，对五道梁的露天垃圾带进行集中清理，并在青海省和玉树州住建部门的协调下，将垃圾运往距离五道梁约 160 公里处的西大滩垃圾填埋场进行填埋。同时，为进一步建立长效工作机制，确保高原垃圾污染问题不反弹，曲麻莱县政府统筹有关部门，强化属地责任，推动曲麻河乡多秀村成立环卫公司。

　　2021 年 8 月 17 日，曲麻莱县曲麻河环卫综合管理有限公司正式成立，专注于曲麻河乡区域内 109 国道、215 国道公路沿线，即不冻泉—五道梁—秀水河—昆仑山路段共 400 多公里内的垃圾收集、清运等。全村 374 名生态管护员探索形成网格式的垃圾清理模式，确保了国道沿线的干净与整洁。在这里，环卫工人不论刮风下雨都在路边辛苦捡拾垃圾，被称为不冻泉上的"永动机"[5]，他们让绿色观念成为社会共识，绿色生活成为社会常态，为建成天更蓝、山更绿、水更清的美丽曲麻莱持续发力。

---

[4] 2021 年 9 月，在 109 国道，青藏公路 3155—3156 路段，一个形如炮弹引信的金属部件，颇为骇人，后经鉴定，实为拖拉机的零部件。在这一路段，两个小时左右的时间里，9 位旅行者临时下车捡拾到 15 大袋垃圾。

[5] 【走笔曲麻莱】曲麻莱县不冻泉垃圾站——不冻泉上的"永动机"，"玉树发布"微信公众号 2024 年 7 月 10 日。

▲ 调研组为垃圾清运站员工捐赠吸氧机

曲麻河乡多秀村于2021年成立环卫公司，专注于曲麻河乡区域内109国道、215国道沿线，即不冻泉—五道梁—秀水河—昆仑山路段共400多公里内的垃圾收集、垃圾清运等，全村374名生态管护员形成了网格式的垃圾清理模式，确保了国道沿线的干净与整洁。

五道梁、不冻泉垃圾分类处理站已经成为三江源保护区垃圾革命的窗口，一个"风向标"。

首先，从地理位置上看，五道梁垃圾分类清理转运站和不冻泉垃圾分类清理转运站，主要负责风火山至昆仑山口（109 国道）沿线（共计 150 公里）垃圾管理清运工作。其中，五道梁属于曲麻莱县管辖，位于被世人称为"生命禁区"的青藏高原和西部高山地区，距离格尔木市 289 公里、距离曲麻莱县城 400 公里。不冻泉位于青海可可西里自然保护区不冻泉保护站处，海拔 4600 米，距离格尔木市 170 公里，距离曲麻莱县城 308 公里。

根据曲麻河乡人民政府 2021 年 8 月 13 日《曲麻河乡多秀村生态环卫公司实施方案》，在建设内容及规模方面，明确了五项要求：

1. 建立垃圾日常清扫保洁及清运队伍，五道梁距县城 400 公里，垃圾运距远、行政成本高，从全乡四村无草无畜户及未享受生态管护员待遇的牧民中，招聘有一定劳动技能的牧区剩余劳动力，组建环卫队伍，实行公司化管理，主要负责 109 国道、乡村公路沿线两侧及河（湖）水全域垃圾日常保洁清扫及清运。

2. 实施不冻泉驿站及多秀村委会驻地大电网覆盖项目，解决不冻泉驿站垃圾分类处理站及周边牧民和商铺的用电问题，不冻泉驿站现有牧商户 60 余户，多秀村委会驻地 35 户及学校，多秀村委会驻地周边 33 户（距多秀村委会 15 公里范围内）。

3. 新置垃圾桶，确保"两个商贸集散地"。由县政府统一购置垃圾桶 80 个，对"两个商贸集散地"聚居点每间隔 25 米摆放一个垃圾桶，每 20 处配备生态保洁员、垃圾清运工 2 人，达到群众生活垃圾每日一清。

4. 新置垃圾箱，确保 109 国道交通大动脉两侧停车港湾处设置垃圾箱。在 109 国道线沿线公路两侧停车港湾每隔 15 公里设置垃圾箱一座，并配齐村级生态保洁员、垃圾清运工每处 3 名，确保每周清运一次，使得 109 国道公路两侧环境长效整洁。

5. 不冻泉、五道梁"两个商贸集散地"各设置垃圾回收站一处，同时申请安排专项经费确保环境整治长效、高效。

文件中还提出健全保障措施，其中对加强队伍保障提出三项措施：

1. 建立村级环卫公司队伍。对辖区内实行全天候全方位环境卫生整洁。村级环境卫生队伍包括清扫员和清运员。村级环境卫生公司的主要工作职责是负责辖区内主要道路两侧垃圾杂物清理、垃圾清运。

2. 严格环境卫生工作人员管理。加强环境卫生工作人员管理，明确岗位职责，认真做好辖区内以及"两个商贸集散地"的环境卫生管理工作。对环卫人员进行定期培训，提升业务能力，加强日常监督检查，及时督促辖区以及"两个商贸集散地"保持环境卫生整洁。

3. 成立乡牧区环境卫生督导检查组，负责对乡域内环境卫生长效保洁进行督导检查，落实日巡察、周督导、月考评工作。

在这一系列有效机制和健全的制度保障下，多秀村五道梁、不冻泉垃圾站被誉为生态环卫"永动机"。数据显示，2022年度，五道梁和不冻泉清理垃圾约 690 吨，垃圾转运 480 吨，焚烧垃圾 305.75 吨、产生炉灰 60 吨，车辆出动 245 台／次（其中垃圾转运 100 台／次、垃圾清理出动 65 台／次）。

⊙ 不冻泉里"不冻情"

2024 年 7 月 28 日一早，调研组从曲麻莱县城出发，经过四个多小时奔波，车辆缓缓驶进不冻泉垃圾处理站，映入我们眼帘的，是一座占地 3195 平方米的现代化垃圾站，站内井然有序、干净整洁。包括附近的浅水塘里，不见任何漂浮的垃圾。垃圾处理站的一侧加盖了部分建筑，其中包括垃圾焚化装置，旁边还有垃圾压缩打包装置，整座垃圾处置车间被分为木料区、分类区、回收区等多个区域，回收区又细分为易拉罐塑料瓶、废铁、废纸等区域。从食堂、宿舍、氧气室等，到各类清运、处理设备，一应俱全，各有其序。

时值中午，垃圾处理站的同志们给我们安排好了工作午餐。这顿在垃圾处理站办公区的用餐，也许将是我们终生难忘的一餐午饭。整齐的工棚，洁净的宿舍，与身着工服的垃圾处理员们边吃边聊，把我们的调研主题向更深层次推进了一层。这已经不是在工作，而是在生活。这是前所未有的最真实的工作和生活场景的叠加。

接受我们访谈的青梅多杰今年才 22 岁，七八岁时便到寺院出家，十二三岁还俗，四处打零工，最多时每个月收入 7000 元左右。2021 年，他到不冻泉垃圾分拣站工作，被评为"优秀卫士"，吃、住均在不冻泉，2—3 个月才能回一次家。日常工作就是每天骑着电动车、戴上手套巡护周边环境，重点是捡拾垃圾，巡护一次需 3—4 小时（单程）。同时，他还需要和同事们一起对运到此处的垃圾进行分类处理。对于目前的工作，他毫

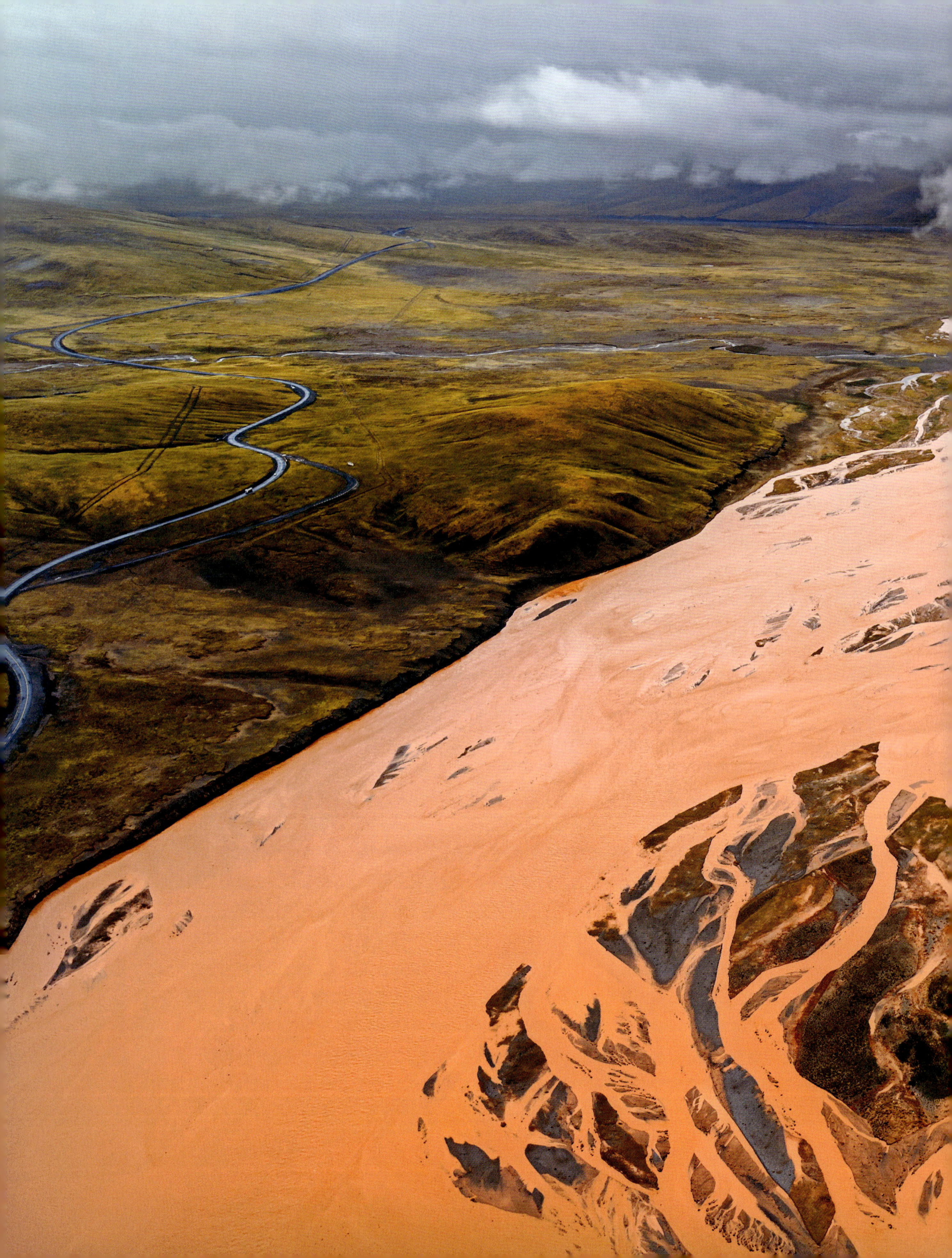

夏日的曲麻莱县，犹如一幅精心雕琢的生态画卷，展现着大自然的无尽魅力：冰川溪流纯净无瑕，飞禽走兽自由穿梭其间，广袤的草原上牛羊成群……在这绚烂多彩的生态画卷之中，曲麻莱县的不冻泉垃圾站成为了一道独特的风景线，引领着垃圾分类成为群众日常生活的新风尚。当地牧民群众积极响应，投身于这一绿色行动，用实际行动为保护生态环境贡献着自己的力量。

▲ 曲麻莱县不冻泉垃圾站优秀员工留影

绿色观念、绿色行动已融入进了不冻泉的每一位村民、商户的日常生活，化为他们的自觉行动，他们就如不冻泉上的"永动机"，让绿色观念成为社会共识，绿色生活成为社会常态，为建成天更蓝、山更绿、水更清的美丽曲麻莱持续发力。

不保留地给我们算起了他的收入账：3600元／月×12月／年＝43200元／年，另外，管理站还给大家都上了五险一金，每年签一次合同，生活有了保障。五六年前，他们家里已在格尔木市购置一套80平方米的房产，花费15万元左右。买房子的大部分钱都是多杰的贡献。所以，他在家里的"地位"最高，因为只有他是"吃公家饭"的，是有正式工作和五险一金的"有编制的人"。说起这个，小伙子脸上一脸的骄傲。

更巧求培，今年初三刚毕业。更巧，好运的意思。求培，念经特别好、聪慧的意思。他不是管理站的正式员工，这天正好是来临时顶替他的二哥才仁文秀的。二哥是这里的生态管护员，今天需要在家照顾生病的妈妈。因为按照管理站的要求，管护员岗位不能出现空缺，如果临时有事不能到岗，需要找别人顶替。"二哥的事就是我们全家的事"，除了更巧求培，大哥白玛文秀也会经常主动到管理站帮工，或者参加义务劳动等，"生态管护是我们全家的事"。草原地域面积大，一口糌粑，一口肉干，"风餐露宿"是更巧求培和哥哥们的家常便饭。

更巧说："做好生态环境保护，我们是打心里热爱的，这是我们的家园，我们不热爱谁热爱，一人捡一个塑料瓶、一人拾一个废纸片，公路边的垃圾就少一个，保护家乡的生态，大家都很积极……"

正在这时，在野外巡检了一上午的扎西达杰回到站里，我们赶忙招呼他坐下来和我们聊聊。扎西达杰是多秀村土生土长的牧民，2022年来到不冻泉。同时来到这里工作的还有他的妻子。转运站在招聘工人时出于人文关怀，优先录用夫妻二人同时入职，这样就避免了夫妻两地分居。

扎西达杰和妻子仲措住在转运站提供的宿舍里，"精神文明户"和"最美环保卫士"的证书整齐地摆放在几案上非常醒目，其主人的自豪感和荣誉感跃然而出。但和他的访谈一开始，他却给了我们一个"意外"——"刚开始我都快撑不下去了，倒不是因为累，主要是太脏了，想象不到的脏。"记得2022年4月，刚来中转站那几天，面对来往的货车司机和游客随手从车窗扔下来的垃圾，扎西达杰打起了退堂鼓。但是转念一想，"如果这个坎过不去，那守护家乡生态环境就是一句空话，回到家里也不知道如何向父母子女解释自己的退缩。"一天天说服自己，时间一长，他慢慢习惯了一切，沿路的雪山、草原、河湖、荒漠，走过的每一寸土地都回到了最初洁净的模样……一切令他越干越有成就感。"我们干的可能是最脏的活儿，但我们走过每一个地方，身后留下的都是一片净土。"

就在我们结束访谈准备出门时，曲麻河乡党委书记多杰战斗走了进来，他手里拿着一个矿泉水瓶子对我们说，你们知道吗？扎西他们每天捡到的垃圾里大多是这样的矿泉水瓶子，里面装的不是水，是尿，是污染物，他们常年这样工作，他们太苦了，我真的从心里心疼他们，担心他们的健康啊！……书记的语气非常激愤，眼中含泪，那一刻，我们被深深震撼到了。我们真的很想对那些国道上的大货车司机说，你们的举手之劳就能大大减轻环卫工人的工作量，减少对他们身心的损害，你们的方便，不能建立在他人的痛苦之上。关爱他人，正确投放垃圾，这不难，真的不难，我们是时候为他们做点什么了！

多么难忘的一天，这是我们这么多天调研最为动容的一场访谈！听着这些牧民生态管护员们的讲述，看着这些淳朴的牧民，我们从心底受到感动。

《谁是最可爱的人》是作家魏巍从朝鲜战场归来后所著报告文学，影响着一代代人。同样，在青藏高原、在可可西里、在三江源头，也有这样一群"最可爱的人"！多秀村370多名生态管护员在战斗，他们的背后，是整个玉树州3万多生态管护员默默的奉献[6]。

致敬这些江源第一县"最可爱的人"，正是他们对自然、对生态环境的热爱，才确保了国道沿线的干净与整洁，才实现了整个三江源脆弱的生态自然的平衡[7]。

通天河穿行于唐古拉山脉和昆仑山脉的宽谷之中；千古神山尕朵觉沃以遒劲峭拔的姿态守护着百姓内心的安宁与纯净。生活在高原上的可爱的牧民，他们就是"国家的扫地人"[8]，他们像保护自己的眼睛一样爱护着这片土地。今天，杰桑·索南达杰已经成为

---

[6] 马洪波在《三江源国家公园体制试点与自然保护地体系改革研究》（人民出版社，2021年）中认为，设置生态管护公益岗位是三江源国家公园体制试点的最大亮点之一，得到了国际社会的普遍称赞。2019年8月19日在首届国家公园论坛上，美国国家公园管理局前局长、美国加州大学伯克利分校公园公众与生物多样性研究所执行主任乔纳森·贾维斯认为："生活在三江源当地的牧民有着保护生态系统的传统，其世代传承的生态文化可用于国家公园管理。生态管护员项目诠释了中国国家公园的'中国特色'，建议继续开展生态管理员项目，并扩大项目规模。如今，""一人被聘为生态管护员、全家成为生态管护员"的新风正在兴起，生态保护成绩突出，正在努力实现"保护为了人民，依靠当地群众做好保护，保护的成果全民共享，让三江源的老百姓通过做保护过上好日子"的目标。

[7] 2024年10月12日，时任青海省委书记、人大常委会主任陈刚来到玉树州曲麻莱县不冻泉垃圾中转站，详细了解垃圾收集、分类、转运等情况，并走进生活区的宿舍、餐厅、厕所，关心察看环卫工人的生活条件。他充分肯定当地积极发动群众壮大力量、建立垃圾清理长效机制的做法，强调要进一步加大宣传教育力度，引导司机游客、沿线群众提升生态环保意识，营造社会各界共同关心、支持和参与的良好氛围，以垃圾清运"小切口"做好生态环保"大文章"。

[8] 长篇报告文学《可可西里》（陈启文著，青海人民出版社，2023年）有一段讲述梁从诫先生和"自然之友"的故事，说他以"国家的扫地人"自称，"这个国家是我们的，地脏了，总得有人扫吧"。

▲ 调研组与当地干部在曲麻莱县不冻泉垃圾站前交谈

不冻泉和五道梁垃圾中转站的建立是曲麻莱县生态保护的一个缩影。其中，曲麻莱县不冻泉垃圾站占地3195平方米，配备齐全，从垃圾中转站到职工宿舍，再到各类清运、处理设备，一应俱全。站内垃圾处置车间区域划分明确，木料区、分类区、回收区（细分为易拉罐塑料瓶、废铁、废纸等区域）各有其序。

▲ 环卫工人与调研组交谈

在这片被世人冠以"生命禁区"的地方，环卫工人承受着工作条件和自然环境的极端与挑战，但他们对自己的工作感到骄傲。"有些人觉得我们干的这个工作太累、太脏了，但是我们一点也不觉得脏和累，因为我们这是在保护家乡的草原，让过往的人们看到雪山和草原本来的样子……"

可可西里的一个里程碑[9]。与之相比，终日奔波在国道沿途的这些环保卫士是无名英雄。他们默默无闻，没有可歌可泣的事迹，更没气壮山河的壮举。

正是因为他们日复一日、年复一年的辛勤工作，对一件件、一片片垃圾的分类和处理，让脚下的绿在延伸、水在流淌、花在开放、鸟在飞翔……才让远来的人们、徜徉的游客，可以在离天最近的地方，看山峦起伏，望云卷云舒。

⊙ 垃圾革命"进行时"

三江源国家公园的环境教育，已经成为面向全国民众的自然环境教育窗口[10]。在这个窗口，不仅仅要引导公众走进自然、理解自然，更要教育公众爱护自然、守卫自然。而这最直接的，莫过于把垃圾分类作为一个起点，来唤醒人们对自然生态保护的自觉。客观地说，垃圾产生的量与地域经济发展水平正相关，整体上来看，三江源的垃圾总量较低，但作为生态环境脆弱地，即使是少量的垃圾，也不能忽视其危害性。再加上在青藏高原牧区，收集垃圾的单位成本和运输垃圾的物流成本都比内地或农区高，处理效果有限。因此，三江源垃圾处理面临着收集处理难度大且管理能力有限、资金匮乏且设施不健全、处理技术落后、环保意识薄弱等问题。接下来，还有类似关于推进西藏高原生活垃圾气化特性研究等一系列的课题[11]。我们这次调研的109国道是一条从青海出发直达拉萨的青藏公路。这是一条再普通不过的公路，但正是通过这样一个具体的调研点位，我们感受到了高原地区生态管护、环境治理，尤其是垃圾分类处理等工作的不易。这些年来，经过持续治理，路面干净整洁，沿途垃圾随意抛洒问题已经有了明显改观。但也要看到，垃圾之殇的彻底根治，还需要持续的改革，寻找治本之策。要通过环保主义、传

---

[9] 古岳：《源启中国：三江源国家公园诞生记》，西宁：青海人民出版社，2021年。

[10] 《三江源国家公园生态体验与环境教育规划研究》（杨锐、赵智聪、庄优波等著，中国建筑工业出版社，2019年）中提出，三江源国家公园应努力成为面向全国民众的自然环境教育窗口，引导公众走进自然、理解自然、感悟人与自然的关系，成为激发全民对自然的热爱、引发其兴趣帮助其建立自然与文化保护意识的助推器，成为大众与国家公园里工作人员、各类专业人士就国家公园进行交流互动的平台。

[11] 常可可、李健、陈冠益，等：《西藏高原生活垃圾气化特性研究》，《环境卫生工程》2023年第31卷第6期。

统生态道德以及经济手段、行政权力等社会框架约束，形成完善的垃圾治理体系，尤其是要讲好垃圾分类处理之后的"恢复经济学"[12]，以利于促进每个环境主体的长久行动。

玉树的百姓经常说，这里的一切就是巴塘和嘉塘的事儿，而这也深刻地诠释着草原在"江源玉树"的重要意义，巴塘草原和嘉塘草原一起，守护着这里珍贵的山水。

青藏地区生态环境非常脆弱，生态屏障保护丝毫不能放松。尤其是农村、草原垃圾分类，理论上比城市垃圾分类容易，但像玉树等地广人稀，垃圾分类后的资源利用率下降，管理起来很难精准。另外，按照生态环保督察的要求，五道梁、不冻泉垃圾分类后要送到格尔木垃圾处理场[13]，其中，从五道梁出发来回要跑640公里，从不冻泉出发来回跑530公里。光油费就是一笔巨大的开支。另外，就是公路沿线工作范围广、人员工作强度大、远距离长途运送成本高等问题。接下来，也要进一步理顺体制机制，在加强政府转移支付的基础上，以市场化改为牵引，在垃圾处理全链条上做好物资、资金、人员等全方位的保障，补齐垃圾处理短板，构建自然保护地惠益分享机制[14]，多尺度评价生活垃圾治理生态环境风险并识别管控阻滞因子，大力降低生活垃圾治理的生态环境风险等级，加快完善三江源生态大保护新格局[15]。

同时还有一个不容忽视的问题，那就是目前青藏公路及青藏高原部分地区的管辖权问题颇为复杂。其中，以青海省格尔木市为青藏公路真正的起点，至西藏自治区拉萨市

---

[12] "恢复经济学"是美国学者马丁·道尔在其论著《大河与大国》（刘小欧译，北京大学出版社，2021年）中提出的一个观点，该书举例说，在最开始的时候，坎贝尔和那些在卡茨基尔度假的鳟鱼钓客没有什么区别，同样是一位富裕的商人希望在自己周末度假小屋边能多钓到几条鳟鱼。但是当他发现会恢复河流，其实是恢复用来牧牛的草地这一关键后，这直接让问题由如何从河里钓出更多鳟鱼，变成了如何拥有一个更健康的生态系统。他的鳟鱼之河带来了青草之河，并且在这个过程中恢复了这里的经济。

[13] 胡孙、陈纪赛、周永贤，等：《高原高寒地区应急保障垃圾处置实验》，《环境科技》2024年第37卷第1期。该文以格尔木纳赤台为实验场地，验证在高原高寒应急条件下移动式垃圾处置系统对现场存在垃圾的焚烧处置效果。结果表明，该系统可满足高原高寒地区灾害现场200kg/h垃圾应急保障处置工作，烟气排放符合GB18484-2020《危险废物焚烧污染控制标准》要求，可有效为高原高寒地区垃圾处置提供技术及装备支撑。

[14] 刘超：《以国家公园为主体的自然保护地体系立法研究》，北京：中国社会科学出版社，2023年。

[15] 张健、周侃、陈妤凡：《青藏高原生态屏障区生活垃圾治理生态环境风险及应对路径——以青海省为例》，《生态学报》2023年第43卷第10期。该文以青海省4306个居民点为研究对象，在定量测度城乡各类生活垃圾的产生量及其治理水平基础上，从生活垃圾治理体系的收集、转运与处理全过程视角，综合考虑危险度、暴露度、脆弱度因子构建生态环境风险评价指标体系，应用基于主客观综合赋权的TOPSIS方法和风险管控障碍度评价方法，多尺度评价生活垃圾治理生态环境风险并识别管控阻滞因子。结果显示：青海省城乡生活垃圾产生呈整体分散、局部组团式集中分布特征，全省生活垃圾集中治理率仅62.33%；全省生活垃圾治理的生态环境风险总体处于中风险等级，属于中高风险及高风险等级的居民点占36.90%，且河湟谷地区向柴达木盆地区、环青海湖及祁连山地区和青南高原地区呈风险递增；现行生活垃圾治理体系在镇级转运环节的生态环境风险最高，在祁连山脉、昆仑山脉东段以及青南高原峡谷地带转运风险突出；自然地理环境高寒性、分散式垃圾处理技术滞后性是风险管控的主要阻滞因子。

▲ 不冻泉垃圾站工人记录他们的工作和生活情况

清理减量，回收分类，提升垃圾处理能力，尽管条件有限，然而管护员们对待垃圾治理的态度和行动却从不"打折"。他们敬畏自然，"像保护眼睛一样保护生态环境，像对待生命一样对待生态环境"的环保意识已深深印入内心，驱动着他们守护美丽家园。

大约有 1200 公里的距离，在青海省境内有 500 公里左右。但是，在经过格尔木市区几十公里之后，有约 1100 公里的青藏公路，都属于西藏公路局的管养范围。行政区划上，唐古拉山镇属于青海省海西蒙古族自治州格尔木市的"飞地"，与格尔木市区相距 400 多公里，中间 400 多公里的范围属青海省玉树藏族自治州管辖。而雁石坪，地理位置上属于青海的唐古拉山镇，但西藏自治区那曲市安多县又设立了雁石坪镇进行实际管辖[16]。所以，要进一步推动沿线公路周边垃圾治理，就需要以改革的精神理顺体制机制，加强区域协作和协同，包括开展社会各界的联系协作，深入开展垃圾清理整治行动，打好"垃圾的革命"攻坚战，这场革命只有"进行时"，没有完成时。

接下来，要进一步弘扬志愿者精神，引导鼓励更多的环湖群众、广大游客等积极参与其中，提升志愿服务新内涵，打造志愿服务新品牌。要通过开展生态保护知识宣传、组织志愿者保护队伍等措施，激发当地群众保护生态环境的自觉性和主动性，形成共同致力于生态保护的良好氛围。

---

[16]《青藏公路可可西里沿线垃圾问题明显改观　其他多个区域仍随意丢弃》，经济观察网，2021-09-29，https://www.eeo.com.cn/2021/0929/506245.shtml。

《馆长索昂格生》

李继飞　纸本素描　368mm×260mm
创作于玉树州藏族文化博物馆　2024年8月6日

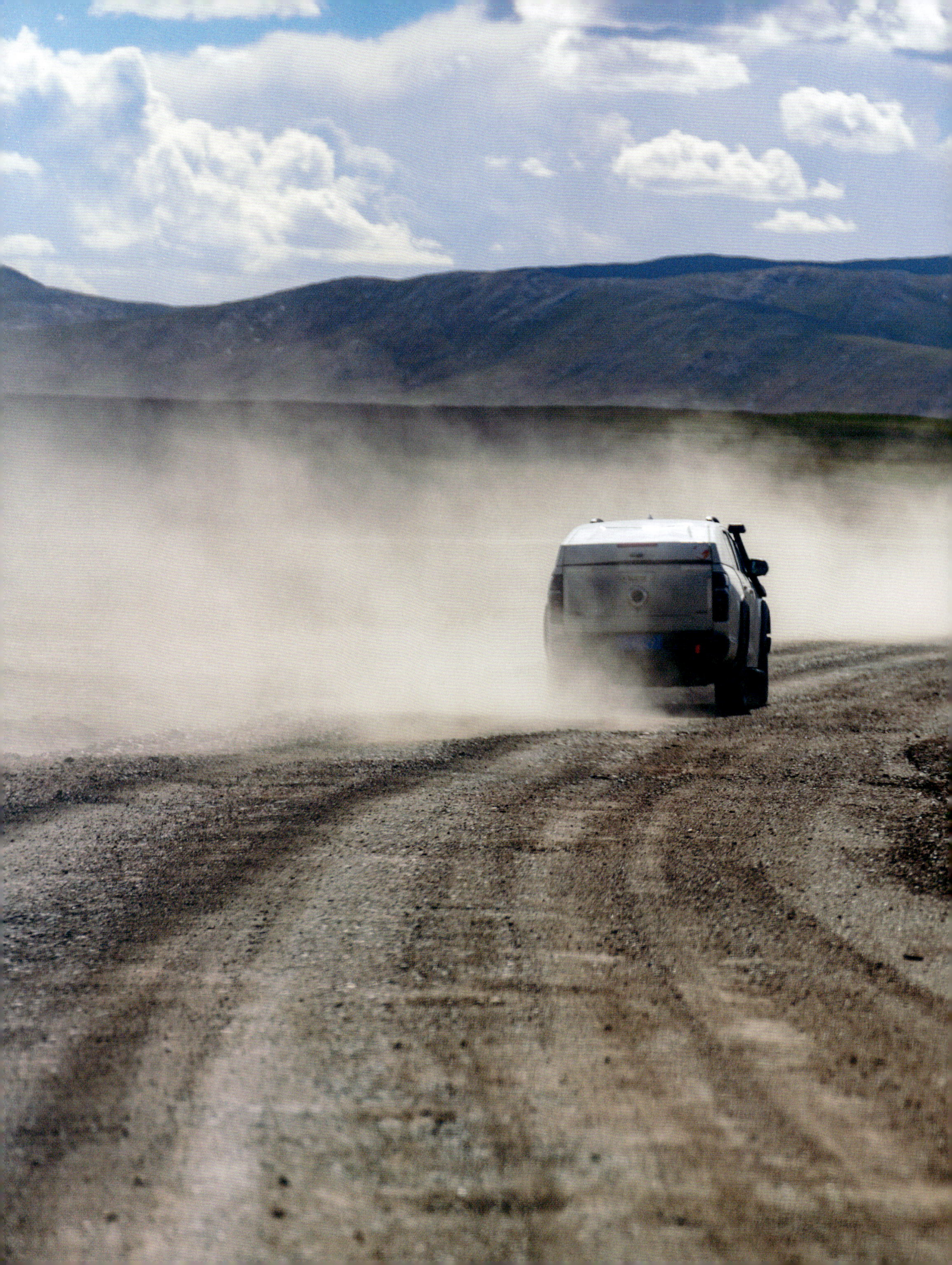

不冻泉，坐落于三江源保护区与可可西里交汇处，与玉珠峰雪山遥相呼应。这里海拔在4500米以上，空气稀薄、气候恶劣，一年四季狂风不止，仿佛大自然为人类设置的一道难以逾越的屏障。

THE GREATEST POTENTIAL

3

最大的
潜力

热爱我们的来处，珍惜我们的此刻，才知道我们将向何处。置身三江源的广袤天地间，生存仍然不易，但生命永远顽强。母亲河、江源情、山川志，共同汇聚成藏区儿女对家乡、对自然、对生活的热爱。在他们的眼中，敬畏自然是最朴素的情感，肉体生灭是最自然的轮回。冬虫夏草，为生活提供了保障，但绝不是恣意滥采；牦牛成群，但绝不允许肆意地啃噬。一切以自然承载为底线、以生态友好为尺度，才能取得农牧生产、农牧生活、自然生态"三生"共赢的大好局面。

绿色是可持续发展最核心的诉求，永续的生态是承载未来的希望和潜力之所在。一户一岗，守护的是未来的希望，生态补偿，为的是给子孙后代留下永续的宝藏。推动绿色发展，积极探索生态产业化、产业生态化，推行生态农牧业、生态旅游业、生态服务业等"生态+"模式，生态优势正在转化为经济优势。秉持"绿水青山就是金山银山"理念，挖掘生态补偿、生态产品、生态服务价值，加快生态优势带动经济发展动力的高效转化。

从千年古渡直门达村以文化与生态融合探索发展新机，到玉珠峰下昂拉村依托自然景观拓展多元发展路径；从杂多县苏鲁乡多晓村依托虫草产业迈向新征程，到称多县尕朵乡卓木其村凭借文化底蕴打造"玉树小敦煌"；从"万里长江第一湾"治多县立新乡叶青村"借绿生金兴文旅"，再到"澜沧江畔古盐田"囊谦县白扎乡藏红盐生态体验馆邂逅最美的"红盐知己"。江源早期文明的挖掘、流域优秀文化的传承正在为三江源绿色发展开拓无限空间。

良好生态环境是最公平的公共产品，是最普惠的民生福祉。构建和实施全方位、全地域、全过程、全要素的山水林田湖草沙冰一体化保护，是生态系统治理最重要的责任。"人不负青山，青山定不负人"[1]。深入剖析这些典范，探寻其释放潜力的实践路径，涵盖生态旅游、特色产业培育、生态品牌塑造等多元维度，展现如何在保护生态前提下，把优势转化为生产力，把责任转化为行动力，把潜力转化为竞争力。其丰富的生态资源如同沉睡的宝藏，亟待唤醒释放巨大能量。激发产业活力、促进民生改善、提升区域竞争力，为实现经济繁荣、生态美好、社会和谐的三江源新貌提供创新思路与可行借鉴，共同奏响新时代三江源高质量发展的激昂旋律，展现人与自然和谐共生的中国式现代化壮美画卷。

---

[1]《国家主席习近平发表二〇二二年新年贺词》，《人民日报》2022年1月1日第1版。

《手艺传承人——西周旦培·陈林》
李继飞　纸本素描　368mm×260mm
创作于玉树州称多县歇武镇直门达村　2024 年 7 月 31 日

千年古渡"第四桥"

——称多县歇武镇直门达村调研记

通天河,当地人有时也叫它"牦牛河",蜿蜒穿行于玉树草原之上,流淌千年,流经千里,至今涛声依旧。通天河畔的古渡口与河面上象征着往昔、现世与未来的三座大桥遥相呼应,成为两个世纪、三个时代的活态见证,亦是一部玉树藏区半个世纪以来从落后到繁荣的历史。

带着对这片土地深厚历史的敬畏和对未来发展的憧憬,我们来到了通天河畔直门达村的古渡口。首先跃入眼帘的是并肩横跨通天河的三座大桥,它们被当地百姓亲切地称为幸福桥、生命桥、腾飞桥。远眺这三座大桥,每个人都能感受到那种逝者如斯、不舍昼夜的决然奔流。

古老的牛皮筏子已经在历史的波涛中消失,但"牛皮筏子精神"依然穿越至今;三座大桥实现着有形的承载,但我们要探究的,还有其背后的无形力量。这种力量是托举直门达村走向未来的第四座"桥",是直门达以"坚韧勇毅、不负重托、摆困渡危、公正仁爱"的牛皮筏子精神走向明天的"精神之桥"。

⊙ 古村、古渡与古老家族

直门达在藏语中即为"渡口"之意，自古以来这里就是连接青海、西藏、甘肃、四川等地藏区的交通要道，是唐蕃古道上的咽喉之地。据史料记载，文成公主进藏时就是在直门达渡口乘坐牛皮筏子渡过通天河后抵达吐蕃都城逻些（今拉萨）的，这也是当地百姓津津乐道的故事。

来到直门达村，站在古渡口畔看大河奔流，调研组一行人不约而同地想到同一个问题：通天河干流河长1174公里，是什么样的地理和生态环境让直门达成为古渡口的天选之地？

直门达村位于玉树州称多县歇武镇西南部，是一个群山环绕但交通便捷、自然风光优美的高原古村。直门达村的平均海拔达到了3600米，属于高原亚寒带湿润气候。这里多山，间有滩地，直门达村就位于群山间一片较为缓和的滩地上。在如今便利的交通条件下，直门达村距离玉树州结古街道只有半小时的车程。然而，古时要从西宁去往玉树、拉萨等地，通天河成了横亘于面前绕不过去的天堑，而一旦渡过通天河，再翻过一座山，就能顺利到达藏区最大的商贸集散地——结古朵，也就是现在的玉树，这是当时被选择最多的进藏路线。

通天河的水流在直门达村附近一改高水位落差造成的澎湃汹涌，转而在河床中央向两岸分散，形成回流，河面变得相对平静和缓。

过去的通天河摆渡人只需将牛皮筏子划至河水中央，便能借助回流的漩涡之力顺水推舟到达对岸。这一独特的水流路径，仿佛是通天河对直门达村的一份特别恩赐，而直本仓便将这条天赐水道最大程度地加以利用，依河兴渡。

就这样，这个凝聚了直门达人勇敢与智慧的渡口，历经近千年风浪渡人无数，最终完成了它的使命，成为一方土地上的不老传奇。

历史上，直门达村不仅是交通要道，还是著名的直门达古驿站所在地。这里曾是藏民们往来的重要站点，对古代玉树地区的经济、文化交流意义重大。今天，直本仓第36代传人，老船王直本·尼玛才仁依然难忘属于他的过往岁月。他说，当时，无论是达官显贵、活佛僧侣，还是各类马帮和平民百姓，都要通过通天河渡口才能到达藏区四大商贸集散地之一的结古朵，人和物便从结古朵源源不断地向川、藏、蒙三省流动。

三座通天河大桥分别落成于不同年代，气势恢宏，蔚为壮观。它们不仅连接了通天河两岸的交通，更连着玉树地区的发展与未来。

当年，在直本仓掌管的通天河渡口上，牛皮筏子是渡河运输的唯一交通工具。当时直本仓船队拥有30多艘牛皮筏子，摆渡人都是直门达村的村民。一只牛皮筏子只能乘坐五六个人，最多可以运送七八百斤货物，遇到恶劣天气还不得不休渡，这就导致大量人员滞留，等待运输的货物在两岸堆积如山。为了排队渡河，人们等上十天半月是常有的事。为了给来往客商提供食宿，直门达驿站便应运而生，而直门达村较好的生态环境和较为丰富的物资来源也为驿站的运营提供了基础保障。

现年91岁的尼玛才仁依然身体健康、头脑清晰、表达流畅。老人每天黎明即起，打坐念经，最喜欢讲述直本仓辉煌的家族历史。这位老船王在家族的关键时刻总能稳稳掌舵，特别是震后重建时期，许多村民通过卖地挖沙赚了大钱，但尼玛才仁坚持不用土地去换钱，强调保护环境的重要性。二十多年前，当村民们纷纷拆除老屋建新房时，他不为所动，保住了直本仓的老宅，使得这座有400多年历史的故居至今仍完好存留，也保住了直门达古渡口的精神遗存。

⊙ 新思路、新实践与新发展

来到直门达村，我们最想看到的是这个因"渡"得名，因"渡"兴旺的村庄，在渡口废弃的当下是怎样的一幅景象。在直门达村驻村第一书记多杰才仁的带领下，我们踏入直门达村的村口，首先映入眼帘的是一片绿意盎然的青稞，在阳光下拔节抽穗，蓬勃生长。

直门达村庄面积为54112亩，其中耕地面积为772亩，林地面积为486亩；人口数量为355人，劳动人口数量为276人，村民年平均收入1.23万元。村集体经济的主要收入来源是传统的种植业和养殖业，养殖业以混血野牦牛为主，目前全村牦牛的养殖数量大约在780头。但牦牛对村民来说，更偏重财产属性，多用于供家庭生活所需，非急用不轻易出栏变现。所以，青稞、土豆等农作物的种植还是村集体经济的主要产业，是村民的主要收入来源。

直门达村基层党支部在村庄的发展中发挥了重要的引领作用。2024年6月，村党支部被玉树州委组织部授予了"基层党建品牌示范基地""强村带寺示范基地"的荣誉称号。为发展村集体种植产业，基于直门达村的具体情况，村委会于2022年将村民个人的耕地纳入村集体产业管理。这一举措的最大优势在于有效解决了土地无人耕种或因劳动力不足而无法耕种的问题，通过统一耕种和管理，避免了土地撂荒。村集体在农作物成熟后统一收割并按照每家每户的人口数公平分配，例如，2023年人均分到了120斤青稞。随着这种模式的实施，直门达村青稞的产量逐年增加。在村党支部的有效组织下，村民们

▲ 直本仓故居

直本仓故居的正门，朴拙而简约。从这个小小的门廊走进去，直本家族 400 多年的岁月沉积便在此间舒卷开来。

▲ 直本仓故居一隅
图中的牛皮筏子在尼玛才仁掌舵期间，曾在通天河里劈波斩浪，渡人无数。

积极参与撂荒地复耕复种，青稞种植得到了快速恢复与扩展，2023 年青稞种植面积已达 243 亩，直接经济收入达到了 17.7 万元。

近年来，直门达村的集体经济整体状况趋好。为了解决集体经济产业单一的问题，提升村庄的整体经济实力，带动村民增收，村党支部积极探索带领村民试水其他产业，例如，利用直门达村特殊的地理优势发展光伏产业，依托玉树地区的主干道 214 国道依村而过的便捷和古渡口及古驿站等文化资源发展乡村旅游业。多杰才仁表示，为了发展乡村旅游，直门达村在村庄基础设施配套和文化环境的优化方面加快了步伐，做好了铺垫。

这些年来，为了挖掘直门达村的旅游文化资源，村党支部下足了功夫。他们将古老的宫廷敬酒歌及农耕地区特色传统舞作为文化项目进行艺术性开发。同时，还积极申请将通天河大桥、古渡口、船工洞、毛主席岩画等遗迹列入县级文化保护名录。传统文化是村民们世代相传的宝贵财富，是他们身份认同的重要象征，也是吸引游客的藏域风情，是文化旅游开发的珍稀资源。

为了配合直本仓红色教育旅游基地的开发，2022 年初，直门达村在北京一家旅游设计公司的协助下，精心策划并完成了全面的方案设计与预算规划，总预算达 2017 万元。同时，直门达村还新建了一座智能化玻璃温室，作为红色文化教育中心，学员在这里能够深入了解直门达村的红色文化历史，接受党性教育。为此，他们还特别配备了住宿与餐饮设施，确保学员能在此得到全方位的学习与休闲体验。为了便于接待未来更多的访问人群，2023 年直本仓民宿的提升改造计划也已上报至县级政府，该项目预计投资 150 万元，项目完成后将会为游客提供更加舒适的住宿体验。

在直门达村党支部的支持下，作家阿琼创作的长篇历史小说《渡口魂》于 2016 年由作家出版社出版，其人物原型就是直门达渡口的最后一任掌舵人直本·尼玛才仁。

小说围绕着直本仓的尘封已久的隐秘往事，为读者铺展了遗落在唐蕃古道上的直门达渡口的传奇篇章，深刻揭示了附着于牛皮筏子的坚韧生存哲学。正像小说中讲述的那样，以尼玛才仁为核心的直本仓成为了连接直门达村过去与现在的纽带，成为了保护和传承直门达村的文化遗产和发展乡村旅游的基石。

⊙ 幸福桥、生命桥与腾飞桥

从一个被废弃的古渡口,到今天这个充满希望的美丽乡村,通天河上的三座大桥就是直门达村发展历程的见证。

老船王尼玛才仁回忆过往:"当年,在玉树藏区流传着这样一句话:'走遍天下路,难过通天渡。'那时候,我常常听到来往过客和当地农牧民都会幻想着,如果通天河上能有一座大桥,那该有多好啊!没想到,这样的幻想竟然真的成为了现实!"

1963年7月1日,长江上游的第一座大桥——玉树通天河大桥建成通车,这座距离玉树藏族自治州州府所在地仅有30多公里、全长183.88米、造价达770万元人民币的大桥历时近三年半终于建成,它被赋予了一个响亮而寓意深远的名字——"幸福桥"。这座桥的建成彻底结束了草原人夏天靠牛皮筏子渡河、冬天踏冰而行的历史,加速了物资的周转和人员通行的安全便捷性,为草原交通增添了一条重要的大动脉,进一步促进了牧区经济的发展。"通车典礼后,一队汽车驶过大桥,一首动人的民歌在人群中唱开了:'东方升起了红太阳,草原牧民心花放……北京玉树紧密连,幸福道路长又长,哈达献给毛主席,牧民永远跟着共产党。'"时隔半个世纪,老船王尼玛才仁在回忆起这一幕时依然心潮澎湃,这一幕已经深深烙印在老人的记忆中。

《青海日报》记者在报道中这样描述当年直门达村民在大桥建成时的情景:"河边几个老船工唱着民歌向大桥走来,走在前面的是直门达村民哥荣,他从桥这头走到桥那头,好像永远也走不够也看不够似的。停立在桥栏边的是54岁老船工坦多,望着桥下滚滚东去掀起千层银波的通天河水,回过头来又看着整齐的栏杆和光滑的桥面,不禁感慨地说道:

> '通天河呀,你这匹凶暴的野马,到底佩上了金鞍,给驯服了!'

坦多说罢,热泪盈眶,颤抖的双手不停地抚摸着桥栏杆。直门达公社的尼玛才仁兴奋地说:'共产党派来的桥工队干劲可真大,整整干了3个冬天。山再高,勇敢的人能开出道,河再宽,智慧的人能架起桥。'"

为了保证大桥及过往车辆行人的安全,在大桥建成的前14年中,有专门的部队对大桥进行值守,之后转为由当地民兵值守。当年的守桥班班长,如今已85岁高龄的元丁老人回忆起当年的岁月,依然激动不已。大桥施工期间,元丁便随父亲一起在建设工地上干活儿,亲身参与了大桥的建造。1977年9月1日,称多县歇武镇的10名藏族民兵奉

▲ "风雪第一哨"——守桥班老班长元丁

85岁的"风雪第一哨"守桥班老班长元丁,珍藏着满满一屋子当年的各种荣誉证书和合影。
这是一名老兵对于那段峥嵘岁月的深情回望和无尽眷恋。

命组成守桥班，从解放军手中接管了"风雪哨卡"，担负起守桥任务，元丁便成了民兵守桥班的第一任班长。

元丁感念着当他在"雪地里赤脚走路双脚被冻伤时，收到了一名解放军送的一双暖乎乎的棉鞋"的深情厚谊，自豪于由他带领值守的幸福桥，有"黄金收买不了的铁卡"之称。

在元丁老人的家里，墙上挂满了各式各样的奖状相框，挂在大门正上方最醒目处的是"兰州军区首长参加部队民兵建设社会主义精神文明先进单位先进个人表彰大会全体民兵代表合影"和"党和国家领导人会见中国人民解放军英雄模范代表会议全体同志合影"，以及颁发于 1987 年 8 月 1 日的盖有中国人民解放军总参谋部、总政治部、总后勤部三枚红色大印的荣誉证书，由于年代久远，上面的字迹已经模糊无法辨认了。在元丁老人厚厚的一摞荣誉证书中，有 1983 年 7 月中共青海省委、青海省人民政府、青海省军区颁发的青海省社会主义精神文明建设先进个人荣誉证书和 1989 年 11 月中华人民共和国国防部颁发的"青海省玉树藏族自治州称多县通天河大桥守桥民兵班被评为全国民兵预备役工作先进单位"荣誉证书。有一个特别之处，由于当时文字传播的局限，元丁老人的名字在各种证书、奖状上都有不同写法，有的写作燕登，有的写作永丁，有的写作元德等。

从 1977 年到 2012 年，35 年来一批批守桥民兵将青春热血和汗水无悔地奉献给了平凡的岗位，铸造了"忠诚使命、热血护卫、无悔奉献"的守桥精神。而元丁老人现在还经常到守桥班的旧址给人们讲述当年的故事。为此，玉树州退役军人事务局还于 2021 年 6 月 17 日给老人颁发了"玉树州退役军人爱国主义教育老兵义务宣讲员"的聘书。玉树州农牧综合行政执法监督局于 2021 年 7 月 1 日赠给老人一面锦旗，上书："'守桥精神'守护碧水，'十年禁渔'党员先行"。

新时代的直门达村已将当年"风雪第一哨"的"守桥精神"转化为守护家园、保护绿水青山的自觉行动，这种精神对当年随着大桥的贯通而面临失业的全体村民来说，也是一种支持他们渡过转型难关的力量。

运营了上千年的直门达渡口在一夜之间被废止，习惯了与通天河水打交道的渡工们一时间失去了赖以为生的营生。可是，在当年渡口的掌舵人尼玛才仁看来，路是留给那些能够看见远方的人的，直本仓这个流淌着红色血液的家族应该与时俱进、顺应时代，迅速调整思路。因为有了桥，他就买来一辆汽车，帮助转型的乡亲们采购运输所需的物资，带领渡工们开始转向青稞种植和牦牛养殖。此后长达 28 年的时间里，尼玛才仁从事过教师、会计等工作，也曾担任过直门达村的村长。他带领着失业的乡亲们"放下了过去的旧瓷碗，却捧起了一只新时代的金饭碗"。

转眼间 40 年过去了，随着时间的推移和经济的发展，这座幸福桥在承担日益繁忙的交通运输任务时显得越来越力不从心。为了缓解日益增长的交通压力，又一座新桥应运而生，这就是于 2005 年建成的第二座通天河大桥，这座大桥的建成进一步改善了通天河两岸的交通状况，也更加方便了直门达村民的日常生活。

"4·14"玉树大地震后，整个玉树地区满目疮痍，灾区干线公路有 875 公里路面裂缝，路基沉陷，几乎所有桥梁和涵洞都受到不同程度的损坏，然而令人惊叹的是这座通天河大桥却稳若泰山。

在整个玉树州抗震救灾和灾后重建期间，大桥经受住了重重负荷，成了最重要的交通和生命保障线。因此，玉树干部群众将其当作生命的象征，亲切地称呼它为"生命桥"。

越来越多的直门达人跨越"生命桥"走出了高原山区，走向了更为广阔的世界。大部分仍立足家乡的村民也借此桥的便利开拓新的致富路。调研组入户访问的直门达村民西周旦培就是在这个时期开始干起了跑运输的生意，挖到了人生的第一桶金。许多村民也和西周旦培一样，开始在种植养殖之外利用便利的交通条件做起了餐馆、旅馆、小卖店等各自擅长的生意。

当全国进入了"高速"时代后，玉树的发展也开始加速。2017 年 8 月 1 日，通天河上第三座大桥建成通车，这是我国首条穿越青藏高原多年冻土区的高速大桥。这座大桥通车后，实现了玉树人民多年的高速梦，大大缩短了从西宁到玉树的行程，从此遥远的玉树不再遥远。当时，正值全国的"脱贫攻坚战"进入到关键时期，高速大桥的建成为玉树打赢脱贫攻坚战，与全国一道步入全面小康社会发挥了重大作用。因此，玉树各族干部群众把它比喻成一只腾飞的巨龙，亲切地称它为"腾飞桥"。

"腾飞桥"的通车将直门达村接入了这场脱贫战役的高速网络。多杰才仁表示，得益于更加快捷的交通，在脱贫攻坚的过程中，直门达村的集体经济得到了显著的发展壮大。作为扶贫重点村，直门达村获得了国家 50 万元的光伏项目建设的资金支持。自 2021 年起，光伏产业每年能为直门达村带来 15 万余元的稳定收益，2023 年收益曾达到了 21.2 万元，同时为 21 名脱贫人员提供了公益性岗位。村集体将光伏产业营收的 60% 收归集

玉树地区的藏式碉房，高高地耸立，稳稳地矗立，与山峦同底色，与高原同基调。

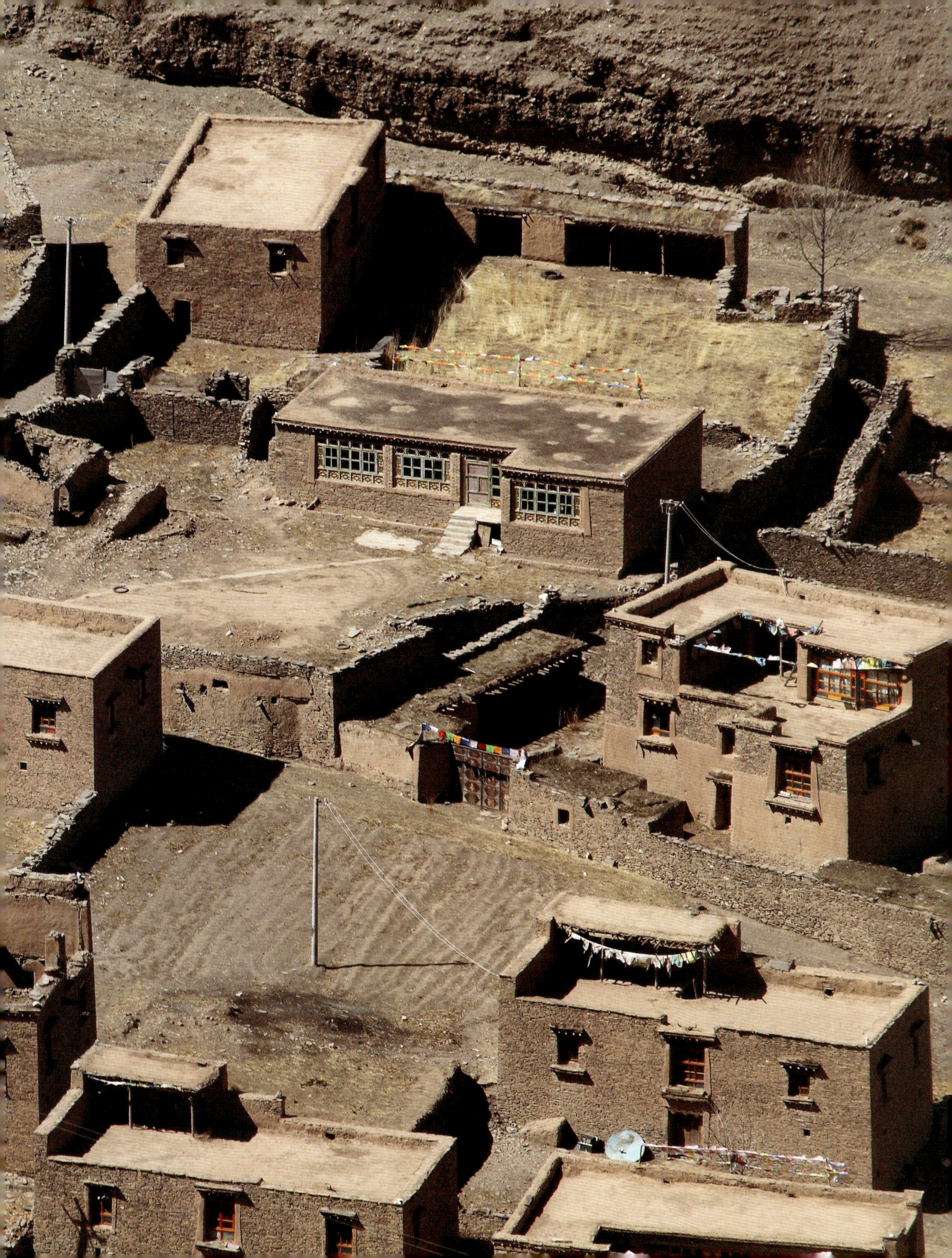

体所有，40% 用于支付公益性岗位人员的工资，在为村集体经济带来可观的收入的同时，还为脱贫人员提供了稳定的就业机会。

　　三座桥见证了直门达村的发展变迁，历经半个世纪的风风雨雨，依然承载着当地人民的追寻与梦想。这三座桥不仅是物质上的便捷通道，也是文化、经济交流的桥梁，它们见证了玉树地区从封闭走向开放的过程，展现了国家对于偏远地区基础设施建设和民族地区发展的重视和支持，同时，这也反映了村民们面对变化积极应对的生活态度。

⊙ 摆渡、自渡与同舟共渡

　　通天河上的直门达古渡口至今已有上千年的历史，直本仓世世代代居住在通天河畔的直门达村，掌管着这里的渡口，依靠一艘艘牛皮筏子，延续了一代又一代的传奇，可以说，直本仓的家族史就是直门达渡口的变迁史。

　　夏日午间的直本仓故居，阳光如同倾泻而下的瀑布，铺满了开阔的院落。古宅的选址巧妙地结合了自然景观与人文气息，背倚雄伟大山，院墙之外就是自天际线奔流而来的通天河，其地理位置令人称羡。回望眼前这座布满历史沧桑的古宅，一股对自然力量的敬畏与对先人智慧的敬仰油然而生。这座故居充分展现了藏族传统建筑工艺的魅力，其外墙由精心堆砌的片石构成，屋顶则覆以泥土，内部间隔得当，处处透露出藏族建筑文化的深厚意蕴。

院中心，一面鲜艳的五星红旗在旗杆顶端迎风飘扬，直本仓第 37 代传人直本·陈林巴丁告诉我们，从这个院子里第一次升起五星红旗至今，已经过去了整整 75 个春秋。

　　陈林巴丁的侄子，直本仓的第 38 代传人直本·索昂格来带领我们参观了直本仓故居。故居的墙上陈列着当年藏区的红色语录、通天河大桥守桥哨卡的图片和老船王尼玛才仁参加各种活动的照片。故居内摆放着家族过去的一些老物件，如马鞍、石臼、锯子、石磨盘等，这些都是半个世纪前的日常家用器物，当年驻扎在这里的解放军也曾用过。

　　在老宅堂屋的正中央，一件引人注目的老物件静静躺在那里——那是一只古老的暗黄色牛皮筏子。

　　历经百年的风雨洗礼，这只牛皮筏子身上遍布时光的记忆，每一处痕迹都是一个激流勇进的故事。细致观察之下，其制作工艺可谓匠心独运，一针一线都严丝合缝，疏密

▲ 调研组与直本仓传人交流

直本仓第37代传人直本·陈林巴丁（右一）和侄子直本·索昂格来（右二）讲述着直本仓的家族史，他们代表了这个古老家族代代相传、生生不息的希望与未来。

▲ 老船王直本·尼玛才仁的长子——旦增南江
52岁的旦增南江已经在寺院修行了32年了。

有致。凝视间，仿佛可以看到它在通天河湍急的浪涛中负重前行，正是那种坚韧勇毅、不负重托、摆困渡危、公正仁爱的精神，才能年复一年、日复一日地安全运送每一位乘客渡河，这种直门达渡口特有的"牛皮筏子精神"经过代代传承，至今仍光焰不熄。

故居内最神秘之处，就是经历了400多年烟火熏烤的四壁油黑的灶房。灶房墙壁犹如涂了一层黑漆，油光锃亮。墙壁上缘有一排白色双层的万字符，这是苯教中的一种符文，象征着吉祥，而双层万字符则是崇高地位的象征。每年的藏历大年初一，直本家族成员都要用大拇指把一层白色糌粑细细地涂点上去，年复一年，直至现在。在漆黑的墙壁的映衬下，这排万字符异常醒目。索昂格来说，这间灶房曾是当年驻扎在这里的解放军战士最温暖的所在。

陈林巴丁和索昂格来讲述了他们的祖辈在藏区解放期间与解放军之间缔结的深厚情谊。故事发生在陈林巴丁的父亲、索昂格来的爷爷——老船王尼玛才仁掌管家族事务期间，直本仓许多可以载入史册的重要时刻就出现在这一时段。

出生于1978年的陈林巴丁不无骄傲地告诉我们，他的父亲尼玛才仁学识渊博，在当地拥有很高的威望，是当地藏族歌谣里赞颂吟唱的人物。尼玛才仁出生于20世纪30年代，于1947年继承了家族世代相传的经营渡口的重任，当时还不到20岁。他一直遵循直本仓几百年从未变更的祖训：

活佛、朝圣者和穷人乞丐免费渡河，仅向商人收费；严格执行"先到先渡"的原则，不分身份高低贵贱，所有人皆需排队渡河，无一例外。

为了照顾渡工的生活，同时为渡河客人的牛马提供草料，直本仓曾将五十亩地撂荒。为了照顾渡工的生活，直本仓采用一日一结的结算方式——当天的经营收入当天晚上就结算清楚，绝不拖欠。在渡人的同时，直本仓也以种种善行在自修自渡。陈林巴丁生动地向我们描绘了昔日渡工们相聚一堂，静候结算的温馨场景：在那些日子里，每一位渡工都会在日落西山之前，将自己一整天的辛勤所得如数上交至直本仓。直本仓则承担起汇总当日收入的职责，并秉持着公正无私的原则，将这些收入合理地分配给每一位渡工，确保他们的每一分努力都能得到恰如其分的回馈。结算完毕后，村民们不约而同地汇聚在直门达村口的经堂，那里挂满了色彩斑斓、随风飘扬的经幡，大家虔诚地念诵经文，祈福求安。村民们以悠扬的歌声和欢快的舞步，欢庆着一天的劳作与收获，过往的客商们往往被渡口这份温馨和谐的氛围所吸引，他们大多会选择在直门达驿站停留一晚，以便亲身感受这份难得的欢乐与美好。在欣赏了当地独特的歌舞表演后，这些来自远方的客人也慷慨解囊，与村民们分享着他们从内地带来的各种物品，彼此间其乐融融，共同编织出一幅和谐美好的画卷。

为了更周到地服务远道而来的客人，直本仓在通天河畔（现水文站附近）的一个山洞里设立了一个可供人遮风避雨的歇脚点——船工洞，此洞可容纳四五十人休息，还特意安排专人负责烧茶，为人们提供一份温暖的关怀。每当遇到恶劣天气，为了确保安全，渡口会暂时关闭等待河面恢复平静，有时，一等便是十天半个月。但即便如此，在直本仓的精心管理下，直门达渡口始终保持着零事故的纪录。

我们通过索昂格来的翻译与尼玛才仁老人家进行了手机微信交流，老人告诉我们：当年，直门达渡口每天都是一派繁忙景象，男人们做渡工运送客人过河，女人们则负责货物的搬运，人人都有活干、有事做。在冬季闲暇之际，直本仓还会组织村民们聚在一起，用欢歌热舞来驱散严寒。直门达村不仅是过往商旅的重要驿站，还因其繁荣的集市而闻名遐迩，被誉为"达日直哈"。老人说，相较于周边地区，直门达村的村民生活较为宽裕。

历史已经远去，但是渡口船王家族昔日的辉煌在古宅中依旧处处可见。直本仓故居不单是直本家族传承不辍的精神依托，也是爱国主义教育的重要基地。

索昂格来在谈到自己的家族史时，频繁地使用"红色"二字，他说，这个红色的标签始于 1951 年，那是一个具有历史性标志的时刻。

在那个年代，直本仓与往来渡口的达官贵人、活佛僧侣、商人百姓广结善缘，因而具有很强大的影响力和号召力。1951 年 6 月，三位解放军首长来到直门达村，当天就借住在直本仓故居，并在院内升起了玉树藏区的第一面五星红旗。翌日，直门达渡工用牛皮筏子送三位首长安全渡河，奔赴玉树州府执行任务。

这是一个充满红色记忆的开端。在接下来的岁月里，直本仓一直坚定地选择与解放军同舟共济。1954 年至 1958 年期间，为了修建玉树军用机场，解放军战士们一直驻扎在直本仓故居，并在此建立了军部联络点。作为部队营地，直本仓不仅为部队提供食宿及燃料，还协助部队运输物资，彰显了深厚的爱国情怀与无私的奉献精神。任务结束后，政府还给直本仓颁发了荣誉证书及奖品，以表彰他们的贡献，这一段汉藏团结的拥军史也被载入史册。

如今，直本仓的接力棒已传承到陈林巴丁手中。他继承家族重任，在商业运营的同时，致力于家族文化传承。2015 年，陈林巴丁注册了渡口商贸文化有限公司，对直本仓

▲ 调研团一行在直本仓故居前合影留念

此刻,阳光正好,花开正艳。

▲ 直本仓故居里飘扬的经幡

草木有枯荣，万物自轮转，只有飘荡在藏民眼里和心中的彩色经幡，世世代代恒久鲜艳美丽着。

故居进行修复并改造为民宿。该民宿设有 3 个房间，可容纳 10 人住宿，目前经营状况良好，每年可带来约 20 万元的收入。同时，直本仓故居凭借其独特的文化历史和爱国主义原色成为当地红色教育基地。故居民宿的建立引领了直门达乡村旅游业的发展，带动村里 6 家民宿的建设。自 2018 年起，陈林巴丁又有了进一步扩展民宿规模的想法。项目申请得到批准后，发改委为此拨款一千余万元用于修建游客服务中心。目前，故居民宿的扩建工程已接近完成，扩建后的故居拥有 20 间客房，可容纳 30 人住宿，并为周边居民创造 20 多个就业岗位。

陈林巴丁表示，祖辈们像爱护眼睛一样珍视家族荣誉，常常帮助贫困乡邻解忧纾困。他也希望自己能代表直本仓，通过扩大民宿，促进渡口文化的传播，同时也带动直门达乡村旅游的开发，为乡邻们提供新的就业岗位，增加收入。当我们听到陈林巴丁的这番表述，深感直门达渡口的"牛皮筏子精神"后继有人。陈林巴丁愿与乡邻们同舟共渡，他们携手走上的正是搭建在百姓心中的通往繁荣与希望的"第四桥"。

念念不忘，必有回响，时光记住了直本仓的奉献。时隔多年，当年的红色记忆仍然炽热。尽管时代不断变迁，直本仓前行的脚步却从未停滞。虽然传统的牛皮筏子渐渐淡出历史舞台，但古渡口的"牛皮筏子精神"代代相传。

2015 年 5 月，高原民族团结模范连曾前往直本仓慰问老船王尼玛才仁，并一同合影留念。2017 年 5 月，直本仓故居获得由玉树州住建局及旅游局联合颁发的"玉树通天河流域古村落生活体验区"称号。2018 年 12 月，直本仓还被授予称多县"民族团结进步创建示范家庭"荣誉称号。2019 年，直本仓又获评为称多县"红色文化教育基地"，同年，中共玉树州委、州人民政府授予其"玉树州创建民族团结进步教育基地"称号。自此，直本仓故居成为了州党员干部进行民族团结工作培训和红色教育的重要场所。

每年，玉树州都会在直本仓故居举办超过 20 场的民族团结推进工作会议及红色教育活动，累计培训党员干部人数高达 600 多人次。通过这些活动，广大党员干部深入了解那些为藏区解放事业以及汉藏团结融合做出杰出贡献的历史人物和事件，对于进一步弘扬革命精神，促进民族团结，构建和谐社会奠定坚实基础。

如今，更年轻的一代也开始崭露头角——陈林巴丁的侄子直本·索昂格来，一位 1998 年出生的小伙子，三年前从青海师范大学毕业后，选择返乡参与直本仓故居的管理，担任讲解员，小小年纪已经肩负起传承家族历史文化的责任。以下是我们与索昂格来的对话：

问：大学毕业选择回乡，你是怎么考虑的？

答：就是想着为家乡出一份力，也为自己的人生增添一些经验，传承我们祖辈的红色精神。

问：对故居的未来发展你有什么设想吗？

答：继续发扬红色精神，让更多的人了解与体验红色教育基地和传统文化故居独特的文化价值，还要采用多种方式开展宣传推广。

问：为传承家族文化，你们做了哪些工作？

答：我们一直在推广直本仓的红色历史文化，每年都策划开展一些关于红色文化的教育和宣传活动。我们和镇政府合作，组织各个村的书记参加；和村委会合作，组织村里的党员参加；和学校合作，让老师带领学生参加。

直门达渡口和直本仓的红色文化基因持续传承，新一代传承人怀揣着延续渡口生命及家族荣耀的责任和使命，并以一种新的视角和新的维度看待这段历史，他们懂得顺应时代的潮流，更懂得以自己的方式将其发扬光大，使其触达更多人的心灵。在他们身上，同样有一种"牛皮筏子精神"在闪现，这就是直门达渡口和直本仓薪火相传的希望之所在。

在时代的浪潮中，直门达村正以其特有的"牛皮筏子精神"，夯实筑牢连接过去与未来的富民复兴的"第四桥"，这座"桥"不同于物理意义上的连接，它更是心灵与梦想之间的连通，是直门达以"坚韧勇毅、不负重托、摆困渡危、公正仁爱"的面貌走向更美好生活的"精神之桥"。它承载着直门达人民对美好生活的向往，凝聚了从古至今无数先辈的智慧与勇气。以"牛皮筏子精神"复兴古村古渡传奇，既是历史的延续，也是未来的起点，正如前面我们引用的作家阿琼的长篇小说《渡口魂》里对康巴文化族群身份与历史意识的建构中所描写的那样——"'历史'也即是现实和未来"。

《直本仓第 37 代传人——陈林巴丁》

李继飞　纸本素描　368mm×260mm

创作于玉树州称多县歇武镇直门达村　2024 年 7 月 31 日

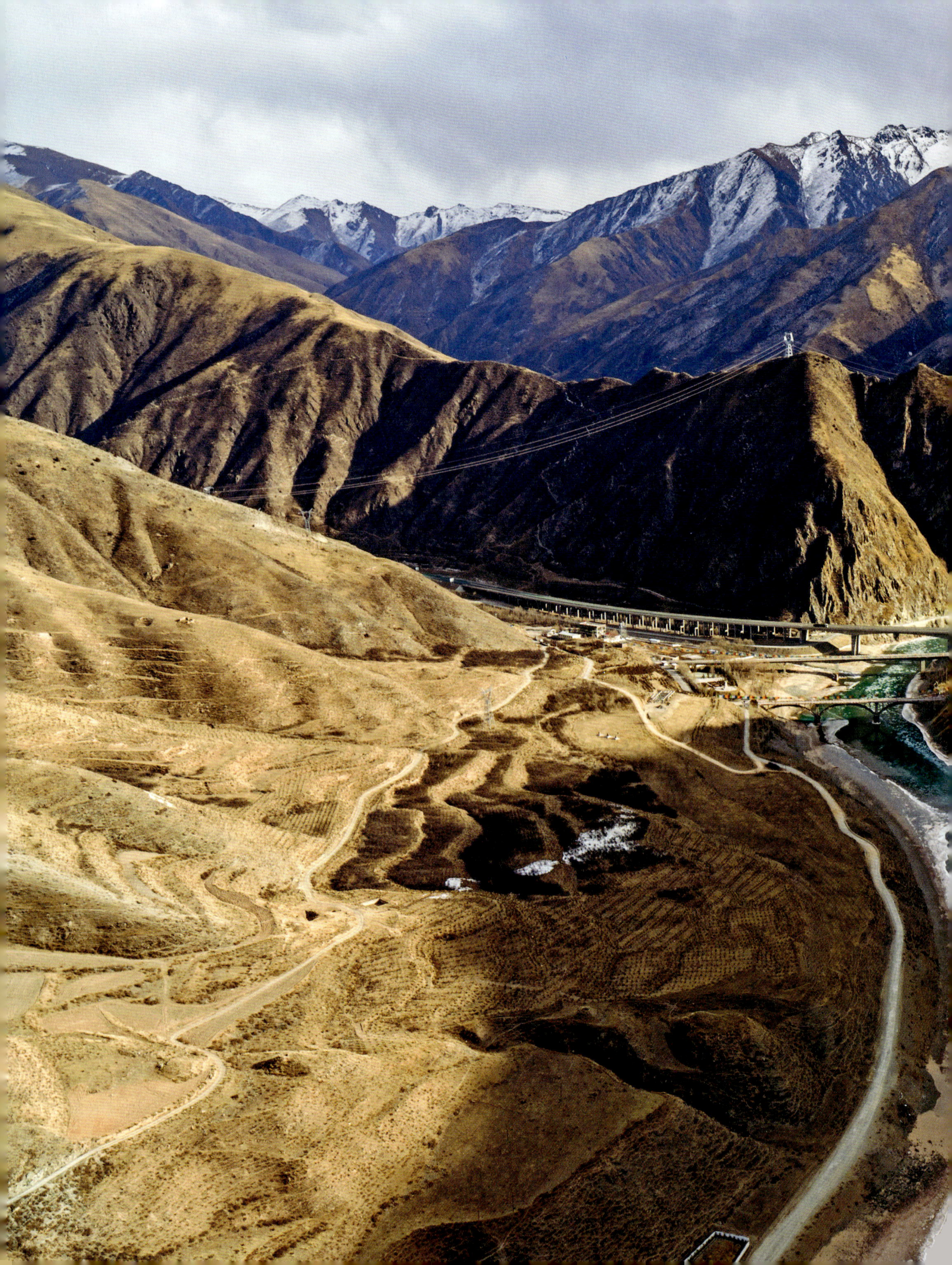

通天河畔的古渡口与河面上象征着过去、现在与未来的三座大桥遥相呼应，成为两个世纪、三个时代的活态见证，亦是一部玉树藏区半个世纪以来从落后到繁荣的历史。

《登山向导——才普》

李继飞　纸本素描　368mm×260mm

创作于玉树州曲麻莱县曲麻河乡昂拉村　2024年7月28日

玉珠峰下的明珠

——曲麻莱县曲麻河乡昂拉村调研记

玉珠峰,这个美丽的名字是我们心中的"诗和远方"。很多人知道这个名字,可能与北大登山队山鹰社有关,因为这里是"山鹰起飞的地方"。我们对这里的向往,除了雪峰冰山,还因为它靠近神秘的可可西里,以及能一睹长江北源楚玛尔河的风采。因为地处海拔4200米至5000米的人类生存禁区边缘地带,这里还有"天上曲麻莱"之说。玉珠峰昂首"天"外,就屹立在曲麻莱县与格尔木市的交界处,其北坡山下是格尔木市西大滩,南坡山下便是昂拉村。

⊙ 玉珠峰下、长江七渡口边上的美丽村落

7月28日早上8点钟,我们从曲麻莱县城出发,乘车沿215国道前往玉珠峰。走了近一小时,天空中开始下起了小雨,不多时,竟然飘起了雪花,两边的山峦很快就一片苍茫了。7月时令,一场飞雪直接让我们"入冬"。大家都忍不住频频开窗,冒着风雪拍照。对于这种天气,随行的全国政协委员马海军老师用一句青海谚语做了很好的注解:"走夏天的路要带冬天的衣裳,走一天的路要带三天的干粮。"

持续一小时后,雪停风住,远处是茫茫的雪山,近处是如茵的草甸,蓝天白云触手可及,其间点缀着大大小小的湖泊,如同一面面天空之镜,映出大自然的壮美和神奇。

更令人惊喜的是,不时有藏野驴进入我们的视野,有时成群结队,有时形单影只,悠闲地在道路两旁的草地上享受着自然大餐(返程时我们看到一群藏野驴有近30只,有一只甚至从车前的野生动物通道大摇大摆地走到了公路另一侧的草地;另外我们还多次看到黄羊,似乎还看见一只黑颈鹤,真可谓惊喜连连)。

一路上车辆不多,大概行驶了4个小时,快到不冻泉服务站时,车慢慢多了起来。前面是109国道和青藏铁路,215国道与它们在此交会。一列火车驰鸣而过,韩红演唱的《天路》便在耳边萦绕:"那是一条神奇的天路,把人间的温暖送到边疆,从此山不再高路不再漫长,各族儿女欢聚一堂……"

从不冻泉出发又行驶半个多小时,终于到达玉珠峰下。曲麻莱县文体旅游广电局局长铁婕带领我们参观了即将开营的玉珠峰国际登山小镇。据介绍,玉珠峰是昆仑山脉东段最高峰,海拔6178米,周围有15座海拔5000米以上的雪山,由东向西排列,远眺犹如玉龙腾飞,山顶上终年不化的冰川和积雪,造就了一道"昆仑六月雪"的奇美景观,因而有"小珠峰"的美称。作为全世界海拔6000米以上专业级入门登山地,玉珠峰拥有壮丽的山形地貌和丰富的冰川资源,是登山者心中的向往。站在登山小镇观景台上远看玉珠峰,似乎并不高,但对于我们这些从未登过雪山的人来说,却只能望"山"兴叹。

参观完登山小镇,乘车前往玉珠峰登山大本营,其间要走一段十几公里的砂石路。在大本营,昂拉村党支部书记才丁加为我们介绍了村情。昂拉村是曲麻河乡政府驻地,距离曲麻莱县城152公里,平均海拔4600米,全村共有456户1462人,村民世代以养牦牛、藏山羊为生。全村草场总面积452.3万亩,可利用面积190.45万亩,禁牧面

▲ 远眺玉珠峰

玉珠峰位于昆仑山脉东段，海拔6178米，周围有15座海拔5000米以上的雪山，由东向西排列，远眺犹如玉龙腾飞，山顶上终年不化的冰川和积雪，造就了一道"昆仑六月雪"的奇观。

▲ 调研组成员在玉珠峰国际登山小镇合影

玉珠峰国际登山小镇是一个集运动竞技、休闲度假、生态体验、科考研学为一体的旅游综合体，能为登山者提供物资供应和医疗救助。

积 139.3 万亩，草畜平衡面积 51.1 万亩；全村牲畜存栏总数 16320 头／只／匹（其中牛 13000 头、羊 3200 只、马 120 匹）。为保护生态环境，昂拉村村民响应国家政策，禁牧减畜、划区轮牧、以草定畜……他们放下牧鞭，守护江源环境，目前全村有三江源国家公园生态管护员 399 人[1]。

昂拉村位于三江源国家公园长江源园区[2]。唐蕃古道[3]上著名的长江七渡口，北岸就在昂拉村，南岸则属治多县扎河乡，这里是楚玛尔河和通天河的交汇之处。楚玛尔河源出昆仑山南支的可可西里山脉黑脊山南麓，藏语意为"红水河"，又叫曲麻莱河、曲麻河，因富含铁元素，河水呈赤色。我们的车进入曲麻河乡后，沿着楚玛尔河行驶了很长一段路程，经过楚玛尔河大桥时，大家被壮观而奇特的红水河所吸引，还特意下来观看，宽阔的楚玛尔河就像系在三江源大地上一条赭红色腰带，蜿蜒伸向天边。湍急的楚玛尔河和通天河水在昂拉村交汇后，以散漫的姿态奔流，形成纷杂交错的辫状水系。因为这一河段水流浅缓，牛马可以涉水而过，人们可以坐船横渡通天河，然后西上进入西藏，长江七渡口由此成为长江上游重要的渡口之一。"这里之所以叫七渡口，有两种说法。其一是，长江七渡口是长江上游通天河上的第七个渡口；第二种说法是，渡口附近有七条河汊，因此得名。"[4]据《曲麻莱县志》记载，长江七渡口的利用兴起于唐代，盛于宋、元、明、清，衰于近代，时间长达 1200 多年。1952 年，十世班禅额尔德尼·确吉坚赞为了西藏和平解放，从香日德出发，经过唐蕃古道，来到曲麻莱境内，就选择在这里渡过长江，踏上进藏的路途。如今，随着交通事业的发展，长江七渡口已经完成了它作为长江上游一个重要渡口的历史使命，成为青海省级文物保护单位。

才丁加说，昂拉村既有长江七渡口这样具有浓郁人文精神的历史遗迹，又有优美的

---

[1] 2015 年，中央审议通过《三江源国家公园体制试点方案》。当年，青海省在三江源国家公园范围内设立了草原、湿地生态管护员指标 2554 个（包括全国首批湿地管护公益岗位 963 个）。国家公园体制试点启动后，青海省整合了不同渠道的生态补偿资金，将生态管护公益岗位增至 17211 个，约占园区内牧民总数的 27%，实现了"一户一岗"全覆盖。这使每户年收入增加 21600 元（月工资 1800 元）。

[2] 三江源国家公园包括长江源、黄河源、澜沧江源 3 个园区，各具特色。其中长江源园区位于玉树藏族自治州治多、曲麻莱县，包括可可西里国家级自然保护区、三江源国家级自然保护区索加—曲麻河保护分区。重点保护长江源头雪山冰川、高寒江河湿地、草原草甸和野生动物，特别是藏羚、雪豹、藏野驴等国家重点保护野生动物的重要栖息地和迁徙通道。

[3] 公元 7 世纪初，唐朝与吐蕃王朝关系日益密切，唐蕃古道随之构筑，至今已有 1300 多年的历史。古道全长 3000 余公里，跨越今陕西、甘肃、青海、四川、西藏五省区，其中一半以上路段在青海境内，是中原内地去往我国青海、西藏乃至尼泊尔、印度的必经之路，也是丝绸之路"南亚廊道"的重要组成部分。玉树在历史上是唐朝与吐蕃间在文化贸易交流、宗教传播、使者往来的必经之地。

[4] 《唐蕃古道上的七渡口》，《青海日报》2023 年 9 月 22 日第 8 版。

自然景观，有很大的旅游资源挖掘价值，该村将建立"党建＋文旅"特色文化产业链，进一步带动村集体经济发展，实现牧民群众年年有收益。听着这位壮实的藏族汉子认真介绍昂拉村的"发展大计"，我们不由得心生赞叹。

⊙ 生态畜牧业"合作社＋"效应

据才丁加介绍，精准扶贫期间，昂拉村共有建档立卡贫困户 118 户、362 人。作为一个纯牧业村，这些牧民是如何脱贫的？以生态畜牧业合作社引领集体经济发展是"重要法宝"。才丁加说，以前，牧民家的草场分割零散，虽然家家都养牦牛，但数量不多，难以形成规模效应，改变和提升不了牧民群众的生活质量。2016 年，昂拉村成立了长江七渡口生态畜牧业合作社，对牲畜和草场进行了科学的整合，重新规划了草库、棚舍等设施布局，合作社按照草畜平衡标准，制定了牲畜划区轮牧方案，科学划分四季轮牧草场和打草场，在保障草牧场生态平衡的同时，让畜牧业得到了持续健康发展。同时，解放了牧民劳动力，为发展其他产业创造了条件。目前，全村牧民 100% 入社，合作社共有草原总面积 73.3 万亩，占全村可利用草场面积的 41.8%；牲畜存栏有 749 头牛、1000 只羊。

昂拉村以生态畜牧业合作社为基础，把传统的靠天养畜转换为科学养畜方式，在草场、劳力、资金、牲畜等资源整合的基础上，打造"世界牦牛种源基地＋野血牦牛[5]高效养殖基地＋野血牦牛良种繁殖基地"特色产业发展链条，走出了一村一品牌生态畜牧业发展之路。

村集体创收后，昂拉村通过整合村集体经济发展资金、精准扶贫产业到户资金和村集体经济收入结余资金等，按照法定规范程序，在省会西宁购买了三间商铺，用于经营超市、饭馆等，定期获得租金收益，增加了村集体经济收入，增强了集体经济造血功能，

---

[5] 生存于青藏高原的野牦牛是国家一级保护动物，跟家牦牛比，野牦牛体型更大。家牦牛与野牦牛杂交诞下的后代被牧民称为野血牦牛。野血牦牛由于拥有野牦牛的基因，因而体型和生存能力都更大更强于家牦牛，具有更高的经济价值。

▲ 调研组成员在玉珠峰国际登山小镇参观体验

玉珠峰国际登山小镇内部设有休闲娱乐区、观景茶歇区、住宿区、餐饮区、登山文化展示区、登山设备租赁和向导服务区等，能为登山旅游者提供良好的服务。

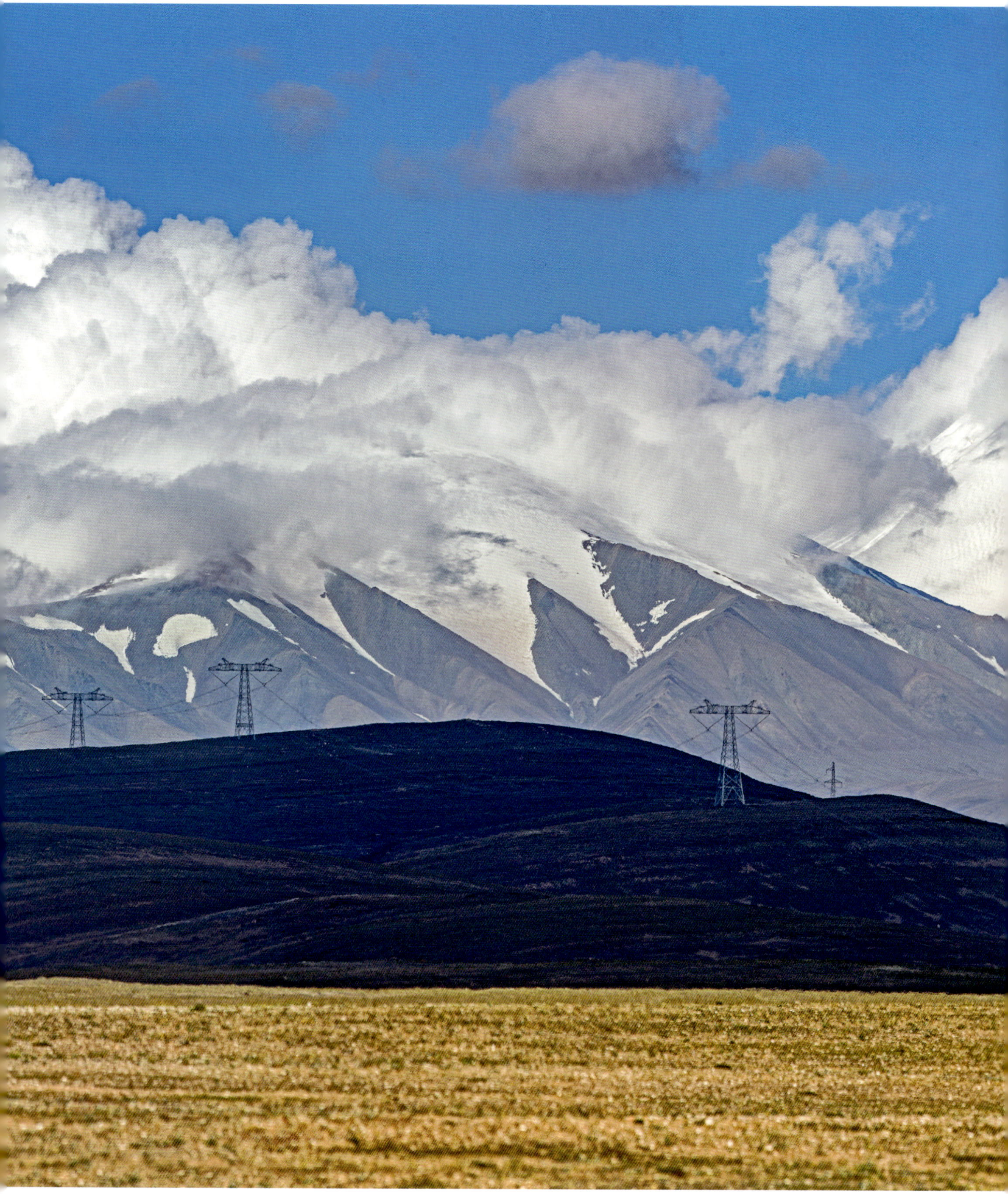

玉珠峰是中国民间登山的发源地，几十年来，无数的攀登者从这里出发；踏上征服更高海拔的梦想之旅。

后期村民还可以把家里的一些土特产放到这些商铺的专柜销售。同时，村里还成立了供销社，既方便了牧民群众购买生活物资和牛羊饲草料，也增加了就业岗位，进一步促进了集体经济发展。

不仅如此，才丁加说，曲麻莱县委、县政府近年来还在昂拉村实施了多个项目，包括 2019 年实施的"村集体经济破零工程"，投资 50 万元建设昂拉村光伏电站一座，2020 年产生效益 9.4 万元，2021 年产生效益 18.6 万元；同年实施的"高原能繁母牛项目"，投资 61 万元，为村集体购畜牛 122 头，2021 年产生效益 12.2 万元，2022 年产生效益 16 万元；2020 年实施的"中央扶持壮大村集体经济建设项目"，投入资金 50 万元，购畜牛 50 头，2022 年产生效益 15.2 万元……在这些项目的加持下，昂拉村集体经济不断发展壮大，2015 年集体经济收入还为零，2019 年就超过 200 万元，2021 年突破 500 万元。

村集体经济发展壮大后，如何让村民有货真价实的获得感？在玉珠峰大本营，才丁加指着桌上摆满的台账，为我们一一介绍了 2023 年村集体经济分红情况：春节前为 61 户困难群众发放羊肉，分红金额 11.19 万元；低收入户分红牛羊，折合 39.95 万元；"野血牦牛发展户帐篷"发放 38 户，分红金额 7.6 万元；新时代牧民住房发放 46 户，分红金额 89.7 万元；代缴村民医疗保险 39.93 万元，代缴村民养老保险 3.62 万元，意外保险代缴 7.26 万元……仅这些分红合计金额就达 118.51 万元，2023 年全村集体经济分红总金额达到 310.19 万元。

这一摞分红花名册的背后，是令人骄傲的成绩单，昂拉村算得上"实力雄厚"，与东中部一些村集体经济相比也毫不逊色。

⊙ 雪山变"金山"、村民变向导

玉珠峰是中国民间登山的发源地，几十年来，无数的攀登者从这里出发，踏上征服更高海拔的梦想之旅。以前，从玉珠峰南坡登山的散客，昂拉村的牧民只收取每人五十元的垃圾清运费。但登山并不是一项"有腿就行"的运动，特别是近年来，这一曾经被视为小众、独特的极限运动正日益成为"大众"爱好，专业化的训练和服务需求也与日俱增。另一方面，在生态得到保护、畜牧业转向高质量发展后，如何过上高品质的生活，也成为昂拉村牧民的期待。

▲ 玉珠峰的登山向导

登山产业的发展促进了当地培养登山向导，开辟了牧民特别是青年人的就业新渠道。

玉珠峰位于109国道旁，距昆仑山口仅3公里，以其相对近的地理位置和清晰的攀登路线成为初级登山者的理想选择。

在曲麻莱县委、县政府的大力支持下，依托长期积累的民间登山基础，2021年，昂拉村按照"政府搭台、村集体唱戏、群众受益"的思路，从村集体经济结余资金中拿出17万元，成立了曲麻莱昂拉村户外旅游有限公司，采购了45顶帐篷建立了玉珠峰登山大本营和C1营地，为往来游客提供住宿和餐饮服务。当年就吸引外来游客1078名，实现旅游总收入107万元，除去各项开支，纯收入95万元，受益对象1242人，每人分红764元。雪山变"金山"，昂拉村的旅游业有了质的提升，村民的生活也更加富裕。我们在大本营采访了营地四名服务人员——达洛、昂扎、达穷、才普，他们都是昂拉村牧民，这个月轮值在大本营当服务员，工资是2000元。昂拉村为了让更多村民从登山产业中获益，每个月让几名村民轮流到玉珠峰大本营上班，工作内容主要是游客登记、帐篷打扫、准备食物、在营地周边捡垃圾等。

集体经济收入只是一部分，登山产业的发展还促进了当地培养登山向导，开辟了牧民特别是青年人的就业新渠道。陪同我们调研的曲麻莱县相关负责人表示，无论从身体素质还是对环境的熟悉度，当地牧民最适合做登山向导，目前已完成20名向导培训，向导职业成为解决年轻人就业的又一途径。在玉珠峰大本营帐篷营地，我们访谈了登山向导队长才丁。才丁今年24岁，古铜色的皮肤，深邃的五官，俊朗的面孔下藏着一点儿野性，偏瘦的身体透出结实的力量感，温和的话语中散发着纯真，是一个典型的康巴汉子。

问：你什么时候开始做登山向导的？

才丁：大学毕业后参加登山向导培训后，去年开始在玉珠峰做向导。严格来说，我们不叫向导而叫协作员，因为培训后发的是协作员证书，三年后才能考高山向导证。

问：为什么做登山向导？

才丁：我从小在山里长大，对玉珠峰很熟悉，也爱登山，这份工作很适合我，收入也不错。

才丁详细地给我们算了一笔收入账。玉珠峰的攀登期为每年的5—10月，约半年时间。去年没有做到半年，收入大概七八万元。收费标准是一比二向导（即一名向导带两名攀登者）每人7800元，一比一向导每人1.18万元，包含交通、食宿、餐饮、公用装备、向导服务（带一人4000元，带两人每人3500元）等费用，不含租赁个人装备（300元每套）、请背夫背行李（单趟800元、往返1600元）等其他个人消费。这些是个人做向导的收入，村集体只收大本营门票费，550元／人。

才丁还给我们介绍了登山的大概行程。登一次山需要6天，全国甚至国外的登山者在网上报名，并根据要求在网上提交体检证明等材料，然后自行乘坐交通工具抵达格尔木市。第一天，在格尔木市接站住一晚，适应高原反应；第二天到西大滩拉练一天；第三天和第四天在玉珠峰大本营拉练两天，进行攀登培训，内容包括高山环境特点、危险识别、环境保护、装备检查、行进保护、自救与救援技术等；第五天，从大本营到 C1 营地（海拔 5600 米）并在此住一晚，一般次日凌晨两点开始冲顶，大概需要四五个小时，登顶后即撤离。

才丁特别强调了登山过程中必须做好环境保护。"我们要求垃圾不落地，登山者随身都带有垃圾袋，绝不给纯洁的雪山留下'污点'。"

"另外，作为生态管护员，定期对玉珠峰周边进行巡护，清理垃圾也是我的职责。"说起这些，才丁专业而沉稳，但当我们问他在当向导之余还做些什么的时候，年轻的才丁就回答得轻松多了，"去玩啊，到四川、西藏攀岩、攀冰，都是我喜欢的"。

在海拔 5050 米的玉珠峰大本营帐篷营地里，调研组成员因为缺氧都有点儿喘不过气来，才丁却非常"淡定"，尤其是他自然流露的幸福感，让我们深深感受到，昂拉村成功把本地的"冷资源"变成带动村民增收致富的"热产业"之后，牧民的幸福指数不断提升。

⊙ 一个户外旅游综合体的诞生

2023 年，玉珠峰共接待各地游客和登山爱好者 1900 余名。随着登山人数不断增加，玉珠峰登山大本营原有的基础设施已不能满足游客需求。据曲麻莱县文体旅游广电局局长铁婕介绍，早在 2021 年，曲麻莱县就启动了玉珠峰国际登山小镇建设项目，地点就位于昂拉村、109 国道旁，距离玉珠峰下 17 公里。项目总投资 3700 万元，其中 2022 年投资 3300 万元用于基础设施建设（一期），2024 年投资 400 万元用于完善供电、登山文化展示馆及餐饮、住宿配套设施建设（二期），目前已经全部完工。

玉珠峰国际登山小镇建筑主体是国内首个海拔 5000 米左右的装配式建筑，一共三层，占地总规模约为 2.3 公顷，是一个集运动竞技、休闲度假、生态体验、科考研学于一体的综合性旅游体，内部设有休闲娱乐区、观景茶歇区、住宿区、餐饮区、登山文化展示区、登山设备租赁和向导服务区、高层眺望塔等。登山小镇不仅配备了完善的设施和专业的服务团队，能够为登山者提供充足的物资供应，还设置了医疗救助站，配备了经验

▲ 调研组成员与登山向导交谈

玉珠峰的攀登期为每年的 5—10 月，约半年时间，一名登山向导每年大概有七八万元收入。

▲ 调研组成员在玉珠峰下合影

2021年，昂拉村成立了曲麻莱昂拉村户外旅游有限公司，设立了玉珠峰登山大本营和C1营地，推动旅游业发展有了质的提升。

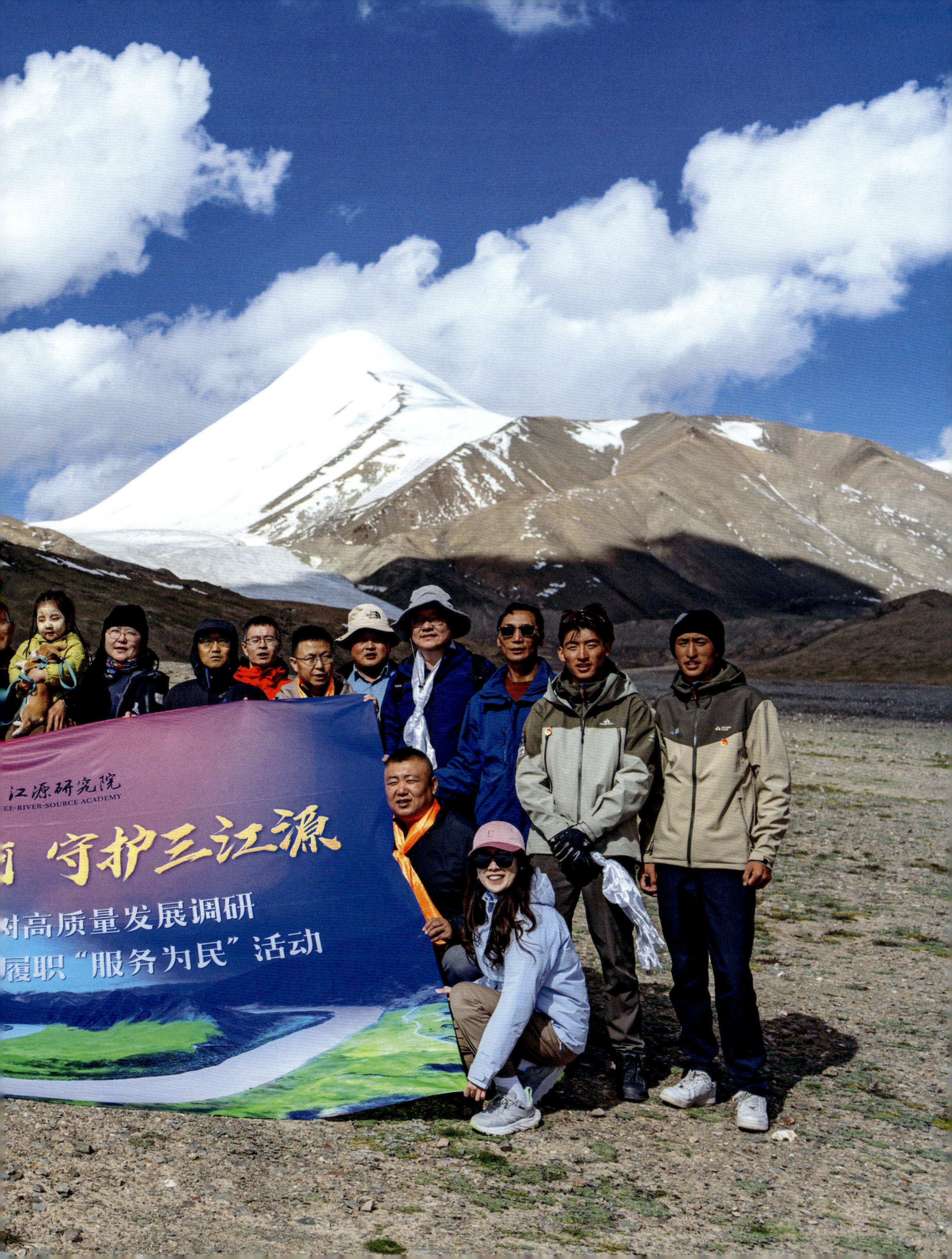
江源研究院
EE-RIVER-SOURCE ACADEMY
守护三江源
对高质量发展调研
履职“服务为民”活动

▲ **热情开朗的登山公司负责人**
玉珠峰登山大本营和 C1 营地主为游客提供住宿和餐饮服务，昂拉村为了让更多村民从登山产业中获益，每个月让几名村民轮流到玉珠峰大本营上班，工作内容主要是游客登记、帐篷打扫、准备食物、在营地周边捡垃圾等。

丰富的医疗人员和齐全的急救药品与器械，确保在紧急情况下能够及时为登山者提供有效的医疗支持。同时该小镇更注重生态保护，通过全域无垃圾及禁塑减废专项行动工作要求，制定了每周定期进行环境清理的工作机制，以保护当地的生态环境。2024年8月8日，玉珠峰国际登山小镇正式开营。根据规划，将于2025年全面建成集攀登后勤保障、高海拔训练、旅游环保宣传等多种功能于一体的综合性登山户外运动基地，同时，为高山滑雪、越野滑雪等冬季竞技项目提供专业的高海拔训练场地。届时，将可为当地牧民提供后勤保障、环境保护、高山向导等50个工作岗位。

"走出一室一厅的小天地，大自然才是我们的归属地""不管i人还是e人，出了门就是世外高人"……近年来，随着生活节奏的加快和工作压力的增大，越来越多的城市居民开始在繁忙之余选择户外运动释放自我。2023年某国内研究机构一项关于户外运动的调查显示，比起室内运动，有八成年轻人更偏爱户外运动，其中登山运动以78.8%的占比排在最受欢迎户外运动的榜首[6]。2024年，雪山成了户外人的集合点。

有年轻人把成功登顶雪山作为"送给自己的礼物"；也有人选择在登顶雪山时求婚，"在最圣洁的雪山上，向爱人表达最炙热的爱意"；还有人把登上珠峰大本营列进了人生清单。在追求自我突破以及寻求仪式感的过程中，第一次攀登雪山的经历，成为大家最难忘、讨论最多的话题。

随着雀儿山[7]、阿尼玛卿山[8]因故相继关闭，玉珠峰成为登山6000米级的首选山峰。如今，现代化的玉珠峰国际登山小镇全面落成，其完备的设施、标准化的运营，必将成为玉树州打造国际旅游目的地首选区的"闪亮名片"。

---

[6] 《登山被评为年轻人最喜爱的户外运动，愈发趋向全民化 你体验过登山的快乐吗？》，《玉林晚报》2023年11月17日第4版。

[7] 雀儿山，位于四川省甘孜藏族自治州，海拔6168米，是川藏线上的"网红雪山"，因安全原因关闭。

[8] 阿尼玛卿山，位于青海省果洛藏族自治州玛沁县，海拔6282米，藏地四大神山之一，因当地整顿非法采矿关闭。

⊙ 打造国际旅游目的地首选区"最闪亮的名片"

昂拉村坚守生态底线、深挖旅游资源，抓住野血牦牛良种繁育和玉珠峰国际登山小镇"双星定位"，通过生态畜牧产业、生态文旅产业"双轮驱动"，不断提升生态经济发展的"含金量""含绿量"，走出了一条畜种繁育和生态旅游融合发展的致富路，为玉树州打造国际旅游目的地首选区添彩助力，给了我们多方面启示。

一是在守住绿色底线下探索特色发展之路。在守住绿色底线的情况下，为了让生活在三江源的牧民过上更好的生活，昂拉村一方面响应国家政策，通过禁牧减畜、以草定畜、划区轮牧等方式，让传统畜牧业走上健康可持续发展之路。

将玉珠峰这一特色资源打造成村集体经济的"金色名片"，把雪山冰川变为"金山银山"，让更多牧民群众搭上旅游发展的致富"快车"，实现了生态保护和经济发展的双赢。

二是通过探索现代市场经营机制不断壮大村集体经济。对传统畜牧业，昂拉村通过成立专业合作社补上分散养殖规模小、抗风险能力差、人力成本高等短板，建立了市场化的新型经营主体，形成了资源互补、风险共担、利益共享的联合发展模式，推动了畜牧业高质量发展；对新兴的登山产业，利用村集体经济结余资金成立昂拉村户外旅游公司，通过发展第三产业，让广大牧民群众端起"绿饭碗"、吃上"生态饭"、鼓起"钱袋子"，实现了集体增收、产业发展、群众致富的同频共振。

三是以新思维开辟新途径解决青年就业难题。在玉树调研期间，我们发现一个趋势，就是当地大学毕业生越来越多，但就业情况不容乐观，"考公考编进体制"是许多大学生的选择，没考上就继续备考或者待业；在牧区，国家公园建设背景下有草畜平衡的要求，而会放牧、愿意放牧的年轻人也越来越少。以新思维开辟就业新途径，着力解决青年就业难是关乎玉树高质量发展的一个重大问题。昂拉村在发展登山产业过程中，鼓励当地青年特别是大学毕业生积极参加培训，充分发挥他们熟悉家乡环境、知识面广、汉语熟练等优势，从事登山向导等服务职业，既受到大学毕业生的欢迎，也切切实实让他们获得了可观的收入，其做法值得借鉴。

"青海最大的价值在生态、最大的责任在生态、最大的潜力也在生态"，而"打造国际生态旅游目的地"正是实现"三个最大"的最佳途径。在青海省 2021 年明确"打造国际生态旅游目的地"目标任务后，玉树州 2022 年底率先制定出台了《玉树藏族自治州国

▲ 调研组与登山爱好者交谈

玉珠峰登山大本营建立当年就吸引外来游客 1078 名，实现旅游总收入 107 余万元。

际生态旅游目的地建设促进条例》，2023年正式提出打造"国际生态旅游目的地首选区"的目标，并出台了《玉树州国际生态旅游目的地首选区建设三年行动方案（2023—2025年）》，明确构建"一核三廊三板块"总体格局[9]，统筹推进三江源自然体验、环境教育研学、高原极地运动、特色小镇建设、会展节庆活动、非物质文化遗产传承、古村落保护等文旅体系建设，推动文化旅游真正成为玉树的朝阳产业、绿色产业。位于昂拉村的玉珠峰国际登山小镇，正是玉树州北部生态旅游板块中的一个重点项目。

当前，户外运动正成为年轻人的生活方式，而登山滑雪、潜水冲浪等极限运动受到越来越多人的青睐，是前景广阔的新兴时尚产业。玉珠峰国际登山小镇要抓住大好发展机遇，打造成为一个集生态体验、户外运动、文化旅游于一体的旅游综合体。

首先要继续完善基础设施。目前，登山小镇到玉珠峰下的道路还是砂石路，小镇用电还是柴油机发电，用水还是井水，网络信号较差。考虑未来发展需求，相关基础设施水平还需要完善提升。

其次要加大对玉珠峰所在的昂拉村乃至周边乡村劳动力特别是青年牧民的培训，以满足未来发展的人才需求，包括培训更多登山向导，满足游客安全登山的需求；持续开展生态环保培训，为开展生态体验培养人才，助力长远保护好当地生态环境；开展自媒体技术培训，积极借助网络平台做好市场推广和日常运营；培训各种服务人才，满足发展旅游所需吃、住、行、游、娱、购一条龙服务等。

最后，要探索科学合理的运营模式，建立紧密的利益联结机制，让当地牧民分享更多发展收益。按照规划，登山小镇将以当地村集体经济组织为经营主体，以村民参与为依托，以第三方登山企业协作运营的方式，完善生态体验和生态研学旅游新模式，深入挖掘开发体验项目和路线，一步一个脚印，助力玉树州打造国际生态旅游目的地首选区。在此当中，要以当地牧民为中心，通过建立产权明晰的现代经营体制，构建紧密的利益联结机制，实现村、企、牧民多方共赢和可持续发展。

---

[9] 玉树州国际生态旅游目的地首选区"一核三廊三板块"总体格局是指，将玉树市打造成为国际生态旅游目的地首选区核心城市；打造长江源流域青藏高原古人类文明遗迹廊道、澜沧江源流域游牧与农耕文化人文廊道、黄河源流域人与自然和谐共生生态廊道；打造玉树市与称多县东部生态旅游板块、囊谦县与杂多县南部生态旅游板块、治多县与曲麻莱县北部生态旅游板块。

《罗松巴毛》

李继飞　纸本素描　368mm×260mm
创作于玉树州称多县赛马节　2024年8月2日

▲ 玉珠峰冰川

玉珠峰的冰川属于消退型大陆冰川,由于气温高、融化快,降水少,消融大于累积。地形特点是南坡缓、北坡陡,峰顶常年被冰雪覆盖,无岩石裸露。

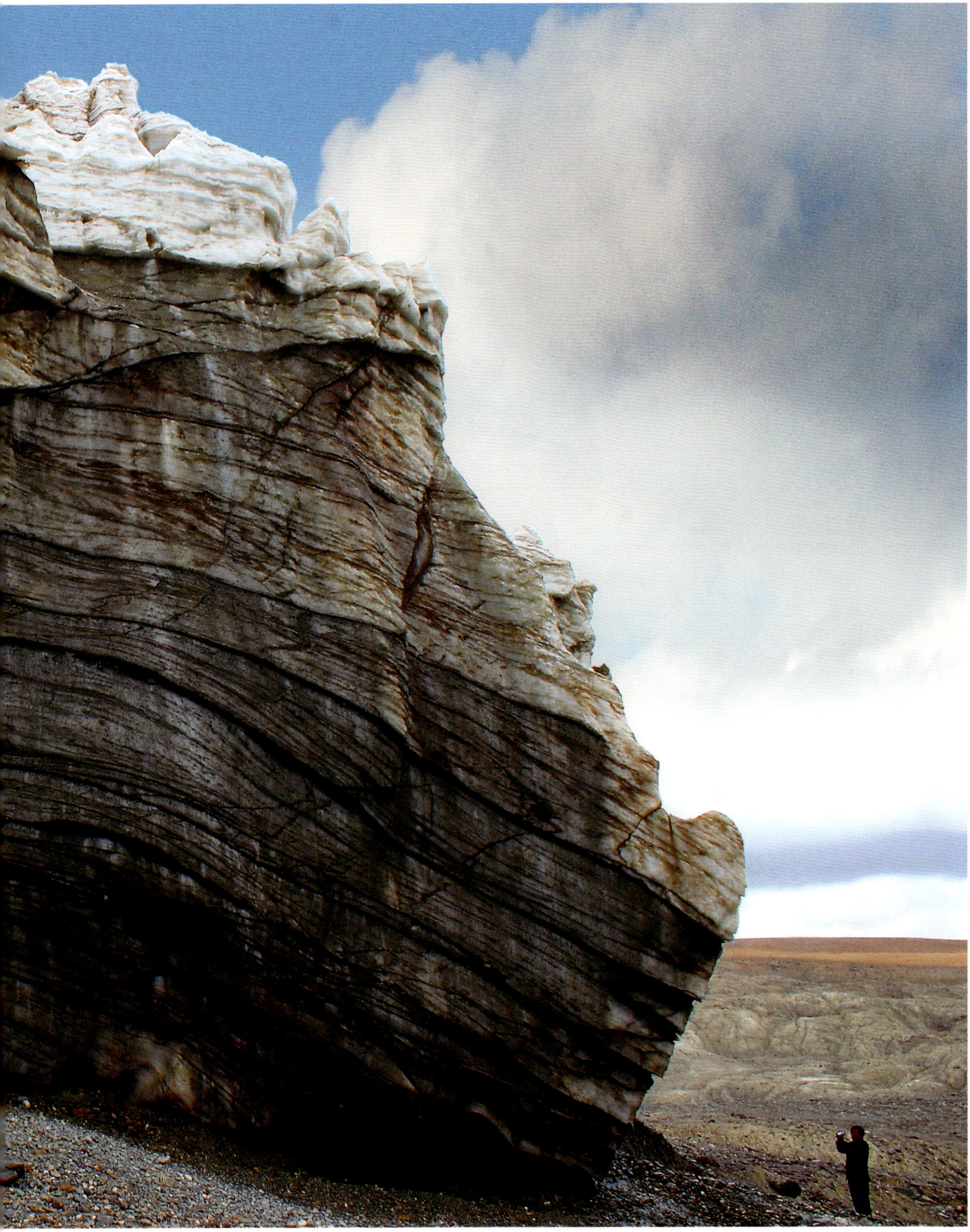

《代吉曲宗》

李继飞　纸本素描　368mm×260mm

创作于玉树州囊谦县白扎乡巴麦村　2024 年 8 月 4 日

喜马拉雅红盐的文化复兴

——囊谦县白扎乡白扎村调研记

青海是我国著名的盐业大省，盐业资源极为丰富。这些大自然的晶体，剔透晶莹，品种包括青盐、白盐、红盐、黑盐、冰糖盐、雪花盐、葡萄盐、玻璃盐等。据说一个察尔汗盐湖就可供全国人民食用 8000 年之久。它因 5800 平方公里的浩瀚面积、5.4 亿吨的氯化钾和将近 500 亿吨的氯化钠储量而驰名世界，其上还有"万丈盐桥""刀锋盐壳"等因盐而成的壮丽景观。广为人知的还有茶卡盐湖，因"水映天、天接地，人在湖中走，宛如画中游"的"天空之镜"的名号而成为"网红"景点，被美国《国家地理》杂志评为"55 处人生必看之地"之一。新中国成立前，著名学者周希武先生 1920 年经商务印书馆出版《玉树土司调查记》（后称《玉树调查记》），是国内较早记录玉树经济社会的一本著作。至今已逾百年。其中"实业记第八"篇，记述了包括渔业、猎业、矿业、畜牧、森林、稼穑、工业、商业等。其中明确记载："盐，有红、白二种，产囊谦、苏鲁克、格吉。"同时，书中还着重描述了青海的盐业的重要战略地位："湟中食盐皆仰给于青海。青海盐池颇多……将来经略青海，此为第一要着……"

"经略青海，第一要着"，这是一百年前有识之士对青海盐业资源地位的洞见。除了上述那些景观独特的盐湖外，在三江源腹地，青海省最南端的囊谦县，至今还保留着远古时期传承下来历史悠久的古盐田。

这些盐场的历史最远可以追溯到将近千年之前，在这里，独特的高原环境和传统的制盐技艺相结合，把这些盐场打造成令人震撼的景观。从审美的角度看，它们更像打翻了的大自然的调色板。

这次，我们将要展开的这次调研，就是一次古老与现代的穿越。"唐蕃古道""茶马古道""盐牛古道"三道交融于此，形成一个延绵一万多平方公里的古泉盐区群落，徜徉盐畦卤池之间，其背后丰富的文化印记和悠久的历史资源令人叹止，浓墨重彩的盐田景观令观者为之倾倒。

⊙ 囊谦古红盐，复兴看白扎

茶马古道、澜沧江源，扎曲水自西北向东南斜穿囊谦盆地而过。在这里，喜马拉雅红盐古盐场，夏日的阳光照在盐田上，泛起点点光亮，晶莹美丽。这里是世界上已发现矿化度最高的盐泉，历经千百年的积淀，形成了独特的盐田景观，保留至今的古老制盐技术不仅保持了盐的品质，也成为了当地文化的一个重要符号[1]。"想你的风吹到了囊谦千年古盐田"——2024澜湄国际影像周期间，大批中外嘉宾走进白扎盐场，探寻千年古盐场的"前世今生"，人们为这里壮阔的古老盐田而倾倒，对这里传统的制盐工艺而惊叹。

从囊谦县城出发向南行进45公里左右，便可达白扎盐场，这是囊谦县最具代表性，也是产盐品质最高的盐场。白扎盐场坐落在达纳河畔，站在小桥上，左右两侧望去，方方正正形如水田的盐畦，一眼望不到边；沿着小路向山上走，大小不一的圆形盐畦顺着山势铺开，层层叠叠，一眼望不到边。在囊谦，都是采用引盐泉水入盐畦，卤水经风吹日晒后自然结晶的方法来制盐的。

---

[1] 江才桑宝撰文，王牧摄影：《澜沧江源古盐场：历史悠久，景观壮丽》，《中国国家地理》2019年第7期。文中写道：在青海南部的囊谦县，1万多平方公里的面积内出露有29处盐泉，其中8个被辟为盐场。这些盐场的历史最远可以追溯到将近千年之前；这里出产的食盐，让地处偏僻的囊谦融入地区贸易圈，成了重要的商贸中心；而在今天，从审美的角度来看，独特的高原环境和传统的制盐技艺相结合，又把这些盐场打造成令人震撼的景观。

"田埂"是莹白色的,这是千百年来薄留的盐晶体凝结出的色泽;"田"中央,有的还未注入卤水,裸露着棕红色的土层,有的刚注入卤水,在太阳光下反射着粼粼的光芒,红土之上凝结出了薄薄的盐层。

藏族有吉祥八宝，囊谦有吉祥八盐。囊谦县卤水盐（红盐）储量丰富，据《青海省志·盐业志》记载，囊谦县已发现盐泉 29 处，其中有 8 处建为盐场，分别为达改盐场、娘日哇盐场、乃格盐场、然木盐场、尕羊盐场、多伦多盐场、白扎盐场、拉藏盐场，这些盐泉矿化度极高。

中国科学院青海盐湖研究所的韩凤清研究员和他指导的硕士陈彦交等人，在 2013 年至 2015 年间先后 3 次对囊谦 8 处盐场的盐泉进行了采样与分析。他们发现盐泉水的矿化度、离子含量等均与上世纪 80 年代所测的数据相差不大，因而推测囊谦盆地下方可能存在稳定的含盐地层。他们还对盐泉的矿化度做了分析，发现囊谦盐泉的矿化度都高于 50 克／升，在 150—294 克／升之间，是目前自然界中发现的浓度最高的盐泉。

我们这次调研的是白扎盐场，在藏语中为"白扎擦卡"，意思为猴子的盐场。因为当地传说盐场的来历与猴子有关：一说是，很久以前，居住在这里的先民们发现森林中的猴子经常聚集在一处舔食泉水，人们品尝后发现泉水有咸味，兑食物食用味道鲜美，便发现了此处有盐泉；另一说法是，当年莲花生大师弘法于此，见一群猕猴嬉戏玩耍，深感此处为钟灵秀美、安康吉祥之宝地，于是持咒施法，掘出一处泉眼，卤水涌现，由此开始了白扎制盐的传奇。

另外，当地还传说，莲花生大师在藏区弘法时建造了 108 座佛塔，其中就有白扎村的"曲格玛佛塔"。在喜马拉雅红盐体验馆的展陈中就这样写明："当莲花生大师建造'曲格玛佛塔'时发现有猴子舔盐，故盐田命名白扎卡。盐场位于囊谦县白扎乡白扎村，据统计共有 1170 块盐田，盐田面积为 34465 平米，年产量 1200 吨。"

白扎村位于九条河流的交汇处，且周围有九山环绕，山上密林纵横。白扎村最初只有 20 多户人家。现已分为上白扎和下白扎，有 218 户人家共计 910 人。草场总面积 25.5575 万亩，耕地面积 29.4 亩。村民们的收入来源主要以传统农牧业和盐业为主。白扎村周边有格萨尔王的骏马将吉卡咖小时候生活的丰草长林之地，还有与格萨尔妃子珠姆同名的珠铜峡谷、珠姆宝库、珠姆灶台和珠灶具等形状各异的山水景观，该地区也是国家级非物质文化遗产"卓根玛舞"的发源地。

白扎盐场是囊谦地区最为古老的盐场之一[2]。关于白扎盐场的建场时间，从历史角度看，至今还没有定论。当地流行的说法是，此盐场建于唐垂拱元年至宝应元年（685—762年），距今有1300年历史，但这一说法缺乏强有力的证据支撑。中山大学人类学教授坚赞才旦在囊谦考察后认为，白扎盐泉的开发利用应该与囊谦王在白扎村奠基大业有一定联系，时间上大体同步。但基本可以确定的是，根据从卤水井中多次发掘出的活佛宝瓶传说，并结合囊谦王的家谱，判定巴扎盐场是囊谦境内盐业开发和利用最早的盐场。另据囊谦王家谱记载，南宋淳熙二年（1175年），一世囊谦王获得封册。白扎盐场的建场时间应该早于此，距今至少800多年的历史。与白扎盐场齐名的多伦多盐场坐落于县城以东80公里外的娘拉乡多伦多村，藏语表述为"聚宝之地郭域多伦多，聚福之境郭地桑日城，红山泽达形似吾金域，郭雄蛮隆宫殿之首，缓流甘露盐矿泉"。据传，此地为格萨尔王爱妃珠姆的父亲郭然洛·顿巴坚参的领地，盐泉因此被称为郭氏的白雪盐湖，且此处仍有众多与之相关的传说和遗址。一般认为格萨尔王生于1038年，卒于1119年，照此推算，多伦多盐湖被发现距今已有900多年的历史。多伦多盐场是囊谦县内盐田面积最大和产量最高的盐场，据统计共有2500多块盐田，总面积66035平米，年产量2000吨。

以这两个盐场为代表，囊谦县形成一个庞大的古盐场群落。它们以县城（香达镇）为中心，分布在四周。分别是位于县城以西2公里处的拉藏盐场和3公里处的达改盐场，县城以南15公里处的娘日哇盐场和32公里处的白扎盐场，县城西北44公里处的然木盐场和53公里处的乃格盐场，以及县城东南80公里处的多伦多盐场和西南120公里处的尕羊盐场。它们都是以盐泉为基础兴建的。

在白扎人的眼里，盐场就是生命，盐场就是财富。目前，白扎村有52户人家参与制盐，每年产盐约500吨，经济收入达到125万元[3]。

---

[2] 《历久弥新古老盐田——"寻迹青海"系列报道之四》，《青海日报》2024年7月8日第2版。报道中说，白扎盐场是囊谦县建场时间最早、泉卤品质较高、最具代表性，也是最为古老的盐场之一，其历史悠久，有着千年开采制盐的经验，传承至今难能可贵。

[3] 中共囊谦县委员会宣传部《学习二十大 我们的新时代·一颗盐｜囊谦红盐的华丽变身》的报道中，白扎村党支部书记布扎西透露的数据。白扎乡8个盐场中多伦多盐场和白扎盐场面积较大，产量最高。前者每年可产700吨盐，后者一年的产量有500吨左右。其他的几个盐场规模相对较小，年产量在30—80万吨之间，8个盐场的年产量在3500吨左右。

▲ 白扎村古盐场遗址

大大小小的盐畦错落有致地排列在一起铺满了眼前山麓的缓坡。沿着小路向山上走，大小不一的盐田顺着山势铺开，宛如梯田一般。

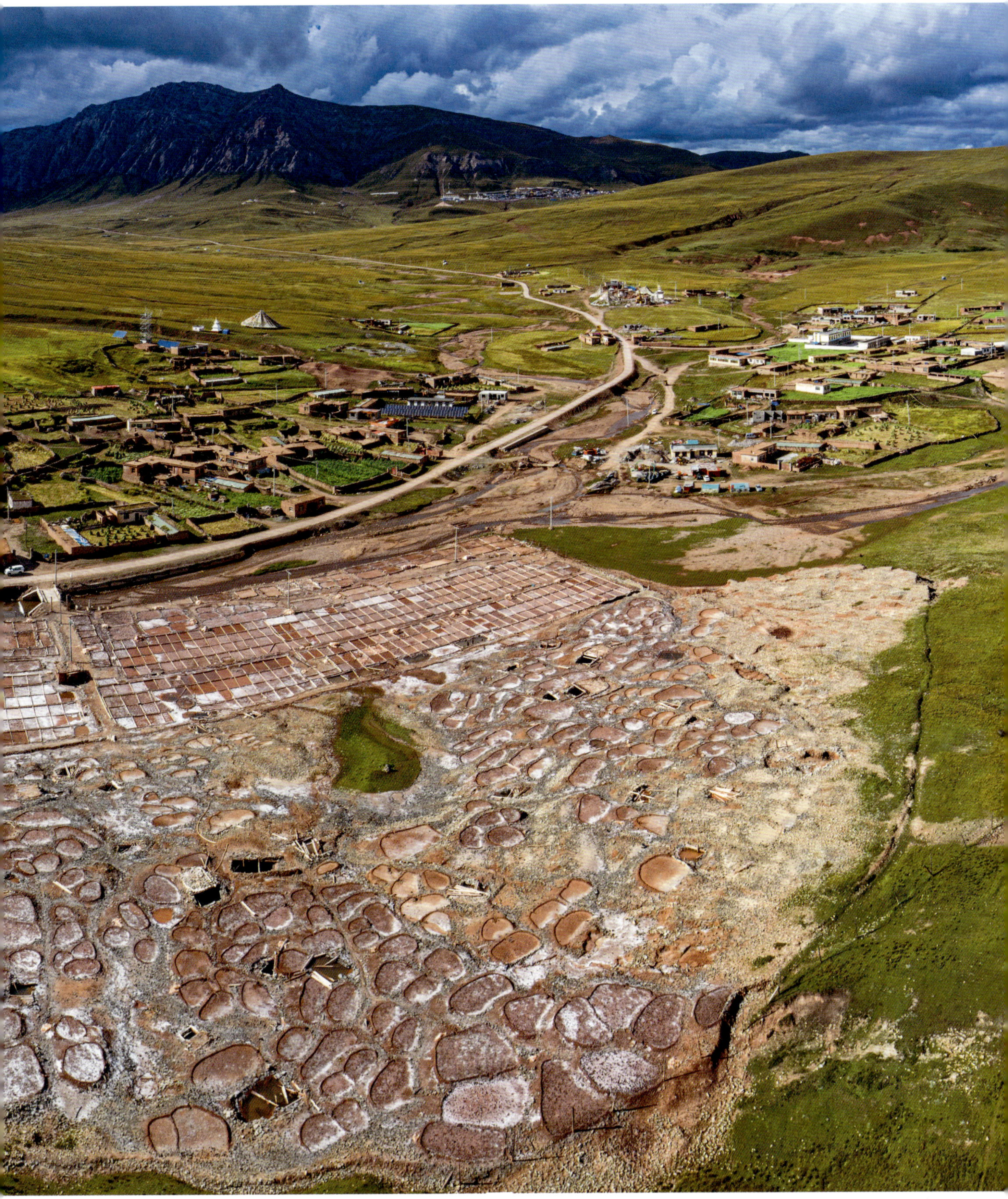

⊙ 澜沧卤盐泉，古法晒盐场

在国内，采用晒盐法制盐的多为海盐、湖盐，而提取地下盐水（包括泉盐和井盐）制盐则多用煎煮法。只有在澜沧江源区的囊谦、澜沧江在西藏境内流经的类乌齐县和芒康县中，这里的藏民因山就势开辟盐场，才使用传统的晒盐法。对于生活在这里的人们而言，盐象征了骄傲和自豪。一颗泉盐，经历储卤、运卤、注卤、晒盐、收盐和盐畦修整等多个环节，不仅是与时间的赛跑，更是人类智慧的结晶。盐，在人类演进的过程中发挥了不可替代的作用。"万用之物"，是中信出版社"文明的进程"系列书系中有关盐的一本专著的标题。

> **古往今来，盐一直被赋予一种特殊的意义。这种意义远远超出了它与生俱来的自然属性，荷马人把盐称为"神赐之物"，柏拉图把盐描述为对诸神来说极为宝贵的东西**[4]。

也有学者认为"盐在中国古代文明中扮演重要的角色"[5]。甚至有人类学者专门研究盐业的形成与组织，以及探讨这一专门化生产与该地区涌现的复杂性之间的微妙联系、与社会复杂性的息息相关"。例如，著名藏学家任乃强不止一次强调盐与文明的关系，其在《华阳国志校补图注》中指出："人类文化，总是从产盐地方首先发展起来，并随着食盐的生产和运销，扩展其文化领域。"此外，任先生还论述道："即如中古世，举凡郡县繁荣，人口密集文化较高者，必为交通便利，供盐无碍之地区。若夫产盐之地，则交通虽极不便，亦无碍于繁荣。四川之巫山与郁山，其著例也。"[6] 显然，盐的开发和利用，利于人口的聚居；食盐向外运输的过程，又能促进道路交通的发展，扩大了人群互动的范围[7]。不仅如此，根据相关学者对于民国初期藏地物价的推算：以民国初年湟源等集市的价格为参考、则"贱时每升盐易青稞一升，贵时一升半盐易青稞二升"。因而《东嘎藏学大辞典》有文字记载："藏族历史上有一盐八十斗的说法"，即盐价高时一斗盐能换八十斗的粮食。

---

[4] 〔美〕马克·科尔兰斯基著，夏业良译：《万用之物：盐的故事》，北京：中信出版社，2017年。

[5] 黄应贵：《反景入深林：人类学的观照、理论与实践》，北京：商务印书馆，2010年。

[6] 任乃强：《说盐》，《盐业史研究》1988年第1期。

[7] 李何春：《技艺传承：澜沧江的盐业与地方社会研究》，广州：暨南大学出版社，2022年。

囊谦地区的盐业具有悠久的历史和独特的地方特色，其制盐工艺源远流长，且至今仍保留着传统手工制盐技术：通过风吹日晒的方式使盐田中的水分自然蒸发，进而结晶成盐。主要包括卤水储存、注卤晒盐等步骤。除囊谦外，目前传承于西藏自治区芒康县的晒盐技艺（井盐晒制技艺），作为一种原始的盐业生产方式，也是盐民用木制水桶从澜沧江边的盐卤水井中背上卤水，倒在各自的卤池中风干浓缩，再倒在盐田里风干结晶成盐。2008年5月20日，晒盐技艺（井盐晒制技艺）经国务院批准列入第二批国家级非物质文化遗产名录。

盐畦、卤水井、盐仓、储卤池、盐工住所、盐神这六大元素共同构成囊谦传统的晒盐技艺。

囊谦传统晒盐技艺的流程一直保存至今，呈现出独特的传统工艺价值。尤其是娘日洼盐场的卤水井，成为整个囊谦盐区最深的盐井。规模巨大，结构复杂，工艺精湛，具有极高的代表性。同样的结构类似的卤水井，还分布在多伦多盐场和白扎盐场。其中多伦多盐场处在一个斜坡上，卤水井在盐场的最高处，盐畦分布在卤水井的下方。这种盐畦—卤水井组合生产的技艺，相比其他地区的煎煮法制盐更具特色。

目前，青藏高原地区这种独特的晒盐技术已经引起学界的关注。按照1972年10月17日联合国教科文组织公布的《保护世界文化和自然遗产公约》，物质形态的文化遗产分为文物、建筑群、遗址3类。按照此说，囊谦晒盐盐场属于"遗址"类，此类文化遗产主要表现为"从历史、审美、人种学或人类学角度看具有突出普遍价值的人类工程或自然与人工联合工程以及考古地址等地方"[8]。有学者认为西藏自治区芒康县境内的盐田是"活态遗产"，其在文化遗产方面具有4个方面的价值：原真性价值、稀缺性价值、科普教育和考古研究价值以及社会价值。相对而言，囊谦的盐场主要具有稀缺性、观赏性（含原真性）、科学研究和经济效益（含旅游开发）等方面的价值[9]。其中最直观的就是其观赏性。

为此，按照囊谦县委书记石大存提出的"三黑一红"战略中的红盐品牌，当地镇村正在深入挖掘藏红盐实用价值，推动盐产品、盐文化、盐旅游深度融合，打造了包括囊谦红盐文化体验馆、藏红盐特色小镇、红盐文旅驿站在内的众多文化和旅游场所，受到游客的广泛欢迎，成为游客了解囊谦历史文化的重要场所。"藏红盐"也成为囊谦县的一张重要文化名片和帮助囊谦当地百姓开启致富之门的金钥匙。

---

[8] 《保护世界文化和自然遗产公约》，见张娟：《环境科学知识》，北京：大众文艺出版社，2008年，第172页。

[9] 李何春：《技艺传承：澜沧江的盐业与地方社会研究》，广州：暨南大学出版社，2022年。

《中国国家地理》2019 年第 7 期专题报道囊谦县的手工制盐技艺："手工制盐技艺历史悠久，文化深厚，是诞生于农业文明中的手工业瑰宝，传承至今难能可贵。囊谦盐泉的开采、盐业的萌芽与发展是充满地方性、民族性的一个活例，是镶嵌在青海省盐业体系中的一块瑰宝。"[10]

⊙ 红盐体验馆，非遗传承人

无谚之语难听，无盐之茶难喝。除直接提供经济收益外，囊谦红盐作为一种珍贵的自然资源和文化遗产，更重要的是其所具有的独特社会和文化价值。在囊谦的调研中，一个特别重要的点位就是刚刚投入运营的喜马拉雅藏红盐文化体验馆。该项目总建筑面积 3033.9 平方米，其中藏红盐文化展示馆 2530.9 平方米。项目在大力发展乡村旅游产业的基础上，积极探索高寒民族地区"旅游+休闲体验游""旅游+传统手工艺"融合发展模式，通过升级旅游产品，丰富旅游业态，为白扎盐场旅游发展注入了新的活力，也切实提高了旅游扶贫的效益。

一颗盐，本来没有名字，但它出生的地方和环境让它有了名字，或者成为了盐家族里的一部分。"唐蕃古道""茶马古道""盐牛古道"三道交融，让囊谦人民拥有了深厚的文化基因，也孕育了独特的风俗情感。

囊谦红盐技艺，如今也加大了传承人的挖掘和培养，并经他们的手，让古老的盐田重焕新生。在他们的记忆里，爷爷辈们是在盐场里制盐为生，父亲那一代也是靠盐生存，现在到了他们这一代依然靠盐生存。不管时代如何变迁，凭借勤劳的双手，囊谦牧民将丰富的资源变成真金白银的财富。我们也从他们身上感受着高原人原始采盐、开拓进取、自强不息的囊谦精神。

布扎西是白扎村的党支部书记。他 13 岁起跟祖父和父亲学习制盐技艺，23 岁开始走上了承传的道路，现在是囊谦白扎盐场制盐技艺代表性传承人。青海省玉树州非物质文化遗产项目代表性传承人推荐表中有这样一段关于布扎西学习与实践经历的记述：布

---

[10] 坚赞才旦：《囊谦泉盐是青海盐业体系中的瑰宝，亟待保护和开发》，《中国国家地理》2019 年第 7 期。

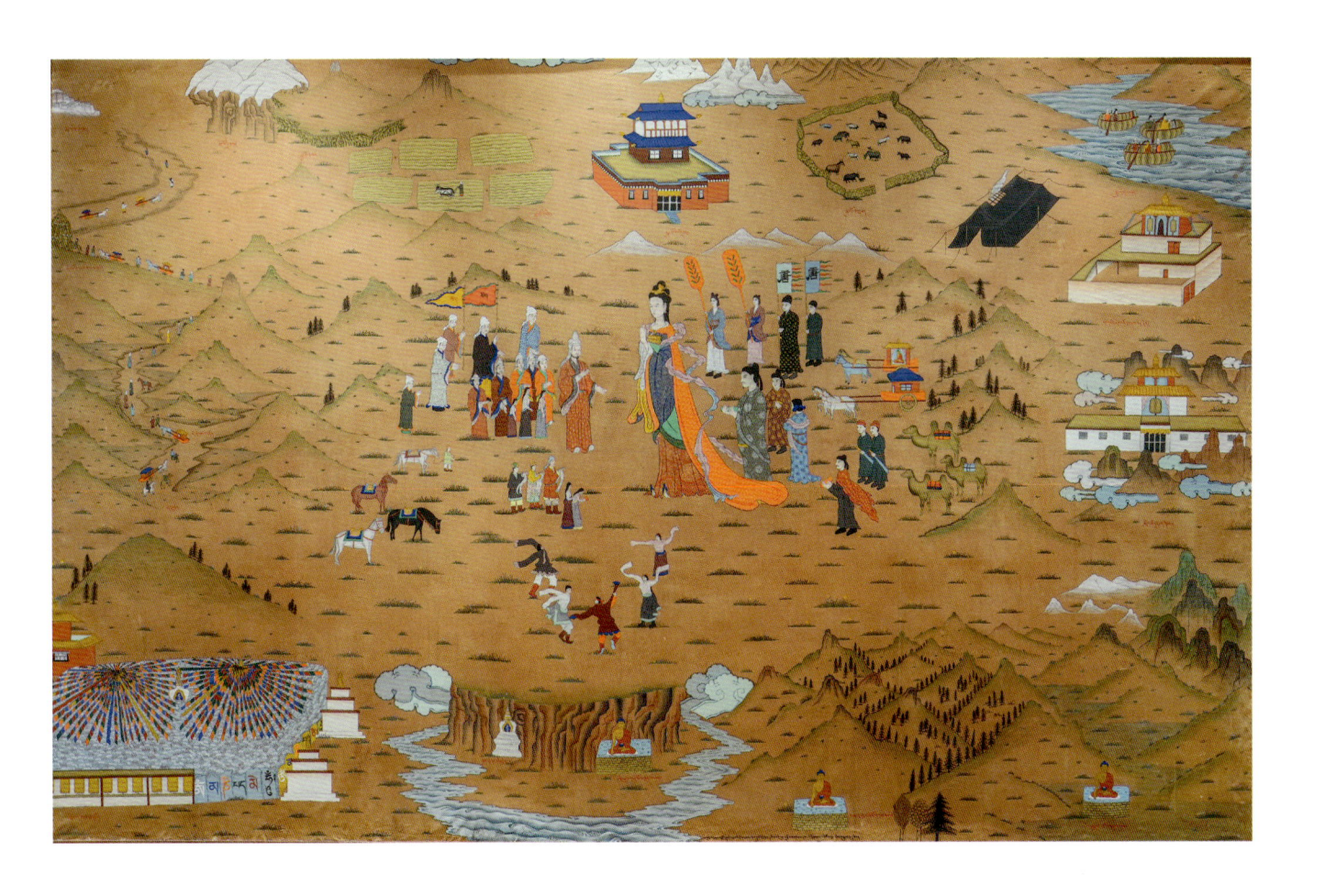

▲ 文成公主入藏图（手绘）

"唐蕃古道""茶马古道""盐牛古道"三道交融，在历史的长河中传承着昨天的故事和未来的故事，让囊谦人民拥有了深厚的文化基因，也孕育了独特的风俗情感。

▲ 依山势而建的白扎村盐田

扎西从小跟随父亲学习古老制盐技艺，2022年被评为囊谦白扎盐场制盐技艺代表性传承人。

"囊谦传统的制盐技术基本上以手工为主，因为当时也没有什么机器。大概的过程是以海水作为基本原料，并利用海边滩涂及其咸泥（或人工制作掺杂的灰土），结合日光和风力蒸发，通过淋、泼等手工劳作制成盐卤，再通过火煎或日晒、风能等自然结晶成原盐。"谈到如何晒盐，布扎西是了如指掌，他说，"整个工序有10余道，纯手工操作，比较复杂，但这是囊谦制盐人掌握的一门科学技术，现在都成文化遗产了"。

而关于囊谦制盐技艺特点，上述非遗推荐表中写道，囊谦制盐的生产方式古老而独特，是一个很宝贵的历史文化遗产。其主要特征：

1. 物理性质盐的颜色可以是纯洁透明的（如氯化钠）、不透明的或者是带有金属光泽的（如黄铁矿）。大多数情况下盐表面的透明或不透明只和构成该盐的单晶体有关。当光线照射到盐上时，就会被晶界（晶体之间的边界）反射回来，大的晶体就会呈现出透明状，多晶体聚集在一起则会看起来更像白色粉末一样。

2. 化学性质盐与金属起置换反应，生成另一种金属和另一种盐反应条件：在金属活动性顺序中，排在前面的金属可以把排在后面的金属从它的盐溶液中置换出来，反应物中的盐一般溶于水。

在生产工序上，大致分为引卤、运卤、晒盐、收盐几个步骤。盐场的盐泉泉源位于海拔较高的山腰上，当地人在泉源处修筑了盐井，又在海拔较低的坡地垒起层层的盐田。盐民在制盐时先用"瓦"（根据当地人口语音译，一种将木头剖开，将中间掏空后制成的凹槽。将其一段一段连接起来，可以起到卤水引流的作用）将卤水从盐井处引出，利用地势海拔的高低，卤水即顺着"瓦"自然注入盐田。

另外，在"持有该项目的相关实物、资料情况"一栏中显示：

人工晒盐工艺流程主要有四部分：汲卤、背卤、晒盐、刮盐。主要利用蒸发溶液法来晒盐。这种方法，先将盐卤引入储卤池，使水分蒸发到一定程度，形成氯化钠饱和溶液，再将其引入盐田，继续风吹日晒，蒸发盐卤中的水分，直至析出氯化钠晶体，也就是粗盐。

这么多年来，布扎西热衷于搜集整理制盐的相关历史资料，记载总结老祖宗留下的晒盐技艺，同时，他毫无保留技艺，培养了多名制盐技艺徒弟，为保护和推动晒盐技艺的传承，做出了积极的贡献，并且带动全村人制盐、促进了全村的经济发展。

盐场制盐要求有严格的工艺要求，更需要负责和吃苦耐劳的精神，布扎西就是将这二者兼顾，并达到更高境界的优秀制盐传承人，和更多制盐人一起，传承和发展了盐场制盐的技艺，让制盐工艺经久不衰，并在先进机械设备和现代科技的大力支撑下，把盐场制盐推向一个崭新的阶段。

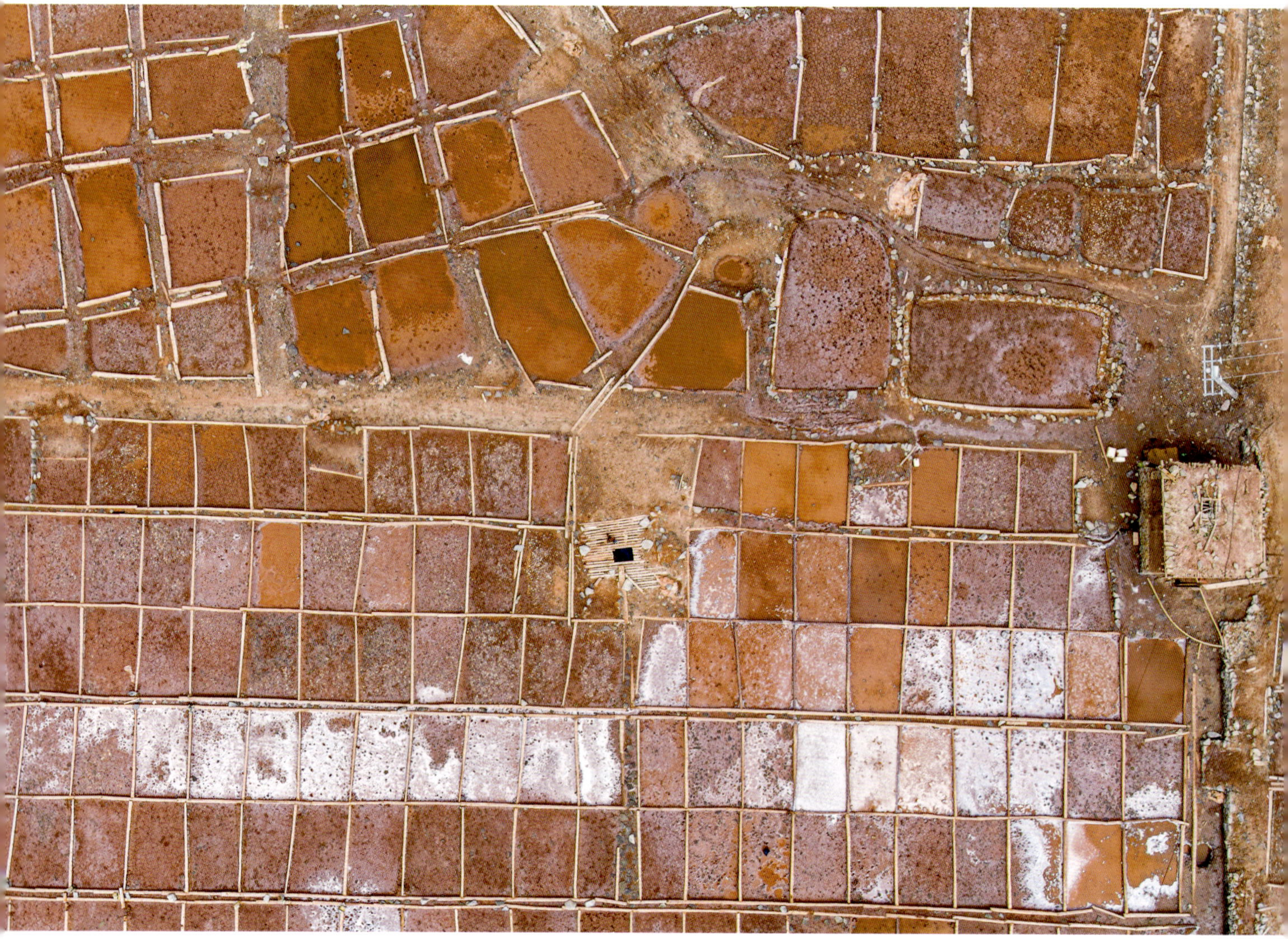

▲ 像调色板一样展开的白扎村盐田

盐是喜马拉雅地区文化与生活中不可或缺的一部分，盐赋予了这片土地独特的灵性和生命的力量。"采盐，是一次和大自然的交流，也是一次文化的洗礼。"千年古盐田的背后，蕴含着藏地自然文化的独特价值。

令人意想不到的是，作为囊谦制盐技艺代表性传承人、白扎村的村支书，布扎西还是第二批国家级非物质文化遗产项目锅庄舞（囊谦卓根玛）代表性传承人。"白扎卓根玛"，在藏语意为"白扎地区的古舞"。该舞最初源于远古人类的生产生活和宗教信仰，后在佛教学者和民间艺人的不断加工下，最终形成了集表演和娱乐于一体，且具有浓厚地方特色的舞蹈。

卓根玛主要以"颂歌"加"舞蹈"的形式表现，说唱内容从"颂山""颂神""颂天""颂地""颂五谷丰登""颂六畜兴旺"等，颂扬世间美好的事物，因此，在囊谦有"跳卓根玛就是行善"的说法。

囊谦卓根玛有九姿八风之说。九种姿态为：媚态、英态、丑态三种为身技，猛烈、嬉笑、威胁三种为口技，悲悯、愤怒、和善三种为心技。舞蹈的八种姿风为：妩媚、凶猛、豪迈、恻隐、可厌、可笑、奇异、恐怖。九姿八风在舞蹈时把心理活动表露于语言和动作上。表演场合和时间较固定，在迎送活佛、官员、贵宾等固定的场所以及逢年过节等固定的时间来表演，用于渲染场面和节日的气氛。在我们参观的红盐文化体验馆现场，布扎西就即兴为我们跳起了欢快的卓根玛。即使没有盛装、也缺少现场音乐的伴奏，但在我们欢快的手打节拍中舞步生风，一曲"布扎西的心愿"引发了大家热烈的喝彩和鼓掌：

"新时代里的人们啊，
新生活幸福美满呦。
跳起卓根玛，
笑容挂在了脸上……"

当千年古盐田遇到囊谦卓根玛舞，会发生怎样的化学反应？古盐田、卓根玛，串起来的就是一部囊谦承传千年的历史，它们的存在将一个固守青藏高原千年的民族历史渐次展开，表达出了这个民族的风情、习俗和遵从感悟大自然的情怀。体现了囊谦人热爱生活、尊重生活、取智于生活，勇于逐梦，以及对幸福生活的无限向往。正是这些活着的技艺、活着的文化，才更有时代的价值。这是古老与现代的交融，是人文与自然的对话，是时尚与体验的交响。

▲ 调研组在囊谦藏红盐文化体验馆调研

囊谦县提出"三黑一红"战略中,"藏红盐"已经成为囊谦县的一张重要文化名片和帮助囊谦当地百姓开启致富之门的金钥匙。

白扎村晒盐场航拍图

古老的千年红崖晒盐场上，盐的文化、盐的精神正在被唤醒。以白扎盐井为代表的藏东南古盐湖遗址，也见证了先人采利用自然资源、发挥地理优势、从事糖业生产的自然现象。

⊙ 藏盐的精神，复兴的期待

"若言琴上有琴声，放在匣中何不鸣？若言声在指头上，何不于君指上听？"对于盐，我们无须多言。它在生命的琴弦上弹奏出最深沉而有力的音乐，很多以盐为文化符号的影片，甚至成为跨越国界的佳作。例如，1997年瑞士汉学家兼电影制片人和影评人乌尔里克·科赫导演的纪录片《盐程万里》，以及法国导演艾瑞克·瓦利的《喜马拉雅》。2019年，由中央广播电视总台纪录频道出品，张晓颖任总导演的《生命之盐》开始播出。历时五年，跨越四大洲十二个国家，这部总共六集的纪录片得以问世。影片通过纪录片的形式，将一个个有关盐的故事全面展开。在冷静而华丽的镜头叙述中，拍摄者呈现出了一个波澜壮阔的盐世界。珍贵如盐巴，尊重并珍惜这份来自大自然的礼物，它是我们生命的旋律中流淌着的古老基因。也因此，透过这一粒盐，所折射的是青藏高原的生态观。1983年由中日合拍的纪录片《天之国度》，展现了人们视盐湖为自然赐予的珍宝，盐是喜马拉雅地区文化与生活中不可或缺的一部分，盐赋予了这片土地独特的灵性和生命的力量。

⊙ 赓续"万里盐程"，等一等我们的灵魂

"文化线路"是世界文化遗产的一种新类型，也是该领域的一个热词。中国历史悠久，拥有丝绸之路、茶马古道、大运河等众多举世闻名的文化线路，古盐道也是其中重要一项。

自1994年在西班牙马德里召开文化线路世界遗产专家会议之后，文化线路开始得到全世界的关注。2014年6月，"中国大运河""丝绸之路：长安—天山廊道的路网"正式入选《世界遗产名录》，这是我国首次拥有线性世界文化遗产。2024年3月，一套名为"中国古代盐运聚落与建筑研究丛书"由四川大学出版社推出，填补了相关空白，是我国首套全面展示"中国古盐道"重要文化线路的学术丛书，对于古盐道的保护和申遗，对于古盐道沿线相关聚落和建筑文化遗产的保护，以及沿线地区合理开发古盐道以促进经济社会发展，都具有十分积极的作用。

盐跟人类的生产生活关系密切，所以其创造的文化也非常多。但是到目前为止，我们国家还没有一项这种遗产地被列入联合国教科文组织的《世界文化与自然遗产预备名单》里，这是一个非常遗憾的事情[11]。青海作为我国盐业大省，更应逐梦盐泽，奋进担当。

---

[11] 2023年3月12日，"川渝盐业遗产申遗专家咨询会"在遂宁大英举行。手工制盐的"活化石"如何申遗？来自古迹遗址文化保护的学者专家齐聚，为川渝盐业遗产申报世界遗产名录进行了讨论发言，并形成了专家意见，助推川渝盐业遗产申遗工作。

千年古盐田村落有着丰富的民族文化和历史传统，集古老的生产生活场景、浓郁的民族风情，优美的藏族舞蹈等于一体，是藏地文化遗产的宝库。进一步推动千年古盐田、传统制盐技艺与传承的非物质文化遗产项目实施，加大系统性保护力度，积极参与和推动世界文化遗产申报，或者开展与川渝盐业遗产的联合申报等，重点是要以申报促保护，讲好中国故事，让国际社会更好地理解传统文化，以实际行动推动文化遗产保护传承，弘扬中华优秀传统文化。

2024年8月4日，我们这次调研接近收尾，当我们走出囊谦藏红盐文化体验馆，写在展馆的那段尾声《一粒盐的精神》仍然萦绕在我们的心头：

> **"如人类文明与时代的更迭，大自然也有自己的轮回，世间多数资源都不会绝对永存，或许多年后这种以盐连接地脉、向自然示敬的传统文化也将受到冲击。"**

时代的发展让我们获取这些资源的途径变得更为便捷，一粒盐对现在的我们而言唾手可得，但我们应铭记祖先们曾走过的"万里盐程"，那些经历过无数风霜的驮盐之路，提醒着我们应记住祖先拥有的智慧，并珍惜大自然的馈赠。如果走得太快，记得等一等我们的灵魂。

《更桑成林》

李继飞　纸本素描　368mm×260mm

创作于玉树州囊谦县白扎乡巴麦村　2024年8月4日

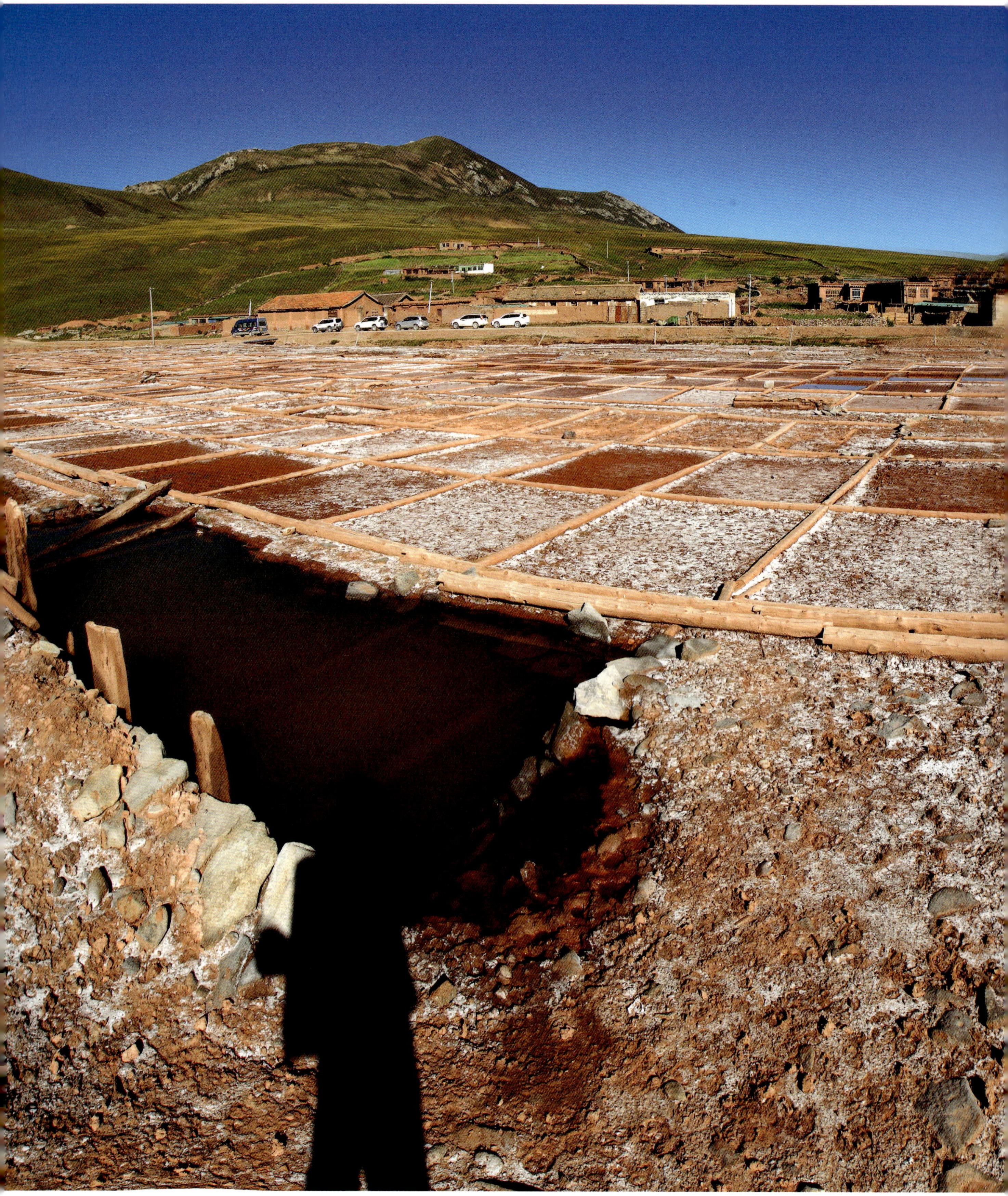

沿地平线展开的白扎村晒盐场

春夏之际,盐田在山峦之间里地散开中有那种面貌,犹如汉族地区的水田,水光倒映,在蓝天白云的映衬下,景色十分优美。

《文尕与周鼎》
李继飞　纸本素描　368mm×260mm
创作于玉树州杂多县苏鲁乡多晓村　2024年8月3日

"虫草第一县"的天赐之地

——杂多县苏鲁乡多晓村调研记

冬虫夏草,大自然的神奇馈赠,它以独特的生长方式和显著的药用价值,自古以来便备受推崇。作为一种珍贵的药用真菌,冬虫夏草主要分布在海拔4000米左右的高原地区,在每年的六月迎来生长旺季,随着高山冰雪的消融,它们纷纷破土而出,展现出"冬天为虫、夏天为草"的奇特景象。

青海是我国冬虫夏草的主产区之一,其独特的地理和气候条件为这种珍稀药材的生长提供了得天独厚的环境。在这片广袤的土地上,玉树藏族自治州杂多县以出产的冬虫夏草个头大、色泽鲜艳、品质上乘、产量丰富而闻名遐迩,被誉为"冬虫夏草第一县"。其中,杂多县苏鲁乡多晓村更是因其核心产区的地位,成为虫草产业发展的焦点。

"中国虫草看青海、青海虫草看玉树、玉树虫草看杂多,而苏鲁乡多晓村正是杂多县虫草的核心产区。"2024年8月4日,我们带着对这个被誉为"虫草淘金地"的期待开展入户访谈和实地考察,深入了解多晓村的经济社会现状,探究冬虫夏草产业对当地社区发展的影响,以及这一产业可持续发展的潜力与挑战。

⊙ 天赐之地：多晓村的自然禀赋

玉树市向西，沿着蜿蜒的 345 国道，我们进入了杂多县的境内。一座融合了藏式风格的迎宾门映入眼帘，红白两色为主体，金色的文字和装饰点缀其间，"杂多人民欢迎您"用藏汉双语热情地迎接着每一位到访者。门的两侧，展示着杂多的三大特色名片：冬虫夏草第一县、澜沧江源第一县、长江南源第一县，彰显着这片土地的独特与骄傲。

杂多县下辖 1 镇 7 乡，苏鲁乡便位于此地的东南方向。它与囊谦县东坝乡相邻，南界西藏自治区丁青县，西和北部与结多乡相连。苏鲁乡的名字源自藏语，意味着"四方聚集"，正如其历史上的居民来自四面八方一样。乡政府驻地距离县城约 75 公里，平均海拔 4200 米。全乡总面积 259.7597 万亩，其中可利用草场面积 215.85 万亩。截至 2023 年底，全乡共有 1440 户，7790 人，其中脱贫户 358 户 1787 人。苏鲁乡下辖多晓村、新荣村和山荣村 3 个行政村，14 个牧业社。

多晓村，地理位置得天独厚，环州公路穿越而过，距离杂多县城仅咫尺之遥，道路状况良好。国道 345 线，杂多境内全程 211 公里，是青海省内继川藏、青藏等进藏线路之后的最佳进藏复线，也是青海进藏距离最近、风光最美的通道。多晓村总面积约 96.3 万亩，可利用草山面积 60.5 万亩，林地面积约 7 万亩[1]，耕地面积约 18 万亩[2]。平均海拔 4200 米，下辖 4 个牧业社。截至 2024 年 7 月，全村共有 736 户，3346 人，以藏族为主，占总人口的 99%。其中男 1658 人，女 1688 人，残疾人 109 人。全村脱贫户 93 户 457 人，监测户 7 户 29 人。现有村党支部一个，党员 64 名。

苏鲁乡多晓村，处于青藏高原中部的典型高原半干旱草原气候区域。这里气候寒冷，只有冷暖两季之分，日温差变化大，无绝对无霜期，冷季长达 8—9 个月，暖季仅有 3—4 个月。全年平均气温仅有 0.2℃，最冷月 1 月份平均气温为 -11.5℃，极端最低气温 -32.2℃，最热月 7 月份平均气温 11℃，极端最高气温 26.6℃。年均降水量 540mm 左右，67% 的降水集中在 7、8 两个月。主导风向为西风，风季多集中于 1—4 月份。村境内主要以高原峡谷地貌为主，高寒草甸、高寒湿地、高寒荒漠镶嵌分布，还拥有少量

---

[1] 主要分布区域为达俄阴面 1 万余亩、巴拿 2.3 万亩、沟曲 0.9 万亩、结青 1.4 万亩、结琼 0.8 万亩、巴青 0.6 万亩。

[2] 多晓村属牧业村，此处所指耕地与我们传统观念所理解的成片连接状耕种地不同。牧区耕地形式多为零散分布，多晓村各牧户家中平均约有耕地 250 亩。此外，这些耕地的主要用途并非种植粮食或蔬菜。所以这些耕地多用作牲畜的夜间草场，有着类似"牛圈"的用途。

▲ 杂多县苏鲁乡

青海是我国冬虫夏草的主产区之一，其独特的地理和气候条件为这种珍稀药材的生长提供了得天独厚的环境。杂多县出产的冬虫夏草虫大头、色泽鲜艳、品质上乘，声誉卓著而闻名遐迩，被誉为"冬虫夏草第一县"。

高原林地。村境内水系众多、河流密布，共有 18 条大大小小的河流[3]。

多晓村之所以能成为虫草的黄金产地，与当地的地形地貌和气候环境密切相关。冬虫夏草的形成依赖于虫草菌与蝙蝠蛾科昆虫幼虫在特殊条件下的结合。在冬季，虫草菌寄生在蝙蝠蛾科昆虫幼虫体内，利用虫体的营养产生菌丝体。春季来临时，冬虫夏草的子实体从蛹中长出，从土壤中伸展出来。这一过程依赖于特定的气候和地理条件，确保了冬虫夏草的形成和生长。

冬虫夏草的生长环境和气候特点与其寄主蝙蝠蛾科昆虫的分布规律密切相关，受到多种因素的影响，包括地形、地貌、海拔、气候、土壤等。

冬虫夏草主要分布在青藏高原区域，最佳分布海拔在 4200 米至 4700 米之间。这个区域的地形复杂，峰峦重叠、江河交错、岭谷相间，形成了多样的生态地理环境类型。1 月份月均气温在 –15.2℃至 –3.1℃之间，春末初夏冬虫夏草长出地面时（4 月份至 5 月份），平均气温也在 –2.4℃至 –0.5℃之间。这些气候和地理条件共同影响了冬虫夏草的分布和品质。多晓村境内常年无夏，海拔高、日照长、湿度适宜、紫外线辐射强，较为匹配的自然生态系统为高品质冬虫夏草提供了良好的生态基础，多晓村产出的虫草以其个头大、成色好、质量优、产量高等特点独步天下。

⊙ 小虫草背后的大产业

在苏鲁乡多晓村村民本多家里，调研组有幸见识了当年收获的优质冬虫夏草。色泽淡黄、头部似草、身形饱满、环纹明显，"虫体"长约 5 厘米，虽然每条不足 0.7 克，却能在市场上卖出 100 元以上的高价。

自 20 世纪 90 年代末起，随着市场需求的激增，冬虫夏草被赋予了壮阳、抗肿瘤、抗氧化、抗衰老等多重药理功效，价格一路飙升。多晓村 58 岁的藏族村民阿帮保宝回忆道，过去虫草"根本不是什么稀罕物，在山里看到虫草就像零食一样嚼着玩"。然而，从上世纪 80 年代的每斤 10 元，到 90 年代的 3000 元，再到如今牧民手中的收购价翻了几十倍，虫草价格的飞涨令人咋舌。目前，虫草的市场价格区间在每斤 6 万到 26 万元之

---

[3] 分别是尼玛隆曲、尼瓦曲、西夏曲、莫改曲、扎青曲、扎琼曲、张尕曲、多隆曲、达俄曲、当琼曲、宝乃曲、结琼曲、巴琼曲、巴青曲、结青曲、觉那曲、沟曲曲、巴拿曲等。

间[4]，而经过中间商的层层加价，其在内地的售价更是堪比黄金。

冬虫夏草的分布主要集中在青海、西藏、四川、云南和甘肃五省区。据公开媒体报道，2010年玉树州的虫草总产量约为18吨，其中杂多县的产量占据了半壁江山。到了2022年，玉树州的虫草产量增长至约50吨，产值高达70亿元，占全国虫草产量的20%。杂多县和囊谦县的虫草产量约占全州产量的75%。近20年来，杂多县苏鲁乡等核心产区成为了虫草产业的热点地区，带来了可观的经济收入。截至2021年底，玉树州的常住人口为41.84万人，农村人口为34.66万人，虫草采集收入占全州农村常住居民人均可支配收入的比重达到了54.6%。

虫草产业不仅为当地居民提供了增收的途径，也成为了地区经济发展的一个重要支撑。近年来，当地政府积极整合资源，利用资金，推动虫草产业的快速发展。

用好扶贫资金，变粗放式交易为市场行业化发展。杂多县虫草采销无固定场所，买卖方式一直较为粗放，古老的"袖口议价"依然存在，导致市场价格混乱、虫草品质参差不齐，虫草产业发展规模化程度较低，产业效益尚不明显。针对虫草集散无序交易、交易量不高、交易不分类、资源利用率低的局面，杂多县将虫草交易由粗放式交易转变为市场行业化发展。为推动杂多县虫草产业的发展，增加资源附加值，加快虫草资源市场化规范交易，提升资源利用率，有效改善市场交易条件和环境条件，杂多县与北京市共同筹措资金，建设杂多县冬虫夏草扶贫产业综合市场。该项目作为北京对口扶贫支援杂多县"八大产业"之一，项目总投资4251万元，其中北京对口支援专项援建资金1200万元。杂多县通过建立和完善虫草交易平台、物流配送等市场交易环节，形成虫草采挖、收购、加工、运输、销售为一体的产业链。通过收取交易管理服务费、商铺出租等方式确保该综合体正常运行。自综合体投用后，杂多县虫草产业链不断完善，逐渐发展成为集虫草产品加工销售、手工艺品加工制作、民族服饰加工和电子商务于一体的商贸中心。

---

[4] 相关资料显示，2020年3月底至2022年6月底虫草收购均价为：800根／斤由8.51万元增长至12.9万元，1000根／斤由8.22万元增长至10.5万元，1200根／斤由7.08万元增长至7.92万元，1400根／斤由5.56万元增长至7.5万元。2020年3月底至2022年6月底售出均价为：800根／斤由11.45万元增长至13.24万元，1000根／斤由10.07万元增长至11.5万元，1200根／斤由9.85万元下降至8.65万元，1400根／斤由6.09万元增长至7.77万元。

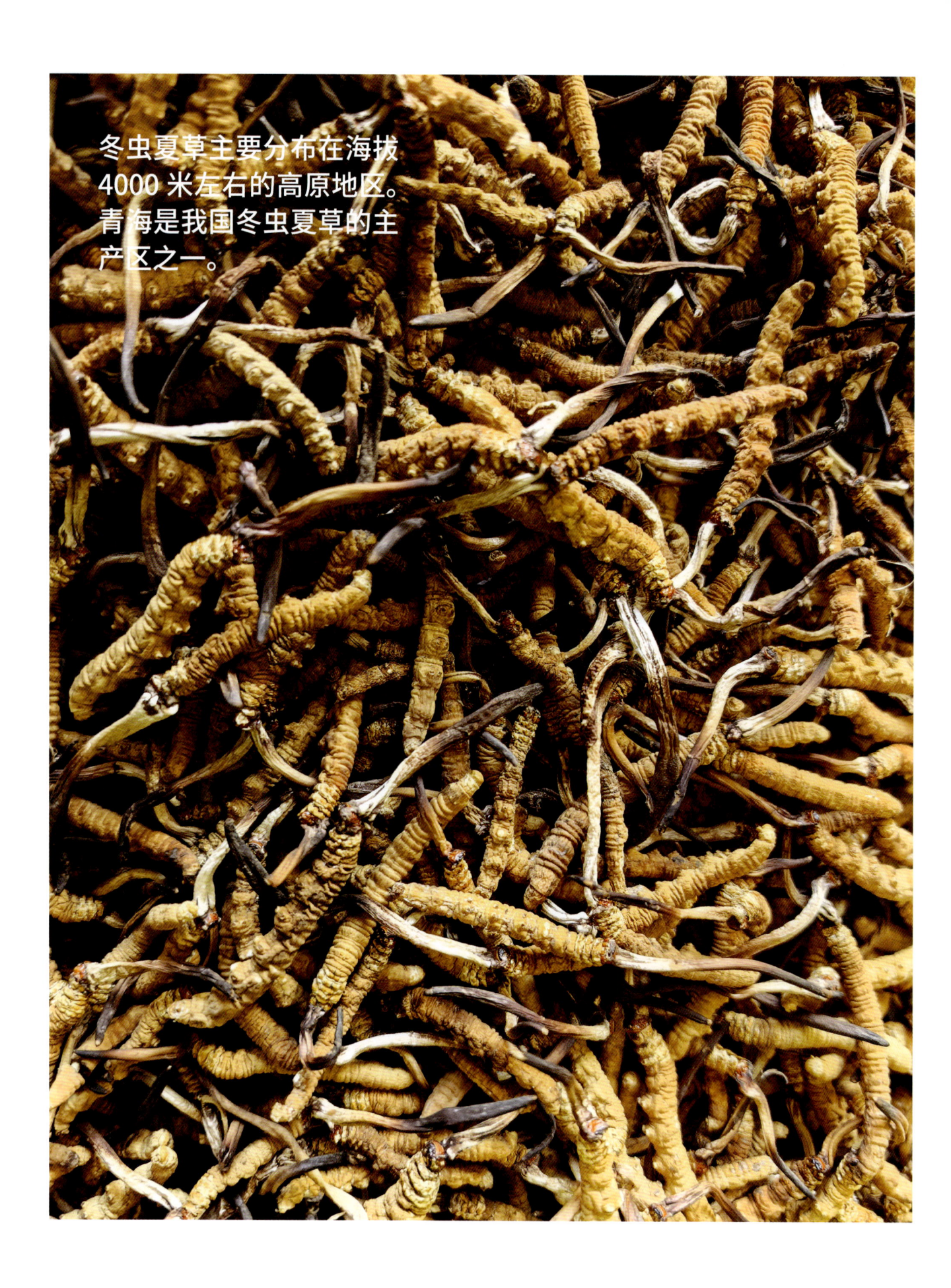

冬虫夏草主要分布在海拔4000米左右的高原地区。青海是我国冬虫夏草的主产区之一。

用好金融信贷，变资源优势为产业优势。当地金融机构加大虫草产业支持力度，助力将资源优势转化为产业优势，不断夯实乡村振兴产业基础。有针对性地优化虫草产业金融服务，推出适宜当地虫草产业发展的信贷产品。农行玉树分行推出"惠农"虫草贷，为虫草产区农牧民发放额度 3 万元至 5 万元、期限 1 年的专属贷款产品。青海银行玉树分行发放流动资金虫草贷款，有效满足虫草采挖户、经营户短期融资需求。截至 2023 年 6 月末，农行玉树分行共支持虫草产业企业及农牧户 6318 户，授信金额 3.15 亿元；玉树农商银行共支持虫草产业企业及农牧户 1077 户，授信金额 1.44 亿元。为构建金融支持虫草产业发展长效机制，围绕虫草全产业链，加强沟通协调，推动政银合作，汇聚各方力量支持虫草产业发展。农行玉树分行、玉树农商银行与玉树州财政部门加强合作，探索构建"政府增信＋信用创评＋信用贷款"金融发展模式，对依靠虫草产业发展的农牧户开展信用创评，并提供无担保、无抵押、执行基准利率贴息政策的金融服务。截至 2023 年 6 月末，两家银行累计为已创评的 53 家合作社和企业进行授信，授信金额 1667 万元。目前，玉树州已形成从采挖到加工再到销售全链条的金融支持模式，政银联动机制持续完善，金融活水正源源不断地浇灌虫草产业。

目前，"杂多虫草"已被注册为区域公共品牌和国家地理保护标志，这标志着杂多县在虫草产业品牌化建设方面迈出了重要步伐。

用好外脑智慧，推进虫草产业品牌化建设。近年来，当地政府致力于推进虫草产业的品牌化建设。与来自北京的相关企业合作，通过整合产销及产业链优化升级，杂多县不仅赋予了虫草地域文化和特色产品设计，还致力于打造大小企业产业带等协同发展，以此提升杂多虫草的整体认知和市场竞争力。当地虫草产业品牌化建设，还包括了对地域特色文化的深度挖掘和利用。通过将地区原生态文化与虫草的价值绑定，消费者能够更深刻地感知杂多虫草的生态和纯天然特点。此外，"澜湄之源·宝地杂多"作为杂多虫草的独特品牌价值，凸显了品牌的核心优势，为区别市场其他虫草提供了有力支撑。在推动虫草产业品牌化的同时，当地政府也注重保护和合理利用自然资源，确保虫草产业的可持续发展。通过建立品牌管理系统，提升品牌形象与价值，构建杂多虫草品牌生态圈，保障了品牌的可持续发展。

⊙ 虫草淘金热：经济利益与治理挑战

在藏区，冬虫夏草的采挖已经成为一年中最为关键的经济活动。每逢虫草季节，从儿童到成年人，几乎全县的 8 岁至 45 岁居民都会参与到这场淘金热潮中，学校甚至为此设置了长达 50 天的"虫草假"。然而，虫草带来的经济利益也伴随着一系列挑战。过去，虫草采挖季吸引了大量外地人涌入，导致本地居民与外来者之间的矛盾激化。

苏鲁乡乡长索南久美介绍，杂多全县 6 万多人，如果不进行有序管理，就会进入大量的外地人，引发矛盾冲突甚至带来安全隐患。因此，目前杂多的政策是"县外禁止采挖，县内有序流动"。他解释说："县内非虫草产区乡镇的人员可以进入虫草产区的乡镇采挖，按要求向进入地区的村缴纳虫草采挖费每人 1200 元。"为了避免过度采挖对生态和草场的破坏，杂多政府规定，每年的虫草采挖时间严格控制在 5 月 20 日至 6 月 30 日。以苏鲁乡为例，其他非虫草产区的本县人员在 5 月 20 日之前和 6 月 30 日之后都不允许进入苏鲁乡采挖虫草。

苏鲁乡作为杂多县虫草主产区，每年有近 7000 名非产区牧民进入乡域采挖虫草，加上本村牧户，每年有 16000 多人在乡里采挖虫草。对于虫草采集管理，索南久美将其归纳为以下几点：

统筹推进虫草采集管理机制落实。按照上级虫草采集管理工作会议精神，苏鲁乡每年召开多次专题会议，根据人员变动及时调整领导小组，细化分工，明确责任，始终坚持"县外坚决禁止，县内有序流动"的工作原则，不断规范《苏鲁乡虫草采集管理工作方案》及《苏鲁虫草采集管理应急预案》，将签订目标责任扩展延伸至所有参与节点，不断健全完善苏鲁乡虫草采集长效管理机制，为整体工作奠定了良好的基础。全程无死角跟进虫草采集管理工作，通过干部卡点蹲守护航采集秩序、定点清运垃圾保护生态环境、定期巡护宣传守护安全红线，真正做到了管理交给群众、服务政府负责的庄严承诺。

强化制度规定宣传告知。为方便非产区群众及时掌握虫草采集各项工作安排情况，提前制作藏汉双语版的县乡村三级虫草采集管理工作实施方案、虫草采挖的相关流程信息公告、《苏鲁乡多晓村采集人员进点分布图》等提前发放至各兄弟乡镇，同时在县城三岔路口、虫草广场、各社区、学校等人员比较集中的地方张贴宣传标语，并通过杂多在线、县电视台、微信群聊、公众号等媒体进行广而告之。为宣传环保理念、法治教育，苏鲁乡每年印发《苏鲁乡采集人员须知手册》，制作各类宣传标语。

有效发挥党建联盟机制作用。近年来，通过不断努力，苏鲁联合囊谦东坝、丁青布塔、丁青木塔等乡镇在之前睦邻友好平安建设的基础上，健全完善了青藏省际结合部乡镇党建联盟体制机制，通过政治理论联学、党员队伍联建、民族团结联动、矛盾纠纷联

▲ 调研组在村民阿帮保宝家调研

虫草产业为当地居民提供了增收的途径。截至 2021 年底，玉树州的常住人口为 41.84 万人，农村人口为 34.66 万人，虫草采集收入占全州农村常住居民人均可支配收入的比重达到了 54.6%。

▲ 正在采挖虫草的村民

在藏区，冬虫夏草的采挖已经成为一年中最为关键的经济活动。每逢虫草季节，从儿童到成年人，几乎全县的居民都会参与到这场淘金热潮中，学校甚至为此设置了长达50天的"虫草假"。

调、应急处突联治、主题活动联办、两山理论联行、优势资源联享、中心工作联促的"九联"活动，建立起了基层党组织互帮互学、共创共赢的新机制，创新构建了涉藏地区基层党建工作新格局。

在虫草采集期间，"乡村社"三级矛盾纠纷调解、矛盾调解台账、24小时矛盾调处、帐篷党支部、民族团结网围栏等做法，有效消除了虫草采集管理工作的各类隐患。

⊙ 虫草产业的发展难题

受经济社会发展以及历史传统的影响，当地产业开发利用始终处于以采集交易为主的较为原始的初级状态，虫草资源在增加农牧民收入造福当地群众的同时，也给当地经济社会发展和生态建设等带来一系列矛盾和问题。

虫草资源出现退化趋势。阿帮保宝告诉调研组，"今年的雨水较为适宜，虫草产量在这几年来算是很不错。"他们一家总共4个劳动力，今年一共挖了6500条虫草。"但是天气对虫草的质量和产量影响很大，下雨或者下雪太多、太少都会使产量大幅度下降。"青藏高原作为世界屋脊，是全球气候变化最敏感的区域之一。相关科学研究表明，青藏高原在过去50年间受全球变暖的影响很大，而这种影响还在持续加剧。主要表现在气温升高速率显著高于中国和世界其他地区，同时，降水总量在时间及空间上呈现不均匀分布。中国科学家研究考察发现，目前冬虫夏草主要产区的核心分布带位于海拔4400至4700米，较30年前上升200至500米，并且明显变狭窄。有预测称，单受气候因素影响，至2050年冬虫夏草菌的分布范围净变化将减少17.7%至18.5%。

此外，孕育虫草的草山还面临新的天敌——与日俱增的草原鼠。近年来，随着三江源保护工程不断取得成效，生态植被得到了一定恢复，野生动物的数量不断增多，草原鼠的繁殖力原本就强，随着草皮情况好转数量急剧上升。草原鼠的泛滥，造成大面积的黑土滩，破坏了已有的草场，同样会对虫草生长产生不利影响。

虫草资源开发利用程度低。在本多家里，他向我们展示今年采集的虫草时，成千条的虫草被随意放置在一个黄色的半透明塑料袋中。谈及虫草的销售渠道和方法，他透露主要是通过个人关系与外地采购商直接进行交易。由于缺少专业的虫草营销人才和生产加工技术，导致当地虫草市场中缺乏高附加值的产品和引领行业的龙头企业，虫草资源

▲ 多晓村鸟瞰

多晓村境内常年无夏，海拔高、日照长、湿度适宜、紫外线辐射强烈，较为匹配的自然生态系统为高品质冬虫夏草提供了良好的生态基础。多晓村产出的虫草以其个头大、成色好、质量佳、药效高等特点独步天下。

的开发利用程度普遍较低，大多以原材料形式出售，或仅经过简单包装便直接推向市场。销售范围也非常有限，市场利润微薄。要想真正做大做强虫草产业，造福一方群众，就必须优化投资环境，大力招商引资，通过龙头企业、深加工技术和新产品开发，不断延伸产业链，促进虫草规模经营、综合利用、产业化发展，努力将优势资源转换成优势产业为农牧民增收也带来更多的机遇。

虫草依赖症对地区产业多元发展和居民收入可持续埋下隐患。采挖虫草投入低、产出高、一本万利甚至是无本生利，虫草产区的部分群众已将虫草作为最重要的甚至是唯一的收入来源渠道，形成了对采挖冬虫夏草的经济依赖性，养成了不愿从事农牧业或其他劳动的惰性。公开资料显示，虫草在1997年以前占杂多牧民收入的20%—30%，之后因为虫草市场的繁荣，从2000年开始成为家庭主要收入。目前多晓村村民来自虫草的收入，每年人均收入可达3万元。而2022年玉树州农村居民人均可支配收入为11494元，杂多县农村居民人均可支配收入为11445元。

产区群众弃农弃牧现象较为严重，直接影响农牧业正常生产。很多农牧民为了追求眼前利益，不用心放牧，荒废了大量草场，造成牲畜等生产资料的流失，对正常的畜牧等产业发展造成了直接的冲击。杂多历来以畜牧业为主，现在却有很多人因虫草放弃了传统产业领域。杂多县政府网站发布的县情介绍显示，目前全县包括牦牛、绵羊和山羊在内的各类牲畜存栏22.98万头／只／匹，而在上世纪90年代末，杂多曾是百万牲畜大县。

有些农牧民特别是青年农牧民已完全放弃草场、农田和牲畜等基本生产资料，不从事农牧业生产和采挖虫草以外的任何体力劳动。有的群众变卖牲畜，转让或闲置草场举家搬迁到县城居住。调研组走访的本多、阿帮保宝和文尕三户村民，除了在虫草采挖季的两个月外，都基本居住在县城。据本多说，多晓村里大约60%—70%的村民都已经搬到县城居住。自己家已经没有人种田放牧了，虫草就是全家的"活命草"。

本多今年39岁，但是已经有了8个孩子，每年的虫草采挖季，都是大人小孩齐上阵。宁愿吃苦受累，冒着野狼、黑熊出没和自然气候危险，也要在草山上埋头采挖。

人工培育虫草带来的竞品冲击。从虫草产业在国内形成热点以来，各地区许多科研院所都相继开展了对冬虫夏草的研究工作。据四川省林业科学研究院披露，国内已有一家企业实现了冬虫夏草"整草"的规模化、营利化的人工繁育，其种植密度在每平方米200—300根左右。野生虫草和人工培育虫草界限日渐模糊。以规格0.4克／根的人工虫草为例，其市面批发价格不到10元，而相同规格的野生虫草收购价在40元以上。人工虫草和野生虫草相似度高，易在交易中出现"以假乱真"的现象。这种现象对地区经济发展构成巨大的潜在危险。一旦冬虫夏草需求量和价格急剧下降，农牧民的收入也将急剧下降，虫草产区农牧民群众特别是盲目外迁群众的"吃饭"问题必将面临极大的挑战，一部分完全依赖虫草收入的人群很有可能因此返贫，甚至会引发新的社会问题。

⊙ 虫草资源开发利用的可持续之道

实现冬虫夏草资源的可持续开发利用对促进杂多县虫草产区的经济、社会、生态和谐发展意义深远，既关系着地方和农牧民的利益，也关系着生态、生产和生活的协调发展，更关系着社会稳定和牧区和谐发展。

坚持在开发中保护，在保护中开发，努力使虫草资源开发利用中存在的突出矛盾和问题在发展中得到妥善解决，最大限度地发挥"虫草效益"，更好地造福当地群众，服务乡村振兴建设，服务地区经济社会发展。

坚持采集与保护、开发并举，大力加强虫草资源保护管理和生态环境建设工作。大力加强宣传教育，切实增强群众的资源节约和生态环境保护意识，提倡保护草原生态环境，科学、合理地开发利用草原野生植物资源，使"采育结合、永续利用"的理念深入人心。制定合理的采挖时间，划定必要的禁采区。加强对采挖者的培训，大力推广科学的采挖方法，提高采挖者的素质，规范采集行为，确保有序采集。制定相应税制收取一定费用，以经济杠杆协调好资源利用与环境保护的关系。

提档升级，切实把虫草产业作为惠及民生的特色优势产业抓紧抓好。地方要发展，必须充分利用自己的特色资源优势，开发能持续发展的具有较高经济价值的项目。其中，虫草资源就是杂多的一种非常好的资源优势，应将它列为地区经济发展的新的增长点，从战略眼光和产业的高度，从建设生态文明出发，从规划制订、管理经费保障、科研人力投入等方面加以科学的研究和引导，进一步明确虫草资源的开发和保护措施、经济地位、开发方式、组织形式以及近期、远期目标等。

要进一步加大宣传地区冬虫夏草品牌，提高优质冬虫夏草的知名度和认可度，促进产品的标准化、品牌化。要制定优惠政策，引进技术人才，进行虫草人工栽培的技术研究，通过贷款贴息等方式，加大对冬虫夏草精深加工企业的支持力度，打造区域特色知名品牌。要建立多元化、多层次、多渠道的投资体制，创造良好的投资环境，积极开展

▲ 调研组在村民本多家调研

访谈中了解到，虫草在 1997 年以前占杂多牧民收入的 20%－30%，之后因为虫草市场的繁荣，从 2000 年开始成为家庭主要收入。目前多晓村村民来自虫草的收入，每年人均可达 3 万元以上。

对外合作，用好用活域外资源，加大科研开发力度，鼓励产学研相结合，延长产业链，提高附加值，推进冬虫夏草业朝产业化方向发展。

开发其他增收途径，减少农牧民对虫草资源的过度依靠。要进一步做好教育、组织和引导群众的工作。继续教育引导群众树立科学的消费理念、正确的增收观念、良好的市场经济意识，引导群众逐步把虫草收入由挥霍性消费转变为合理性消费，从合理性消费逐步转为家庭财产积累，再转变为扩大再生产资本。继续教育引导群众将虫草收入和农牧业收入有机结合起来，强化风险意识。要坚持以促进发展、改善民生为首要任务，扎扎实实推进以"安居乐业"为主要内容的乡村振兴建设。认真落实各项支农惠农政策，大力加强农牧业基础设施建设，改善农牧民生产生活条件改造和提升传统畜牧业，提高农牧业综合生产能力。采取政府驱动、项目推动、能人带动、群众行动的方式，积极鼓励和支持农牧民发展城郊、合同、联营、订单牧业等，有效增加群众收入。要按照需要什么就培训什么的要求，积极抓好农牧民培训，努力培养造就一大批有道德、有文化、懂技术、会经营、善管理，能够带领群众脱贫致富的合作经济组织带头人、经纪人、致富能手和畜牧企业家队伍。

强化技术调研，持续跟踪人工虫草发展。组建人工培育虫草调研组前往省外中医药大学、中药研究所和医药企业进行技术调研，了解人工培育虫草技术的优缺点和主要应用方向，并持续跟踪人工培育虫草技术发展。同时，进一步规范虫草交易市场秩序，加强对虫草市场的监督管理，畅通投诉举报渠道，严查制假售假，严厉打击各类违法违规经营行为。

《土尕上师》

李继飞　纸本素描　368mm×260mm
创作于玉树市下拉秀乡扎西寺　2024年8月5日

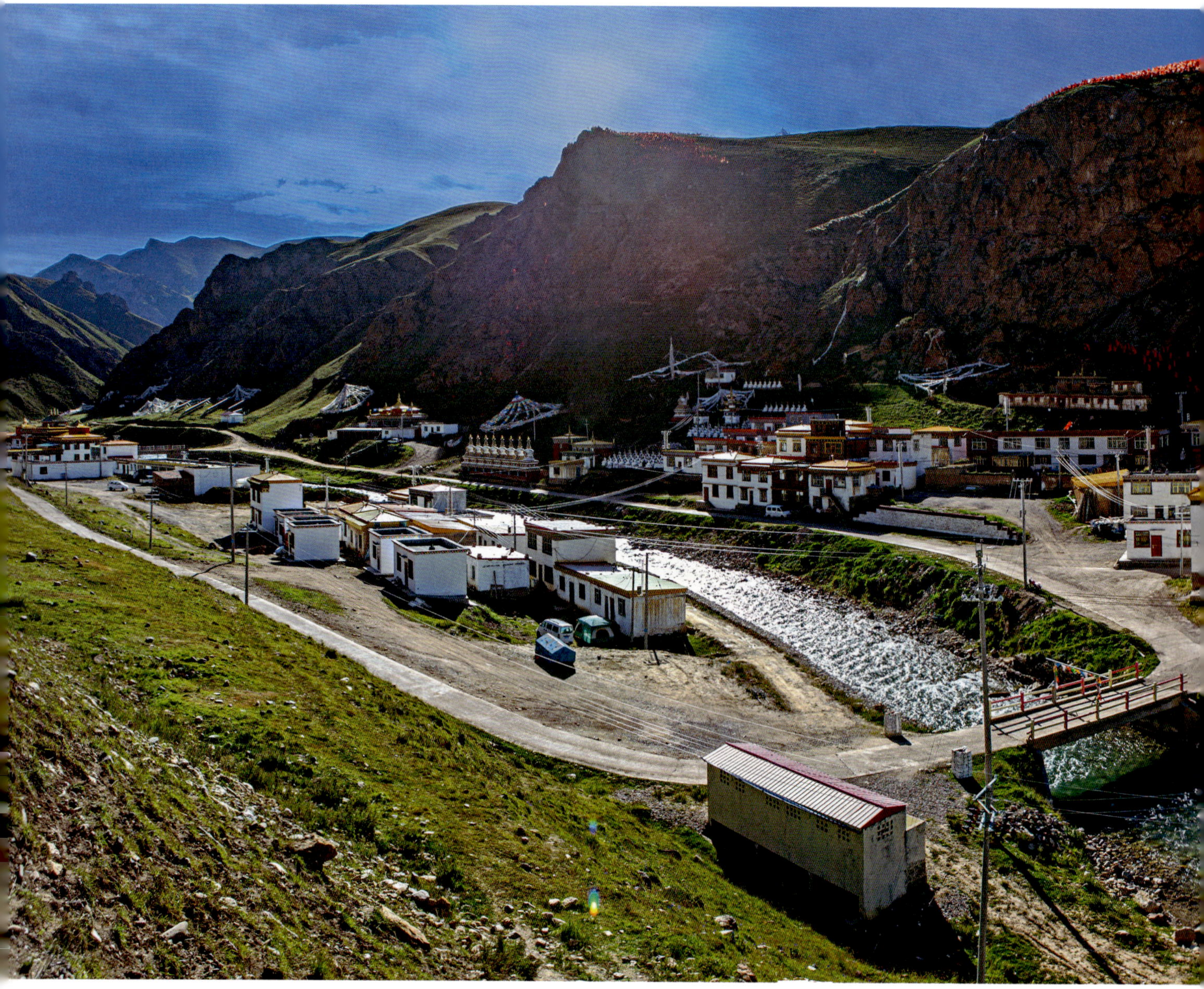

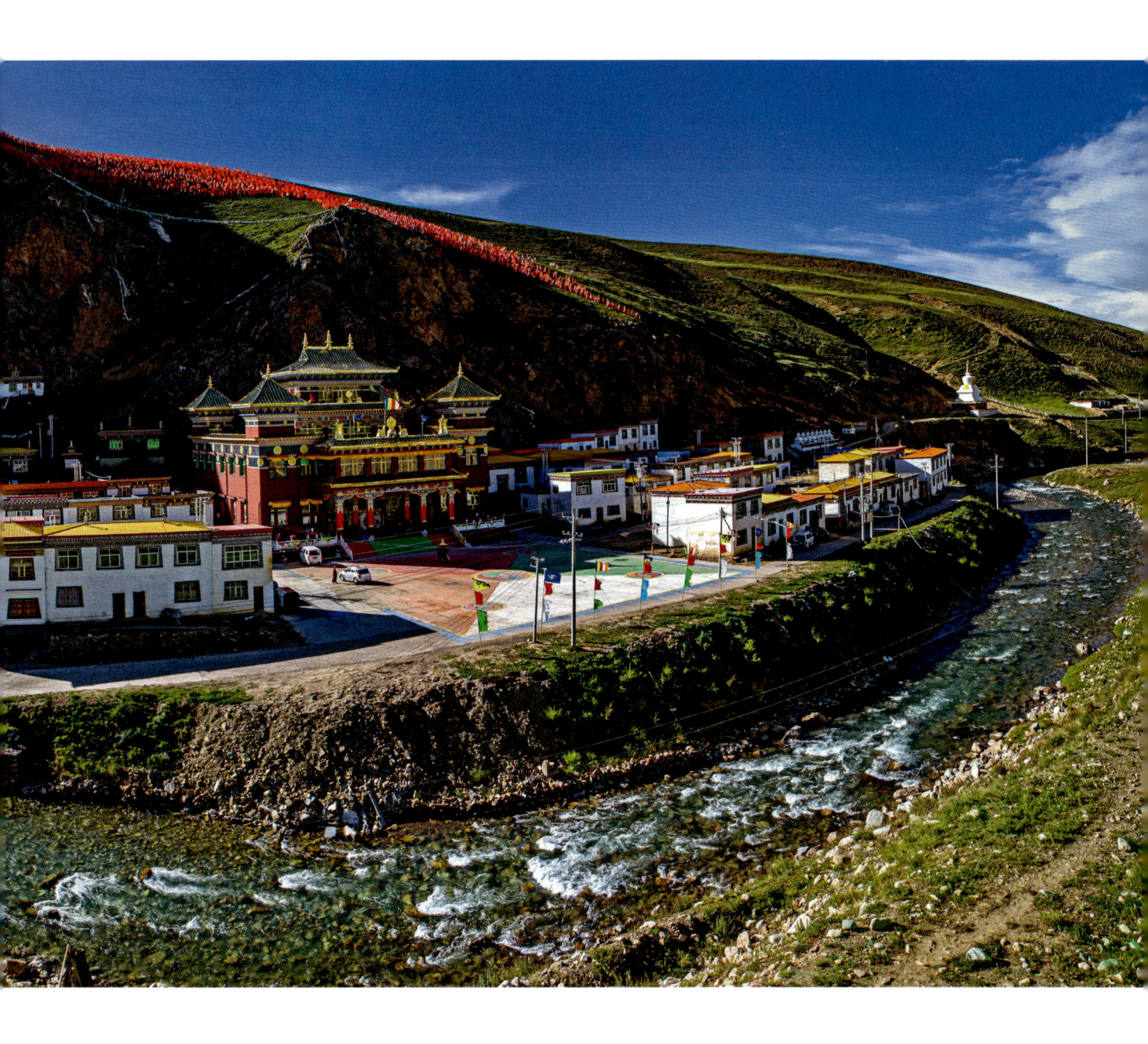

▲ **杂多县虫草的核心产区**

中国虫草看青海，青海虫草看玉树，玉树虫草看杂多，而苏鲁乡多晓村正是杂多县虫草的核心产区。

《吉沙文也》

李继飞　纸本素描　368mm×260mm

创作于杂多县昂赛乡年都村　2024年8月3日

"千万级"
村集体经济的高原样本

——治多县加吉博洛镇改查村调研记

改查村，是"保护母亲河，守护三江源"首都专家玉树高质量发展调研暨全国政协委员履职"服务为民"活动第二阶段调研到达万里长江第一县——治多县的第三个调研点位。这个地处高原，位于治多县加吉博洛镇的宁静小村庄，是远近闻名的野生虫草主产区之一，我们最早定下的调研重点也的确是和那些"似虫非虫、似草非草"的虫草有关系。但当我们在8月2日冒着大雨到达改查村，走进村委会办公室的时候，首先吸引我们的是一幅"改查村村集体经济年度总收入走势图"，沿着这条线索，我们进一步了解到这个基层村级党组织的工作规范性和由此带来的乡村发展活力。随着在改查村调研的推进，我们开始转向对这个高原牧区的"千万级"村集体经济样本进行观察，改查村依靠野生冬虫夏草实现生态与经济共赢的脉络逐步变得鲜活起来，一个立足高原特色、资源现状，从资源利用型转向生产服务型的农村集体经济模式更加具象起来。

⊙ 走进改查村的"村情展"

在改查村委会门口,我们和当地干部以及改查村村委会的成员汇合。雨下得很大,他们身着藏族服饰热情地迎接我们,还在村委会的院子里特意准备了一个小型的"村情展"。

这个小型"村情展"让原本一头雾水的我们迅速对改查村的基本村情有了一个全面的了解。改查村位于治多县城的西部,属长江水系,长江川流而过,境内沟壑纵横,具有重要的地理优势。改查村平均海拔 4200 米,自然资源丰富,这里不仅有冬虫夏草这样的名贵药材,而且还有棕熊、猞猁、水獭等珍稀野生动物,当然也少不了藏区独具特色的风干牦牛肉、酸奶、曲拉、酥油等特色产品。

村情展板上除了这些基础信息外,有两个数据引起了我们的特别关注。一个是反映产业振兴的数据。改查村集体经济规模超过 2 千万,资产累计 2132 万元。集体经济达"千万级"的改查村,在曾经是贫困面大、贫困人口多、贫困程度深的国家扶贫开发重点县治多县,可是一份了不起的脱贫"成绩单"。另一个是反映党建引领的数据,主要是改查村的人口数和党员数。改查村共 2 个牧民小组,441 户,人口 1426 人,现有党员 114 名,差不多占全村人口的 8%。此外,改查村还有一套党建规范性标准,包括党支部"五个基本"建设标准、党支部"五个好"的标准以及共产党员"五带头"的标准等等,非常详尽。

当调研组准备向镇村干部继续循着这个两个数据做进一步了解的时候,他们又把我们引到村委会的办公室。进门处挂着两块醒目的牌子,一块是 2012 年青海省党建工作省级示范村,另一块是 2021 年司法部和民政部颁发的全国民主法治示范村。两块牌子进一步印证了改查村在基层党建方面取得的成绩。

村委会办公室墙上醒目处张贴着一张"改查村村集体经济年度总收入走势图"。村支书才仁巴丁指着这幅走势图介绍说:2017 年的时候,改查村集体经济的账面上只有 15 万元,2021 年有了 1000 多万,到现在已经突破了 2000 万,村集体经济从无到有,从少到多,变化非常大。

在这幅走势图中,不仅标明了村集体经济的收入来源,更注明了支出项目和比重。从医保到养老,从奖学金到小额贷款,改查村集体经济取之于民、用之于民,让村民们得到了切实的实惠。在支出项目中,增长最明显的是表彰成绩优异学生的奖励资金,2022 年发放 15000 元,2023 年发放 19500 元,重视教育是改查村引以为傲的一件事情。

村支书才仁巴丁还给我们展示了一整套详细规范的工作台账。既有改查村每一个牧户的档案,还有具体到每一个人的详细花名册;既有防返贫动态监测情况,还有产业就

▲ 调研组在改查村了解党建工作情况

村集体经济是激发乡村振兴的原动力。党建引领是推动村集体经济发展的最大保障和强力支撑。

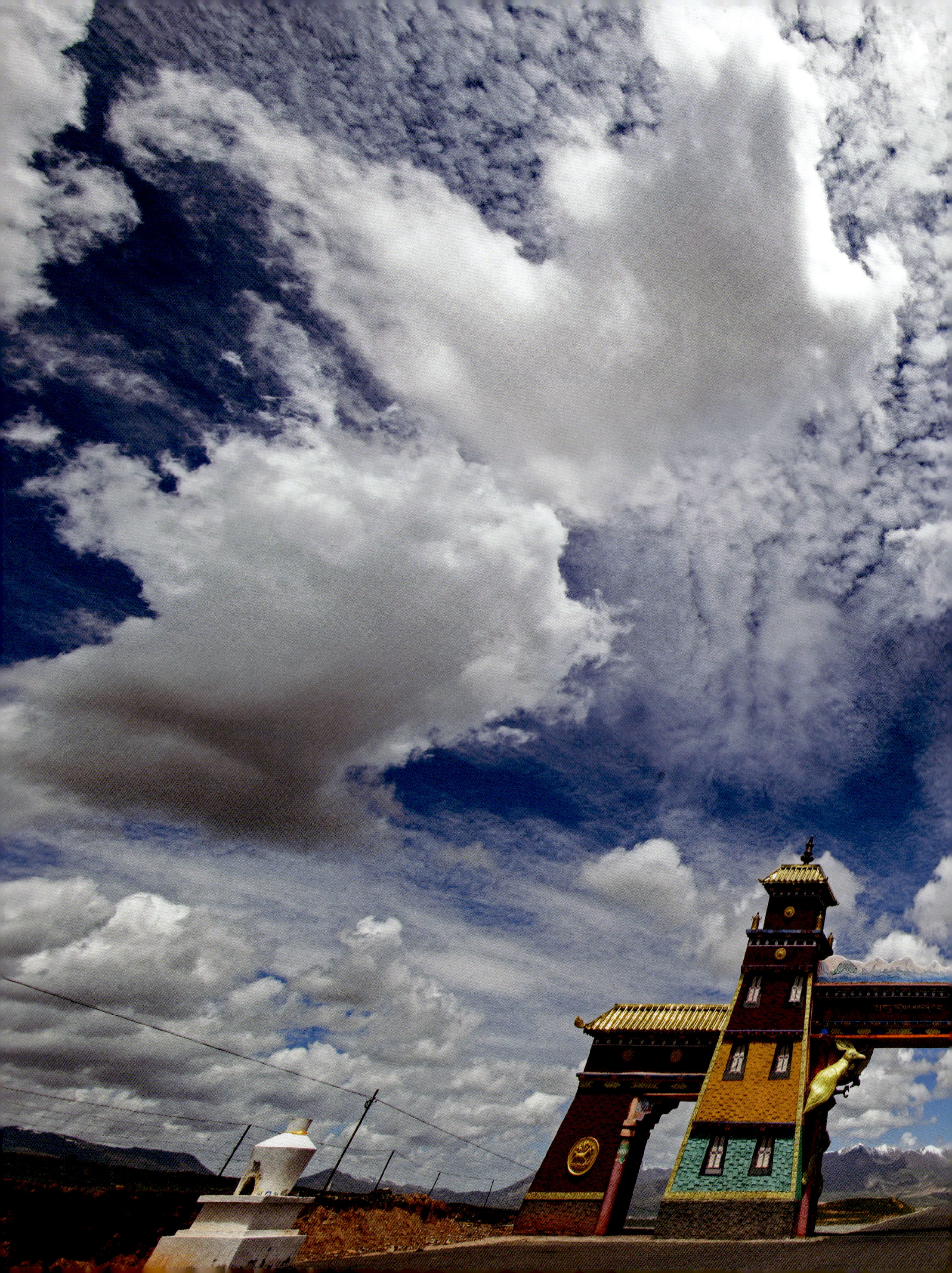

"治多"藏语译为长江源头，素有"万里长江第一县"的美称。江河是文明的摇篮。在这里，游牧文明见证了人与自然的和谐相处。

业及其他政策落实……从这一本本村情民情的台账，可以看到改查村在党建引领下从脱贫攻坚到推进乡村全面振兴的发展历程和巨大变化。由此也解锁了这个"千万级"村集体经济发展的秘诀，那就是农村富不富，关键看"支部"；产业强不强，主要看"集体"[1]。

⊙ 长出"软黄金"的高原生态

从改查村集体经济这张走势图可以看到，虫草产业发展对促进农牧民增加收入、脱贫致富具有重要作用。改查村的村集体经济发展大多数来自虫草采集管理收益，采挖冬虫夏草也是当地牧民增收的重要途径。一根小小的虫草，何以有这么大的"能量"？

根据青海省畜牧兽医科学院冬虫夏草研究室的最新估算，青海冬虫夏草年蕴藏量为3.84亿根至30.11亿根、平均为13.97亿根。中国冬虫夏草的产量占世界产量的98%，而青海的产量占中国60%以上。据青海省冬虫夏草协会数据显示：目前青海省冬虫夏草的年采挖量约为5亿根，年交易额约为200亿元。除了经济收益之外，冬虫夏草作为国家二级重点保护野生植物，同时也是维护青海生态系统稳定性的重要一环。三江源区域玉树州是我国野生高品质冬虫夏草的主要产区，被称作"冬虫夏草之乡"。

据媒体报道，青海省畜牧兽医科学院冬虫夏草研究室主任李玉玲在接受采访时指出，"玉树州冬虫夏草分布面积为2632.51万亩，根据蕴藏量公式计算发现，玉树州冬虫夏草年平均蕴藏量为9.16亿根，玉树州年平均采挖量约为4万公斤，按3000根／公斤计算，则每年采集冬虫夏草数量为1.2亿根，约为蕴藏量的13.1%，属于安全合理的利用范畴。"

治多县处于青藏高原腹地，高寒缺氧、气候恶劣，空气含氧量只有平原地区的40%左右，这是地球上常人、常年生活所能承受的极限海拔高度，被称为"生命禁区"。但这个海拔和气候条件却给高品质的野生冬虫夏草提供了良好的生长环境。

---

[1] 农村集体经济组织是为村民提供农业生产、农村基本公共服务的主要保障力量，是农村稳定、产业振兴、农民富裕的重要基石，是实现共同富裕的重要经济载体。实践证明，没有一定的集体经济，就难以把农民有效组织起来，难以发展产业实现农村集聚发展效应，难以尽快让全体村民享受现代化生活，促进共同富裕就没有扎实的基础。

治多县辖 1 个镇 5 个乡，即加吉博洛镇、索加乡、扎河乡、多彩乡、治渠乡、立新乡，县内除索加乡、扎河乡不产虫草外，其他乡镇都产虫草。

加吉博洛镇的改查村平均海拔 4200 米，境内盛产冬虫夏草，是远近闻名的虫草主产区之一。改查村是一个纯牧业村，全村草场面积 63.4428 万亩，可利用草场面积约 48.8022 万亩，这也是改查村能逐步改变产业单一模式的基础和条件。

⊙ 一根虫草背后的村集体经济嬗变

改查村低温干旱，全年无四季之分，只有冷暖有别。调研组到达改查村的时候，正赶上这里 8 月份最冷的时候。每年 5 月上旬到 6 月中旬是虫草的采挖期，7 月份鲜草就已经上市了，8 月份还没有"出手"的虫草就都作为干草来卖了。

观察改查村"千万级"村集体经济的嬗变，还得从这根小小的虫草开始。

改查村的发展一直面临着如何守住发展与生态"两条底线"的问题。一方面是要解决牧民增收的问题，尽管长期以来虫草采集是改查村的特色产业，也是牧民群众经济收入的重要来源，但一直都是单打独斗、靠天吃饭，村集体经济薄弱。另一方面是要加强生态保护的问题，虫草采挖期间大量采集人员涌入人迹罕至的草山，人为活动影响生态环境是改查村必须面对的现实。

怎么守住两条底线，突破发展瓶颈？治多县委副书记、加吉博洛镇党委书记石维鹏心里有自己的答案，用他的话来说就是"虫草采集工作是加吉博洛镇一年工作中的一件大事，干好这件大事，必须充分发挥基层党组织战斗堡垒作用和党员先锋模范作用"。他告诉我们，在一年一度的虫草采集期间，加吉博洛镇结合所辖改查村和日青村两个村的实际情况，坚持党建引领，积极创建虫草采集期间"五微一题"网格化治理机制，将管理服务的触角延伸到群众身边。他所说的"五微一题"就是树立微榜样，站好虫草采集管理"前哨岗"；提供微服务，建好虫草采集管理"解忧站"；实施微治理，搭好虫草采集管理"和谐场"；开展微党课，举好虫草采集管理"先锋旗"；设立微网格，织好虫草采集管理"平安网"，确保虫草采集管理服务贴近群众。说到基层党建，石维鹏书记收不住话头，又给我们介绍起了加吉博洛镇在镇属的六个社区，把"石榴红、藏青蓝、雪莲白、松柏绿、格桑紫、活力橙"六种颜色的寓意运用到社区党建品牌建设中，打造"江源六色"社区党建品牌的做法。在他看来，抓好基层党建是推动社区基层治理赋能提效的根本。

▲ 治多县迎宾大门

这座矗立在治多县域的标志性建筑，象征着深厚的人文底蕴与生态文化的交融。其设计灵感源自《格萨尔王传》中珠姆家族的宫殿"嘉洛红宫"遗址，展现了独特的艺术风格。

追根溯源,党建赋能的确是改查村在推动村集体经济发展中的一把金钥匙。在脱贫攻坚中改查村积极探索"党建引擎"驱动发展的机制,逐步实现了虫草产业的"管理之变",让虫草真正发挥"政治草、富民草、稳定草、文化草"的积极作用。从 2018 年起,改查村依托资源优势,立足虫草生产管理收入这一主渠道,通过建立引入资金、有序开放、统一生产、集体收益的工作机制,将虫草资源统一整合,通过向外来人员收取虫草管理费的形式,保护并合理采挖虫草资源。同时,改查村还研究制定了虫草采集管理费留存使用办法,每年留存虫草采集管理费的 25% 作为村集体经济发展资金,其余资金通过分红的形式让村民共享集体经济成果。

近年来,虫草产业的发展还面临另一个挑战,那就是人工种植的虫草对野生虫草的冲击。野生冬虫夏草采集难度大、数量少、价格较高,与人工种植的冬虫夏草相比没有价格优势。因此改变单一的产业模式,对于改查村来说也是刻不容缓。从 2015 年开始,改查村依托资源优势和区位优势,把发展壮大村集体经济与推进畜牧产业化经营、特色文化旅游产业打造结合起来,创办以服务业为主的实体型村集体经济组织。最初是依靠治多县农牧局的合作社启动资金 9.9 万元和北京丰台区奔小康携手项目 40 万元建立村级生态畜牧业专业合作社。合作社采取的是"支部引领、村民入股、合作经营"的模式,以"党支部 + 合作社 + 农牧户"的方式成立专业合作社,鼓励全村牧民全部入股,破解农牧户分散经营、不成规模、走不出产业化路子的问题。为进一步创新发展模式,改查村把虫草生产管理收入的一部分用来继续购买牛羊、发展壮大生态畜牧业,截至目前,改查村玛格永然畜牧专业合作社牲畜数达到 1166 头／只／匹。此外,改查村还拿出一部分资金与美丽乡村建设资金整合,在县城修建了酒店,逐步推动村集体经济产业转型升级。

改查村逐步解决农村集体经济发展中最核心的问题之一"钱从哪儿来",实现农村集体经济由"破零"向"壮大"转变[2]。

地处高原的改查村还有一个特别之处,其所在治多县境内有长江发源地、有可可西里国家级自然保护区,在青藏高原乃至中国、亚洲和全球生态环境中都具有举足轻重的地位,可以说,保护生态是改查村发展的基本前提和刚性约束,产业发展必须把"生态

---

[2] 近年来,玉树市通过引导发展多元化集体经济实体,积极鼓励村级党组织领办创办农牧业专业合作社,大力发展可持续、多元化的集体经济项目,推动集体经济发展的重心由"破零"向"壮大"转变。

保护第一"这一主线贯穿始终。但多年来，虫草采集期间环保和增收在一些方面还是存在着对立和矛盾。为此，改查村全面落实生态信用、承诺、激励机制，通过管理创新确保"百姓富"和"生态美"同步推进。来改查采集虫草的人员需要签订生态保护承诺书，签订承诺书的人员上山都会带着一根细绳，将自己捡拾到的废弃饮料瓶捆在这根细绳上，随身带下草山。

改查人对虫草采集丰收定义为："小口袋里装虫草、大袋子里装垃圾，两个口袋都装满才算丰收。"

在改查虫草采集集中点的每一个帐篷门口，都有一个由村级发放的编织袋，每顶帐篷产生的生活垃圾都由各自负责收集，最后交由村统一进行无害化处理，这也是改查"生态信用"工作机制的一部分。同时，改查村积极引导群众"边采集、边回填"，确保虫草产区生态安全和虫草产业的可持续发展。虫草采集期间，对改查生态保护能够起到模范带头作用的人员，由群众推荐、村级审核，经群众大会表决登记在册的采挖人员，可以开通下一年度虫草采集手续办理"绿色通道"，享受提前办理手续省时间，提前划地扎营免排队。在生态"信用"机制、"承诺"机制、"激励"机制的推动下，"两山"理念已经融入改查村的每一寸土地、每个人心中。

冬虫夏草生长的雪山草地是青海牧民的生活区域，采挖冬虫夏草是牧民增收的重要途径。从改查村可以看到玉树乃至青海推动虫草产业发展，进而探索村集体经济发展的一个缩影，而这种探索也需要自上而下的政策指引。从政府层面出台政策推动创新，确保虫草产业的良性发展，促进农牧民增加收入乃至共同致富，一直是青海省、玉树州的重要发力点。2023年6月玉树州举办了一场"全国虫草大会暨冬虫夏草鲜草季"的活动，此类活动能够提升"青海冬虫夏草"知名度，为培育形成采集、加工、销售全链条产业体系，推动冬虫夏草科研的转化和应用搭建平台。2023年8月，玉树州政府与新华社青海分社、中国经济信息社等共同开启"新华·玉树野生冬虫夏草价格指数"建设，该指数建设为玉树野生冬虫夏草产业标准化建设提供了信息支撑。加快野生冬虫夏草溯源工作和研发力度，让每一根野生冬虫夏草有一个属于自己的"身份证"和二维码，维护野生冬虫夏草品牌形象，助力野生冬虫夏草市场化、规范化发展，从而为虫草产区实现巩固拓展脱贫攻坚成果同乡村振兴有效衔接贡献力量。

对于这两场活动，改查村的普通牧民了解得不多，但是对牧区群众增收致富必将发挥的影响和作用却不能忽视。

▲ 调研组与村民吉沙文也一家合影

村集体经济的发展必须让村民及时分享发展的红利，才能得到村民的支持。在改查村，村集体经济的发展给全村牧民交出了一份满意答卷。

480

▲ 远眺治多县城

治多县平均海拔 4500 米，素有长江之源、动物王国、中华水塔、嘉洛宝地之美誉。

⊙ 乡村经济孕育高原牧区"新希望"

调研组在改查村不仅了解了村情概况,听取了村集体经济发展的介绍,还走进牧民家庭和牧民朋友进行了面对面的访谈交流。从访谈中可以感受到,村集体经济的发展必须让村民及时分享发展的红利,只有这样,集体经济的发展才能得到村民的支持。在改查村,村集体经济的发展可以说是给全村牧民交出了一份满意的答卷。

在加吉博洛镇党委副书记、镇长松毛的陪同下,调研组走进一户牧民家庭。男主人马子才旦多杰在牧区,接待我们的是他的妻子吉沙文也。访谈的话题就从牧区开始了,吉沙文也告诉我们,"家里有五口人,养了 100 多头牛,每年还有虫草收入人均大概 1 万元,另外还有草场奖补金、公益岗位工资、合作社分红等收入"。松毛镇长帮我们做翻译,她补充道"这一户在改查村算是条件中等的家庭"。比起家庭收入,吉沙文也更愿意跟我们聊她的几个孩子的情况。3 个孩子中有 2 个正在上大学,孩子们的学费是他们家最大的一项开支。不过,她对此并没有太多担心,她告诉我们,"小儿子西然塔新考上了青海民族大学,村里还给表彰了 6000 元钱呢"。每年,改查村集体经济会拿出一笔钱表彰成绩优秀的孩子,吉沙文也的孩子享受到了这项福利。除了考学之外,吉沙文也还很支持孩子们发展业余爱好,她的两个儿子都爱打篮球,女儿则更喜欢唱歌跳舞。有空的时候,她和爱人也会带上孩子们出去旅行,"我们家去过西宁,还去过北京呢"。说这些的时候,能感受得到她作为一个妈妈的欣喜与希望。从这个五口之家,也能感受到改查村集体经济的发展与牧民生活水平的提高是一种"水涨船高"的关系,集体经济发展了,不仅能增加牧民的收入,还能大大改善牧民在教育等方面的福利,这样的村组织也必定能得到大家的支持。在访谈过程中吉沙文也告诉我们,她的丈夫是一名党员,在家经常跟她说,村里的事情要多参加、多支持。

做大村集体经济的"蛋糕",要让村民共享,更离不开村民的参与。

调研组在改查村访谈的第二个家庭,就是一个在合作社参与度很高的代表。这是一个三口之家,户主欧巴扎西南加,42 岁,但已经有近 20 年的党龄,妻子白沙拉毛求增开朗善谈,女儿青梅采吉去年刚从西安毕业,在县医院工作。他们家除了虫草收入、草场奖补金、合作社分红之外,主要的收入是欧巴扎西南加做的冻肉生意,家里有一个冷库,每年要收购销售 60 头牛左右。但是妻子白沙拉毛求增却说,卖冻肉只是丈夫的副业,他的主业是在村里的畜牧合作社工作。"他每天都要去合作社干活,垒羊圈、给牛羊打预

▲ 调研组在改查村走访村民

随着村集体经济的不断壮大,村民共享发展红利,一幅乡村振兴的美丽图景正在江源大地徐徐展开。

防针、捡垃圾……什么活儿都干。"当我们以为这是村里安排给欧巴扎西南加的公益岗位时，一直没有说话的欧巴扎西南加却笑了笑解释道，"我这是参加党建活动，再说了，合作社每年还给我们分红呢！"对于自己的冻肉生意，他希望接下来能够扩大一些经营规模，因为村里会给他提供各种很好的创业政策支持。治多县正在围绕牛羊精深加工配套建设冷链设施设备，欧巴扎西南加的冻肉生意还真是大有可为。陪同我们调研的松毛镇长介绍：

改查村设立了创业扶持资金，支持灵活就业，为牧民提供小额免息贷款、创业方向指导和政策咨询服务，让牧民真正享受到村集体发展带来的好处。

调研组在改查村访谈的第三户，是一个脱贫监测户和低保兜底户。户主毛白扎拉因病瘫痪在床，妻子白沙才仁求吉和儿子东珠巴丁都是残疾人，一家三口都没有劳动能力。我们在调研过程中，生病的毛白扎拉和我们交流的不太多，主要是几位村干部在做介绍。但是在他们家我们看到了几份重要的资料。一份是2023年度脱贫户和监测户信息采集表，这份采集表里包括基础信息、家庭成员信息以及收入情况。在收入情况一栏，总共包括10个分类，毛白扎拉一家很多收入项类都是零，主要收入来自转移性收入、生态补偿金、养老保险金、财产性收入、生产经营收入、低保金和其他财产收入，2022年的家庭人均纯收入是9240元。还有一份资料是治多县脱贫户、监测户政策明白卡，包括家庭情况、"三保障"和饮水安全状况、年度内享受的帮扶措施、2023年度家庭收支情况以及帮扶联系人等信息。2023年毛白扎拉的家庭纯收入是30928.6元。因为他是因病致贫，所以帮扶联系人是县藏医院的多加。第三份资料是治多县惠农补贴台账，总共有54个项目，每个项目都有行业补贴标准、拨付进度等具体信息。毛白扎拉一家享受的农村最低生活保障、高原生态奖补、养老和医疗保险等都在其中[3]。就是这样一个困难家庭，因为有了"政策保障＋村集体兜底"依然能够生活有保障、有希望。从毛白扎拉一家出来，调研组内部讨论时，都有一种很深切的感受，政府的惠农补贴政策在为农民提供社会保障中发挥着重要作用，而推动村级集体经济又好又快发展，不断提高村级公共服务自给能力，也极其重要。

---

[3] 青海省推进各类惠农补贴政策落实到位，惠农补贴政策包括农机购置补贴、草原补奖政策，各项农牧业转移支付补助、农业保险、助学贷款、农村低保、公益岗位补贴、残疾人补贴等政策，耕地地力保护补贴政策，中央财政救助补助等。

⊙ 农村集体经济从破零到强村之路

治多县委副书记任喜春和县委办副主任原野一直陪同参与我们在治多的调研,他们更加关注的是改查村集体经济下一步的发展。2018年,青海省把发展壮大村集体经济作为加强农村基层党组织建设的重要举措,开始实施村集体经济"破零"工程,截至2022年底青海省所有行政村集体经济总收益达9.1亿元,较2018年增加近8倍[4]。在此基础上,2023年《青海省村集体经济"强村"工程实施方案》印发,正在按照"壮大、培优、育强"三个阶段分步骤组织实施村集体经济"强村"工程[5]。在这一背景下,改查村的村集体经济发展也进入了一个亟待提质升级的新阶段。

青海实现村集体经济"破零",总结了四个特点或者说是四条经验,一是速度快,二是方式活,三是氛围浓,四是党建强。改查村集体经济能够在短短的几年之间突破"千万级",也是得益于一个强有力的基层党组织,得益于党建引领与产业发展的紧密结合。如何把党的政治优势更加充分地融入产业发展各方面,是下一步村集体经济能够实现从"壮大"向"强村"跨越的关键。

在改查村村委会我们看到了一首当地牧民改编自黔北花灯戏的"十谢共产党"歌曲,"一谢……九谢共产党,致富把你想,以前养畜要上税,现在免税还补贴……"唱出了牧民的真情实感。

应该说,在当地"听党话、感党恩、跟党走"的氛围浓厚,充分反映了基层党组织在推动各项政策落地实施中工作扎实有效。下一步在推动产业持续发展中,更加考验的是基层党组织引领经济发展的组织动员力,需要基层党员干部化被动为主动,通过村党组织发挥牵头引领作用,把村级组织、集体经济组织、合作社(企业)、农牧民有机连接起来,结合当地特色优势条件、实际产业状况确定发展思路,找到发展路径,这对党建引领产业发展提出了更高要求。

发展农村集体经济,必须激发当地农牧民的内生动力,这一点在改查村的调研走访

---

[4] 《青海日报》2023年8月25日刊发《为现代化新青海建设提供坚强组织保证——新时代青海组织工作综述》,从织密建强组织体系,基层党组织政治功能和组织功能不断增强的角度,对村集体经济"破零"工程做了介绍。

[5] 2023年8月,治多县召开2023年村集体经济"强村"工程动员部署会暨"第一书记"驻村工作推进会,部署村集体经济"强村"工程实施。

> 治多，一个充满神秘与壮丽的地方。这里不仅有巍峨的雪山、广袤的草原，还有独特的藏族风情和丰富的野生动物资源。

中感受很深。随着新型农村集体经济组织不断发展，必须让牧民真正发挥主体作用，需要在两个方面多做工作。一方面是培养新型经营主体，通过健全牧民职业培训和思想教育体系，提高他们在现代产业发展中的适应能力；另一方面是找准产业带头人，通过带头人带领牧民发展致富产业，提高集体经济发展能力。

龙头企业具有"离农业最近、联农民最紧"的先天优势，引领乡村产业高质量发展，需要进一步引导龙头企业和其他经营主体进村兴办实体，带动村集体经济发展。

产业兴旺发达是新型农村集体经济高质量发展的真实写照[6]。从改查村来说，有虫草

---

[6] 党的二十大报告着眼于全面推进乡村振兴，提出"发展新型农村集体经济"。我们要探索多样化途径，积极发展新型农村集体经济，为全面推进乡村振兴增动力、添活力。2023年的中央一号文件指出，要巩固提升农村集体产权制度改革成果，构建产权关系明晰、治理架构科学、经营方式稳健、收益分配合理的运行机制，探索资源发包、物业出租、居间服务、资产参股等多样化途径发展新型农村集体经济。首次明确了新型农村集体经济的新内涵新特征，为发展新型农村集体经济指明了主攻方向和实践路径。

产业、畜牧业，也开始尝试发展服务性产业，但改变产业形式单一问题，提高抗自然风险和市场风险能力依然任重道远。就像任喜春书记向我们介绍的，按照省里、州里的部署，治多县正在推进村集体经济"强村"工程，"破零"阶段注重的是"立足优势、因地制宜、量力而行、注重实效"，现在进入"强村"阶段了，就得考虑总量和质量"双提升"。地处高原的改查村，还是要把"特色"作为乡村产业发展的突破口。既要围绕虫草产业，扎实做好现有产业、现有项目与现有资源的合理利用，将资源优势转化为经济优势，带动村集体经济发展；又要选准特色产业、做响特色品牌，探索将特色农业与玉树推进生态农牧业高质量发展的品牌战略相结合，在绿色有机农畜产品输出上走出新路[7]；

---

[7] 玉发〔2023〕6号《玉树州推进生态农牧业高质量发展实施方案》提出，治多县，推行牛羊"四季轮牧＋适时补饲"，打造草畜平衡的先行区，绿色有机牦牛、藏羊产品的主产区。推进千只牦牛、千只藏羊标准化养殖基地、生态牧场、肉奶生产加工基地建设。这对于查改村来说，就是村集体经济应该对接的重大品牌战略。

更要注重现有的酒店宾馆等资产运营，推动产业融合发展。总的来说，就是要探索一种"多产并进，多条腿走路"的发展模式。

如果说，村集体经济的良性发展首先要解决的是"钱从哪里来"的问题，那么下一步要处理好的就是"收益怎么分"的问题。与《青海省村集体经济"强村"工程实施方案》同步实施的另一个重要政策是《青海省村集体经济收益分配管理办法》，可见村集体经济收益分配至关重要。应该说，改查村在这方面已经有了很好的基础。下一步，要把提高公共服务能力作为收益分配的一个原则，尤其是在集体福利方面，比如代缴城乡居民养老保险、医疗保险，开展群众性精神文明活动、文化文体活动、乡村清洁活动，帮扶五保户、脱贫不稳定户、边缘易致贫户、无劳动力户、困难户、脱贫致富能手、模范村民等，在条件允许的情况下可以加大投入。

陪同我们一起调研的原野副主任刚刚调任到县上，之前长期在乡镇工作，他觉得村集体经济的确是要提档升级了，"我们都签订了《村集体经济"强村"工程目标责任书》呢！"的确，发展壮大新型农村集体经济涉及广泛，需要压实责任，需要政府部门统筹推进，更需要全社会的积极支持和共同参与。

治多县提出"县、乡、村三级齐抓共管，职能部门合力攻坚，专项工作组联系指导的工作格局"。在这个基础上，要按照规划全覆盖、项目全覆盖、帮扶全覆盖、管理全覆盖、调度全覆盖、监督全覆盖的工作思路，进一步打造财政优先保障、金融重点倾斜、社会积极参与的多元支撑体系，形成成熟的长效助推机制，为深化村集体经济强村工程提供可持续发展的动力。具体到改查村，要进一步把发展壮大村集体经济与乡村振兴等重点工作有机融合、同步推动，持续推动村集体经济做强做优。

《玉树地震疏散——本溪市学校负责人张欣》

李继飞　纸本素描　368mm×260mm

创作于辽宁省本溪市工读学校　2024 年 8 月 29 日

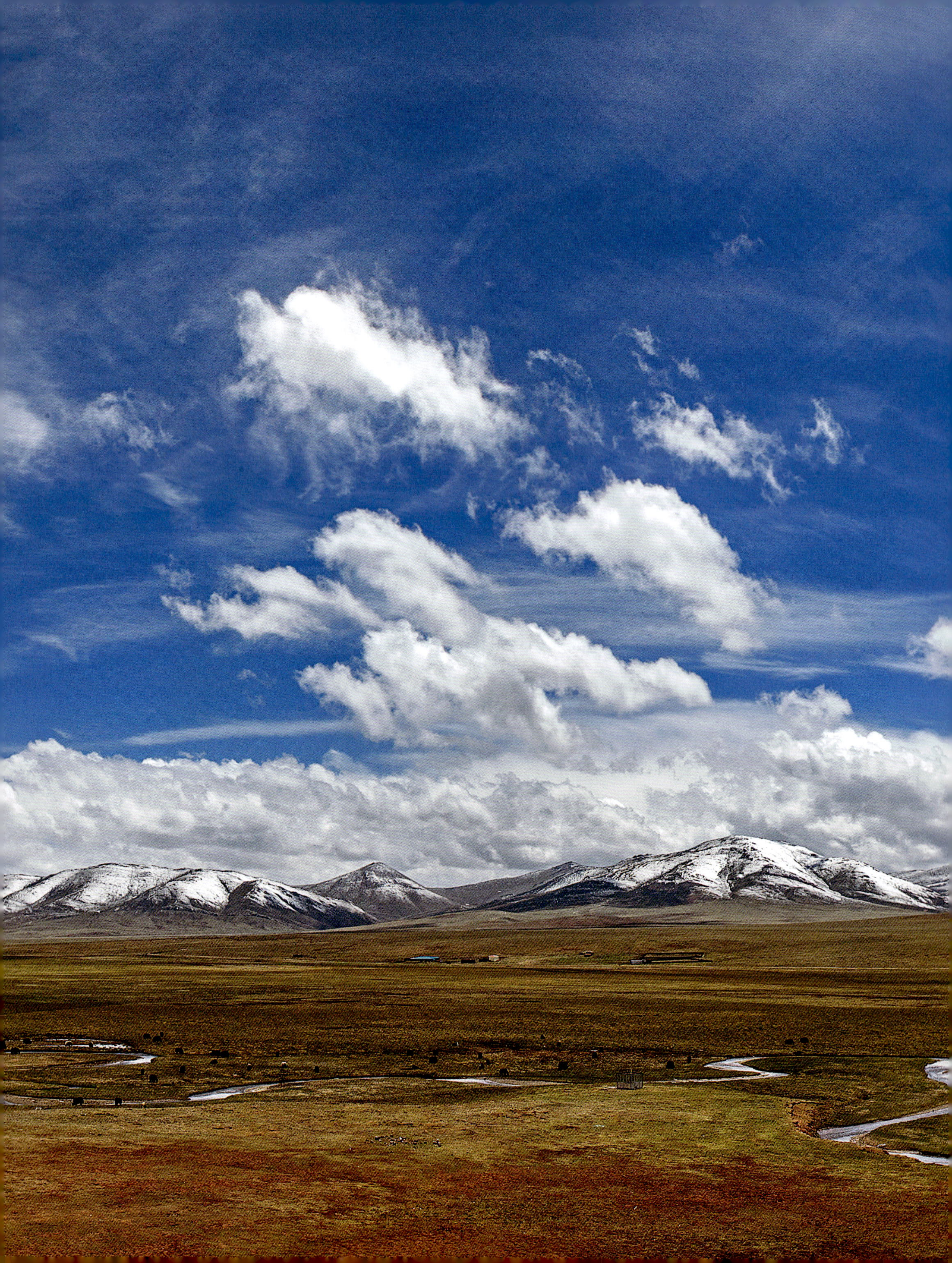

▲ **得天独厚的草甸草场**
治多县的植被以草甸草场为主,其中著名的江荣滩、香荣滩、邦荣滩、雅荣滩和巴荣滩等草滩,为这片土地增添了丰富的色彩。

《创收大户——才哇》

李继飞　纸本素描　368mm×260mm

创作于玉树州称多县尕朵乡卓木其村　2024年7月31日

"玉树小敦煌"背后的故事

——称多县尕朵乡卓木其村调研记

"卓木其",在藏语中寓意"人多而大的村庄"。当我们打开手机地图,在纵横交织的河流中找到通天河,顺着河谷找到卓木其的名字时,古村的灵动与神秘隔着手机屏幕扑面而来。这座位于通天河河谷地带、背倚尕朵觉吾神山的古老村落,在相当长的时间里,一直是商贾络绎、贸易繁荣的集贸重镇。卓木其村不仅是青藏高原东部的物资交易中心,也是各族人民文化交流的重要平台。在这里,藏文化的深邃与蒙元文化的粗犷交织融合,留下了丰富多彩的文化遗产。这些遗产不仅是卓木其村独特的文化标识,更是中华民族多元一体文化格局的生动见证。怀着对这个千年古村的深深敬意,2024年7月31日上午8时许,调研组从称多县城出发,在一路颠簸中翻越了海拔4897米的擦日松楚垭口,到达卓木其村时已近中午。

当我们顺着历史的车辙穿越到今天的卓木其，现实与想象的反差让我们既欣喜又诧异，我们担心的过度商业开发的情况并未出现，该属于这里的一切都原原本本地存在着：承受了千年风霜洗礼依然"壮壮实实"的碉房，环绕着格秀经堂被朝拜者摩挲得发亮的转经筒，席地玩耍的两颊飞着高原红的小娃娃，从柴门里走出来的穿着红色僧袍的僧侣……

此时正值当地一年中最宜人的时节，阳光正好，微风不凉，我们是当时唯一的一组访客。对比那些同样拥有悠久历史的古村古镇所展现的生机与活力，卓木其村的冷清显得有些不一样。随着调研走访的不断深入，我们发现，在乡村振兴的大潮中，卓木其村正面临着从古村文化遗产保护到经济发展跨越难题。尽管卓木其村坐拥千年文化遗产宝藏，但这些宝贵资源尚未被充分挖掘利用，实现文化价值、社会价值和经济价值的有效转换[1]，此番调研的核心，正是要深入探究这一困境背后的原因，并寻求破解之道。

⊙ 生态独特、人文优渥的藏地原乡

卓木其村是青海省玉树藏族自治州称多县尕朵乡下辖行政村，这是一个以藏民为主体的千年古村，村庄历史最早可以追溯到唐代。作为青海省首批省级历史文化名村，卓木其早在 2015 年就被评为"青海最美村庄"，2016 年荣登中国传统村落名录。

在人烟稀少的青南地区，是怎样的历史机缘引领卓木其村历经长期的兴旺与繁荣，最终沉淀下丰厚文化宝藏？有观点认为，最不可忽视的原因是其背倚雄伟的尕朵觉吾神山，面朝磅礴的通天河这样独一无二的地理位置及丰饶的自然资源。这份得天独厚的优势，如同上天的恩赐，一直伴随着卓木其村，直至今日。

卓木其村坐落在通天河谷地带，有着高原上难得的平坦与丰饶，是高原上少有的适宜农耕的地区之一。同时，这里的高山草甸牧场面积广阔，牧草丰美，是农耕与游牧文明交融的宝地。

---

[1] 2024 年 12 月 6 日，时任青海省委书记、人大常委会主任陈刚赴海西蒙古族藏族自治州乌兰县调研红色文化遗产保护利用情况并召开座谈会，强调要深入学习贯彻习近平总书记关于用好红色资源、赓续红色血脉的重要论述，提高政治站位，强化责任落实，要以对历史负责、对人民负责的使命感，以等不得、拖不得、慢不得的责任感，迅速开展一次抢救性文物普查工作，积极征集史料和文物，深入挖掘阐释红色故事。

尕朵觉吾神山藏语意为"白颜圣"，在佛教经典中记载为创世九大神山之一，与西藏阿里的冈仁波齐、云南的梅里雪山、青海果洛的阿尼玛卿山并称为藏区四大神山。根据延续千年的传统，每年的藏历六月初四至初十这七天是尕朵觉吾神山人气最旺的时候，这期间会有成千上万的藏民徒步来此朝圣，而卓木其村依地理之便成了众多的朝圣者的落脚点。斗转星移，时光流转，卓木其村随着朝圣者纷至沓来的脚步渐渐闻名于世。

卓木其村位于通天河谷地带，细曲河穿村而过，拥有充沛的水资源，这使得卓木其成为寒冷干燥的青藏高原特别优待的宝藏村落。自古以来，文明总是伴水而生，伴水而兴，这也为卓木其成为高原腹地的商贸文化汇聚地提供了必要的给养。

踏足这片神秘的土地后我们发现，这个高原古村虽然已经融入了些许现代科技的元素，但大体上仍然延续着传统的生产生活方式。

卓木其村现有 178 户家庭、村民 734 人，其中劳动人口有 330 人。目前，村里硬化了道路，接通了网络，学校、卫生室、文化活动中心等公共服务设施日渐齐全。村民几乎人人有手机，户户有汽车，尽管村庄地处偏远，但生活的便捷度越来越高。卓木其村的集体经济仍以传统的种植和养殖业为主，村民的生活重心仍然在牧场和田地之间。村庄占地面积广阔，拥有 20.72 万亩的辽阔草场，耕地面积达 2800 万亩。人们在这片土地上辛勤劳作，种植青稞、土豆等作物。这里的气候常年寒冷干燥，日照时间长，昼夜温差大，这样的气候条件对当地的农牧生产和村民生活产生了较大影响。一方面，较长的日照时间有利于青稞、土豆等农作物和牧草的生长，昼夜温差大使得农作物和牧草积累了更多的养分，品质更加优良；另一方面，常年气温偏低，尤其是冬季大风、暴雪等极端天气带来的雪灾、冻灾也给村民的生产生活带来较大的不利。

在走访调查中，我们不时看到这样一幅图景：村民家的院落里堆放着成垛的牛粪，却不见牛群的踪迹。询问后得知，牛群此刻正在夏牧场赶赴饕餮大餐呢。卓木其村家家户户都饲养牦牛，少则几十头，多则几百头，满足自给自足的同时，也培育了丰富的农畜产品。为了壮大村集体经济，村里成立了合作社，温室大棚的建设让村民们有更多机会享用到新鲜的蔬菜。此外，称多县卓木其商贸有限公司的成立也为村民的日常生活提供了必要的物资输入，同时也将村民在草场中采集到的虫草进行收集并外销，为村民带来了实实在在的经济收入。

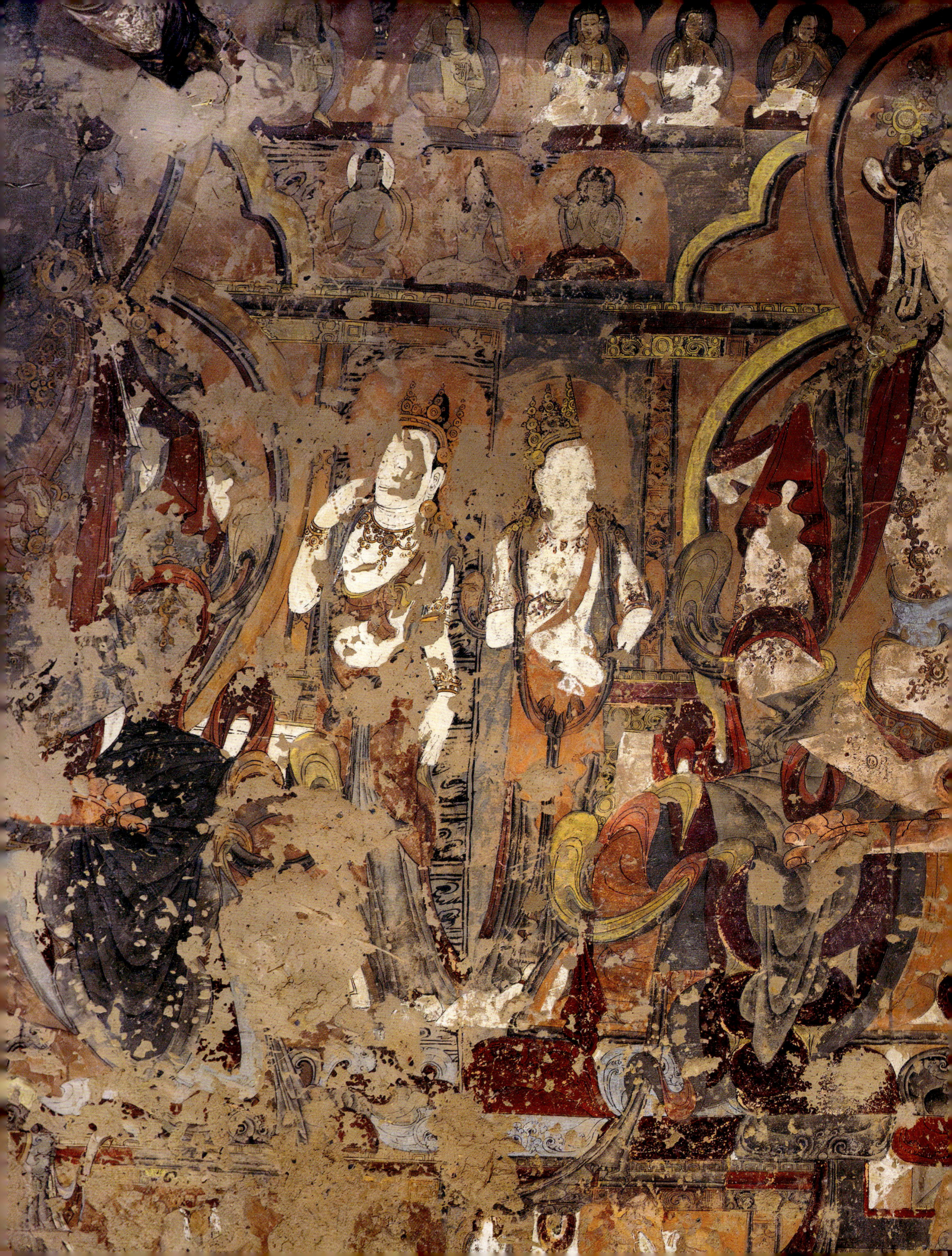

▲ 卓木其经堂里的壁画

格鲁经堂壁画融合了苯教和后期从印度传入的佛教元素,对于研究元时期西藏绘画艺术风格及题材具有极高价值。

为调研组开车的司机告诉我们，一路上我们看到的如诗如画的美景短暂到每年只有两个多月的时间，随后就会在寒风暴雪中消逝。由于地处高原，在这美好而短暂的夏季里，卓木其村也要面对山体滑坡、泥石流等地质灾害的威胁。2024年7月20日，也就在我们前往卓木其村调研的前十天，尕朵乡突降暴雨冰雹，引发了泥石流地质灾害，道路被冲毁，导致辖区内的邦夏寺受灾，寺内冲入大面积污泥，寺庙房屋也有损坏。所幸的是，供奉在邦夏寺内的卓木其"一宝"安然无恙。

近年来，卓木其村在上级党委政府的领导下，针对高原脆弱的生态环境采取了必要的保护措施，政府层面加大了环境保护力度，对草场和水源进行综合性的治理和保护。村民也自觉遵守环保规定，在农牧业生产中采用生态种植养殖方式。通过干群共同努力，环境治理取得了一定的成效，减少了水土流失和环境污染，提升了村庄的整体环境质量，同时也增强了村民的环保意识，形成了良性循环。优美的生态环境和独特的文化资源吸引了外界更多的关注，为村庄的长期发展，特别是乡村旅游业发展奠定了基础。

通过乡村两级提供的有关资料和入户调查，我们发现：村民经济收入主要来源于传统的种植业和养殖业，另外，虫草采集、村合作社分红也是比较可观的收入补充。归结为一点，目前卓木其村所有的收入都是土地里直接或间接生长出来的，产业结构比较单一。

"从脑袋里长出来的收入不能说没有，但绝对稀有。"陪同我们走访调查的尕朵乡副乡长才仁措毛说。才仁措毛是一位美丽的90后藏族姑娘，毕业于青海师范大学，也是卓木其村的包片领导。

通常而言，像卓木其村这样拥有千年历史的文化古村落，优势突出，条件优渥，理论上应是创新产业开发的天选之地。实际上，卓木其村的产业发展之路并未如预期般顺畅。才仁措毛的一句话击中要害：

"祖先确实给卓木其留下了丰厚的文化遗产，但怎么开发怎么用，我们还在探索，至于要发展成特色产业，还有很长的一段路要走。"

她请我们为卓木其村的后续发展"把把脉"。鉴于此，我们便请她带着我们盘点一下卓木其村的文化家底。接下来这一盘点还真是令人惊叹：卓木其村确实是一座藏蕴沉厚的文化富矿。

▲ 生活在古碉房里的藏家人

在这座几代人共同生息的院落里，一切都是那么的自由自在：大人，孩子、黑猪、白狗，还有无处不在的阳光和纺车上咿咿呀呀的歌声。院落虽小，但他们的世界是何其广大。

▲ 卓木其格秀经堂

格秀经堂是卓木其村的文化地标，历经沧桑，几度盛衰，走过了数百年漫长曲折的历程，是康巴地区的"小敦煌"。

⊙ 一座活化的藏文化博物馆

随着走访的深入我们深深感到，作为青海藏乡的"最美村庄"，卓木其村因为拥有了"一宝三绝"，整个村庄有了独特的灵魂。于是，我们接下来的调研便紧紧围绕着"一宝三绝"而展开。

"一宝"就是珍贵的释迦牟尼生身舍利子，被供奉在卓木其村辖区内的邦夏寺佛堂。它既是佛教信仰的圣物，更是这片土地神圣与庄严的象征。只可惜，邦夏寺在不久前遭遇泥石流侵袭，正处于清淤修复阶段，我们未能前往瞻仰。而"三绝"则分别是古村的石砌碉房群落、格秀经堂壁画和古村特有的糌粑节。

我们走村串巷，对成排连片的石砌碉房群落进行了实地考察，禁不住拍手叫绝。这些碉房历史悠久，它们不只是村民们安身立命的居所，更是卓木其历史文化的重要载体。据史料记载，碉房的建筑风格可追溯至"六世纪的附国和吐蕃东部的东女国时期"[2]。房屋通体由青石垒砌而成，再厚厚地抹上一层藏区特有的泥土，既坚固又保暖。碉房一般分为上下两层或三层，上层住人，底层圈养牲畜。古代的藏族建筑师已能掌握石料的垂直与平衡，使石片砌合紧密，其中包含的智慧与匠心令人拍手叫绝，也为我们提供了研究藏族建筑艺术的重要实物资料，堪称是研究藏族建筑艺术的活化石。

才仁措毛把我们带到了一块硕大的长方形石碑前，碑上刻着"卓木其格秀拉康及藏式碉楼群"的字样。2013 年 4 月 12 日，青海省人民政府公布卓木其格秀拉康及藏式碉楼群为省级文物保护单位。同年 9 月 9 日，玉树州人民政府在格秀经堂门前立下了此碑。从石碑到格秀经堂布满历史沧桑的大门仅需一个转身，我们仅在几步之内便完成了一次历史穿越。在这里，我们有幸看到了"一宝三绝"中的又一绝——有着近千年历史的格秀经堂壁画。

格秀经堂是一座被玛尼石墙、白塔、经幡、转经轮环绕着的单层古建筑，高约 6 米，面积约 500 平方米。

---

[2] 附国，中国西南古代民族，居蜀郡西北境外，分布于今四川西部与西藏东部昌都地区。《隋书·附国传》称，附国属汉代西南夷，其地东与嘉良夷、南与薄缘夷相邻，西为女国、东北连山数千里为党项。东女国，公元六七世纪出现的部落群体及地方政权，是川西及整个藏族历史上重要的文明古国，主要活动范围在四川阿坝州、甘孜州丹巴县和西藏昌都市等地区。东女国文化最突出的特点之一，就是以女性为中心和女性崇拜的社会制度，《西游记》中提到的女儿国或为历史上的东女国。

经堂四壁上绘满了以天然矿物质为原材料的壁画，既有藏传佛教绘画的艺术风格，又兼容蒙元风格，与甘肃省敦煌莫高窟的壁画风格较为相似，专家学者考证认为此壁画为藏传佛教后弘期作品，因此格秀经堂又有"玉树小敦煌"的美誉。

格秀经堂壁画内容以佛像居多，另有山水、动物，还有远古的文字符号，丰富多彩，包罗万象。这些壁画展现了藏传佛教的发展史，也展现了不同民族交往交流交融的历史，目前正在申报国家级文物保护单位。

在格秀经堂，才仁措毛为我们临时充当讲解员。通过她的生动讲解，我们对壁画的艺术价值、历史价值以及宗教意义有了更深入的了解。这些壁画不仅是卓木其村文化的重要组成部分，也是研究藏传佛教绘画艺术的重要资料。她特别介绍了供奉在格秀经堂最醒目位置上的一只白色大鸟的雕像。她说，这是一只神鸟，卓木其"三绝"之一——糌粑节的神圣仪式就是从格秀经堂前迎请这只神鸟开始的。

糌粑节是卓木其村特有的民俗活动，每年藏历 2 月 22 日举行，这是传统的春耕祭祀仪式，已传承千年，具有地域性、原创性和唯一性。这里曾是通天河畔农耕文化发祥地，土地肥沃，普种青稞，糌粑节既是庆祝当年青稞丰收，也是为来年的好收成祈福。糌粑节的渊源与苯教[3]习俗有关，节日当天，13 位手持彩箭的属虎男子和 13 位手捧糌粑酥油团的属龙女子身着盛装从格秀经堂列队走出，以歌舞和祭祀仪式迎请这只供奉在格秀经堂中的白色神鸟。祈福仪式后就是全员上阵的"糌粑大战"，被撒上糌粑的人们通身变得雪白，承祥纳瑞，笑逐颜开。糌粑节上，人们不分长幼，无论尊卑，尽情狂欢，合力将卓木其村变成一片欢乐的海洋。这种独特的庆祝方式不仅体现了藏族人民的欢乐与热情，也为我们敞开了研究藏族民俗文化的重要窗口。

对于传承了千年的非物质文化遗产，卓木其人深知糌粑节的重要意义，在传承中为这个古老的节日加入了创新的元素。以今年的糌粑节为例，在县文旅局的指导下，他们开阔了思路，拓展了形式，丰富了内容。今年的糌粑节采用了"民族节庆＋宣传"的运作方式，邀请了当地的网红和歌手参与，多角度呈现、多平台直播、多渠道宣传、多方

---

[3] 苯教又称"苯波教"，因教徒头裹黑巾，故俗称"黑教"，它是在佛教传入西藏之前，流行于藏区的原始宗教，是藏族传统文化的一个主要组成部分。

格秀经堂壁画局部

格秀经堂壁画在艺术上展现了独特的风格和特征。壁画中的佛像造型完美、慈眉善目，色彩对比鲜明、强烈，既有藏传佛教绘画的艺术风格，又兼容蒙元风格。

面互动，更直观地展示了卓木其的民族文化风情和美食美景，力求以此带动卓木其村走出更加广阔的天地。为了让来宾有更好的体验，他们特别设立了6个家庭民宿和3个高端民宿，集中推出了当地特色美食。另外，本着绿色环保、节约粮食的理念，在抛撒糌粑的互动环节里，他们找到了对人体和环境均无毒无害的糌粑替代品，让来宾尽情无负担地体验"糌粑大战"的精彩。才仁措毛这样描述节日中欢乐场景："大家同过一个节、同唱一首歌、同吃一桌宴、同跳一支舞，欢聚一堂，其乐融融。"糌粑节通过"民族节庆+体验"的方式，在和谐欢乐的氛围中融入"中华民族一家亲"理念，促进了各民族交往交流交融。

有"一宝三绝"加持，卓木其村成为一座活化的藏文化博物馆，这些文化遗产不仅是卓木其村历史与文化的见证，也是连接过去与未来的纽带。

这些文化遗产对于卓木其村的品牌打造、乡村旅游发展及乡村振兴具有十分重要的作用。如果能合理开发与利用，这些文化遗产可以为卓木其村带来可观的经济效益和社会效益，赋能村庄的可持续发展。然而，面对岁月的侵蚀和自然灾害的威胁，如何有效地传承与保护这些珍贵的文化遗产，成为卓木其村首先要面临的一项紧迫任务。

⊙ 格秀经堂壁画的保护是篇大文章

古碉房群的保护取得了明显的成效。称多县是全国古村落集中连片保护示范区，是青海省唯一入选的地区。近年来，在县乡党委政府的领导下，卓木其村加入了"传统古村落连片保护"项目，由县住建局牵头实施了传统村落集中连片保护利用专项规划项目（卓木其村）改造工程，包括提升改造院落1372.57平方米，拆除改造九户民房彩钢屋顶788.58平方米，修缮部分石砌围墙、石砌台阶，新设村口标识标牌、休息石凳和休息亭；新建综合体验馆改造332平方米；以及道路铺装、排水口改造和排水沟建设、微型消防站、环卫设施、太阳能路灯、污水管网和污水处理站、水厕等基础设施建设。通过这个项目的实施，将古碉房保护真正落到了实处。改造后卓木其村的村容村貌发生了很大改变，用村民普措的话说，"村子修好了，台子搭好了，生活更好了"。

相比之下，格秀经堂壁画的保护，其技术难度之大、时间跨度之长、耗费人力之多，给当地带来了很大的挑战。在对村民的走访中我们得知，格秀经堂虽存留至今却已数度历劫甚至曾被强行挪作他用，村民们为了保护壁画不受损伤，就用一层厚厚的泥巴涂在上面，将其彻底掩盖。数年后格秀经堂恢复使用，村民们在没有任何技术保护措施的条件下将泥巴硬性去除，致使壁画随着泥巴一起剥落，造成壁画表面的斑驳破损，进一步加剧了其脆弱性。

这些媲美敦煌的壁画精美绝伦、艺术价值很高，却也在随着岁月侵蚀与保护不当而显露出斑驳之态。目前的经堂仅部分区域对公众开放，另有近乎一半的区域因不具备开发条件还封在厚厚的泥巴下面。资金与技术的双重匮乏，成为格秀经堂壁画全面保护与开发的瓶颈。关于这些珍贵壁画的创作年代，至今仍属某些专家的个人推测，缺乏权威机构的正式鉴定，考古发掘和文物普查还没有新的进展。这不仅限制了对其文化价值的深入挖掘与精准评估，也影响了其在更广泛层面上的宣传与推广，使得这份宝贵的文化遗产难以获得应有的关注与保护力度。因此，格秀经堂的未来，亟需政府层面的更多关注与实质性支持以及专业团队的介入，共同探索科学合理的保护与开发模式，让这份跨越时代的艺术瑰宝得以永续传承，焕发新的生机。

这里有个小花絮，就是当我们随经堂管理人员进入经堂里的时候，这位管理员专门带着我们来看经堂中间地板缝隙里新近长出来的一棵纤嫩的小草，他认为这是一种不寻常的现象，他很紧张地小声嘱咐我们，一定要小心，千万不要碰到它……这也充分体现了藏民们对自然的敬畏，以及他们那种发自内心的对一草一木的热爱，令人动容。

同样令人欣慰的是，目前在经堂壁画保护等关键问题上，村委会与村民展现出高度的责任感与奉献精神，村"两委"干部在无任何报酬的条件下常年轮流值守经堂，进行巡检看护，及时排查隐患，保护经堂内的壁画免受自然和人为损坏。在他们的带领下，部分村民也义务加入了值守经堂的队伍当中。同时，鉴于经堂壁画系统维护的特殊性、复杂性和重要性，村"两委"牵头筹集资金雇佣专职看护人员全天候值守经堂。不过，全职看护人员年薪虽仅 15000 元，却全靠村民自发捐献，难以支撑起长期、系统的维护需求。

⊙ 千年文脉滋养下的精神富足

此次调研的一项重要任务是走入村民家庭做访谈。这个千年古村的村民过着怎样的生活？他们如何看待生于斯长于斯的家乡？他们对家乡历经千年淬炼与沉淀的历史文化如何理解？他们在生活中有何困扰或期待？带着一系列问题，我们走进了卓木其三户具有代表性的村民家庭，与"创收大户"的二当家才哇、"低保户"的女主人才代吉、"最美家庭"的当家人普措面对面交流，聆听他们的故事，记录那些带着泥土和牧草香味的质朴话语，并以此勾勒在古文化遗产的陪伴下生活与成长的卓木其村村民群像。

▲ 格秀经堂壁画局部

▲ 通天河畔的藏式古碉房群落

藏式古碉房作为藏区的传统民居，以其坚固的石木结构、多层设计和强大的防御功能而著称。碉房不仅能够抵御恶劣的自然环境，还承载着丰富的历史文化价值，展现了藏族人民独特的建筑智慧和艺术特色。

为了接受我们的访谈，才哇特地从十几里外的夏牧场赶回来。他今年43岁，有着一副黧黑的面庞和粗粝的大手，只会说藏语，说话极为简短，每每说完一句话都会腼腆地笑一下。但说到自己世代居住的村庄，他便语速加快，话也多了起来，言语间的自豪感汩汩而出。作为培养出两个大学生的父亲，才哇是怎么看待世代生活的古村的历史文化遗产的呢？这位最远只到过拉萨的藏民说出了这样一段既朴素又令人印象深刻的话：

"我们能生活在这样一个村里，好得很。我们的村庄有很长的历史，有很大的文化价值。格秀经堂壁画是祖先留给我们的，很珍贵，要好好保护。"

才代吉家的碉房年代相当久远，没经过任何粉饰，像脚下的泥土一样朴素敦实。房屋分为上下两层，推门进来，第一眼就看见左手边的房间里整间屋子都堆满了干牛粪。她告诉我们，因为对老房子有感情，再破旧也不愿意离开。说起格秀经堂，她说，我们这里的老头头老奶奶都会谈论壁画。

普措也能如数家珍地讲述"一宝三绝"的历史与价值，他说，全家人都对村里的古碉房所爱至深，住在碉房里很安心很幸福。所有这一切，都显示出村民们对文化遗产的广泛认知和高度认同。

我们也注意到，卓木其的村民们不仅深刻认识到文化遗产的价值，更是以具体的行动投入到文化遗产的保护和传承工作中。

才哇家有九口人，是个传统的藏族大家庭。在格秀经堂壁画的保护中，他们全家人积极参与其中，为了保护格秀经堂壁画，他家既出钱又出力。才哇告诉我们，在卓木其村绝大多数村民都和他家一样，参与到了格秀经堂壁画的维护与值守行动中，这种自发保护古文化遗产的意识在村民中普遍存在，也是确保传统文化得以传承下去的关键因素。

才代吉年过五旬而且身体欠佳，但她选择用自己的方式参与到村庄的历史文化传承中。她会说汉语，愿意给外来的人充当经堂壁画的义务讲解员。她说："经堂里的壁画有一千多年的历史。你要去看壁画，我能给你说一说。"她给我们展示了家里收藏的有关格秀经堂壁画的书。她说："我经常拿给别人看，我们自己祖先的历史，我们自己得去记住，也要让别人知道，这样才能流传下去。"

在调研中，通过与村民面对面的交流，我们深刻感受到文化遗产给村民们带来的精神滋养与生活改善。

才哇一家在父母离世后并没有分家，三兄弟共同生活在一起，互敬互爱，和睦融乐，共同享受着劳动成果，共同守护着这个大家庭，这也是藏乡美好的传统。这背后，离不开卓木其村深厚文化底蕴的滋养。去年一年，才哇家的生活中最大的开支是购买藏袍和饰品，他认为传统的东西是最美的。才哇一家的生活态度和精神风貌，是文化遗产对村民生活产生积极影响的印证。

才代吉家是低保户，夫妻二人身体都不好。当我们问她生活上还有什么困难时，她说："我们赶上了好时候，又住在一个有历史文化的村子里，现在生活上有低保，看病有医保，虽说家里条件不宽裕，但也很可以了。"

而谈到政府对卓木其村古建筑的保护，普措娓娓道来，因为他家就是这项举措的受益者。普措家的碉房经过精心整饬，宽敞明亮，既有藏乡风情又无古屋的颓废陈旧。他家中的陈设尽显品味，每一件家具与器物都透着几分考究，显示着家庭条件的宽裕。当我们询问普措未来的打算时，他表示，尽管条件允许他搬到其他地方居住，但他仍选择留在家乡。他说："村里的古建筑保护得好，学校的教育也好，如果不是这样，我早就搬走了。"

在交流中，这三个家庭有一个共性特点引起了我们的注意，那就是这三个家庭每家都有大学生，并且他们都是在村里读完小学，在县里读完中学的，而现在也都在以自身的力量参与到家乡的建设发展与历史文化的传承中。在才代吉家，我们问她家里关于格秀经堂壁画的书是哪里来的，她告诉我们："是儿子带回来的。他也会经常给我说说经堂里壁画的事。"才哇的大儿子毕业后进入尕朵乡政府工作，实实在在地为家乡的发展出力。普措的女儿则刚刚从格尔木职业技术学院毕业，我们到她家里走访时，她正作为尕朵乡演出队的一员去参加称多县赛马节的表演还未回来。村庄庆祝糌粑节期间，她也积极参与其中，是人群中一朵耀眼的格桑花。

在入户访谈的过程中，和三位户主最愉快的交流就是谈论他们的孩子。走出大山的青年人，怀揣着对家乡的深情与责任，于山外汲取知识后，以更加深邃的目光重新审视故土的文脉。他们不仅自身学有所成，更将这份对家乡历史文化的深刻理解化作一股温暖的力量，反哺给仍坚守在此的长辈们。

这一过程，不仅如同甘霖滋润了家乡文化的土壤，使其根基更加稳固，更如同细流汇入江河，极大地促进了古村落历史根脉的绵延与拓展。薪火相传之中，古老的文化记忆得以鲜活地延续，绽放出新时代的光芒。

通过进一步的观察与交流，我们发现文化遗产对卓木其村的影响是多维度的。它不仅增强了村民们的文化认同感和自豪感，还促进了村庄的凝聚力。村民们通过共同参与文化遗产的保护与传承活动，加深了彼此之间的联系，形成了团结互助的良好氛围。这种村庄凝聚力的增强，是文化遗产对村庄社会结构产生的积极影响。

⊙ 古村文旅融合开发的综合之策

毋庸置疑，千年古村的文化魅力是卓木其村吸引外界关注的关键因素，其传播价值、旅游价值和经济价值，为村庄的可持续发展注入了新的活力。据此，我们有必要回溯至那个核心议题：先辈们给卓木其留下的丰厚文化遗产，究竟该怎样进行绿色开发和活化利用。

首要的，明确一个工作重心，即将文化遗产的抢救性保护置于首位，视为至关重要的使命。其次，锁定一项核心战略，即大力发展乡村文化旅游，旨在实现历史文化价值与现实经济价值的完美融合与合理转化。再次，突破一大关键障碍，即同步吸引"人"与"财"，形成人气与财气的双重汇聚效应。这需要实施一系列举措：塑造一张独具特色的乡村品牌名片，量身定制一套文化旅游开发模式，同时建立一套完善的配套服务体系。

若成功实施上述策略，卓木其村的创新发展将形成一个完整的闭环体系：发展乡村旅游的基石在于文化遗产的妥善保护与开发，这首先需要资金支持。一旦这一步稳健迈出，便能在一定程度上解决吸引"人"的问题，因为人气的聚集自然会带动"财"气的流入，而发展收益又可反哺于文化遗产的进一步保护与适度开发。这样的良性循环，将促使卓木其村的创新发展实现质的飞跃。

科学保护文化遗产。由于卓木其地处高原山区，交通不便，经济发展相对滞后，文化保护和传承面临一定的困难。目前，政府主导的"古村落连片保护"项目已经接近尾声。之后，对已有改造成果的维护和保持将是卓木其村一项长期而细致的工作。相比之下，格秀经堂的现状既展现了保护与传承的努力，也揭示了其面临的挑战与困境。

对格秀经堂壁画的科学保护与合理开发，首先需要邀请文物保护专家团队进行全面评估，基于评估结果制定科学合理的保护规划。其次，积极争取政府的资金支持，同时探索多元化融资渠道，引入先进的保护技术和材料。再次，对于已经受损的壁画，应当邀请专业的修复专家进行修复，并建立定期保养机制，确保文物的长期保存。此外，加强环境监测，建立实时监控系统，及时发现并解决漏水、潮湿等问题，为文物提供良好的保存环境。同时，提高村民和游客对壁画价值的认识，普及文物保护的基本知识，鼓励建立志愿者队伍，共同参与文物保护工作。还有最重要的一点是，利用现代科技手段，

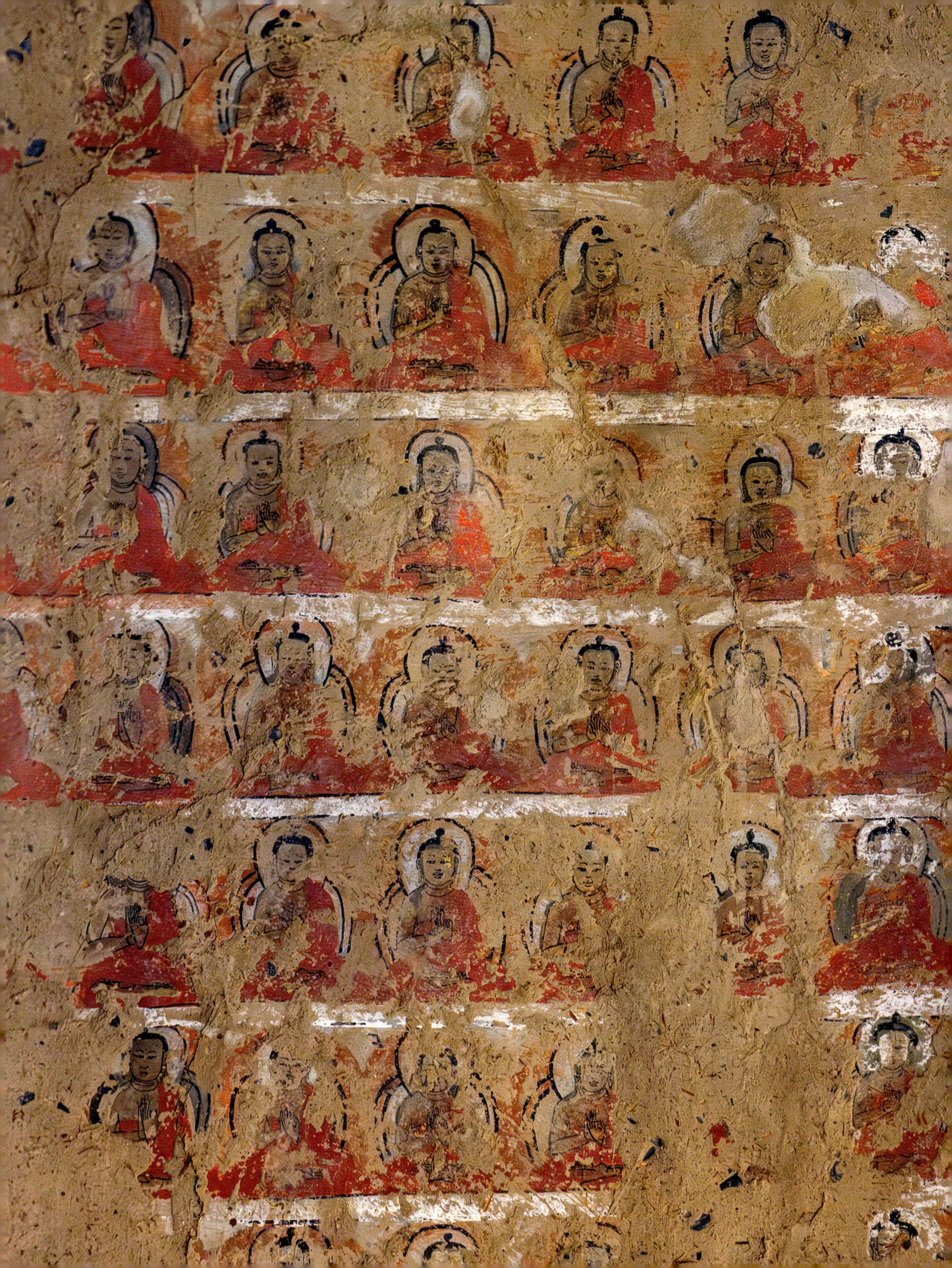

壁画的内容丰富多样，主要包括佛像、山水、动物以及远古的文字符号等。这些壁画不仅记录了佛教的历史和教义，还反映了当时社会的民俗风情和宗教信仰。

如数字化扫描技术记录壁画现状，建立详细的电子档案，既便于管理和研究，又可以通过互联网等途径向公众展示，减少因实体参观带来的损害。最后，由政府主导建立文化遗产保护的长效机制，明确各相关方的责任，加大监管力度，促进文物保护领域的国内外交流与合作。

更新乡村旅游开发策略。在卓木其村调研过程中，才仁措毛说得最多的一句话就是："老师，你们多拍点照片、多录些视频，帮我们把卓木其宣传出去。"在才仁措毛的眼里，卓木其是一个"养在深闺人未识"的状态。她说："卓木其这么美的一个千年古村，知道的人太少了。我是一个土生土长的玉树人，我来尕朵乡工作之前，都不知道这里有个格秀经堂，有这么多上千年的壁画，我周围的人也很少知道。"言语中充满了急迫感。

卓木其村拥有的稀世珍宝"一宝三绝"，其罕有的文化价值并没有得到相应的转化，成为叫得响的乡村旅游名片，为当地带来应有的关注和流量。就拿糌粑节来说，这样一个集文化性、趣味性、娱乐性于一体的狂欢节日，来访者大多是由县文旅局组织来的，自行寻访到此的游客寥寥无几。节日过后，"人气"也随之散去，一切重归于沉寂。相比之下，国内其他地处偏远的少数民族同质性节庆项目的开发就做得很红火，如傣族泼水节、彝族火把节、壮族三月三歌圩、侗族大歌节等，早已火遍大江南北，游客云集，成为拉动当地经济的重要一环。

卓木其可以借鉴各地的成功经验，尝试探索一套"政府引导、村民参与、市场运作"的新模式来开发旅游资源，打造特色旅游产品，吸引游客前来观光旅游，带动乡民增收致富。

具体来说，首先应深入挖掘卓木其村的文化资源，打造一系列特色旅游产品。

其次，打造特色旅游品牌。可基于卓木其村的自然风光、人文景观和深厚的文化底蕴，打造带有卓木其文化符号的旅游品牌。可以提炼古碉房、格秀经堂、糌粑节、古岩画、神山等主题元素，注册相关文化品牌商标，为后续的宣传工作奠定坚实的基础。比如突出卓木其村地处通天河畔、拥有保存完好的藏族古村落的优势，打造"通天河畔的藏族古村落"品牌；同时，利用糌粑节的独特性和文化内涵，打造"糌粑节之乡"品牌；还可以突出卓木其村丰富的藏族文化，打造"藏族文化体验地"品牌。

再者，鼓励村民积极参与旅游产业，通过培训提升他们的技能，让他们成为导游、手工艺人或民俗表演者。同时，充分利用新媒体平台进行精准推介，尽快建立开通卓木其官方网站和社交媒体账号，发布宣传信息、活动资讯、旅游攻略等内容；也可以在抖

▲ **格秀经堂管理员正在打理经堂内的日常事务**
经堂管理员由卓木其村的村民按年度轮流担任,须全年全天候在经堂值守,
保护经堂安全无虞是整个卓木其村的重中之重。

音、快手等短视频平台制作并发布展示卓木其村自然风光、人文景观和文化活动的短视频，吸引年轻游客的关注；在小红书、马蜂窝等旅游平台发布旅游攻略和游记，分享旅游体验，吸引潜在游客；利用微博、微信公众号等社交平台发布旅游信息和活动资讯，与游客进行互动，提升品牌影响力。

建立健全服务体系。目前，卓木其村旅游配套服务体系严重缺失，还不具备接待大容量游客的能力。以今年的糌粑节为例，6家民宿是组委会临时选定的村民家庭，接待条件非常简单，对于来宾的预期外需求只能仓促应对。所以，健全服务体系，包括但不限于接待服务、导游服务、安全保障等，也包括服务意识和服务品质培育，确保每位游客都能享受到优质的服务体验，从而提升口碑和回头率。要有计划地对从业村民进行服务培训，提升他们的服务意识和服务水平；逐步完善旅游服务设施，如停车场、游客中心、公共卫生间等，提升游客的舒适度；同时，开发具有卓木其村特色的旅游纪念品，如"擦擦"[4]、藏饰、糌粑等，方便游客购买留念。必要时，适量招募具有专业背景的人才加入文化遗产保护和旅游开发中来，以提高专业水平，拓展发展空间。

卓木其村作为高原藏族的古村落，具有重要的历史与文化价值。保护与传承这些文化遗产不仅是对历史的尊重，更是实现乡村振兴的必由之路。期待卓木其村在未来的日子里，能够真正实现文化与经济的双重振兴，成为高原文化保护与发展的典范。

---

[4] "擦擦"是一种源自古印度的藏传佛教艺术品，原词是藏语对梵语"复制"的音译。"擦擦"是指一种用凹型模具捺入软泥等材质，压制成型脱范而出的模制小型佛像或佛塔，有的会被刷上不同的颜色，有的则保持自然色。

《才代吉》

李继飞　纸本素描　368mm×260mm
创作于玉树州称多县尕多乡卓木其村　2024年8月2日

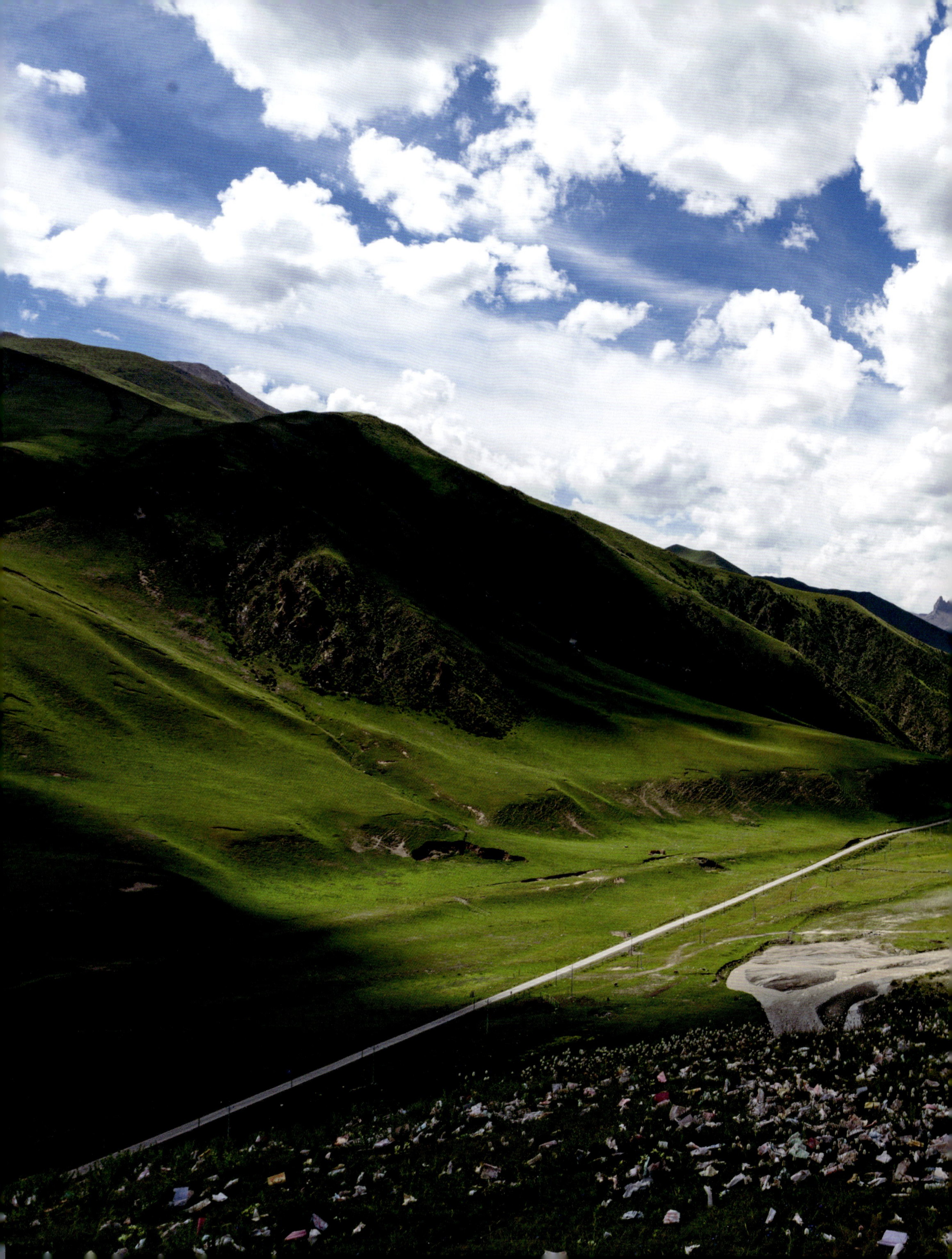

▲ 藏区四大神山之一的尕朵觉吾神山

尕朵觉吾神山是藏区宗教文化胜地，也是转山活动的热门地点。

《百岁老人——央青》

李继飞　纸本素描　368mm×260mm

创作于囊谦县白扎乡巴麦村　2024年8月4日

澜沧江畔的神秘巴麦

——囊谦县白扎乡巴麦村调研记

"九十九湾春水曲，澜沧江上作花朝。"晚清诗人丘逢甲的诗句，描述了澜沧江曲折蜿蜒之美，山河江水壮丽之景，令人心生无限神往和遐想。澜沧江发源青藏高原，江水奔腾而下，流经茂密森林，滋养万物生灵。地处澜沧江上游的囊谦，自古扼守青海进入西藏的"南大门"，扎曲、孜曲、巴曲、热曲、吉曲等5条河流贯穿全境，形成尕尔寺峡谷、然察峡谷、达那峡谷等。峡谷间穿梭的小道，既是通往西藏的秘境之路，也是人与自然和谐共生的生态之路。奇峰异石、森林古木、峡谷溪流、珍禽异兽在此"交锋"，争奇斗艳，成就了秘境囊谦的世外桃源景观。2024年夏天，"保护母亲河，守护三江源"首都专家玉树高质量发展调研暨全国政协委员履职"服务为民"活动调研组，走近激流壮阔的澜沧江，来到澜沧江畔的巴麦村，揭开峡谷中藏式村落的神秘面纱。

⊙ 探秘"玉树小江南"

在青海,当地人对一个地方气候好不好有一个独特的衡量标准,那就是看这个地方有没有树,因为在青藏高原,很多地方海拔太高,树木是根本存活不了的。但在青海玉树,有"玉树小江南"之称的囊谦,奇特的自然景观,温暖湿润的气候,悠久的历史文化,以及豪放的民族风情,构成了这里神奇、美丽而丰富多彩的生态旅游特色优势。其中有三张名片最为响亮,那就是玉树氧吧、禅定之乡和康藏文化高地。

——玉树氧吧。在峡谷小道上,放眼望去,陡峭的悬崖绝壁之中,松树、柏树及各类灌木坚韧挺立,展现出勃勃生机,涓涓细流,清澈见底。囊谦属于大陆性季风气候,日照时间长,年日照时数为2300—2900小时,年平均气温为3.8℃,气候只有冷暖之别,无四季之分,寒冷而干湿不均。境内棕熊、猕猴、岩羊、马鹿、麋鹿、雪豹等30余种野生动物随处可见。又因囊谦地处青藏高原东部,南接横断山脉,北临高原主体,大小山脉纵横交错,峰峦重叠,奇峰峡谷,星罗棋布,浑然天成,形成了集"险、秀、雄、奇、幽"于一体的自然景观。因空气中负氧离子含量高,囊谦被誉为玉树的天然氧吧。

——禅定之乡。调研组一路所经之处,寺庙佛塔时而在山间闪现、时而在峰林中半掩,身着红衣的僧侣远近可见。寺院(宗教活动点)密、教派全、僧尼多是囊谦的一大特点。据统计,囊谦现有各类藏传佛教寺院和宗教活动点108座,包括寺院71座、宗教活动点37处;其中藏传佛教宁玛派寺庙20座、萨迦派寺庙13座、噶举派寺庙71座、格鲁派寺庙4座,占全州寺庙总数的43.37%。共有僧尼8102人,占全县总人口的6.75%,占玉树州僧尼总数的35.23%;有活佛133名、堪布246名。囊谦宗教氛围浓厚,受佛教文化的影响,当地人把佛教禅坐融入生活,无论是在田间劳作,还是山野放牧,都会以禅坐的方式休憩,放松身心。所以,囊谦素有"禅定之乡"之美称,神秘的宗教文化孕育着"秘境囊谦"浓郁的文化内涵。

在囊谦的诸多寺院中,有中国藏区历史最悠久的一座格萨尔岭国寺院——达那寺[1],2006年5月25日,作为元代古建筑,被列为第六批全国重点文物保护单位。达那寺旁琼吉山峭壁的岩洞之中,还有中国藏区规格较高的"群组式灵塔"——格萨尔及其三十大将灵塔,被誉为格萨尔的博物馆。达那寺与印度的达那寺同名,历史悠久,景色秀丽,信众认为朝拜了囊谦达那寺,犹如亲临印度佛教圣地,因而纷至沓来。

---

[1] 格萨尔是中国藏族经典史诗《格萨尔》的主人公,这部史诗讲述了格萨尔为救护生灵而投身下界,率领岭国民众降妖除魔、抑强扶弱、完成人间使命后返回天国的英雄故事。有一种说法认为,藏语里"玉树"意为"遗址",格萨尔所创立的岭国包括青海玉树。达那寺因存有不少和格萨尔传说相关的文物和遗迹,而被誉为"岭国大寺"。

尕尔寺是唐蕃古道上的一座寺庙，矗立在悬崖峭壁之上，风景优美，奇峰突兀，林木茂盛，苍翠秀丽，山林中栖息着各种珍禽异兽。据当地人介绍，岩羊、猕猴等动物常自由进出寺院，人与自然和谐相处的答卷正在书写……

▲ 远眺尕尔寺

尕尔寺作为一座具有悠久历史和独特风貌的寺庙，吸引着众多游客前来参观和朝拜，也成为了青海重要的文化遗产和旅游景点之一。

——康藏文化高地。夏季的玉树草原，赛马奔腾，上演着一年一度的歌舞盛宴。我们在玉树调研时，恰逢玉树赛马会和称多赛马节，藏民们都是举家而来，在道路两边安营扎寨，连绵数公里，盛大的场面令人震撼。

"囊谦人生下来，会说话就会唱歌，会走路就会跳舞。"囊谦独有的原生态歌舞"卓根玛"和民族手工艺"黑陶"已被列入国家级非物质文化遗产名录。

"卓根玛"，藏语"古舞或旧舞"的意思，是康巴藏族古老而淳朴的原生态歌舞艺术，集表演与娱乐于一体，起源可追溯至北宋宣和年间。当时囊谦社会因唐末吐蕃政权的崩溃，成为宋代的囊谦小邦，处于半独立状态，由"囊谦加宝"一系统治囊谦及整个玉树地区。其间，囊谦卓根玛开始在民间流传，之后盛行于清代中期乾隆年间。囊谦卓根玛的流派纷呈，大致分为香达卓根玛、白扎卓根玛与哇伊兴荣卓根玛三大支脉，其表演初为吟唱，继而起舞，终则歌舞并进，浑然一体。表演者神情庄重，姿态雄浑，尽显威严之态。这一舞蹈艺术之精髓，在于以颂歌佐以舞蹈，其说唱内容，多涉及颂山、颂神、颂天、颂地、颂五谷丰登、颂六畜兴旺，寓意深远，令人叹为观止。"表演时男女分列，围成一圈载歌载舞，舞蹈轻快、奔放，表现出很多游牧、农耕、狩猎及图腾崇拜意味的动作。"囊谦卓根玛曲调古朴优美，风格独特鲜明，表演不受时空限制，既可在宗教仪式、传统喜庆佳节上表演，也可随时随地即兴表演。在囊谦，每每有文化活动，卓根玛是必不可少的节目。

历史如云烟，卓根玛依旧。卓根玛就像高原上的无尽的江河水源，处处传递着生命的歌声。囊谦人创造了属于自己的文化，丰厚的文化积淀形成了乐观向上的文化自信，这自信延续着藏族文化的深厚内涵，来源于新时代的幸福生活。

⊙ 生态巴麦的神秘面纱

白扎盐场、白扎村和巴麦村是我们的调研重点。2024年8月4日中午，结束白扎盐场的调研后，我们就赶往下一个目的地。一路上，车辆在蜿蜒曲折的水泥路上疾驰穿梭，道路两旁的美景令人目不暇接，峭壁上的彩绘岩画像一位无声的老者，诉说着囊谦的神秘传说和人文故事。涓涓细流旁的草坪上，时而闪现一两个露营帐篷，孩子们在水边嬉戏玩耍……

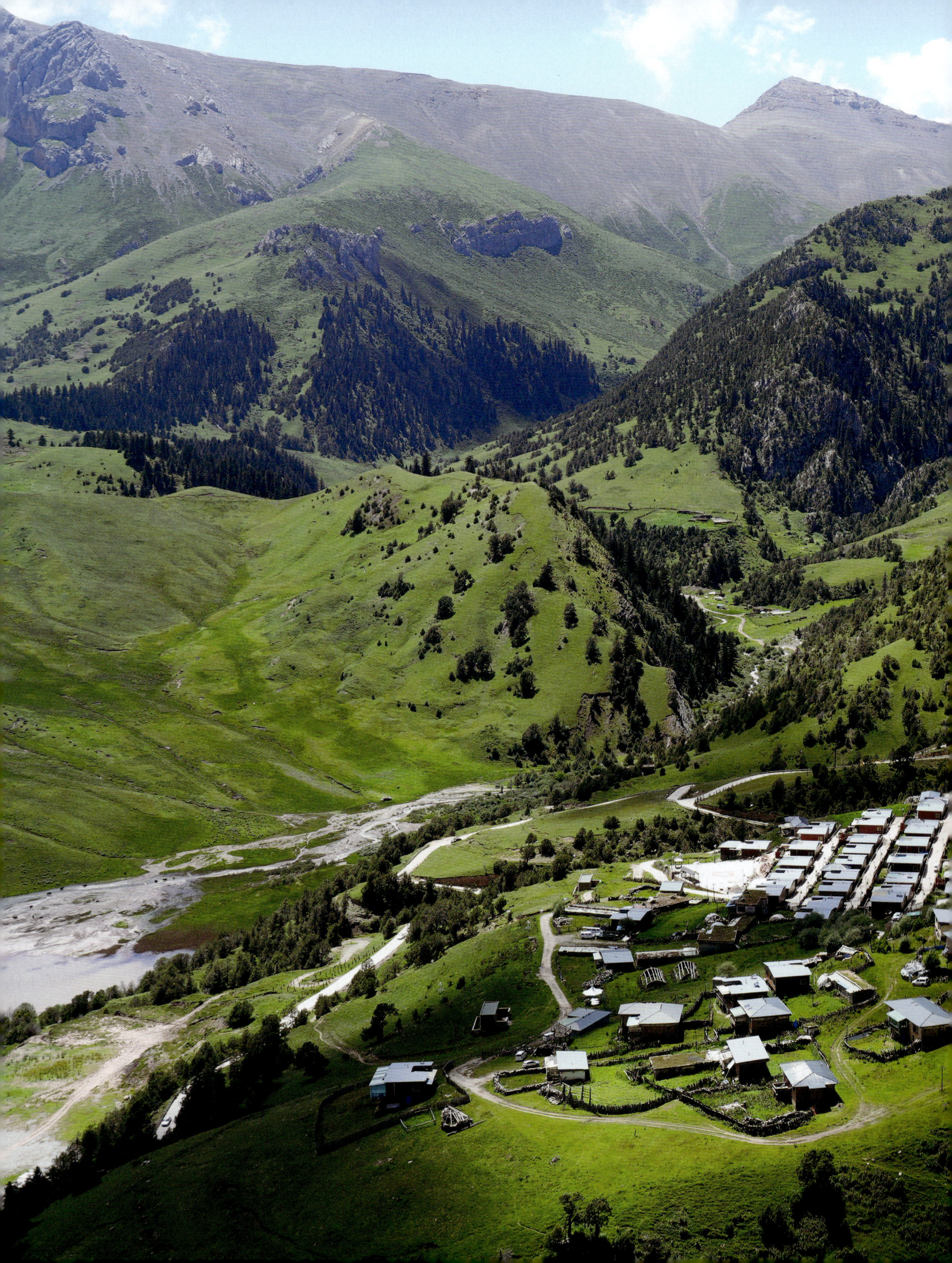

▲ 从尕尔寺俯瞰那巴麦村

8月初的囊谦，天朗气清，站在尕尔寺眺望，蔚蓝明净的晴空，翠绿油亮的草原，星棋罗布的藏式建筑，构成一幅美丽的生态乡村画卷，令人心驰神往。

"这就是囊谦人民的周末好去处。"同行的普桑是囊谦县委党校老师,土生土长的囊谦人,滔滔不绝地讲述着他对这片土地的热爱。陶醉于囊谦的秀丽山水,不知不觉来到了壮美奇绝的"江源第一大峡谷"——尕尔寺大峡谷,峡谷中水流潺潺,两侧山崖陡立,冷杉密密麻麻矗立于悬崖峭壁间,藏猕猴不时窜到路中央,憨态可掬。沿着水泥道路继续前行,峡谷尽头就是巴麦村。

由于抵达时已是正午,我们便在尕尔寺大峡谷里用了便餐,与高原峡谷里的山川草木来了个亲密接触。匆匆就餐后,沿着公路蜿蜒而上,来到有着最美乡村之称的巴麦村[2]。穿过一栋栋藏式建筑,先上到了悬崖半腰的尕尔寺,俯瞰巴麦村。在当地同志的陪同下走访了金巴索南、东都普吾、更桑成林三户牧民。为期 2 天的行程,我们调研了 3 个行政村,错落有致的古朴村落,幽美的山谷奇观,相映成趣的湖泊与古寺,都让我们为之惊叹。

驱车行走在巴麦村,一幅幅生态宜居、乡风文明、和谐共生的绝美景象呈现在眼前。在汉藏翻译人员的带领下,我们对巴麦村有了更加清晰的印象。

巴麦村,是中国少数民族特色村寨,是三江源国家公园澜沧江源园区的重要组成部分。"巴麦"系藏语译音,意为巴曲下游。

索南旺青,巴麦村包村组长,对巴麦村情了然于心。巴麦村距离囊谦县城 70 多公里,共有 3 个社,现有 246 户 1399 人,农牧民党员 36 名,入党积极分子 2 名,后备干部 5 名,有村社干部 8 名。草场面积 63.03 万亩,牲畜总数为 6816 头／只／匹,总耕地面积 579.3 亩。澜沧江支流巴曲从村旁缓缓流过,原始森林围绕在巴麦村旁,与村庄交相辉映,形成了一幅靓丽的自然风景画。而在这座美丽的生态村庄最高处,矗立着一座闻名遐迩的寺庙——尕尔寺,为这座生态新村增添了几分神秘色彩。

尕尔寺,是藏传白教最大的寺院,距囊谦县城 76 公里,距玉树市 250 公里,寺院建立在悬崖半腰上,像极了不丹的虎穴寺。远远望去,云雾中的寺庙若隐若现,又像一座天上的宫殿,当地人将之称为"尕尔宫"。寺庙分上下寺,进入下寺的是居士,进入上寺的则是僧侣。下寺位于巴麦村中,与村民为邻。下寺到上寺由一条狭窄的土路连接,是上寺僧侣生活物资唯一的补给路。尕尔寺上寺高耸入云,山的北面怪石嶙峋、寒风料峭,南边十分陡峭、温暖向阳。

---

[2] 2021 年 10 月 19 日,《人民日报》客户端发布一个航拍视频,题为《航拍囊谦县巴麦村:澜沧江畔,青海最美乡村惊艳你的眼睛》。

从巴麦村向上望去，晴空万里下的尕尔寺犹如镶嵌其中的空中楼阁，满山的五彩经幡迎风飞舞，直至山巅，如梦如幻。来到尕尔寺，从山顶的四下张望，一览众山小，万物觉远，路若蛇舞，水如明镜，云如流烟，巴麦村的古朴民居与周围美景融为一体，这样一幅青山如黛、绿草如茵的乡村画卷令人心驰神往。

尕尔寺历史悠久，关于它的传说充满了神秘色彩。据传，尕尔寺镇寺之宝是一对奇特的转经轮，为文成公主进藏嫁给松赞干布时带的嫁妆，以前可以自转，现在每天 24 小时值班，让它不停地转动。

近年来，在囊谦县委、县政府的打造和推介下，尕尔寺的知名度越来越高，成为了游客来玉树必去的旅游景点之一。

⊙ 景观留人，民宿留心

让旅游产业成为富民产业，最关键的是将旅游资源转换化为经济价值。"充分利用优质的自然生态资源和深厚的文化底蕴，把旅游业打造为转变发展方式和推进经济高质量发展的产业，是囊谦必破之题。"为打造"国际生态旅游目的地"，青海省委、省政府先后出台《青海打造国际生态旅游目的地行动方案任务分工》《青海打造国际生态旅游目的地 2022—2025 年工作要点》《青海省旅游景区高质量发展实施方案（2022—2025 年）》等，玉树州委、州政府印发了《玉树州国际生态旅游目的地首选区建设三年行动方案（2023—2025 年）》[3]。

2023 年，囊谦县召开文化旅游业高质量发展大会，成立以县委、县政府主要领导为双组长的工作领导小组，制定出台《囊谦县全域旅游三年行动方案》和囊谦县精品旅游路线规划，擘画了囊谦文旅发展新蓝图。按照方案要求，囊谦将充分利用生态、自然、

---

[3] 该文件中明确提出，支持发展主题民宿、帐篷酒店、自驾车营地、房车营地等新兴服务业态，实现本土文化资源与民宿产品有机结合，打造特色酒店、民宿体系。基于此，囊谦县结合自身优势，整合资源，打造民宿示范点。

▲ 金巴索南一家

金巴索南是巴麦二社的牧民,他家与尕尔寺毗邻。小儿子嘉朋大学毕业后,曾在酒店工作,在囊谦县委、县政府的推动下,他积极融入民宿打造中,成为巴麦村"第一批吃螃蟹的人"。

人文优势，形成"一心一廊三区三线"[4]生态文化旅游新格局。在基础设施提升中明确，要实现本土文化资源与民宿产品有机结合，打造特色酒店、民宿体系。方案印发以来，囊谦县全面推进旅游和投资环境提升工作。截至2024年5月，囊谦县完成投资150万元的尕尔寺峡谷景区提升改造项目，开工建设投资1300万元的尕尔寺峡谷道路提升改造项目和投资500万元的白扎乡吉沙村乡村振兴示范村项目。投资145万元改善提升白扎乡巴麦村116户人居环境，巴麦村旅游产业实现收益分红20万元，受益群众1457人。

充分盘活闲置民宅资源，开发建设特色民宿，对乡村旅游发展具有重要带动作用。在囊谦县旅游发展蓝图中，发展民宿产业是擦亮旅游"金字招牌"的关键一环。尕尔寺作为远近闻名的宗教活动点，与巴麦村得天独厚的自然条件、生态优势形成聚合效应，吸引了众多游客到此游玩。

"良好的生态环境和人文底蕴，解决了'想进来'的问题，但这不够，还要让游客'留下来''愿消费'。"在囊谦县旅游规划中，提升旅游服务设施品质是他们关注的重要问题之一，并将"大力扶持建设囊谦县民宿产业"写入文件。

围绕"留下来"的问题，囊谦县依托尕尔寺大峡谷景区规划，以巴麦二社为核心，动员了一批农牧民，经过层层筛选和评比，鼓励6户牧民利用宅基地打造民宿示范户。民宿经济的发展，既能为游客"留下来"提供载体，也能改变巴麦村自古以来靠山吃山、靠水吃水、靠林吃林的状况，为乡村振兴注入新活力。巴麦村的民宿经济发展刚刚起步，在此之前，当地酒店、民宿服务处于空白。我们在尕尔寺遇到了两家来自西藏的游客，浓郁的宗教文化氛围和美不胜收的风景，吸引他们来到了这里。在与当地人交流中，我们还了解到，凭着其得天独厚的自然资源和深厚的文化底蕴，巴麦村已经成为诸多游客的"打卡点"。

---

[4] 在《囊谦县全域旅游三年行动方案》的规划布局中，对"一心一廊三区三线"进行了明确。一心：香达中心旅游城镇（兼全县旅游服务中心）。香达镇作为囊谦县经济文化发展中心，自古以来是唐蕃古道、古盐道贸易往来的中枢重镇，是进藏入川必经之地，区位优势明显，发展潜力巨大，服务条件和基础设施功能完备，214国道全境横穿，与318国道和317国道形成川藏青旅游环线交集。以具备客集散基本功能和旅游"六要素"为切入点，将其打造成为青藏两省区214国道沿线东线旅游驿站和旅游服务中心。一廊：澜沧江源流域游牧与农耕文化人文廊道（贯穿国道214国道囊谦境内路段所经历的景观组合廊道。依托沿线丰富的旅游资源、自然禀赋，同步推进自驾营地、观景平台及其他相关配套设施建设，将其打造成为214国道沿线最有特色的景观廊道，与"中国景观大道"318国道形成呼应）。三区：东部森林生态观光与康养休闲体验区、西南高山峡谷观光与宗教人文旅游区、西北高山牧场观光与户外休闲旅游区。三线：以囊谦县城（香达镇）为中心向外辐射的三条大的旅游环线。

藏传佛教版"悬空寺"——尕尔寺，为一座建立在悬崖上的藏传佛教寺庙，是藏传佛教噶举派最重要的寺院之一，位于青海省玉树州囊谦县白扎乡的巴麦村。

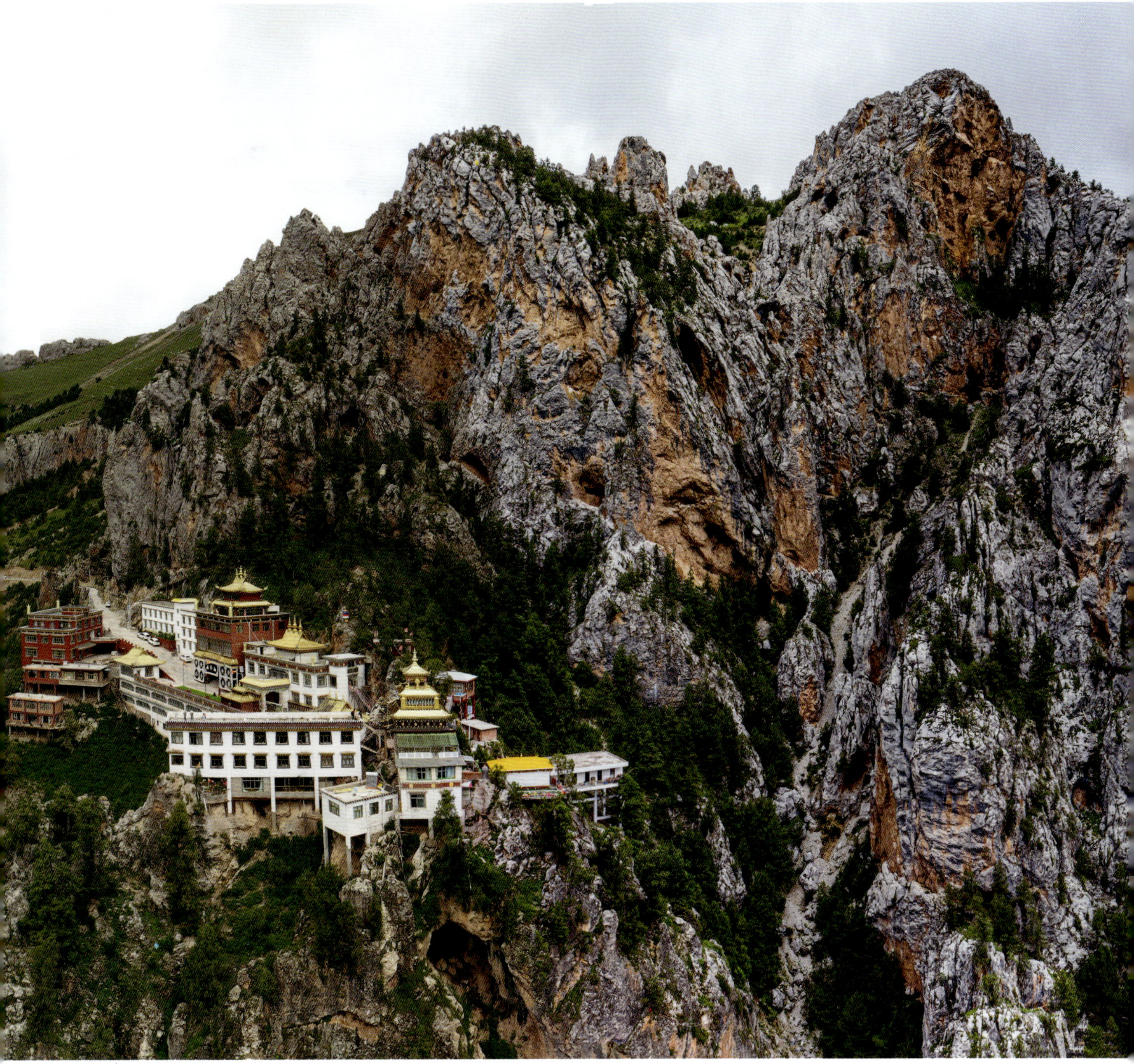

▲ 金巴索南与妻子

金巴索南既是编织工,也是木工,还是一名石匠,放过牛羊,也挖过虫草,养育4个大学生。他用双手为自己编织了幸福梦,如今谈及,脸上堆满自豪的笑容。

有人气就有活力，在游客的无限期待中，让人们看到了"民宿+"的新希望和新未来。关于这一点，一路陪同我们的囊谦县领导非常有信心，"乡村要振兴，关键要有产业。'民宿+艺术''民宿+非遗''民宿+民俗'，就是巴麦村发展特色文旅产业的抓手"。

⊙ 澜沧江畔的守护者

巴麦村民们生在巴麦、长在巴麦、反哺巴麦，他们是澜沧江畔最忠诚的守护者，他们坚守初心、留住乡愁、灌溉梦想，为乡村的发展注入了灵魂。

乡村旅游，贵在体验，其核心是生活。原住居民是乡村振兴的主体，需要"人"筑牢乡土人情味，更需要高素质人才发挥引导作用。

在过往的岁月里，巴麦村村民一直遵循着一个古朴的理念，在对生灵的敬仰中寻求永续发展之路。随着经济社会的发展，乡村旅游的概念走进了这个小村庄。囊谦县结合自身实际，拟将巴麦村打造为特色民宿样板。乡村发展民宿经济，主要靠旅游，而生态是旅游产业的基础和财富。这就首先要说到生态管护员，他们的存在，守住了生态优先的初心。

关于生态保护，巴麦村村民东都普吾深有体会。东都普吾，69岁，土生土长的巴麦村人，是6个孩子的父亲，家中还有103岁的老母亲。年轻时，他曾担任村支书、村医，还是白扎林场的护林员。担任护林员期间，他每月至少有23天的时间，都在这片他最熟悉的土地上来回往返，守护着这里的一草一木、一山一石。即便距巡护山林的年岁已有些许时日，头发已经花白，他也还清楚地记得，自己巡护的哪个山头有雪豹出没，哪个山沟有白马鸡活动。回忆巡护山林的日子，东都普吾的印象里似乎没有一点艰辛，有的只是能为之奉献的幸福。忆往昔岁月，他脸上堆满笑容，滔滔不绝。虽然我们听不懂藏语，但从他的语气和神情里，我感受到了他守护这片土地的决心和初心。白扎乡政府的工作人员土丁达杰告诉我们，对生态管护员们而言，这不仅是他们的职责，更重要的是，能用自己力所能及的方式去守护世世代代生活的家园。59岁的索南才措，也是一名生态管护员，没有上过学，在交谈中，她对环保理念知之甚少，但是受到祖祖辈辈的影响，她知道山不能挖、水不能脏、树不能砍。她每天的任务，就是和伙伴们一起巡山，捡拾垃圾，加强森林防火。"守护家门口的这片山林，是我能为家乡的绿水青山做的一点事情，尽的一份责任。"索南才措说，她希望每个人都能保护好自己的家乡，保护好自己脚下这片土地的生态环境。

走进尕尔寺下的巴麦村，四处弥漫着独特的藏文化气息。我们调研的三户牧民，各具特色，充满故事，有返乡创业者、有护林员、也有身残志坚的人，但他们都有一个鲜明的共同点，那就是热衷于藏传佛教文化的传承。我们所访谈的金巴索南、东都普吾、更桑成林三个牧民家里，佛堂窗明几净、檀香缭绕，他们每天都会来这里跪拜、诵经。

"他们去到寺院，可以在佛学院系统学习，还要考试、过级、考证。"62岁的更桑成林身患残疾，家境不算宽裕，有4个孩子，其中一个孩子10多岁就去山腰的尕尔寺出家为僧了。东都普吾也有一个孩子是僧人。在巴麦村这样一个与寺院毗邻的村落，宗教文化也是一种旅游资源优势，僧人不仅仅只是传统的修行者，也是乡村的一种文化符号。

"我的家乡很美，我想回来建设她。"嘉朋是金巴索南的小儿子，毕业于西北民族大学（专科）藏语言文学专业。我们问他，为何毕业后不到发达城市就业，而选择回到家乡，嘉朋朴实的回答触动了我们，这是他的坚守，也是他的梦想。大学毕业后，他曾在一家度假酒店担任职业经理人，摸透了酒店管理流程，也积攒了些许经验。2024年，在囊谦县委、县政府的鼓励和相关政策支持下，他决定利用自家的宅基地，打造一个特色民宿，成为巴麦村"第一批吃螃蟹的人"。"民宿的修建，需要先垫资，验收合格后，政府配资支持。"嘉朋介绍，他的民宿一共8个标间、1个套间，由于有相关工作经验，三姐又是学习旅游管理专业的，他对经营好自家的民宿非常有信心。嘉朋的兄弟姐妹中，除了出家为僧的哥哥，其他人在完成学业后都回到了囊谦工作，有的考公务员，有的自主创业。

"巴麦村是一个学风非常浓厚的村庄，过去大家比谁家牛羊多，现在比的都是谁家有大学生、公务员、医生……"2024年，巴麦村参加高考的学生有100多人，其中有10多人考上了本科。不同于其他地区的是，回归故土，似乎是囊谦县诸多大学生的共识。同行的囊谦县委党校老师普桑告诉我们，虽然条件相对艰苦，但从这片草原上出去的大学生，多数都回到了家乡。嘉朋这样的大学生返乡创业者，不是个体，而是一个群体，他们有着一颗炽热的心，带着学到的知识和理念回到牧区，反哺这片热土。正是在这些"领头雁"的带领下，巴麦村的"民宿+"发展未来可期，越来越多的人将吃上"民宿饭""旅游饭""生态饭"。而他们这群人，追求的是小家的致富梦，也是藏区儿女心向往之的中国梦。

▲ 103 岁的老人央青及女儿

受佛教文化的影响,囊谦人把佛教禅坐行为融入生活,无论是在田间劳作,还是山野放牧,都会以禅坐的方式休息,放松身心。所以囊谦人把心爱的故乡称为"禅定之乡"。

▲ 更桑成林和妻子索南才措

"守护家门口的这片山林,是我为家乡的绿水青山做的一点事情,尽的一份责任。"生态管护员索南才措说,她希望每个人都能保护好自己的家乡,保护好自己脚下这片土地的生态环境。

⊙ 生态赋能，多元融合

囊谦县在打造国际生态旅游目的地（示范县）的行动计划中，将民宿作为抓手，提出要大力扶持发展民宿产业。

新时代推进文旅融合发展，囊谦要立足需求端，提供更多新产品、新业态、新场景，更需要处理好生态保护与生态旅游的关系，探索好传统观光向沉浸式体验转型，解决好"民宿＋"配套服务问题，利用好牧区乡贤能人。

生态环境保护和经济发展不是矛盾对立的关系，而是辩证统一的关系。只有把绿色发展的底色铺好，才会有今后发展的高歌猛进。囊谦县是青海的"南大门"，澜沧江上游五条支流贯穿全境，野生动植物资源丰富，是三江源地区重要的生态保护区、缓冲区和生态屏障。正确处理好生态保护与生态旅游的关系，实现多重效益的可持续发展，才能走出一条具有囊谦特色的高质量发展之路。巴麦自然资源禀赋，民族文化、宗教文化、非物质文化遗产丰富多彩，具有良好的生态旅游发展基础。与此同时，我们也关注到，不少地方在生态旅游发展过程中，出现了过分追求资源的开发与利用、以生态消耗为代价来获取短期收益等现象，最终不仅导致经济发展受阻，环境还遭到了不可逆转的破坏。

"我想把厨房打造为一个体验式空间。"嘉朋表示。的确，体验经济时代，人们喜欢的不再是产品本身，而是产品所处的场景，以及在场景中获得的体验。向沉浸式体验转型的过程中，内容要素是关键。要结合巴麦村历史文脉，避免同质化，打造符合自身特质、让受众产生情感共鸣，具有生活化、差异化的独特IP。

民宿旅游不仅仅是"宿"，更要提供体验场景。从聚焦"物"转向聚焦"人"，从设计"产品"到设计"场景"，才能满足游客对特色体验和生活方式的需求。

以"民宿＋文化"为核心，结合当地农牧文化、藏传佛教文化、特色生态文化，设计具有趣味性、互动性和探索性的沉浸式研学活动，让游客可以近距离地参与其中，感受藏族农牧民的生活艺术和审美情趣。

通过"民宿＋科技"，推动跨界融合、协同创新，将虚拟现实（VR）、增强现实（AR）、混合现实（MR）等数字技术与场地、建筑、人文环境等相结合，打造沉浸式生态环境体验馆。

探索"民宿＋非遗"旅游产品，推出不同时节、不同主题的巴麦游活动，囊括传统的卓根玛等民族歌舞表演，藏式摔跤、赛马等活动，青稞饼、酥油茶和藏式火锅等美食。

　　要提升游客旅游体验，配套服务必须得跟上。近年来，在乡村振兴战略的推动下，巴麦村民宿供给硬件和服务得到了显著提高。但因地处原始林区，巴麦村道路、供水、供电等基础设施严重短缺，乡村管网等配套设施建设滞后，导致村民深受"用水难""用电难"的困扰。我们在调研中，正在打造特色民宿的嘉朋就表示，水、电问题不解决，很难提供好的服务。目前，村里用电主要依靠太阳能，只能满足基本生活的需要，很多大功率的电器用不了。改善水、电、路、通讯等公共服务设施，成为巴麦村推进民宿经济发展亟待解决的问题。囊谦县需自上而下谋划，积极探索招商体制机制，通过招商引资为当地基础设施建设和维护提供必要的资金支持。同步争取上级专项资金支持，加快完善巴麦村供水工程体系，推进饮水安全工程建设，加快道路和管网建设，解决用水、用电等问题。同时，加大对巴麦村供水、供电人才的培养和引进，坚持常态化监督，统筹做好巴麦村通水、通电及其日常维护专项整治工作。对巴麦村道路进行分类摸底，结合"民宿＋"等旅游发展规划，实施农村道路提档升级，提升乡村交通便利性，对其中产业发展规模较大、效益较好的村道实施拓宽和硬化工程。

　　特色民宿的发展，离不开人才支撑。作为乡村文化振兴的重要内生力量，乡贤能人在参与乡村建设、管理公共事务、引导风俗文明等方面具有重要的引导、示范作用。巴麦村自古以来重视教育，近年更是走出了一批批大学生。这些大学生进入高等院校，接受专业教育，成为乡村发展不可或缺的人才。完善乡贤能人相关制度建设，利用好这批土生土长的大学生，充分发挥人才在实施乡村振兴战略中的重要作用，对推动乡村振兴具有重要意义。此外，我们注意到，巴麦村还有一批经验丰富的石匠、木匠等手艺人。依托这批老工匠，实施乡土人才示范培训，培养一批"土专家""田秀才"，既能传承乡村文化，又能延续"工匠精神"。

《读懂三江源　走好援青路》
李继飞　纸本素描　368mm×260mm
创作于玉树州称多县珍秦镇十村　2024年7月30日

澜沧江发源青藏高原，江水奔腾而下，流经茂密森林，滋养万物生灵。地处澜沧江上游的囊谦，自古扼守青海进入西藏的"南大门"，扎曲、孜曲、巴曲、热曲、吉曲等5条河流贯穿全境，形成尔尔寺峡谷、然察峡谷、达那峡谷等。

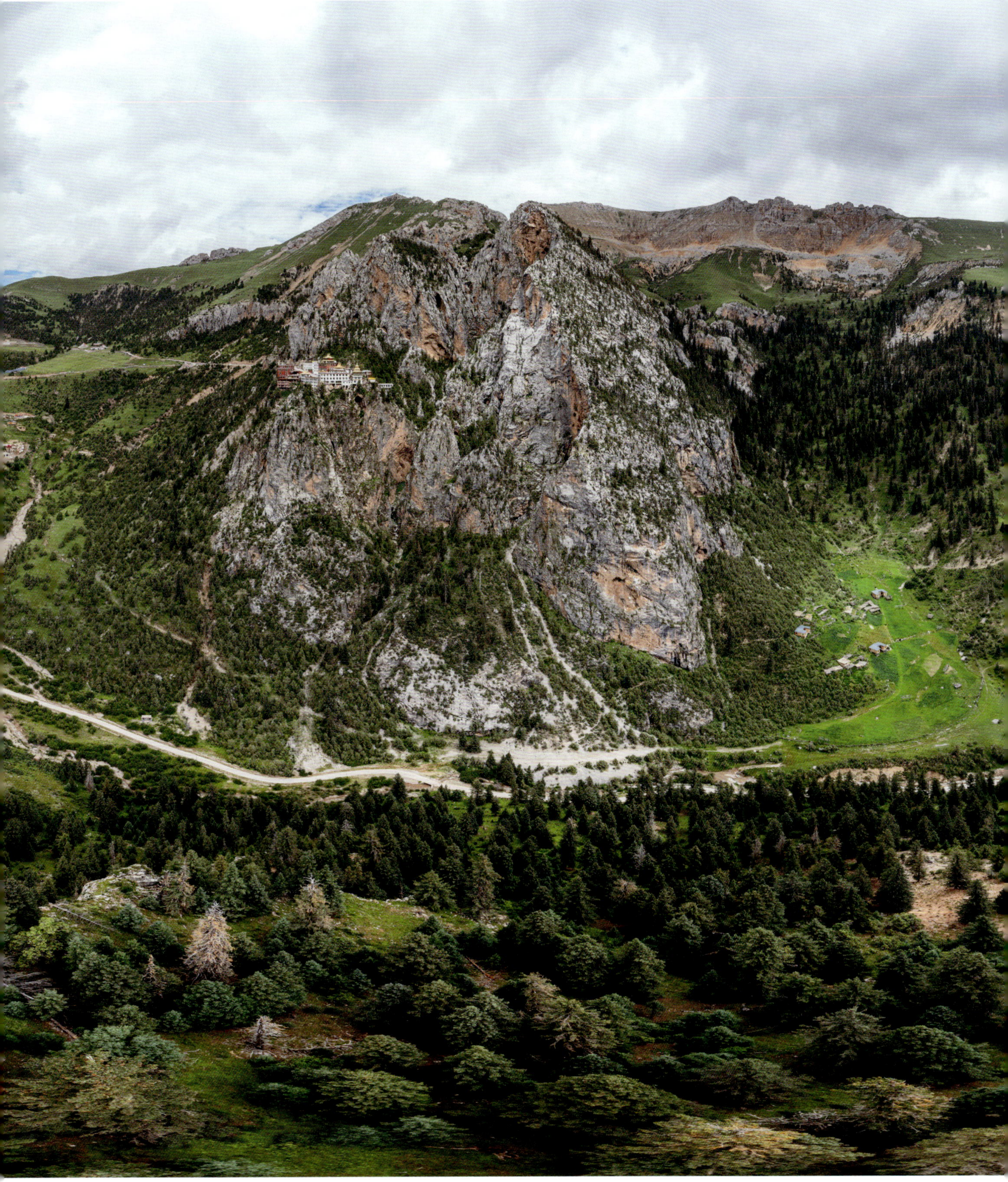

CONCLUSION

结语

《当代山》

李继飞　纸本素描　368mm×260mm

创作于玉树市当代山观景台　2024年7月23日

三江源和谐共生图

三江源，是江河之源，更是生命之源、文明之源。

曾经，一代又一代科学考察队前赴后继，勘探寻找三江源头的"第一滴水"，填补科研"空白区"。今天，我们开展三江源田野调查，以探究生活在这个蕴藏着地球生态环境无穷奥秘之地的"人的意义"为导向、核心与重点，也算是一次集科学、艺术于一体的"三江源人文科考"尝试，致敬巅峰使命、致敬不懈攀登。

全国政协委员、中共青海省委首席决策顾问、三江源国家公园管理局首席专家、三江源研究院院长连玉明教授发起并组织开展的三江源田野调查，从三江源的核心区玉树州[1]开始并不断深入。从2023年7月到2024年7月的一年时间，连玉明院长本人及其带领的研究团队9次到达玉树开展调查研究。2023年7月21日连玉明院长的第一次"玉树之行"正式开启了三江源田野调查计划，在此后的一年时间中他本人到玉树调研53天，参与或组织17项各类活动。三江源田野调查还实施了对玉树的集中大调研。2024年7月，为落实北京市委统战部、青海省委统战部、三江源国家公园管理局共同签署《"保护母亲河，守护三江源"新的社会阶层人士社会服务实践基地共建协议》及方案，在青海省委政研室指导下，在北京市委统战部、青海省委统战部、三江源国家公园管理局支持下，由玉树州委政研室、州委党校和三江源研究院共同组织实施的"保护母亲河，守护三江源"首都专家玉树高质量发展调研暨全国政协委员履职"服务为民"活动。在这次活动中，连玉明院长率38位专家顾问和研究人员在玉树开展了为期18天的沉浸式调查。

经过一年时间，三江源田野调查覆盖了玉树的28个乡镇和街道，占玉树的乡镇和街道总数的61%，抵达一个又一个可感可知的具体现场，了解更多接地气的"人与自然"的故事。调研组走进60多个牧民家庭，通过座谈、访谈方式与300多人对话交流，直面一个一个兼具普遍性、典型性和多样性的"人物群像"，他们是当地牧民、僧人、学生，他们是扎根三江源的工作者、研究者、志愿者，他们是三江源的守护人、传承人、见证人……

对于研究者而言，于"江源玉树"的绿水青山中行走与穿梭，是一场难得的出入自我与他者生活的人生体验和研究实验。由此搭建起理论与现实、科学与人文之间的桥梁，并不断具象成一幅充满自然之美、生命之美、生活之美的"三江源和谐共生图"。

---

[1] 玉树藏族自治州（简称"玉树州"）辖1个县级市和5个县。包括：玉树市、称多县、囊谦县、杂多县、治多县、曲麻莱县，11镇34乡4个街道办事处，258个村和49个社区。三江源国家公园涉及玉树州的治多、曲麻莱、杂多3县10个乡镇，38个行政村。分别是治多县索加乡的当曲村、莫曲村、牙曲村、君曲村，扎河乡的智赛村、大旺村、口前村、马赛村，曲麻莱县曲麻河乡的昂拉村、措池村、多秀村、勒池村，叶格乡的红旗村、莱阳村、龙麻村，麻多乡的扎家村、巴彦村、郭洋村，杂多县莫云乡的达英村、格云村、巴阳村、结绕村，查旦乡的达谷村、齐荣村、跃尼村、巴青村，昂赛乡的年都村、热情村、苏绕村，阿多乡的多加村、吉乃村、瓦河村、普克村、达阿村，扎青乡的地青村、昂闹村、达清村、格赛村。

▲ 治多湿地河流

三江源承载着全球的共同期待。我们能在这儿看到人类文明发展的拐点，在这里经过，氧化碳达到排放平衡并开始下降，到那时，人类的影响才有真正进入可持续发展的新阶段。

▲ 江嘉多德山脚下的"色吾措"

像爱护眼睛一样守护三江源这片中华大地的瑰宝,愿江河奔腾不息,万物和谐共生,文脉绵延不绝。

⊙ 自然之美

玉树是江河之乡，长江、黄河、澜沧江发源于此，区域间无数分水岭勾勒出一幅"长河逶迤、星河棋布、远山连绵、朱白争辉"的山水画卷。天地有大美而不言，但经由天地之美，却可达万物之理[2]。

玉树州曲麻莱县麻多乡可以算是三江源田野调查的第一站。黄河从这里发源，从青藏高原奔流而下。当我们看见约古宗列曲[3]仅有的一个泉眼，竟难以想象汹涌磅礴的黄河是这一股股细微的清泉和一点点微小的水泊汇聚而成。《说文解字》云："山者，宣也。宣气散生万物也。"《易传》云："坎为水，润万物者莫善于水。"站在江河源头，对黄河的认识和对自然之美的理解，有了一种不以其形态解读，而从其性质和功用出发来认识的全新角度。黄河以其丰富的、独特的方式展现着天地之大美，也秉持着"积小流以成江海"的固有规律而生息运行于大自然之中。这种自然之美与自然法则含藏着的内在生命力和万物生机，也深刻影响着世世代代生活在这片土地上的人。

在开展三江源田野调查的过程中，调研组前后三次走访了坚守"黄河源头第一哨"的藏族牧民各求。其中，2024年8月9日连玉明院长再次来到黄河源头，不仅和各求一家人亲切交谈，还为这位光荣的民兵战士、三江源国家公园的生态管护员送去了"三江源研究院黄河源头保护与研究基地黄河第一哨"的荣誉证书。这份荣誉证书不仅是给各求的，更是向世世代代坚守在黄河源头，把保护河源的理念和精神代代相传的人们致敬。"尽小者大，积微者著"[4]，由约古宗列曲一路向东，从玉树、果洛到海南、黄南、海东……就如涓涓细流聚成大江大河一样，因为有许许多多的各求，以他们自己的小行动践行着黄河流域生态保护和高质量发展的国家大战略，才能让黄河的自然之美长久延续。黄河清流是注脚，保护河源是见证。正如习近平总书记说的那样，"黄河很美，将来会更美。"[5]这将照亮黄河未来的发展之路。

---

[2] 出自《庄子·外篇·知北游》。庄子曰："原天地之美而达万物之理。是故至人无为、大圣不作，观于天地之谓也。"意思是：圣哲的人，探究天地之美而通晓万物生长发展的道理。美的事物一定会给人以心灵的震撼，并从中获知内在的精神内涵。因此，与其说是用感官来欣赏美，倒不如说是用心灵在解读美。在这个意义上，自然美学就是"原天地之美"的美学，因为这种美学在很大程度上是由天地本身参与完成的，而非完全由人力为之。

[3] 约古宗列曲是一个东西长40公里，南北宽约60公里的椭圆形盆地，内有100多个小水泊，似繁星点点，又似粒粒珍珠。

[4] 引自《资治通鉴·汉纪九》，意思是：尽量收罗微小的就能变成巨大，不断积累隐微的就会变得显著。

[5] 《"黄河很美，将来会更美"——习近平总书记在甘肃、陕西考察并主持召开全面推动黄河流域生态保护和高质量发展座谈会纪实》，《人民日报》2024年9月15日第3版。

河源唯远，当溯源而上。长江的正源位于青海可可西里南部的沱沱河。沱沱河进入玉树便是通天河，是长江的上游段之一，也是著名的自然景观之一。在这里，仰望、俯瞰、平视的每一个自然角度都美得不可思议，更加令人引发无限思索的是造就这里的湿地、岩石、土壤、植物、动物等的独特气候力量，当然，还有与此同样具有神奇力量的人的生态行为。

　　2024年4月16日，连玉明院长在三江源国家公园管理局长江源园区管委会治多管理处[6]参加了一场特殊的座谈会。参与座谈的都是"离自然最近的人"——三江源国家公园的生态管护员。在这场座谈会上，连玉明院长问了很多问题，参加座谈的生态管护员回答的却不是很多，因为他们有的几乎不会说汉语，有的甚至不识字；他们并不擅长表达，却用实际行动为长江生态管护这件事情给出了一个切实的答案，那就是——坚守。

　　"一户一岗"生态管护公益岗位机制，是三江源国家公园平衡生态与社区关系的一项代表性举措。园区内的每个牧户都设立了一个生态管护员岗位，让这些土生土长对长江源头的环境了如指掌的牧民群众持证上岗。生态管护员向我们展示了他们的巡护日志，这里面有巡护路线——"早上9点出站，12点回站，下午2点出站，4点回站"，还有巡护内容——"森林防火、动物疫源疫病监测、病虫害监测、野生动植物保护、盗伐滥伐森林、非法开采林地、牲畜进入林地、非法占用林地、毁坏林地、破坏网围栏、界桩、破坏宣传牌等设施"，有"一日所见"和"发现管护区内异常情况作出的处理及结果"，最醒目的是"一切正常"旁边画上的大大的"√"。生态管护员们就是这样用脚步丈量三江源的每一寸土地，与山水相融、与生灵共处、与草木共生，共同构成了一幅海晏河清、碧草连天、生机勃勃的大美画卷。

　　三江源的自然之美藏于绚丽的水世界之中，水呈现出多姿多彩的形态。除了流淌的水——长江、黄河、澜沧江由此发端，还有以冻土、冰川的形式被大地封藏，还有一些或汇聚于湖泊，或涵养于湿地，或渗透于地下。长江、黄河、澜沧江的水源主要来自冰川融水。在河床与水流的相互作用下，经过长期的侵蚀、搬运、堆积，最终发展成相对稳定的河流。

　　与长江和黄河"大江东去"的走势不同，澜沧江[7]是在跨纬线上向南奔涌，孕育着与东西流向的河流完全不同的生物多样性与文化多样性。澜沧江发源于中国青海省玉树

---

[6] 三江源国家公园长江源园区在空间上覆盖可可西里国家级自然保护区和三江源国家级自然保护区索加—曲麻河保护分区、当曲保护分区、各拉丹冬保护分区及其间的连通区域。

[7] 澜沧江—湄公河是亚洲重要的国际河流，发源于青海省唐古拉山，流经缅甸、老挝、泰国、柬埔寨和越南，其在中国境内段被称为澜沧江，境外段称为湄公河。

藏族自治州的杂多县唐古拉山北麓。在这里，流水的力量展露无遗。澜沧江源区河网密布，汇聚着400多条大小支流，是典型的辫状水系，河道多、分叉多、聚合多，分分合合，像姑娘编的小辫儿。澜沧江流经诸多大峡谷，形成南北物种交流的通道，东西物种阻隔分化的舞台。流域涵盖了从热带雨林到高山灌丛、草甸的完整系列，形成了独特的气候类型和自然景观。

地处澜沧江上游的囊谦，是我们开展三江源田野调查的一个重要点位，2024年4月、7月分别两次到囊谦调研。其间，我们查阅周希武在《玉树调查记》中的描述："扎曲：又东入囊谦境，倒泽云水自然来入之……水出囊谦西北境奢乃拉山麓，左右各受一水……又东，仍入囊谦境……又东，经苏尔莽境出界……"囊谦自古扼守青海进入西藏的"南大门"，扎曲、孜曲、巴曲、热曲、吉曲等5条河流贯穿全境。澜沧江进入囊谦后，河道弯曲多变，接纳了许多小河的注入，由此形成许多美丽的河湾，造就和滋润着"玉树小江南"独特气候和神秘景观。还形成了尕尔寺峡谷、然察峡谷、达那峡谷等峡谷，其中尕尔寺大峡谷和然察大峡谷被誉为澜沧江第一大峡谷，谷中气候温暖湿润，拥有天然的原始森林，具备充足氧气，即便海拔接近4000米也不会出现高原反应。

崇山峻岭、高原草甸、奇峰异石、森林古木在澜沧江源区争奇斗艳，呈现出生物、地质和景观的多样性。不仅是源头上游，整个澜沧江流域都孕育着极其多样的生态系统。生物多样性与文化多元性相互依存，有了多样的生物，才有了多元的文化。生物多样性是文化多元性的基底，而文化多元性又是保护生物多样性的原动力。这些自然的、人文的元素融为一体，因果循环，也融入人们的信仰与行动。我们在7月份的调研中了解到，就在我们到达之前的7月15日至20日，囊谦接待了一批特殊的客人，来自澜湄六国的近30名水利专家，探寻澜沧江源头并开展实地考察[8]。这与我们对澜沧江这条国际河流的自然之美的理解不谋而合[9]，自然之美勾画的不仅是人与大自然的和谐共生，更描绘着"共饮一江水"的命运共同体行动。

---

[8] 7月15日至20日，澜湄六国澜沧江江源联合考察活动在青海省举行，来自澜湄六国的近30名水利专家探寻澜沧江源头并开展实地考察。活动由澜湄水资源合作中心和湄委会秘书处共同组织开展，外交部边海司、水利部国际合作与科技司等相关人员参与。考察期间，专家探访了澜沧江源区的民生水利、生态环境保护等项目，进一步了解江源区水资源管理、环境保护等创新实践。考察团对澜沧江源区的生态环境治理成效表示认可与赞赏。

[9] 澜沧江流域是我国少数民族数量最多的地区之一，全流域共生活着20多个少数民族，地州级行政区划中半数为少数民族自治州。澜沧江源区和上游是藏族聚居区，人口中90%以上是藏族，其余还有回族、撒拉族、蒙古族等。在滇西北，还生活着10万藏族人口，他们和西藏藏族虽然保持着相同的宗教信仰，但在生活方式、文化特征上已有很大的差异。澜沧江流域内还居住着彝族、白族、哈尼族、傣族等少数民族。

▲ 治多县扎河口前曲

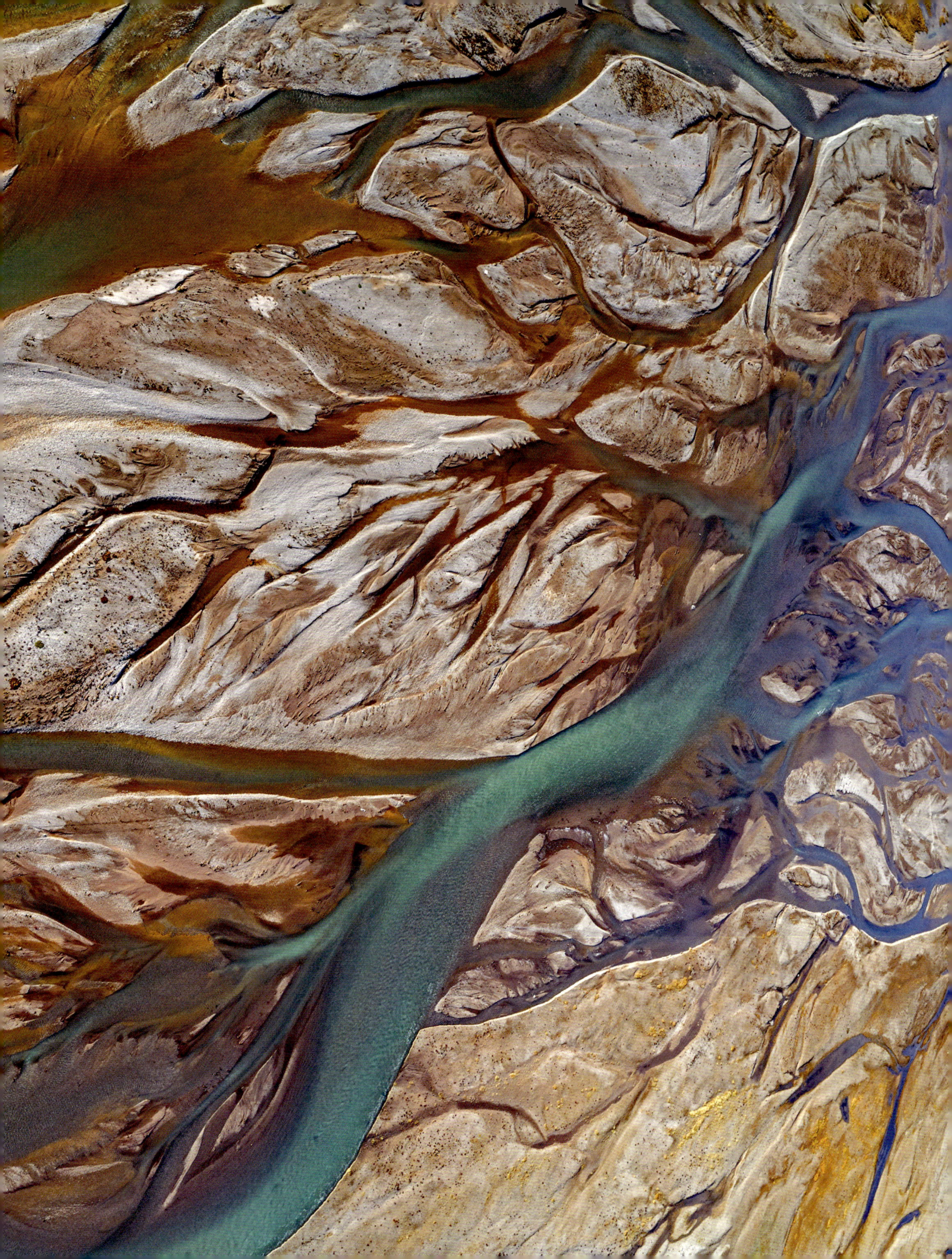

⊙ 生命之美

犹如描摹一幅中国画，如果说水是三江源大地幻化的水墨，山是三江源区地貌的基本线条，那么，多样性的生物就可以说是三江源这个高原生命王国里生生不息的丰富色彩。三江源田野调查对玉树这个高海拔地区生物多样性最集中地区的观察，让我们得以从多种"观法"[10]中领悟"三江源和谐共生图"的内涵，探究玉树作为世界上独具特色的陆生生态系统和高原生物物种基因库，作为高海拔地区生物多样性最为集中的地区，其生物多样性所具有的全国乃至全球意义的保护价值。

我们不仅到达了地处澜沧江上游的囊谦，还专门走访了三江源国家公园澜沧江源园区。澜沧江源园区位于玉树的杂多县，包括三江源国家级自然保护区果宗木查、昂赛2个保护分区，面积1.37万平方公里，涉及杂多县的莫云、查旦、扎青、阿多和昂赛5个乡。2024年4月15日，连玉明院长第一次带队赴"雪豹之乡"杂多县的昂赛乡考察，此后又两次到昂赛调研。

与三江源地区生态系统的旗舰物种，有着"雪山之王"之称的雪豹关系紧密的三江源国家公园内首座科研工作站——昂赛工作站，是我们的一个调研重点。当我们来到昂赛，只见澜沧江从峡谷间迂回奔流，一座临江而建的橘红色小屋伫立其间，这就是由北京大学生命科学学院、北京大学生态研究中心、杂多县人民政府、国家公园澜沧江源园区管委会以及山水自然保护中心[11]等共同建设的科研工作站——昂赛工作站。工作站负责人赵翔向我们介绍，昂赛工作站始建于2015年，2017年落成，2017年7月28日正式揭牌投入使用，主要承担社区培训、科学研究、公众力量参与等工作。通过这个科学研究和志愿者参与的平台，我们进一步了解了科学研究、社会创新、社区参与对于"雪豹之乡"的重要性。

昂赛工作站的主力军是一批来自北京大学的博士生，他们长期在工作站开展科学观察，并发动当地牧民参与。通过在布设红外相机，累计识别出109只雪豹个体和18只金钱豹个体。在此基础上开展了雪豹的种群动态、栖息地变化、活动节律、种间关系等生态学研究，以及青藏高原动植物群落生态位分化、物种间互相作用、物种生态功能、生态系统调控机制等的相关研究，形成了一系列研究成果，包括：《青藏高原三江源地区雪

---

[10] 中国画首先是观察方法，即"十观法"。以大观小，以小观大，远观近取，近观远取，仰观俯察，由表及里，以动观静，以静观动，目识心记，以情动物。

[11] 北京山水自然保护中心基于三江源雪豹研究，发表研究论文10余篇，于2018年"国际雪豹日"与多家机构联合发布《中国雪豹调查与保护现状2018》，并基于此出版《守护雪山之王：中国雪豹调查与保护现状》。

豹（Panthera uncia）的生态学研究及保护》《雪豹（Panthera uncia）对岩羊（Pseudois nayaur）的致死效应和风险效应》等。通过科学观察与研究证明澜沧江源区域是中国大中型食肉动物群落最丰富的区域之一，雪豹数量的增加，反映了昂赛大峡谷以及三江源地区生态体系的完整和生物多样性的丰富，因为没有足够数量的草食动物，无法支撑起如此庞大数量的雪豹群体。

为发动公众力量，对昂赛区域进行生物多样性本底调查，进而提供基于科学知识的自然教育产品，昂赛工作站自 2016 年以来，参与举办了三届"昂赛国际自然观察节"，累计有 55 支来自国内外的参赛队伍参加，对区域内的各种兽类、鸟类、两爬类和植物进行了详尽记录，2022 年还发现了青海省的新纪录——黑短脚鹎。活动在持续更新区域内生物多样性数据的同时，为当地社区带来一定的经济收入，也为公众提供了感受和了解国家公园的窗口。为扩大国家公园建设的公众参与，三江源国家公园联合山水自然保护中心还启动了三江源国家公园科学志愿者项目。自 2018 年至今，项目共招募 9 批次 45 名昂赛工作站科学志愿者和超过 100 名线上志愿者共同参与三江源地区的社区保护工作。

如何让"雪豹之乡"真正成为珍稀野生动植物理想栖息地，昂赛工作站还做了一些多元保护与发展平衡模式的探索。2018 年，在三江源国家公园澜沧江源园区昂赛管护站授权下，昂赛工作站还与当地政府和牧民合作社一起开展了昂赛"大猫谷"自然体验项目——由 21 户经过培训的牧民担任自然体验向导、司机和接待家庭，带领自然体验者在昂赛观赏自然景观、游览文化景观、体验牧区生活。示范并推广"政府主导、社区治理、社会参与"的社区共建共管模式。2019 年 3 月，昂赛自然体验项目通过三江源国家公园管理局审批，成为中国首个国家公园生态体验特许经营试点之一。2022 年，这个项目还获得了第八届中国国际"互联网+"大学生创新创业大赛全国总决赛金奖。从 2018 年自然体验项目开展至今，年都村累计接待团队 607 队、985 人次，为社区带来 306 万元的总收益，其中社区基金（包括村集体基金和生态保护基金）168 万元，23 户接待家庭平均增收超过 5.9 万元。

昂赛"大猫谷"不仅仅是一个创新项目，更是探索了一种在环境脆弱区，集实现生态保护惠益当地群众、让自然体验游憩收益反哺自然保护、让访客体验国家公园生态系统原真性于一体、体现国家公园全民共享理念的一种良性模式。这个模式背后最重要理念就如这个项目的倡议口号——"用心聆听雪豹与社区的脉动"，这是生命之美最动人之处。

栖息在玉树这片土地上的不仅有雪豹，还有黑颈鹤、藏羚羊、野牦牛、白唇鹿等 24 种国家一级重点保护野生动物，棕熊、狼、欧亚水獭等 62 种国家二级重点保护野生动物。

地处玉树市隆宝镇的隆宝国家级自然保护区[12]是黑颈鹤之乡，也是此次三江源田野调查到达次数最多的地方，前后去过5次。在这里，我们了解了隆宝国家级自然保护区管理站站长巴桑才仁带领生态管护员守护黑颈鹤的故事，领略到三江源和谐共生的生命之美，也为这份美的传播和延续做了一些力所能及的工作。

2023年7月22日，连玉明院长第一次到隆宝国家级自然保护区进行实地调研。根据调研情况，他在2024年两会期间向全国政协提交《关于建议将黑颈鹤确定为中国国鸟

---

[12] 为了保护好珍稀濒危鸟类，1984年8月经青海省人民政府批准建立了隆宝省级自然保护区。1986年8月经国务院批准，隆宝自然保护区晋升为国家级自然保护区，成为青海省第一个国家级自然保护区，也是中国第一个以保护青藏高原特有种——黑颈鹤及其栖息繁殖地的野生动物类型自然保护区。

▲ 玛多湿地

的提案》，提出"随着三江源国家公园建设工作的推进，黑颈鹤的知名度和影响力不断扩大。参照世界范围内国鸟确定的标准，黑颈鹤符合作为中国国鸟的条件，应进行深入论证。"该提案引起社会各界的广泛关注，也成为我们参与黑颈鹤研究工作迈出的重要第一步，取得了初步成果。

2024年，我们又前后四次参观调研黑颈鹤的保护情况。2024年7月26日，当我们再次到达隆宝，巴桑才仁站长引导我们走进自然生态科普宣教馆，参观了"有'高度'的自然保护区——海拔4200米""高原上的生命乐土"和"隆宝的守护"三个展区，以及"隆宝自然保护区介绍""隆宝滩上的秘境""云端隆宝——我与黑颈鹤约定的地方""高原上的绿色精灵"四个主题内容，详细介绍了自然保护区的发展历程和生态保护的丰硕成果。参观完科普宣教馆，巴桑才仁站长带领我们通过望远镜对自然保护区进行观察，可以清晰地看见一对对黑颈鹤在沼泽中翩翩起舞。巴桑才仁骄傲地说："我们自1984年建立保护区以来，黑颈鹤数量从22只增加到最多时的216只，成为繁殖黑颈鹤种群密度最高的地区之一。""鹤丁兴旺、人鹤共生"见证了高原生态之变，展现出"像对待生命一样对待生态"的理念。

在这次调研中，连玉明院长领导的三江源研究院在玉树隆宝国家级自然保护区设立了中国鹤研究基地，将围绕黑颈鹤开展相关系列活动并积极打造"中国鹤"文化品牌。让黑颈鹤成为人们了解三江源生态人文的使者，也得到了中央及有关国家部委的高度重视和积极回应。2024年8月28日，国家林业和草原局就连玉明院长提出的《关于建议将黑颈鹤确定为中国国鸟的提案》做出答复，我国"持续加强黑颈鹤等濒危鸟类及其重要栖息地保护，取得显著成效。……将结合'世界野生动植物日'等重要节点，加强黑颈鹤的科学宣传，提高全社会对黑颈鹤的关注度……形成尊重自然、保护生态、人与自然和谐共生的良好社会氛围"。正如2024年5月3日《青海日报》第1版刊登的《让隆宝一直这样美下去！》一样，我们期待着全社会行动起来，让黑颈鹤成为三江源诗情画意中最灵动的符号。

在三江源，特有的生态环境孕育了特有的生物资源。其中，牦牛是唯一能够充分利用青藏高原草地资源的优势和特有遗传资源的高原物种，具有不可替代的生态、社会、经济地位。藏语中牦牛被称为"诺尔"，意思是宝贝。三江源田野调查先后两次对玉树曲麻莱县约改镇长江村进行调研，在这里我们听到了关于牦牛的动人传说，看到了一个动物种群与一个人类族群相互依存、不可分离的生存状态。

相传，藏族先民刚到达高原时，缺衣少食，无法立足。于是他们向山神求助，山神将高原上的野牦牛分为两部分，一部分野牦牛下山帮助人类驮物，为人类提供皮毛、牛奶和牛肉，另一部分则继续留在山上。"山神的家畜"牦牛成为帮助一代又一代藏民抵御饥寒的"高原之舟"，是藏民族游牧文化的生命之源和精神图腾。

牦牛肉营养丰富、肉质鲜美，但它的生存条件苛刻，而且产量稀少，所以野生牦牛不准随意捕杀吃肉。为了让大家能吃到新鲜牦牛肉，牧民让牦牛与黄牛进行杂交，从而培育出一种与正宗牦牛肉质基本相同，营养一样丰富，个头差不多大的家养牦牛，也就是在肉牛市场极负盛名的野血牦牛，并逐渐成为牧民重要的生产、生活资料和经济来源。青海是我国牦牛存栏数最多的省份，有玉树牦牛、久治牦牛、雪多牦牛、大通牦牛、环湖牦牛等五大品种。

2024年7月26日，当我们到达玉树曲麻莱，放眼望去，牦牛在牧场上时而安静食草，时而奔跑嬉戏，呈现出一幅宁静恬淡的高原牧牛图。在这幅"牧牛图"的背后是玉树通过多年来对牦牛产业的探索实践。在约改镇长江村的曲麻莱县牦牛良种繁育园区我们了解到，牦牛产业正在成为玉树畜牧业经济的基础和支撑，一种生态、生产、生活、生意"四生合一"的"玉树模式"正逐步成形。约改镇格前村更松罗周一家、扎加一家，长江村达哇扎西一家……更多的高原百姓走上了生态路、吃上了生态饭。

⊙ 生活之美

"玉树"这个名字是藏文译音，含义为"遗址"。玉树的价值不仅在于地质价值、水资源价值、生态系统价值、生物多样性价值，更在其文化与美学价值。玉树的文化底蕴深厚，每一处美景的背后都有着浓郁的文化支撑。这里有由 25 亿块玛尼石筑起的石经城奇观，有悬崖峭壁上具有千年历史的尕尔寺，给人一种神圣且充满力量的感觉。这里有格局风格特色的古村落，蕴含着人们对生活最本真的态度。玉树的非物质文化遗产也是世界闻名的，黑陶、藏刀、唐卡、藏糖、卓舞……文化之美，尽在生活之中。

在前后一年的调研中每次到玉树，我们都要在结古[13]落脚，这里可以算得上是我们在玉树最熟悉的地方了。结古是历史上唐蕃古道的重镇，也是青海、四川、西藏交界处的民间贸易集散地。一眼千年，在 1300 多年前的唐朝，文成公主远嫁松赞干布所走过的唐蕃古道就经过这里。距今已有 900 多年历史的结古寺也坐落在这里，漫长岁月，历经沧桑，多次修缮，如今已成为一处具有独特魅力的藏传佛教文化圣地。我们三次调研玉树州博物馆，参观玉树市雅杰藏刀王、东仓大藏经博物馆、玉树藏文化民俗博物馆……感受江河源头的自然与人文之美。

对于古村落的观察，是三江源田野调查的一个重点。称多县[14]是我们这次调研到达点位最多的地方。称多县地处三江源核心区，是康巴嘎文化的发源地，许多历史事件和重要遗迹都活态地留在了称多县通天河流域的传统自然村落及建筑文化遗产资源之中。我们走访了 12 个村落，称多县歇武镇的直门达村，拉布乡的帮布村、兰达村、郭吾村、拉司通村，称文镇的白龙村、上庄村，珍秦镇的四村、五村、十村，尕朵乡的吾云达村、卓木其村。这些自然村落群是称多县乡土社会的缩影，以独特的地域风俗和文化遗产，展示着建筑文化、农耕文化、宗教文化等传统文化的肌理，留存着历史文化与乡愁记忆。

---

[13] 1931 年在此设置玉树县，玉树藏族自治州和玉树市驻地原称"结古镇"，2010 年玉树大地震后，更被世人所熟知。2013 年，青海省人民政府（青政函〔2013〕146 号）批复同意撤销结古镇。2014 年，设立结古街道、西杭街道、扎西科街道、新寨街道。

[14] 2023 年称多县入选全国传统村落集中连片保护利用示范县。

▲ 玛曲县齐哈玛乡

千湖净土，碧波荡漾，神圣的三江之源，滋养着我国三条大江和沿江流域六个国家、十多亿人民。每一天、每一分、每一秒，这里都在演绎着关于源头的故事，也让中国的生态文明保护更具有了国际话语权。

称多可以称得上是"藏族砌石民居建筑自然博物馆"。当我们来到卓木其村[15]，眼前一幢幢线条粗放的藏式建筑让我们感受到了高原人的质朴。这些建筑被当地人称之为碉房，通体由石头砌成，石头表面涂抹泥巴，斑斑驳驳的墙面上仿佛是时间刻下的印记。现在，卓木其村的村民有很多还住在这些古老的碉房里，他们告诉我们，碉房是利用当地山坡倾斜的自然态势建起来的，大多建在半山坡上，既有利于自卫守护，又能防止家被水淹没，寻得一处安身立命之所。这便是勤劳智慧的高原人一种特有的生活智慧和生活姿态。

玉树境内还留存着横跨千年、内涵丰富、形态多样的石刻[16]。在尕朵乡、称文镇、拉布乡、歇武镇我们还参观了大量被称作"刻在岩石上的形象性史书"的岩画[17]。这些古岩画群主要展现的是以玉树通天河流域为中心的原始民族游牧、狩猎和宗教仪轨的历史场面，具有极为浓厚的通天河流域原始部族的生活气息和独特的地域艺术风格。这些内容丰富、风格多变的岩画是研究青藏高原腹地古人类活动的重要依据，更是古人类书写在江源大地上的文化记忆，对研究三江源地区人文历史有着重要价值。

除了岩画，玉树的壁画[18]也具有很高的艺术价值。卓木其村之所以出名，是因为村上有格秀经堂，在这座已经有数百年历史的经堂里保存着非常精美的古老壁画。格秀经堂壁画总面积约1200平方米，其造诣之精深，想象之丰富，令人惊叹。经专家考证，该壁画群为藏传佛教后弘期作品，格秀经堂也因此而称为"玉树小敦煌"。在三江源田野调查中，我们对格秀经堂壁画进行梳理，随着调研成果的正式发布，卓木其村的古壁画将第一次以正式出版物的形式公布于世，更多的人将因此领略到三江源的文化魅力。

在玉树，在三江源，目之所及都是这样一种人与自然和谐共生的自然之美、生命之美、生活之美。自然之美，在于治理；生命之美，在于保护；生活之美，在于传承。如果这幅三江源和谐共生图有一个题跋的话，那应该就是：人与自然是生命共同体，只有在尊重自然、顺应自然、保护自然中利用自然，才能真正实现人与自然的和谐共生。

三江源田野调查还在继续。一笔流年，一念情深，我们愿把研究书写在江源大地上，落墨于只此绿水青山处。

---

[15] 卓木其村位于玉树藏族自治州称多县尕朵乡，背靠尕朵觉悟神山，面朝通天河，是通天河流域众多古村落之一。

[16] 玉树藏族自治州地处"丝绸之路经济带"南线重要延伸段，境内留存着横跨千年、内涵丰富、形态多样的石刻，其中古岩画、摩崖铭刻、玛尼石经、石板画个性鲜明、内涵丰富、价值极高，被命名为"玉树石刻"。玉树石刻吸收、融合印度和中国石窟艺术精华，是青藏高原石刻文化传统的集中表现，被誉为世间罕见的高原石刻景观。

[17] 岩画是一种石刻文化，在人类社会早期发展进程中，人类祖先以石器作为工具，用粗犷、古朴、自然的方法石刻，来描绘、记录他们的生产方式和生活内容。它是人类社会的早期文化现象，是人类先民们留给后人的珍贵文化遗产。

[18] 壁画是指绘在建筑物的墙壁或天花板上的图案，是最古老的绘画形式之一。如原始社会人类在洞壁上刻画各种图形，以记事表情，这便是流传最早的壁画。

《越来越好》

李继飞　纸本素描　368mm×260mm

创作于第三届三江源生态文化旅游节暨玉树赛马会开幕式　2024年7月25日

参考文献

[1] 连玉明. 将三江源国家公园建成具有国家代表性和世界影响力的自然保护地典范[N]. 人民政协报, 2024-08-31 (1).

[2] 中共中央宣传部, 中华人民共和国生态环境部. 习近平生态文明思想学习纲要[M]. 北京: 学习出版社, 人民出版社, 2022.

[3] 新华社. 习近平在青海考察时强调 尊重自然顺应自然保护自然 坚决筑牢国家生态安全屏障[N]. 人民日报, 2016-08-25(1).

[4] 新华社. 习近平在青海考察时强调 坚持以人民为中心深化改革开放 深入推进青藏高原生态保护和高质量发展[N]. 人民日报, 2021-06-10(1).

[5] 新华社. 习近平在青海考察时强调 持续推进青藏高原生态保护和高质量发展 奋力谱写中国式现代化青海篇章[N]. 人民日报, 2024-06-21(1).

[6] 郑思哲, 田得乾. 牢记嘱托感恩情 接续奋斗谱新篇: 中共青海省委十四届六次全体会议分组讨论综述[N]. 青海日报, 2024-07-13(2).

[7] 陈刚. 瓦里关: 信念, 坚守与愿景: 在瓦里关全球大气本底站建站30周年暨青藏高原温室气体与气候变化国际学术交流会上的致辞(摘要)(2024年9月6日)[N]. 青海日报, 2024-09-07(1).

[8]　新华社 . 习近平主持召开中央全面深化改革领导小组第十九次会议强调 改革要向全面建成小康社会目标聚焦 扭住关键精准发力严明责任狠抓落实 [N]. 人民日报 , 2015-12-10(1).

[9]　蔚东英 . 三江源国家公园解说手册 : 2019 年版 [M]. 北京 : 中国科学技术出版社 , 2019.

[10]　杜尚泽 , 叶帆 , 桂从路 . 中国之问 世界之问 人民之问 时代之问 我们这样回答 [N]. 人民日报 , 2022-10-14(1).

[11]　新华社 ."让黄河成为造福人民的幸福河": 习近平总书记引领推动黄河流域生态保护和高质量发展纪实 [N]. 人民日报 , 2024-09-16(1).

[12]　习近平 . 在黄河流域生态保护和高质量发展座谈会上的讲话 [J]. 求是 , 2019(20): 4-11.

[13]　国家发展改革委 . 国家发展改革委关于印发三江源国家公园总体规划的通知 : 发改 社 会〔2018〕64 号 [A/OL]. (2018-01-17). https://www.gov.cn/xinwen/2018-01/17/content_5257568.htm.

[14]　三江源国家公园总体规划 (2023—2030 年) [N]. 青海日报 , 2024-01-15(9).

[15]　新华社 . 习近平致信祝贺第一届国家公园论坛开幕强调 为携手创造世界生态文明美好未来 推动构建人类命运共同体作出贡献 [N]. 人民日报 , 2019-08-19(1).

[16]　连玉明 . 减贫调查 : 中国脱贫攻坚的北京实践 [M]. 北京 : 团结出版社 , 2022.

[17]　李鲁平 . 长江这 10 年 [M]. 武汉 : 长江出版社 , 2023.

[18]　李后强 , 等 . 长江学 [M]. 成都 : 四川人民出版社 , 2020.

[19]　青海省人民政府办公厅 . 关于印发国际生态旅游目的地青海湖示范区创建工作方案的通知 : 青政办〔2023〕28 号 [A/OL]. (2023-03-24). http://www.haidong.gov.cn/html/217/108659.html.

[20]　刘成友 , 常钦 , 王梅 . 书写新时代青海新篇章 : 习近平总书记重要讲话在青海干部群众中引发热烈反响 [N]. 人民日报 , 2021-03-08(4).

[21]　青海省人民政府办公厅 . 关于印发青海省国民经济和社会发展第十四个五年规划和二○三五年远景目标纲要任务分工方案的通知 : 青政办〔2021〕29 号 [A/OL]. (2021-06-09). http://www.qinghai.gov.cn/xxgk/xxgk/fd/zfwj/202106/t20210609_185076.html.

[22] 玉树藏族自治州人民政府办公室. 关于印发修订后的《玉树州促进生态农牧业高质量发展十四项行动方案》的通知：玉政办〔2024〕44号[A/OL]. (2024-07-25). https://www.yushuzhou.gov.cn/html/45/628048.html.

[23] 周希武. 玉树调查记[M]. 吴均, 校释. 西宁：青海人民出版社, 2022.

[24] 柳泽兴. 通往"天边的索加"[EB/OL]. (2022-11-15). https://baijiahao.baidu.com/s?id=1749544728556227053&wfr=spider&for=pc.

[25] 祁进玉, 陈晓璐. 三江源地区生态移民异地安置与适应[J]. 民族研究, 2020(4): 74-86.

[26] 治多宣传. 治多县：县城至索加"生态公路"全线贯通, 结束了县乡际不通油路的历史[EB/OL]. (2022-11-07). https://mp.weixin.qq.com/s/fz8bIILCU0aWXksk1ceeYA.

[27] 如何治理失去生态功能的"黑土滩"[N]. 青海日报, 2016-01-28.

[28] 古岳. 杰桑·索南达杰[M]. 西宁：青海人民出版社, 2022.

[29] 柳夏, 布琼, 赵新录, 等. 可可西里：世界自然遗产地的科学保护之路[J]. 中国周刊, 2018(6): 58-77.

[30] 周建萍. 2023年"雨露计划"助学补助开始啦[N]. 西海都市报, 2023-06-10(A3).

[31] 才仁当智. 牧民西迁把"天边的索加"建成生态美好的新牧区[EB/OL]. (2022-01-19). https://difang.gmw.cn/qh/2022/01/19/content_35459211.htm.

[32] 马兰. 擦亮索加"三色"名片 助力治多"八好"示范县建设[N]. 青海日报, 2022-02-22(8).

[33] 孙鹏. 三江源国家公园：生态与民生并蒂花开[N]. 中国绿色时报, 2020-08-07(1).

[34] 林玟均, 张蕴, 张多钧. 走进三江源国家公园 感知生态治多[EB/OL]. (2023-05-24). http://www.zhiduo.gov.cn/html/3658/157936.html.

[35] 陈郁, 党成恩. 青海玉树昂赛乡："生态旅游"拓宽高原牧民致富路[EB/OL]. (2022-04-24). http://grassland.china.com.cn/2022/04/24/content_41949990.html?f=pad&a=true.

[36] 杂多县人民政府. 三江源头感恩情, 圣境昂赛护生态[EB/OL]. (2020-04-17). http://www.zaduo.gov.cn/html/1098/307532.html.

[37] 张多钧. 热爱雪豹的牧民摄影师[N]. 青海日报, 2023-08-14(4).

[38] 玉树发布. 从放牧到金鸡奖 玉树牧民摄影师的幕后故事[EB/OL]. (2023-11-15). https://mp.weixin.qq.com/s/SvaQeTsb4_crPHKzZRz75g.

[39] 动人的故事 奋进的旋律 [N]. 西海都市报, 2023-09-13(A4).

[40] 东北虎豹国家公园. 自然保护地生态体验项目发展探讨 [EB/OL]. (2024-01-08). http://www.hubaogy.cn/mobile/news/show/id/3192.html.

[41] 山水自然保护中心. 从理论到研究, 关于特许经营有这些观点 [EB/OL]. (2023-07-05). https://view.inews.qq.com/k/20230705A07QXE00?no-redirect=1&web_channel=wap&openApp=false.

[42] 张天培. 国家公园法草案进入二审 做好设立国家公园前期评估 [N]. 人民日报, 2024-12-22(4).

[43] 秦卫华, 楚克林, 孟炜淇. 高寒湿地的明珠: 青海隆宝国家级自然保护区考察记 [J]. 生命世界, 2021(6): 56-65.

[44] 玉树市融媒体中心.【生态玉树】玉树市积极实施"保护区+社区合作"试点深入推进隆宝自然保护区湿地 [EB/OL]. (2023-10-17). https://www.yushushi.gov.cn/html/3329/623651.html.

[45] 张引, 杨锐. 中国国家公园社区共管机制构建框架研究 [J]. 中国园林, 2021, 37(11): 98-103.

[46] 张引, 杨锐. 中国自然保护区社区共管现状分析和改革建议 [J]. 中国园林, 2020, 36(8): 31-35.

[47] 洪玉杰. 生态运笔, 绘就人与自然和谐共生的美丽画卷 [N]. 青海日报, 2023-01-15(7).

[48] 程宦宁. 江源玉树"生绿"又"生金": 打造"绿水青山就是金山银山"的实践样板系列调研之七 [N]. 青海日报, 2024-06-06(5).

[49] 叶文娟. 湿地生态效益补偿 社区共管和自然 教育项目在玉树启动 [N]. 青海日报, 2022-07-09(4).

[50] 欧阳志云. 推动国家公园高水平保护和高质量发展 [N]. 人民日报, 2024-12-06(9).

[51] 李惠梅, 王诗涵, 李荣杰, 等. 国家公园建设的社区参与现状: 以三江源国家公园为例 [J]. 热带生物学报, 2022, 13(2): 185-194.

[52] 程宦宁, 谭梅. 玉树: 牦牛之都牵住"牛鼻子"做好"牛文章"[N]. 青海日报, 2023-03-16(8).

[53] 中国发展改革. 首届中国（玉树）牦牛产业大会正式授牌"中国牦牛之都"[EB/OL]. (2022-07-21). https://baijiahao.baidu.com/s?id=1738950504088440983&wfr=spider&for=pc.

[54] 青海省文明办. 好"扎尕"带领村民发展牦牛养殖奔小康 分区放牧保护草场生态 [EB/OL]. (2023-02-27). http://www.wenming.cn/sbhr_pd/yjd/jyfx/202302/t20230227_6565804.shtml.

[55] 青海省人民政府办公厅. 关于促进生态畜牧业转型升级的实施意见：青政办〔2023〕32号 [A/OL]. (2023-04-10). http://www.qinghai.gov.cn/xxgk/xxgk/fd/zfwj/202304/t20230410_192233.html.

[56] 芈峤. 青海 以"四地"建设为牵引打造高质量发展引擎 [N]. 青海日报, 2023-06-14(1).

[57] 青海省人民政府办公厅. 关于进一步做好农牧民稳定增收工作的通知：青政办〔2022〕61号 [A/OL]. (2022-08-08). http://swt.qinghai.gov.cn/zf/fd/zc/gz/202208/t20220808_190430_wap.html.

[58] 玉树发布.【乡村振兴】称多：生态畜牧业"畜"势勃发 [EB/OL]. (2021-06-01). https://mp.weixin.qq.com/s/6GuDq8aV9YT4bIN_VbOWVw.

[59] 才仁当智. 嘉塘草原上的合作社 [EB/OL]. (2019-12-30). http://m.tibet.cn/cn/news/yc/201912/t20191230_6729296.html.

[60] 郑思哲. 为现代化新青海建设提供坚强组织保证：新时代青海组织工作综述 [N]. 青海日报, 2023-08-25(1).

[61] 张晓松, 朱基钗. 特写："大灾之后肯定有大变化"：习近平在青海代表团谈玉树地震灾后重建 [EB/OL]. (2021-03-08). https://www.gov.cn/xinwen/2021-03/08/content_5591384.htm.

[62] 杜尚泽. 微镜头·习近平总书记两会"下团组""我很牵挂玉树"[N]. 人民日报, 2021-03-08(1).

[63] 中央广播电视总台央视网. 总书记的牵挂和高原明珠的涅槃重生 [EB/OL]. (2021-04-14). https://news.cctv.com/2021/04/14/ARTIhwzE6WlzZWioG0QNC2Ix210414.shtml.

[64] 玉树藏族自治州人民政府. 政府工作报告 (2021):〔2021〕号 [R/OL]. (2021-03-16). https://www.yushuzhou.gov.cn/html/1387/314009.html.

[65] 人民资讯. 砥砺七十载 玉树风华正茂 [EB/OL]. (2021-08-23). https://baijiahao.baidu.com/s?id=1708875658237736655&wfr=spider&for=pc.

[66] 玉树市甘达村：造血式扶贫托举起一条腾飞之路 [N]. 三江源报, 2020-03-18.

[67] 白京京. 康巴汉子的"威武"与"活泛" [N]. 中华合作时报, 2022-12-30(A06).

[68] 杜尚泽, 郑少忠, 张晓松, 等. 谋长远之势、行长久之策、建久安之基：习近平总书记赴江西考察并主持召开进一步推动长江经济带高质量发展座谈会纪实 [N]. 人民日报, 2023-10-15(1)

[69] 新华社. 习近平主持召开进一步推动长江经济带高质量发展座谈会强调 进一步推动长江经济带高质量发展 更好支撑和服务中国式现代化 [N]. 人民日报, 2023-10-13(1).

[70] 玉树乡村振兴. 玉树市甘达村村集体经济收益分红 57 万余元惠及 1291 名群众 [EB/OL]. (2024-12-05). https://mp.weixin.qq.com/s/5F56pRenQHtunwNn963Trw.

[71] 戴美玲. 新生玉树 起舞盛世：中国共产党在玉树的辉煌历程 [N]. 青海日报, 2021-07-01(T14).

[72] 囊谦民族团结进步创建. 玉树文化的发祥地：囊谦 [EB/OL]. (2017-03-01). https://mp.weixin.qq.com/s/IZpx_VLiwiOMJ7XBtphboQ.

[73] 才仁当智. "玉树精神谱系"之囊谦县香达镇"青土村精神"调查记 [N]. 三江源报, 2021-11-10(3).

[74] 新华网. 青海玉树：在藏区千年名刹达那寺触摸历史脉搏 [EB/OL]. (2018-06-03). https://www.xinhuanet.com/politics/2018-06/03/c_1122930438_8.htm.

[75] 马千里, 顾玲, 李琳海. 三江之源见证中国奇迹：写在玉树地震 10 周年之际 [EB/OL]. (2020-04-13). https://www.gov.cn/xinwen/2020-04-13/content_5501869.htm.

[76] 为激发农村集体经济发展活力创造良好环境 [N]. 人民政协报, 2024-08-20(9).

[77] 青海党建.【抓党建促乡村振兴】扎西大同村：以党建引领画好全村发展"同心圆" [EB/OL]. (2023-07-04). https://mp.weixin.qq.com/s/zmZxH_JqDb30pIpSVMr3cg.

[78] 人民网. 跟着总书记看中国｜三江源"生态之窗"玉树的变迁 [EB/OL]. (2023-09-04). https://baijiahao.baidu.com/s?id=1776095260050382828&wfr=spider&for=pc.

[79] 甘海琼. 甘达村致富经：心里有本账 眼里有亮光 [EB/OL]. (2020-08-31). http://qh.people.com.cn/n2/2020/0831/c378418-34261398.html.

[80] 玉树党建. 玉树市甘达村：以保护生态环境为抓手 全力发展壮大村集体经济 [EB/OL]. (2020-10-19). https://mp.weixin.qq.com/s/C69Nv5RhYsaR1UuQDBnNcQ.

[81] 刘成友, 姜峰, 王梅, 等. 一个高原牧业村的生态转型路（人民眼·绿色发展）[N]. 人民日报, 2021-04-02(13).

[82] 李增平. 泉水叮咚奏响致富曲 [N]. 西海都市报, 2024-06-12(A6).

[83] 李增平. 搭建红色文化资源保护利用的"四梁八柱"：访玉树州委常委、宣传部长武良桃 [N]. 西海都市报, 2024-03-14(A8).

[84] 张子涵. 产业园中孵出新希望 [N]. 青海日报, 2023-05-16(4).

[85] 张继婷. 囊谦：一个产业园孵化出 14 家特色企业 [N]. 西海都市报, 2023-07-12(A9).

[86] 囊谦发布. 囊谦县巩固拓展脱贫攻坚成果同乡村振兴有效衔接工作亮点 [EB/OL]. (2024-10-13). https://difang.gmw.cn/qh/2024/10/13/content_37611591.htm.

[87] 雪莉, 李琳海. 废墟上的重建奇迹：青海玉树这十年 [EB/OL]. (2020-04-14). https://baijiahao.baidu.com/s?id=1663922533462465550&wfr=spider&for=pc.

[88] 张毅. 陈沸宇. 中共中央国务院中央军委隆重举行青海玉树全国抗震救灾总结表彰大会 [N]. 人民日报, 2010-08-20(1).

[89] 何敏. 我省村集体经济"破零"工程开新局 [N]. 青海日报, 2020-06-10(5).

[90] 余晖, 更尕江永. 产业风生水起 生活蒸蒸日上 [N]. 青海日报, 2024-04-29(6).

[91] 芈峤, 马雪. 玉树州：壮大集体经济，实现"村强民富" [N]. 青海日报, 2020-12-23(10).

[92] 张多钧, 咸文静. 玉树，发展的脚步从未停歇 [N]. 青海日报, 2021-06-25(5).

[93] 金冠时. 触目惊心 青藏公路沿线垃圾问题已形成严峻挑战 [EB/OL]. (2019-09-17). https://www.eeo.com.cn/2019/0917/365774.shtml.

[94] 李微敖. 青藏高原可可西里地区再现巨大露天垃圾带 [EB/OL]. (2021-06-20). https://www.eeo.com.cn/2021/0620/492245.shtml.

[95] 徐君, 陈蕴. 环境社会学微观视角下青藏高原垃圾治理路径探析：以三江源区"捡垃圾"行动为例 [J]. 民族学刊, 2022(9): 72-82.

[96]　北美小象君 . 藏区第一家民间环保组织，坚持 18 年的秘诀何在？[EB/OL]. (2020-08-25). https://mp.weixin.qq.com/s/kiJG-fH02psqGz7FwiYr5g.

[97]　玉树发布 .【走笔曲麻莱】曲麻莱县不冻泉垃圾站：不冻泉上的"永动机"[EB/OL]. (2024-07-10). https://mp.weixin.qq.com/s/apbJJr2wQurhwWiZiEJA0Q.

[98]　马洪波 . 三江源国家公园体制试点与自然保护地体系改革研究 [M]. 北京：人民出版社 , 2021.

[99]　古岳 . 源启中国：三江源国家公园诞生记 [M]. 西宁：青海人民出版社 , 2021.

[100]　杨锐，赵智聪，庄优波，等 . 三江源国家公园生态体验与环境教育规划研究 [M]. 北京：中国建筑工业出版社 , 2019.

[101]　常可可，李健，陈冠益，等 . 西藏高原生活垃圾气化特性研究 [J]. 环境卫生工程 , 2023, 31(6): 16-21.

[102]　道尔 . 大河与大国 [M]. 刘小欧，译 . 北京：北京大学出版社 , 2021.

[103]　胡孙，陈纪赛，周永贤，等 . 高原高寒地区应急保障垃圾处置实验 [J]. 环境科技 , 2024, 37(1): 17-21.

[104]　刘超 . 以国家公园为主体的自然保护地体系立法研究 [M]. 北京：中国社会科学出版社 , 2023.

[105]　张健，周侃，陈妤凡 . 青藏高原生态屏障区生活垃圾治理生态环境风险及应对路径：以青海省为例 [J]. 生态学报 , 2023, 43(10): 4024-4038.

[106]　李微敖，种昂 . 青藏公路可可西里沿线垃圾问题明显改观 其他多个区域仍随意丢弃 [EB/OL]. (2021-09-29). https://www.eeo.com.cn/2021/0929/506245.shtml.

[107]　郭福山 . 唐蕃古道，通天河上最后的摆渡人 [EB/OL]. (2019-01-18). https://baijiahao.baidu.com/s?id=1622964155912303579&wfr=spider&for=pc.

[108]　程宦宁 . 唐蕃古道上的七渡口 [N]. 青海日报 , 2023-09-22(8).

[109]　黄清 . 登山被评为年轻人最喜爱的户外运动，愈发趋向全民化 你体验过登山的快乐吗？[N]. 玉林晚报 , 2023-11-17(4).

[110]　花儿说事 . 30 年前，一群少年登上了海拔 6178 米的玉珠峰之巅 [EB/OL]. (2021-12-21). https://baijiahao.baidu.com/s?id=1719719053994851881&wfr=spider&for=pc.

[111]　长风之旅 . 我们来到长江之源 [EB/OL]. (2021-04-30). https://baijiahao.baidu.com/s?id=1698364534728722253&wfr=spider&for=pc.

[112] 唐姝. 户外运动真的"体力好就行"吗？[N]. 工人日报, 2024-08-05(3).

[113] 史悠绮. 玩户外的年轻人, 集体涌进雪山 [EB/OL]. (2024-09-04). https://mp.weixin.qq.com/s/S4HsJCX9XU9MRpLW7uF_yA.

[114] 甘海琼. 聚焦玉树 |"一核三廊三板块"旅游发展格局崭露头角 [EB/OL]. (2024-12-23). http://qh.people.com.cn/n2/2024/1223/c378418-41084662.html.

[115] 韩宪纲. 西北自然地理 [M]. 西安: 陕西人民出版社, 1958.

[116] 江才桑宝, 王牧. 澜沧江源古盐场: 历史悠久, 景观壮丽 [J]. 中国国家地理, 2019(7): 42-53.

[117] 余晖. 历久弥新古老盐田:"寻迹青海"系列报道之四 [N]. 青海日报, 2024-07-08(2).

[118] 囊谦发布. 学习二十大 我们的新时代·一颗盐 | 囊谦红盐的华丽变身 [EB/OL]. (2022-11-23). https://mp.weixin.qq.com/s/yTc1jA5nESHTMDpy-0tjuA.

[119] 科尔兰斯基. 万用之物: 盐的故事 [M]. 夏业良, 译. 北京: 中信出版社, 2017.

[120] 黄应贵. 反景入深林: 人类学的观照、理论与实践 [M]. 北京: 商务印书馆, 2010.

[121] 任乃强. 说盐 [J]. 盐业史研究, 1988(1): 3-13.

[122] 李何春. 技艺传承: 澜沧江的盐业与地方社会研究 [M]. 广州: 暨南大学出版社, 2022.

[123] 张娟. 环境科学知识 [M]. 北京: 大众文艺出版社, 2008.

[124] 坚赞才旦. 囊谦盐泉是青海盐业体系中的瑰宝 [J]. 中国国家地理, 2019(7): 53.

[125] 董彩虹, 李文佳, 李增智, 等. 我国虫草产业发展现状、问题及展望: 虫草产业发展金湖宣言 [J]. 菌物学报, 2016, 35(1): 1-15.

[126] 尹定华, 陈仕江, 马开森. 冬虫夏草资源保护、再生及持续利用的思考 [J]. 中国中药杂志, 2011, 36(6): 814-816.

[127] 闹松卓玛. 乡村振兴 | 囊谦县巴麦村: 倾心为民服务 警民鱼水情深 [EB/OL]. (2023-10-03). https://www.nangqian.gov.cn/index.php?c=show&id=7678.

[128] 吴予琴. 江源玉树 秘境囊谦 [N]. 西海都市报, 2024-05-20(A10).

[129] 程宦宁, 张多钧. 囊谦, 铺展"生态+旅游"秀美画卷 [N]. 青海日报, 2023-07-25(5).

[130] 黄豁, 王浡, 周盛盛. 唐蕃古道: 从隐入尘烟到再度辉煌 [EB/OL]. (2024-07-20). https://baijiahao.baidu.com/s?id=1804970304642461737&wfr=spider&for=pc.

[131] 中共青海省委印发《关于加快把青藏高原打造成为全国乃至国际生态文明高地的行动方案》[N]. 青海日报, 2021-08-30(1).

[132] 杜尚泽, 董洪亮, 张晓松, 等."黄河很美, 将来会更美": 习近平总书记在甘肃、陕西考察并主持召开全面推动黄河流域生态保护和高质量发展座谈会纪实 [N]. 人民日报, 2024-09-15(3).

[133] 肖凌云. 守护雪山之王: 中国雪豹调查与保护现状 [M]. 北京: 北京大学出版社, 2019.

[134] 张慧慧, 张德俊."让隆宝一直这样美下去"[N]. 青海日报, 2024-05-03(1).

后 记

历时近 2 年的时间，《三江源调查》终于付梓出版。这是一部集三江源自然地理、历史人文、社会经济、生态发展、牧民生活等于一体的生态文明建设的社会调查专著，前后共 20 个专题调查报告、约 24 万字，另有 600 余张精美照片。

《三江源调查》是在中共青海省委政策研究室指导下，在中共北京市委统战部、中共青海省委统战部、三江源国家公园管理局支持下，由中共玉树州委政研室、中共玉树州委党校、三江源研究院共同组织实施的"保护母亲河，守护三江源"首都专家玉树高质量发展调研暨全国政协委员履职"服务为民"活动的一个重要成果。三江源研究院和北京国际城市发展研究院组建编撰委员会并成立专家组，38 名专家顾问和研究人员在玉树州 6 县（市）进行了 18 天的沉浸式调查。调查覆盖了玉树的 28 个乡镇和街道，占玉树的乡镇和街道总数的 61%。调研组走进 60 多个牧民家庭，通过座谈、访谈方式与 300 多人对话交流。聚焦习近平总书记"青海最大的价值在生态、最大的责任在生态、最大的潜力也在生态"[1] 等重大论断，集中研究讨论、集中撰写报告、集中封闭修改，最终形成书稿。

---

[1] 《习近平在青海考察时强调　尊重自然顺应自然保护自然　坚决筑牢国家生态安全屏障》，《人民日报》2016 年 8 月 25 日第 1 版。

《三江源调查》是对三江源"人与自然和谐共生"的社会观察。其主要观点和基本认识不仅仅是基于对玉树地区的走访调研,更是基于对整个三江源地区乃至青海省的广泛深入的调查思考。《三江源调查》的主编、全国政协委员、三江源国家公园管理局首席专家、三江源研究院院长连玉明自 2023 年 7 月开始,用一年时间实地调研了青海省 8 个地州(市)全部 45 个县(市、区),踏访上百个乡镇和村(社区),调研点位超过 400 个,行程近 4 万公里,围绕生态保护、文化传承、绿色算力、高原康养等重要议题,与当地干部群众共商大计并积极建言献策。在这期间,他九上玉树,三进黄河源头,并被聘为玉树州囊谦县白扎乡巴麦村荣誉牧民和黄河源头第一村——曲麻莱县麻多乡郭洋村荣誉牧民。正是在《三江源调查》的调查研究和编写成书过程中,连玉明院长首创"三江源学",提出"世界屋脊论、江源文化论、生态系统论、流域协同论、国家公园论"的核心观点和逻辑框架,成为观察青藏高原国际生态文明高地的战略着眼点。

《三江源调查》也是全国政协委员的一份履职答卷。连玉明委员在 2024 年全国两会期间,提交了 6 份推动国家公园建设和青海生态保护相关提案,受到全国政协高度重视及中央和国家机关有关部门积极办理。2024 年 7、8 月间,他两次参加全国政协青海专题视察和专题调研,对提升青藏高原国家公园群协同发展和现代化管理水平有了更加系统全面的理解。2025 年全国两会期间,连玉明委员又提交了 9 份与青海、三江源相关的提案,并全部立案。更加令人鼓舞的是,他带着援青故事和三江源调研思考走上了全国两会的"委员通道",向世界传递中国好声音,讲述在千千万万人的守护下,三江源生态系统多样性、稳定性、持续性整体提升的生态文明中国故事。这也进一步体现和放大了《三江源调查》的社会价值。

一方纸墨凝聚的是无数人的心血与智慧。《三江源调查》得到了中共北京市委统战部、北京市发改委、北京青海玉树指挥部、中共青海省委办公厅、中共青海省委组织部、中共青海省委宣传部、中共青海省委统战部、中共青海省委政研室、中共青海省委党校、三江源国家公园管理局、共青团青海省委等部门和有关领导的高度重视与大力支持。由玉树藏族自治州委、州政府和北京青海玉树指挥部共同发起的三江源研究院,以及共同开展的"保护母亲河,守护三江源"玉树州小学生乐童美术大赛,不仅成为北京援青工作的又一重要成果,更是《三江源调查》这一重要的调查研究项目得以顺利实施的重要支撑。

《三江源调查》的背后,是给予我们支持的覆盖青海全域 45 个县(市、区)90% 以上的县（市、区）党政一把手，以及一起调研的党委副书记、主管副县长、人大常委会副主任、政协副主席，还有陪同我们到基层调研的乡镇党委书记和乡镇长，这些基层干部"想干事、善干事、干成事"的信心与激情，成为我们这一调研成果反映的精神内核。特别是在玉树我们走访的曲麻莱县约改镇格前村和长江村，麻多乡巴颜村、扎加村和郭洋村，曲麻河乡多秀村（不冻泉垃圾处理站）和昂拉村；治多县立新乡叶青村，加吉博洛镇改查村，索加乡当曲村；杂多县昂赛乡年都村，苏鲁乡多晓村，萨呼腾镇闹丛村；称多县歇武镇直门达村，珍秦镇珍秦十村，尕朵乡卓木齐村，称文镇白龙村；囊谦县白扎乡白扎村和巴麦村，香达镇大桥村和青土村；玉树市隆宝镇措桑村，扎西科街道扎西大同村、西杭街道甘达村和禅古村等 25 个行政村的基层干部、60 多个牧民家庭，与我们面对面对话交流，为我们提供了大量的一手资料，极大地丰富了《三江源调查》研究素材。

还有给予我们支持的经济、社会、科学、文学、艺术等各领域的政协委员和一批三江源研究院的特聘顾问、研究员等专家学者，为我们提供了多元的、独特的研究视角。他们的努力付出为《三江源调查》这一调研成果赋予了理性与智慧的光芒。科学出版社在本书审读、编校、修改和出版中付出的大量心血和辛勤劳动，正是由于各方面的协同努力，《三江源调查》才得以顺利出版。

中国在生态文明建设方面的探索与成效，值得书写。《三江源调查》是我们在读懂三江源、走好援青路上迈出的坚实一步，我们坚信"最清晰的脚印总是印在最泥泞的路上"，用书写回望过往，更思辨未来。也以此回馈和感谢所有给予我们信任、支持和帮助的人们。

由于我们水平有限，本书中疏漏之处在所难免，也恳请专家学者和广大读者批评指正。

编者
2025 年 3 月